前　　言

本书按照国家示范性高等职业院校教材建设的要求而编写，针对应用化工技术专业(化工安全专业方向)既要懂工艺，又要懂安全的特点，本教材力求在讲工艺的同时，穿插渗透安全的知识。教材取材于国家安全生产监督管理总局颁布的“两重点，一重大”的要求，由兰州石化职业技术学院规划指导编写了本部教材。

全书内容包括：绪论，化工工艺安全基础，石油炼制工艺及安全技术，石油烃裂解、分离及安全技术，催化氧化反应及安全技术，氯化反应及安全技术，硝化反应及安全技术，聚合工艺及安全技术等章节，并对另外一些重点控制的化工工艺及安全技术作了概述性简介。其中化工工艺安全基础介绍了化工生产过程的安全技术，是安全常识的普及；化工工艺及安全技术是全书的重点章节，介绍了石油炼制、石油烃热裂解及分离、氧化技术、氯化技术、硝化技术、聚合技术等工艺过程的生产及安全技术。由于受学时数所限，本书对光气化合成、电解、合成氨、氟化、重氮化、过氧化、加氢、过氧化、胺基化、磺化、烷基化等化工技术和安全问题仅作了简介，并在附录中收集了74种重点监管的危险化学品安全措施和事故应急处置原则，以供学生查阅(请登录中国石化出版社有限公司官方网站 http://cpp.sinopec.com，在读者服务-资源下载页面进行查阅)。本教材适合教学学时数约60学时的教学。在教材内容组织上突出了从安全到工艺，再从工艺到安全的综合交叉讲解方式，融安全常识于工艺技术中，在工艺中学安全。并且通过大量的工程实例进行分析说明，做到了理论与实际相结合，强化了对学生分析和解决生产实际问题的能力培养。

本书由魏刚主编，王益民、顾永和参编。其中：绪论，化工工艺安全基础，石油炼制工艺及安全技术，石油烃裂解、分离及安全技术，催化氧化反应及安全技术由魏刚编写；氯化反应及安全技术，硝化反应及安全技术，聚合工艺及安全技术由王益民编写；一些重点控制的化工工艺及安全技术简介由顾永和编写，同时顾永和也参与了本书习题与练习的编写。全书由魏刚统稿。

在编写教材的过程中，作者参考了大量的文献资料，在此特向文献资料作者表示感谢。参考文献所列如有遗漏之处，敬请谅解。

由于编者水平所限，加之时间仓促，本教材难免有不妥之处，敬请同仁和读者批评指正。

编 者

目　　录

0 绪　　论

【单元导读】

- 了解化工生产的特点及安全生产的重要性；
- 了解化工事故的特点和规律；
- 掌握重大危险源的辨识方法和分级；
- 熟悉9大类危险化学品和74种重点控制的危险化学品；
- 熟悉危险化学品贮存和运输的安全技术。

【能力要求】

- 掌握重大危险源的划分和分级标准；
- 熟悉危险化学品及贮存运输安全技术；
- 能够分析影响各炼油过程的各种因素。

0.1　化工生产的特点及安全生产

1. 化工生产的特点

化工生产具有：易燃、易爆、易中毒、高温、高压、有腐蚀性、反应性等特点。

1）化工生产涉及的危险品多，化工生产使用的原料、半成品、成品种类繁多，大部分是易燃、易爆、有毒、有腐蚀性介质。

2）化工生产要求的工艺条件苛刻，高温、高压，低温、高真空度等。

3）生产规模大型化。

4）生产过程连续化、自动化。

5）工艺复杂，操作要求严格。

6）三废多，污染严重。

7）易发生事故。

2. 安全在化工生产中的地位

安全是对生命的关怀和关注，生命是无价的！

安全是可持续发展的前提！发展是硬道理！

安全是一切效益的保障！效益是企业的生命！

0.2　化工事故的特点

化工事故的特征基本上是由所用原料特性、加工工艺方法和生产规模决定的。为了预防事故，必须了解这些特点。

1. 发生火灾、爆炸、中毒事故机率大且后果严重

统计资料表明，化工厂火灾爆炸事故的死亡人数占因工死亡总人数的13.8%，居第一位；中毒窒息事故死亡人数占因工死亡总人数的12%，居第二位；高空坠落和触电，分别占第三位和第四位。

化工生产使用的反应器、压力容器的爆炸，以及燃烧传播速度超过音速的爆轰，都会造成破坏力极强的冲击波，冲击波超压达0.2atm(1atm=101325Pa)时会使砖木结构建筑物部分倒塌、墙壁崩裂。如果爆炸发生在室内，压力一般会增加7倍，任何坚固的建筑物都承受不了这样大的压力。化工管道破裂或设备损坏，大量易燃气体或液体瞬间泄放，便会迅速蒸发形成蒸气云团，并且与空气混合达到爆炸下限，随风漂移。据估算，50t易燃气体泄漏会造成直径700m的云团，在其覆盖下的人，将会被爆炸火球或扩散的火焰灼伤，其辐射强度将达到$14W/cm^2$(人能承受的安全辐射强度仅为$0.5W/cm^2$)，同时人还会因缺氧而窒息死亡。据统计，因一氧化碳、硫化氢、氮气、氮氧化物、氨、苯、二氧化碳、光气、氯化钡、氯气、甲烷、氯乙烯、磷、苯酚、砷化物等16种物质造成中毒、窒息的死亡人数占中毒死亡总人数的87.9%。一些比空气重的液化气体如氨、氯等，在设备或管道破口处以15°~30°呈锥形扩散，在扩散宽度100m左右时，人还容易察觉并迅速逃离，但当毒气影响宽度达到1km或更多时，在距离较远而毒气浓度尚未稀释到安全值时，人很难逃离，会导致大范围人群中毒。

2. 触发事故的因素多

1）化工生产中有许多副反应生成，有些机理尚不完全清楚，有些则是在危险临界点(如爆炸极限)附近进行生产，工艺条件稍有波动就会发生严重事故。

2）化工生产工艺中影响各种参数的干扰因素多，设定的工艺参数很容易发生偏移。在自动控制过程中也会产生失调或失控现象，人工调节更易发生事故。

3）由于人的素质或人机工程设计欠佳，往往会造成误操作。

3. 设备材质和加工缺陷以及腐蚀等原因触发事故

化工工艺设备一般都是在严格的生产条件下运行，腐蚀介质的作用，振动、压力的波动，高低温对材质性质都会有影响；设备材质受到制造时的残余应力和运转时拉伸应力的作用，在腐蚀的环境中就会产生裂纹并发展长大。在特定条件下，如压力波动、严寒天气就会引起脆性破裂，造成巨大的灾难性事故。

设备制造时除了选择正确的材料外，还要求正确的加工方法。如焊接不良或未经过适当的热处理会使焊区附近材料性能劣化，易产生裂纹使设备破损。

4. 事故的集中与多发

化工装置中的许多关键设备，特别是高负荷的塔槽、压力容器、反应釜、经常开闭的阀门等，运转到一定时间后，常会出现多发故障或集中发生故障的情况，这是因为设备进入到寿命周期的故障频发阶段。对待事故多发频发期，必须采取预防措施，加强设备检测和监护措施，及时更换到期设备。

0.3 重大危险源的定义

0.3.1 重大危险源的定义

《中华人民共和国安全生产法》(2014 年 3 月版)第一百一十条规定，重大危险源是指长期地或者临时地生产、搬运、使用或者储存危险物品，且危险物品的数量等于或者超过临界量的单元(包括场所和设施)。

《危险化学品重大危险源辨识》(GB 18218—2018)有相同的定义。

危险化学品危险的根源在于：贮存、使用、生产、运输过程中存在易燃、易爆及有毒物质，具有引发灾难性事故的能量。

影响工业事故可能性及后果严重程度的因素：既与物质的固有特性有关，又与设施或设备中危险物质的数量或能量的大小有关。

0.3.2 两类危险源理论

第一类危险源：生产过程中存在的，可能发生意外的能量释放或危险物质泄漏为第一类危险源。能量和危险物质受到约束和限制。

第二类危险源：导致能量或危险物质约束或限制措施实效的各种因素，为第二类危险源。主要包括人的失误，物(设备)的故障，环境的因素。

人的失误、物(设备)的故障是第一类危险源失控的原因。

根据两类危险源理论：第一类危险源是事故的主题和前提，第二类危险源是事故发生的必要前提。事故的发生是两类危险源共同作用的结果。

0.4 危险化学品重大危险源辨识

0.4.1 危险化学品

危险化学品：是指具有易燃、易爆、有毒、有害及有腐蚀性，对人员、设施、环境造成伤害或损害的剧毒化学品和其他化学品。

1. 危险化学品分类

根据《危险化学品安全管理条例》、《危险货物分类和品名编号》(GB 6944—2012)等标准，危险化学品按其危险特性分为 9 大类。

(1) 爆炸品

本类化学品指在外界作用下(如受热、受压、撞击等)，能发生剧烈的化学反应，瞬时产生大量的气体和热量，使周围压力急骤上升，发生爆炸，对周围环境造成破坏的物品。

爆炸品分为如下六类：

① 具有整体爆炸危险的物质或物品，如起爆药、爆破雷管、黑火药、导弹等。

② 具有抛射危险，但无整体爆炸危险的物质或物品，如无引信炮弹、照明弹、枪弹、火箭发动机等。

③ 具有燃烧危险和较小爆炸或较小抛射危险两者之一，或者两者兼有但无同时爆炸危险的物质或物品，如导火索、燃烧弹药、烟幕弹药、C 型烟火等。

④ 无重大危险的物质或物品，如演习手榴弹、安全导火索、礼花弹、烟火、爆竹、手操信号装置等。

⑤ 具有整体爆炸危险但极不敏感的物质或物品，如 E 型或 B 型引爆器、铵油、铵沥蜡炸药等。

⑥ 不具有整体爆炸危险的极不敏感的物质或物品。

（2）气体

指满足以下条件之一的物质：

① 在 50℃时，蒸气压大于 300kPa 的物质；②在 20℃，101.3kPa 下完全为气体的物质。

主要包括：

1）压缩气体：在<-50℃加压包装运输时，完全呈现气态的气体。包括临界温度≤-50℃的所有气体。

2）液化气体：在>-50℃包装运输时，部分呈现液态的气体。

包括两部分：①高压液化气体：临界温度在-50~65℃的气体。②低压液化气体：临界温度>65℃的气体。

3）冷冻液化气体：由于自身温度极低而在运输包装内，部分呈液态的气体。

4）加压溶解气体：在运输包装内溶解于某种溶剂的压缩气体。

① 易燃气体：本项包括在 20℃和 101.3kPa 下，爆炸下限≤13%的气体，或不论爆炸下限如何，其爆炸极限（燃烧范围）≥12%的气体。例如，氢气，乙炔，天然气等。

② 非易燃无毒气体：包括窒息性气体（氮气、二氧化碳）和氧化性气体（氧气）以及不属于其他项别的气体。

③ 有毒气体：此类气体吸入后能引起人畜中毒，甚至死亡。常见的有氯气、二氧化硫、氨气、硫化氢等。

（3）易燃液体

本类包括：

1）易燃液体，是指易燃的液体或液体混合物，或是在溶液或悬浮液中含有固体的液体，其闭杯试验闪点不高于 60℃，或开杯试验闪点不高于 65.5℃。本项还包括在温度等于或高于其闪点的条件下提交运输的液体，或以液体在高温下运输或提交运输并在温度等于或低于最高运输温度下放出易燃蒸气的物质。

2）液体退敏爆炸品。

① 低闪点液体：闪点<-18℃；如：汽油，乙醚（-45℃）等。

② 中闪点液体：-18℃≤闪点≤23℃；如：乙醇（12℃），甲基苯（4℃）等。

③ 高闪点液体：23℃≤闪点≤61℃；如：丁醇（35℃），氯苯（28℃）等。

（4）易燃固体、易于自燃的物质、遇水放出易燃气体的物质

本类物品易于引起和促成火灾，按燃烧特性分为以下三项。

① 易燃固体：指燃点低，对热、撞击和摩擦敏感，易被外部火源点燃，燃烧迅速，并可能散发出有毒烟雾或有毒气体的固体。如：萘，白磷，硫等。

② 自燃物质：在正常运输条件下能自发放热，或接触空气能够放热而引起自行燃烧的

物品。例如，活性炭，硝化纤维胶片，浸油的麻、棉及其制品等。

③ 遇水放出易燃气体的物质：遇水或受潮时，与水分发生剧烈的化学反应，放出大量的热量和放出达到危险数量的易燃气体的物质。例如，Na，K，NaH，CaC_2，$NaBH_4$，Ca_3P_2 等。

（5）氧化性物质和有机过氧化物

此类物品具有强氧化性，易引起燃烧和爆炸。按其组成分为以下二项：

① 氧化性物质：本身未必燃烧，具有强氧化性，易分解并放出氧和热量，引起或促使其他物质燃烧的物质。如：Na_2O_2，$KClO_3$，KNO_3 等。

② 有机过氧化物：分子组成中含有过氧基(—O—O—)的有机物，本身易燃易爆，极易分解，对热、震动或摩擦极为敏感。例如，过氧乙酸等。

（6）毒性物质和感染性物质

① 毒性物质：经吞食、吸入或皮肤接触后可能造成死亡或严重受伤或健康损害的物质。例如，氰化钾，砒霜等。

② 感染性物质：指含有致病的微生物，能引起病态，甚至死亡的物质。包括生物制品、诊断样品、基因突变的微生物、生物体和其他媒介。例如，炭疽菌，冠状病毒，病毒蛋白等。

（7）放射性物质

放射性物品是指放射性比活度大于 7.4×10^4 Bq/kg 的物品。放射性物品的主要危险特性在于其放射性。放射性强度越大，危险性也就越大。放射性物质放出的射线可分为四种：α 射线、β 射线、γ 射线、X 射线和中子流，各种射线对人体的危害都很大。

（8）腐蚀性物质

本类化学品系指能灼伤人体组织并对金属等物品造成损坏的固体或液体。与皮肤接触在 4h 内出现可见坏死现象，或温度在 55℃时，对 20#钢的表面均匀年腐蚀率超过 6.25mm/a 的固体或液体。

该类化学品按化学性质分为 3 项：

① 酸性腐蚀品：如：硫酸，硝酸，盐酸等。

② 碱性腐蚀品：如：氢氧化钠，氢氧化钾，乙醇钠等。

③ 其他腐蚀品：如：亚氯酸钠溶液，氯化铜，氯化锌等。

（9）杂项危险物质和物品

指在运输过程中呈现危险性质，但又不包括在上述八类危险性中的物品。此类包括：

① 以细微粉尘吸入可危害健康的物质；②会放出易燃气体的物质；③锂电池组；④救生设备；⑤一旦发生火灾可产生二噁英的物质；⑥在高温下运输或提交运输的物质，是指在液态温度达到或超过 100℃，或固态温度达到或超过 240℃条件下运输的物质；⑦危害环境的物质；⑧不属于第 6 类物质定义，经基因修改的微生物和生物体；⑨其他。

2. 危险化学品造成化学事故的主要危害

易燃、易爆、有毒、腐蚀性、放射性、冻伤等。

0.4.2 国家安全监管总局公布的重点监管的 74 种危险化学品名录

国家安全监管总局 2011 年发布了 142 号文，文件对重点监管的 74 种危险化学品和 18 种危险工艺过程作出了明确的安全措施和应急处置原则。74 种危险化学品在表 0-1 中已经列出了明细。

表 0-1 重点监管的危险化学品名录

序号	化学品名称	别名	化学物质登录号(CAS 号)
1	氯	液氯、氯气	7782-50-5
2	氨	液氨、氨气	7664-41-7
3	液化石油气		68476-85-7
4	硫化氢		7783-06-4
5	甲烷、天然气		74-82-8(甲烷)
6	原油		
7	汽油(含甲醇汽油、乙醇汽油)、石脑油		8006-61-9(汽油)
8	氢	氢气	1333-74-0
9	苯(含粗苯)		71-43-2
10	碳酰氯	光气	75-44-5
11	二氧化硫		7446-09-5
12	一氧化碳		630-08-0
13	甲醇	木醇、木精	67-56-1
14	丙烯腈	氰基乙烯、乙烯基氰	107-13-1
15	环氧乙烷	氧化乙烯	75-21-8
16	乙炔	电石气	74-86-2
17	氟化氢、氢氟酸		7664-39-3
18	氯乙烯		75-01-4
19	甲苯	甲基苯、苯基甲烷	108-88-3
20	氰化氢、氢氰酸		74-90-8
21	乙烯		74-85-1
22	三氯化磷		7719-12-2
23	硝基苯		98-95-3
24	苯乙烯		100-42-5
25	环氧丙烷		75-56-9
26	一氯甲烷		74-87-3
27	1,3-丁二烯		106-99-0
28	硫酸二甲酯		77-78-1
29	氰化钠		143-33-9
30	1-丙烯、丙烯		115-07-1
31	苯胺		62-53-3
32	甲醚		115-10-6
33	丙烯醛、2-丙烯醛		107-02-8
34	氯苯		108-90-7
35	乙酸乙烯酯		108-05-4
36	二甲胺		124-40-3
37	苯酚	石炭酸	108-95-2
38	四氯化钛		7550-45-0

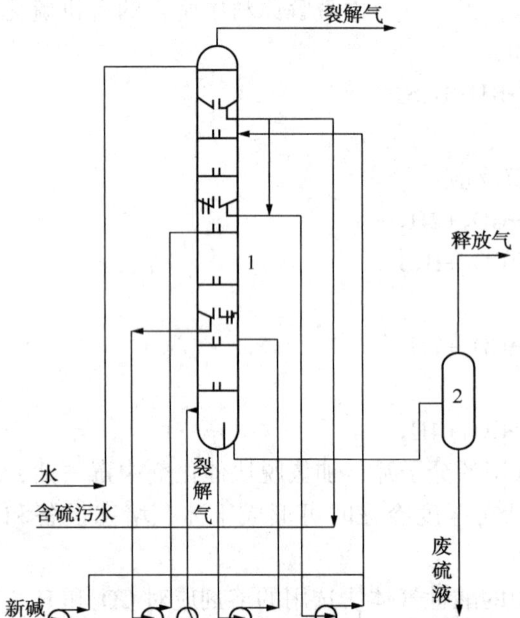

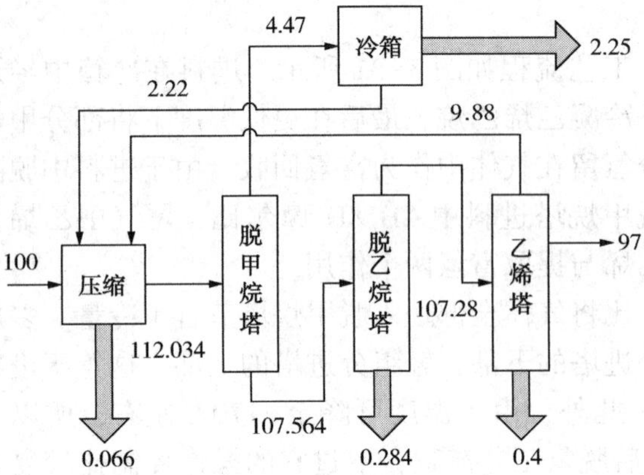

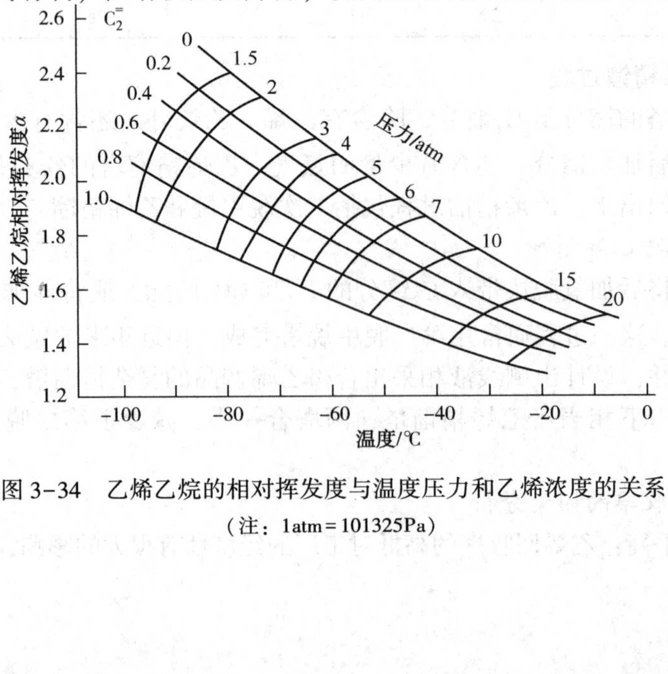

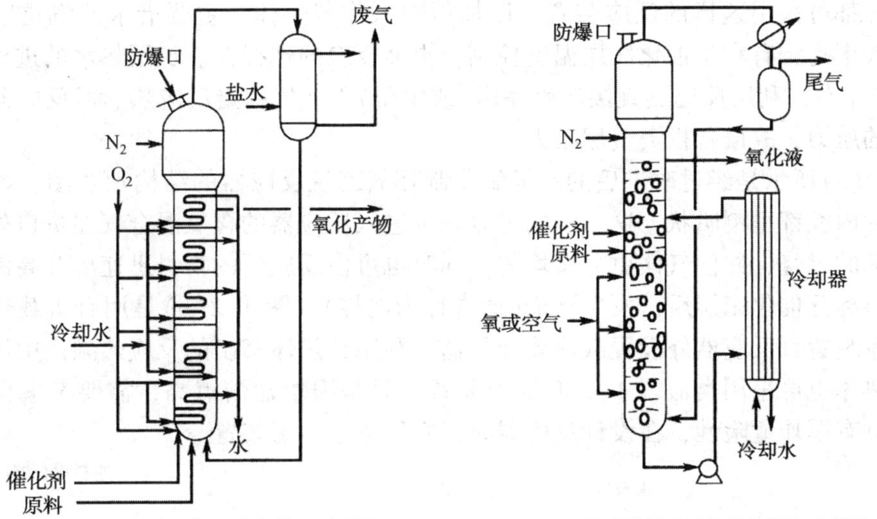

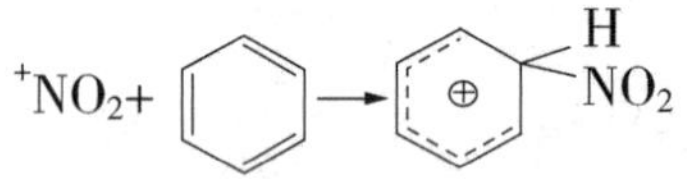

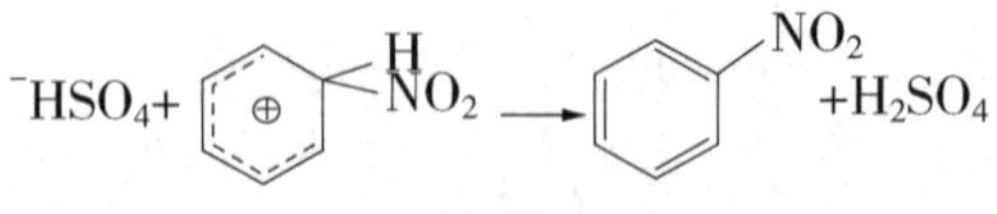

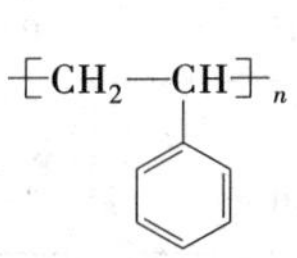 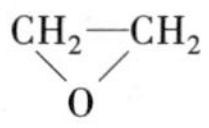 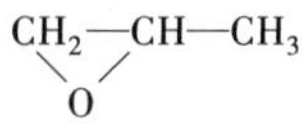 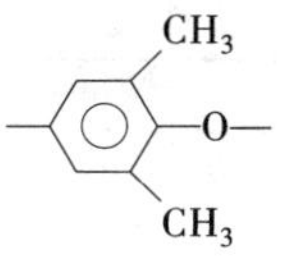 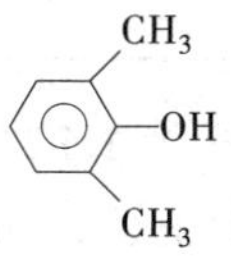 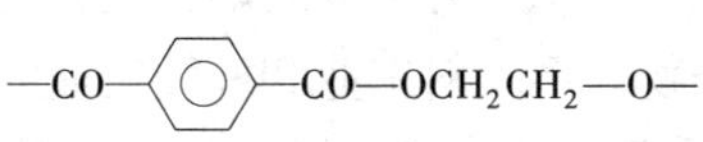 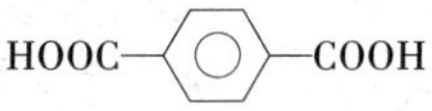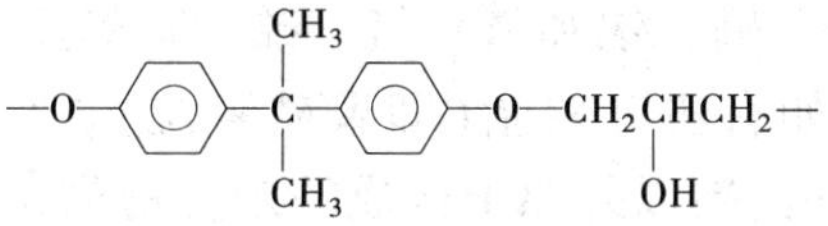 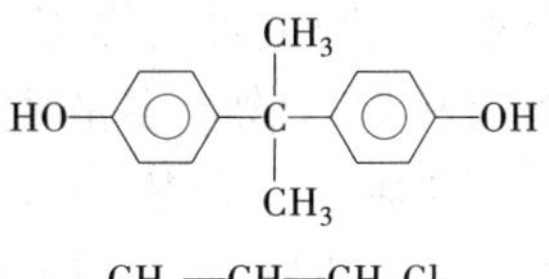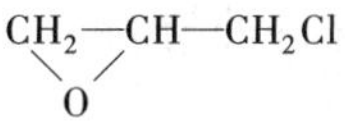 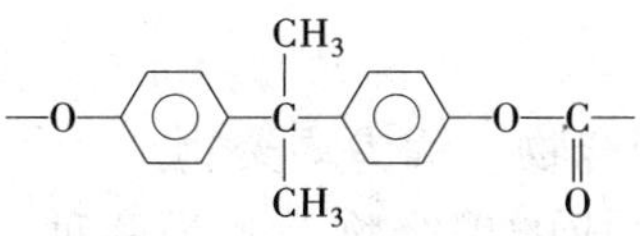 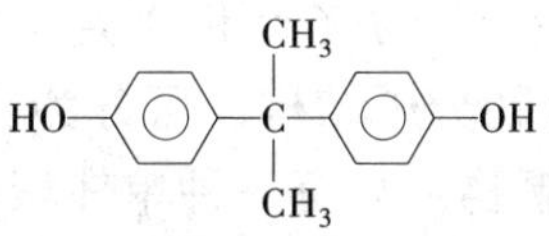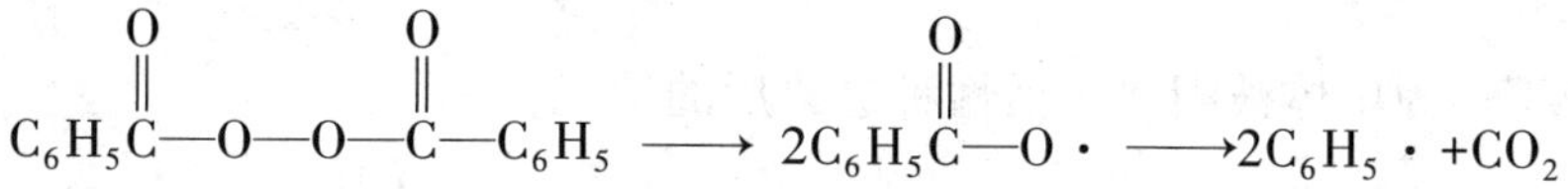

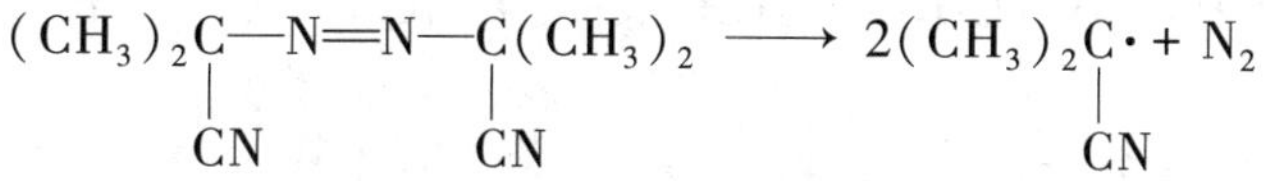

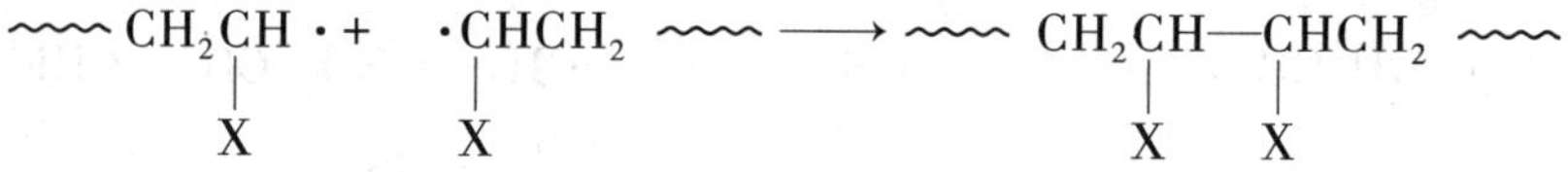

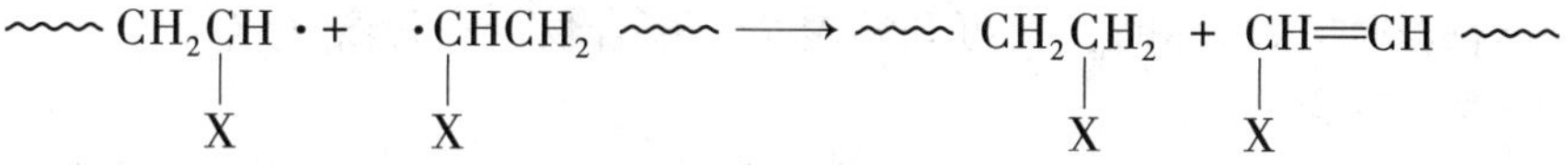

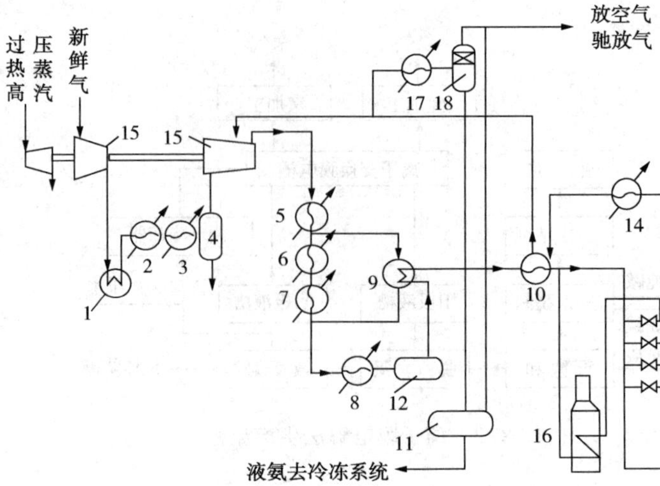

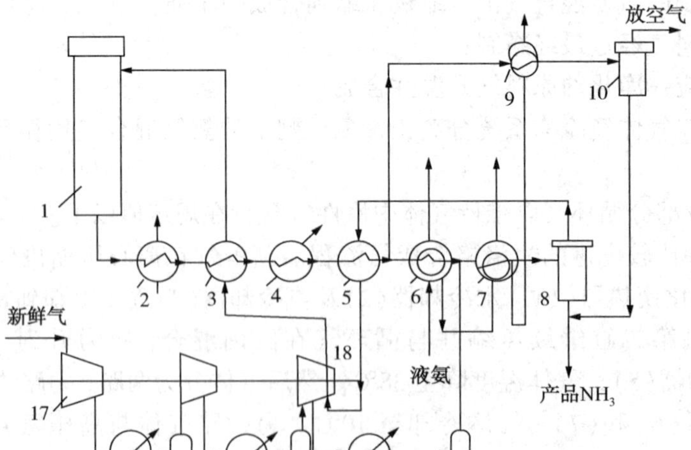

续表

序号	化学品名称	别名	化学物质登录号(CAS 号)
39	甲苯二异氰酸酯	TDI	584-84-9
40	过氧乙酸	过乙酸、过醋酸	79-21-0
41	六氯环戊二烯		77-47-4
42	二硫化碳		75-15-0
43	乙烷		74-84-0
44	环氧氯丙烷	3-氯-1，2-环氧丙烷	106-89-8
45	丙酮氰醇	2-甲基-2-羟基丙腈	75-86-5
46	磷化氢	膦	7803-51-2
47	氯甲基甲醚		107-30-2
48	三氟化硼		7637-07-2
49	烯丙胺	3-氨基丙烯	107-11-9
50	异氰酸甲酯	甲基异氰酸酯	624-83-9
51	甲基叔丁基醚		1634-04-4
52	乙酸乙酯		141-78-6
53	丙烯酸		79-10-7
54	硝酸铵		6484-52-2
55	三氧化硫	硫酸酐	7446-11-9
56	三氯甲烷	氯仿	67-66-3
57	甲基肼		60-34-4
58	一甲胺		74-89-5
59	乙醛		75-07-0
60	氯甲酸三氯甲酯	双光气	503-38-8
61	氯酸钠		7775-9-9
62	氯酸钾		3811-4-9
63	过氧化甲乙酮		1338-23-4
64	过氧化(二)苯甲酰		94-36-0
65	硝化纤维素		9004-70-0
66	硝酸胍		506-93-4
67	高氯酸铵		7790-98-9
68	过氧化苯甲酸叔丁酯		614-45-9
69	*N*,*N′*-二亚硝基五亚甲基四胺		101-25-7
70	硝基胍		556-88-7
71	2,2′-偶氮二异丁腈		78-67-1
72	2,2′-偶氮-二-(2,4-二甲基戊腈)	(即偶氮二异庚腈)	4419-11-8
73	硝化甘油		55-63-0
74	乙醚		60-29-7

0.4.3 重点控制的化工工艺过程及安全技术

国家安全监管总局 2011 年发布了 142 号文，同样对 18 种危险工艺过程作出了明确的安全措施和应急处置原则。18 种危险工艺包括：光气及光气化工艺、电解工艺(氯碱)、氯化工艺、硝化工艺、合成氨工艺、裂解(裂化)工艺、氟化工艺、加氢工艺、重氮化工艺、氧化工艺、过氧化工艺、胺基化工艺、磺化工艺、聚合工艺、烷基化工艺、新型煤化工工艺、电石生产工艺、偶氮化工艺。在后续的章节中将根据这些工艺的特点，以及工艺的典型性，甄选出其中一部分从工艺原理、工艺流程、工艺安全控制等方面加以分析介绍。

0.4.4 重大危险源辨识

根据《安全生产法》和国家标准《危险化学品重大危险源辨识》(GB 18218—2018)的规定，重大危险源辨识条件包括场所和临界量两个方面。

(1) 场所

① 储罐区(储罐)；②库区(库)；③生产场所；④压力管道；⑤锅炉；⑥压力容器；⑦煤矿(井工开采)；⑧金属非金属地下矿山；⑨尾矿库。可见，前六类重大危险源均与化工生产有关。

(2) 临界量

临界量是指国家法律规定和条例中有关于特定条件下，某种危险物质所规定的数量，若超过该数量，则容易引发重大工业事故。所以，控制危险源(设备、设施或场所)的临界数量，对防止重大工业灾害事故至关重要。

0.4.5 危险化学品重大危险源分级

危险化学品重大危险源根据其危险程度分为一级、二级、三级、四级，一级为最高级别。

1. 分级指标 R

$$R = \alpha \sum_{i=1}^{n} \frac{\beta_i q_i}{Q_i}$$

式中 β——危险化学品单品危险性校正系数；

α——500m 范围内厂外暴露人员校正系数；

q_i——每种危险化学品实际存在(在线)量，t；

Q_i——与各危险化学品相对应的临界量，t。

2. 分级标准

危险化学品重大危险源级别划分情况见表 0-2。

表 0-2 危险化学品重大危险源级别划分

危险化学品重大危险源级别	R 值	危险化学品重大危险源级别	R 值
一级	$R \geq 100$	三级	$10 \leq R < 50$
二级	$50 \leq R < 100$	四级	$R < 10$

0.5 危险化学品管理和贮运安全技术

我国对危险化学品的安全管理已在《危险化学品安全管理条例》中，就危险化学品的生产、储存、使用安全、经营安全、运输安全、应急处置、法律责任等方面的规范从法律角度做了详细的规定，是必须遵守的危化品安全管理律法。

危化品在生产、贮存、经营、运输过程中依法管理的最终目的是防泄漏、防火、防爆、防毒、防腐蚀、防污染。涉及危化品生产、贮存、经营、运输的企业都有各自详尽的安全管理要求。这些管理要求中，危化品贮存的安全要求最为典型。其他企业的管理要求多参照其作出相应的规定。

0.5.1 危险化学品储存的安全要求

化学危险品仓库是贮存易燃、易爆等化学危险品的场所，仓库选址必须适当，建筑物必须符合规范要求，做到科学管理，确保其贮存、保管安全。

贮存保管的安全要求：

① 化学物质的贮存限量，由当地主管部门与公安部门规定；

② 交通运输部门应在车站、码头等地修建专用贮存化学危险物质的仓库；

③ 贮存化学危险物质的地点及建筑结构，应根据国家有关规定设置，并充分考虑对周围居民区的影响；

④ 化学危险物品露天存放时应符合防火、防爆的安全要求；

⑤ 安全消防卫生设施，应根据物品危险性质设置相应的防火、防爆、泄压、通风、温度调节、防潮防雨等安全措施；

⑥ 必须加强出入库验收，避免出现差错。特别是对爆炸物质、剧毒物质和放射性物质，应采取双人收发、双人记账、双人双锁、双人运输和双人使用的“五双制”方法加以管理；

⑦ 经常检查，发现问题及时处理，根据危险品库房物性及灭火办法的不同，应严格按表 0-3 的规定分类储存。

0.5.2 危险化学品分类贮存的安全要求

化学危险物品的分类贮存原则见表 0-3。

表 0-3 化学危险物品分类贮存原则

组别	物质名称	贮存原则	附注
爆炸性物质	叠氮铅、雷汞、三硝基甲苯、硝化棉(含氮量在 12.5%以上)、硝铵炸药等	不准与任何其他种类的物质共同贮存，必须单独贮存	
易燃和可燃气液体	汽油、苯、二硫化碳、丙酮、甲苯、乙醇、石油醚、乙醚、甲乙醚、环氧乙烷、甲酸甲酯、甲酸乙酯、乙酸乙酯、煤油、丁烯醇、乙醛、丁醛、氯苯、松节油、樟脑油等	不准与其他种类的物质共同贮存	如数量很少，允许与固体易燃物质隔开后共存
压缩气体和液化气体	可燃气体：氢、甲烷、乙烯、丙烯、乙炔、丙烷、甲醚、氯乙烷、一氧化碳、硫化氢等	除不燃气体外，不准与其他种类的物质共同贮存	氯兼有毒害性
	不燃气体：氮、二氧化碳、氖、氩、氟里昂等	除可燃气体、助燃气体、氧化剂和有毒物质外，不准与其他种类物质共同贮存	
	助燃气体：氧、压缩空气、氯等	除不燃气体和有毒物质外，不准与其他种类的物质共同贮存	

续表

组别	物质名称	贮存原则	附注
遇水或空气能自燃物质	钾、钠、磷化钙、锌粉、铝粉、黄磷、三乙基铝等	不准与其他种类的物质共同贮存	钾、钠须浸入石油中，黄磷须浸入水中
易燃固体	赛璐珞、赤磷、萘、樟脑、硫黄、三硝基苯、二硝基甲苯、二硝基萘、三硝基苯酚等	不准与其他种类的物质共同贮存	赛璐珞须单独贮存
氧化剂	①能形成爆炸性混合物的氧化剂：氯酸钾、氯酸钠、硝酸钾、硝酸钠、硝酸钡、次氯酸钙、亚硝酸钠、过氧化钠、过氧化钡、30%的过氧化氢等 ②能引起燃烧的氧化剂：溴、硝酸、硫酸、铬酸、高锰酸钾、重铬酸钾等	除惰性气体外，不准与其他种类的物质共同贮存	过氧化物，有分解爆炸危险，应单独贮存。过氧化氢应贮存在阴凉处，表中的两类氧化剂应隔离贮存
毒害物质	光气、五氧化二砷、氰化钾、氰化钠等	除不燃气体和助燃气体外，不准与其他种类的物质共同贮存	

1. 爆炸物质储存的安全要求

1）爆炸性物质必须存放在专用仓库内。贮存爆炸性物质的仓库禁止设在城镇、市区和居民聚居的地方。并且应当与周围建筑、交通要道、输电线路等保持一定的安全距离。

2）存放爆炸性物质的仓库，不得同时存放相抵触的爆炸物质，并不得超过规定的贮存数量。如雷管不得与其他炸药混合贮存。

3）一切爆炸性物质不得与酸、碱、盐类以及某些金属、氧化剂等同库贮存。

4）为了通风、装卸和便于出入检查，爆炸性物质堆放时，堆垛不应过高过密。

5）爆炸性物质仓库的温度、湿度应加强控制和调节。

2. 压缩气体和液化气体储存的安全要求

1）压缩气体和液化气体不得与其他物质共同贮存；易燃气体不得与助燃气体、剧毒气体共同贮存；易燃气体和剧毒气体不得与腐蚀性物质混合贮存；氧气不得与油脂混合贮存。

2）液化石油气贮罐区的安全要求。液化石油气贮罐区，应布置在通风良好且远离明火或散发火花的露天地带。不宜与易燃、可燃液体贮罐同组布置，更不应设在一个土堤内。压力卧式液化气罐的纵轴，不宜对着重要建筑物、重要设备、交通要道及人员集中的场所。

液化石油气罐既可单独布置，也可成组布置。成组布置时，组内贮罐不应超过两排。一组贮罐的总容量不应超过 6000m^3。

贮罐与贮罐组的四周可设防火堤，两相邻防火堤外侧的基脚线之间的距离不应小于 7m，堤高不超过 0.6m。

液化石油气贮罐的罐体基础的外露部分及贮罐组的地面应为非燃烧材料，罐上应设有安全阀、压力计、液面计、温度计以及超压报警装置。无绝热措施时，应设淋水冷却设施。贮罐的安全阀及放空管应接入全厂性火炬。独立贮罐的放空管应通往安全地点放空。安全阀和贮罐之间安装有截止阀，应常开并加铅封。贮罐应设置静电接地及防雷设施，罐区内的电气设备应防爆。

3）对气瓶贮存的安全要求。贮存气瓶的仓库应为单层建筑，设置易揭开的轻质屋顶，地坪可用沥青砂浆混凝土铺设，门窗都向外开启，玻璃涂以白色。库温不宜超过 35℃，有通风降温措施。瓶库应用防火墙分隔为若干单独分间，每一分间有安全出入口。气瓶仓库的最大贮存量应按有关规定执行。

对直立放置的气瓶应设有栅栏或支架加以固定，以防止倾倒。卧放气瓶应加以固定，以防止滚动。盛气瓶的头尾方向在堆放时应一致。高压气瓶的堆放高度不宜超过五层。气瓶应远离热源并旋紧安全帽。对盛装易发生聚合反应的气体的气瓶，必须规定贮存限期。随时检查有无漏气和堆垛不稳的情况，如检查中发现有漏气时，应首先做好人身保护，站立在上风处，向气瓶倾浇冷水，使其冷却后再去旋紧阀门。若发现气瓶燃烧，可以根据所盛气体的性质，使用相应的灭火器具。但最主要的是用雾状水去喷射，使其冷却再进行扑灭。

扑灭有毒气体气瓶的燃烧，应注意站在上风向，并使用防毒面具，切勿靠近气瓶的头部尾部，以防发生爆炸造成伤害。

3. 易燃液体贮存的安全要求

1）易燃液体应贮存于通风阴凉处，并与明火保持一定的距离，在一定区域内严禁烟火。

2）沸点低于或接近夏季气温的易燃液体，应贮存于有降温设施的库房或贮罐内。盛装易燃液体的容器应保留不少于5%容积的空隙，夏季不可曝晒。易燃液体的包装应无渗漏，封口要严密。铁桶包装不宜堆放太高，防止发生碰撞、摩擦而产生火花。

3）闪点较低的易燃液体，应注意控制库温。气温较低时容易凝结成块的易燃液体，受冻后易使容器胀裂，故应注意防冻。

4）易燃、可燃液体贮罐分地上、半地上和地下三种类型。地上贮罐不应与地下或半地下贮罐布置在同一贮罐组内，且不宜与液化石油气贮罐布置在同一贮罐组内。贮罐组内贮罐的布置不应超过两排。在地上和半地下的易燃、可燃液体贮罐的四周应设置防火堤。

5）贮罐高度超过17m时，应设置固定的冷却和灭火设备，低于17m时，可采用移动式灭火设备。

6）闪点低、沸点低的易燃液体贮罐应设置安全阀并有冷却降温设施。

7）贮罐的进料管应从罐体下部接入，以防止液体冲击飞溅产生静电火花引起爆炸。贮罐及其有关设施必须设有防雷击、防静电设施，并采用防爆电气设备。

8）易燃、可燃液体桶装库应设计为单层仓库，可采用钢筋混凝土排架结构，设防火墙分隔数间，每间应有安全出口，桶装的易燃液体不宜于露天堆放。

4. 易燃固体贮存的安全要求

1）贮存易燃固体的仓库要求阴凉、干燥，要有隔热措施，忌阳光照射，易挥发、易燃固体应密封堆放，仓库要求严格防潮。

2）易燃固体多属于还原剂，应与氧和氧化剂分开贮存。有很多易燃固体有毒，故贮存中应注意防毒。

5. 自燃物质贮存的安全要求

1）自燃物质不能与易燃液体、易燃固体、遇水燃烧物质混放贮存，也不能与腐蚀性物质混放贮存。

2）自燃物质在贮存中，对温度、湿度的要求比较严格，必须贮存于阴凉、通风干燥的仓库中，并注意做好防火、防毒工作。

6. 遇水燃烧物质贮存的安全要求

1）遇水燃烧物质的贮存应选在地势较高的地方，在夏令暴雨季节保证不进水，堆垛时要用干燥的枕木或垫板。

2）贮存遇水燃烧物质的库房要求干燥，要严防雨雪的侵袭。库房的门窗可以密封。库房的相对湿度一般保持在75%以下，最高不超过80%。

3）钾、钠等应贮存于不含水分的矿物油或石蜡油中。

7. 氧化剂贮存的安全要求

1）一级无机氧化剂与有机氧化剂不能混放贮存，不能与其他弱氧化剂混放贮存；不能与压缩气体、液化气体混放贮存；氧化剂与有毒物质不得混放贮存。有机氧化剂不能与溴、过氧化氢、硝酸等酸性物质混放贮存。硝酸盐与硫酸、发烟硫酸、氯磺酸接触时都会发生化学反应，不能混放贮存。

2）贮存氧化剂应严格控制温度、湿度。可以采取整库密封、分垛密封与自然通风相结合的方法。在不能通风的情况下，可以采用吸潮和人工降温的方法。

8. 有毒物质贮存的安全要求

1）有毒物质应贮存在阴凉通风的干燥场所，要避免露天存放，不能与酸类物质接触。

2）严禁与食品同存一库。

3）包装封口必须严密，无论是瓶装、盒装、箱装或其他包装，外面均应贴(印)有明显名称和标志。

4）工作人员应按规定穿戴防毒用具，禁止用手直接接触有毒物质。贮存有毒物质的仓库应有中毒急救、清洗、中和、消毒用的药物等备用。

9. 腐蚀性物质贮存的安全要求

1）腐蚀性物质均须贮存在冬暖夏凉的库房里，保持通风、干燥，防潮、防热。

2）腐蚀性物质不能与易燃物质混合贮存，可用墙分隔同库贮存不同的腐蚀性物质。

3）采用相应的耐腐蚀容器盛装腐蚀性物质，且包装封口要严密。

4）贮存中应注意控制腐蚀性物质的贮存温度，防止受热或受冻造成容器胀裂。

0.5.3 危险化学品的运输安全

1. 危险化学品运输的装配条件

化学危险物质的危险性各不相同，性质相抵触的物品相遇后往往会发生燃烧爆炸事故，发生火灾时，使用的灭火剂和扑救方法也不完全一样，因此为保证装运中的安全，应遵守有关装配原则。

包装要符合要求，运输应佩戴相应的劳动保护用品和配备必要的紧急处理工具。搬运时必须轻装轻卸，严禁撞击、震动和倒置。

2. 危险化学品运输的安全事项

（1）公路运输安全事项

汽车装运化学危险物品时，应悬挂运送危险货物的标志。在行驶、停车时要与其他车辆、高压线、人口稠密区、高大建筑物和重点文物保护区保持一定的安全距离，按当地公安机关指定的路线和规定时间行驶。严禁超车、超速、超重，防止摩擦、冲击。车上应设置相应的安全防护设施。

（2）铁路运输安全事项

铁路是运输化工原料和产品的主要工具。通常对易燃、可燃液体采用槽车运输，装运其他危险货物使用专用危险品货车。

装卸易燃、可燃液体等危险物品的栈台应为非燃烧材料建造。栈台每隔60m设安全梯，以便于人员疏散和扑救火灾。电气设备应为防爆型。栈台应备有灭火设备和消防给水设施。

蒸汽机车不宜进入装卸台，如必须进入时应在烟囱上安装火星熄灭器，停车时应用木垫，而不用刹车，以防止打出火花。

装车用的易燃液体管道上应装设紧急切断阀。

槽车不应漏油。装卸油管流速也不宜过快，连接管应良好接地，以防止静电火花的产生。雷雨时应停止装卸作业，夜间检查不能用明火或普通手电筒照明。

（3）水陆运输安全事项

船舶在装运易燃易爆物品时应悬挂危险货物标志，严禁在船上动用明火，燃煤拖轮应装设火星熄灭器，且拖船尾至驳船首的安全距离不应小于50m。

装运闪点小于28℃的易燃液体的机动船舶，要经当地检查部门的认可，木船不可装运散装的易燃液体、剧毒物质和放射性等危险性物质。

装卸易燃液体时，应将岸上输油管与船上输油管连接紧密，并将船体与抽泵船（油泵站）的金属体用直径不小于2.5mm的导线连接起来。装卸油时，应先接导线，后接管装卸，当装卸完毕，先卸油管，后拆导线。

还应注意，卸货完毕后必须彻底进行清扫。对装过剧毒物品的船和车，卸货结束，立即洗刷消毒，否则严禁使用。

3. 危险化学品的包装及标志

（1）包装

化学危险物品的包装应遵照《危险货物运输规则》《气瓶安全检查规则》和原化学工业部《液化气体铁路槽车安全管理规定》等有关要求办理。

（2）包装标志

为了给人们以醒目的提示和指令，便于安全管理，凡是出厂的易燃、易爆、有毒等产品，应在包装好的物品上牢固清晰印贴专用包装标志。包装标志的名称、适用范围、图形、额色和尺寸等基本要求应符合《危险货物包装标志》（GB 190—2009）的规定。

4. 化学品安全标签的内容、设计和使用

化学品安全标签应包括：化学品名称、分子式、化学成分、编号、标志、警示词、危险性概述、安全措施、灭火方法，以及生产企业的名称、地址、邮编、电话、应急咨询电话等。

化学品安全标签需按照《化学品安全标签编写规定》（GB 15258—2009）设计与编写。

1）名称用中英文分别标明危险化学品的通用名称，要求名称醒目、清晰，位于正中上方。

2）分子式可用元素符号和数字表示分子中各原子数，位于名称的下方。

3）化学成分及组成标出化学品的主要成分和含有的有害组分、含量或浓度。

4）应标明联合国危险货物运输编号（UN No.）和中国危险货物运输编号（CN No.）。

5）应根据化学品的危险程度，分别用“危险”“警告”“注意”等警示词进行警示。当某种化学品具有一种以上的危险性时，使用危险性最大的警示词。警示词一般位于化学品名称下方，要求醒目、清晰。警示词与化学品危险性类别的对应关系见表0-4。

表 0-4 警示词与化学品危险性类别的对应关系

警 示 词	化学品危险性类别
危险	爆炸品、易燃气体、有毒气体、低闪点液体、一级自燃物品、一级遇湿易燃物品、一级氧化剂、有机过氧化物、剧毒品、一级酸性腐蚀品
警告	不燃气体、中闪点液体、一级易燃固体、二级自燃物品、二级遇湿易燃物品、二级氧化剂、有毒品、二级酸性腐蚀品、一级碱性腐蚀品
注意	高闪点液体、二级易燃固体、有害品、二级碱性腐蚀品、其他腐蚀品

6）危险性概述应简要概述燃烧、爆炸危险特性、毒性、对人体健康和环境的危害等。说明要与安全技术说明书的内容相一致。

7）在化学品处置、搬运、储存和使用作业中必须注意的事项和发生意外时简单有效的救护措施等安全措施表述，要求内容简明扼要、重点突出。

8）若化学品为易(可)燃或助燃物质，则应提示有效的灭火剂和禁用的灭火剂，以及灭火注意事项。

9）批号注明生产日期及生产班次。生产日期用××××年××月××日表示，班次用××表示。

10）提示向生产销售企业索取安全技术说明书。

11）生产厂(公司)名称、地址、邮编、电话和应急咨询或应急代理电话。

5. 危险物的标志

根据常用危险品的危险特性和类别，国家标准《危险货物包装标志》(GB 190—2009)中采用16种主标志和11种副标志。

（1）主标志

主标志由表示危险特性的图案、文字说明、底色和危险品类别号四个部分组成的菱形标志。

（2）副标志

图形中没有危险品类别号，用来表示其他重要的危险性类别。

习题与练习

1. 化工生产过程的特点有哪些？
2. 什么是重大危险源？如何界定重大危险源？重大危险源如何分级？
3. 解释第一类危险源和第二类危险源。
4. 如何定义危险化学品？危险化学品如何分类？危险化学品的危险特性有哪些？
5. 危险化学品的贮存原则是什么？
6. 危险化学品安全标签的内容有哪些？
7. 危险物的标志有何作用？

1 化工工艺安全基础

【单元导读】

- 熟悉化工安全装置的种类和工业安全应用；
- 了解化工过程检测、监测技术应用；
- 熟悉化工过程本质安全设计技术和应用；
- 掌握化工工艺安全控制技术。

【能力要求】

- 培养对化工安全装置的认识和运用水平；
- 培养对化工工艺安全控制技术。

1.1 化工安全装置工作原理

1. 旁通管(阀)

在石油化工的自动化生产线上，生产进料、出料管上都设有旁通道。其功能是：旁通管通常设置在自动调节阀的上部，装置运行中当仪表自动调节阀正常使用时处于常关状态。当自动调节阀失灵或检修时关闭两侧的检修阀，开启旁通阀，可以连续生产。当设备故障或反应失控时，也可以通过旁道管阀导流，控制事态，降低危险性。如图 1-1 所示。

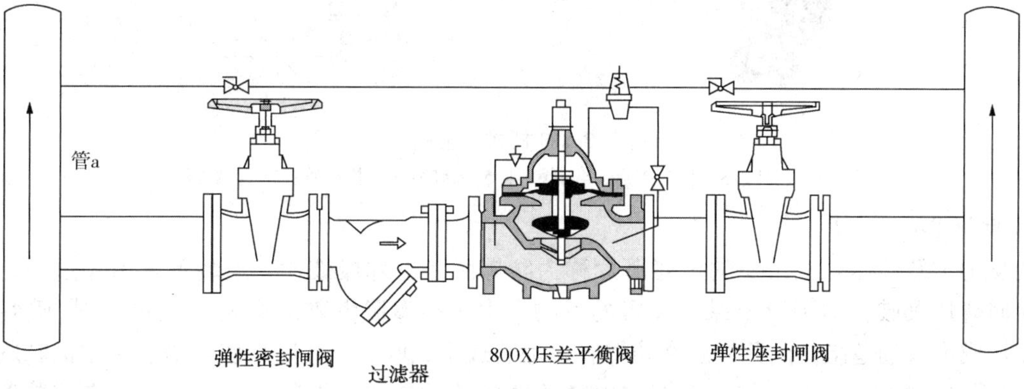

图 1-1 800X 压差旁通阀

2. 紧急切断阀

在生产异常或发生事故等情况时，装置控制室可以通过远程控制，直接切断进料阀门。紧急切断阀一般设置在较危险的装置进料管上，其两侧设有检修阀。

3. 安全阀、放空管、回收管、火矩

当反应器或装置内压力超过一定值时，安全阀(如图 1-2、图 1-3 所示)会自行开启泄压或放空。为确保放空物料不造成污染，安全阀上加装放空回收管，将放空物料回收到物料槽(罐)中储存或放空至火炬焚烧。但也有一些生产技术较落后或生产条件较差的企业不设回收管，发生事故时直接放空。放空物料(喷料)不回收会导致燃烧爆炸或扩大事故灾害。直接防空的管路应安装阻火器。

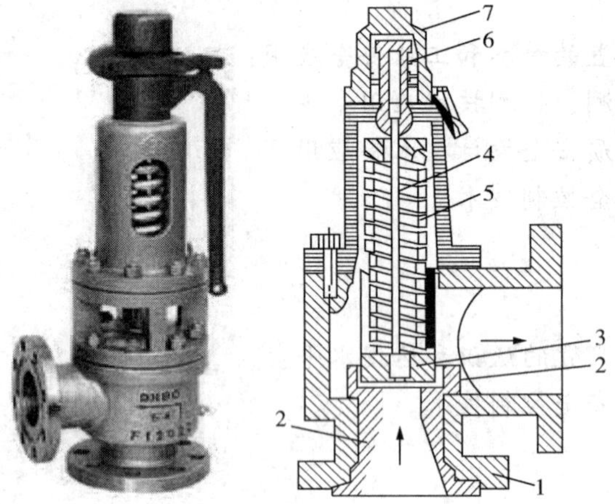

图 1-2　弹簧式安全阀

1—阀体；2—阀座；3—阀芯；4—阀杆；5—弹簧；6—螺帽；7—阀盖

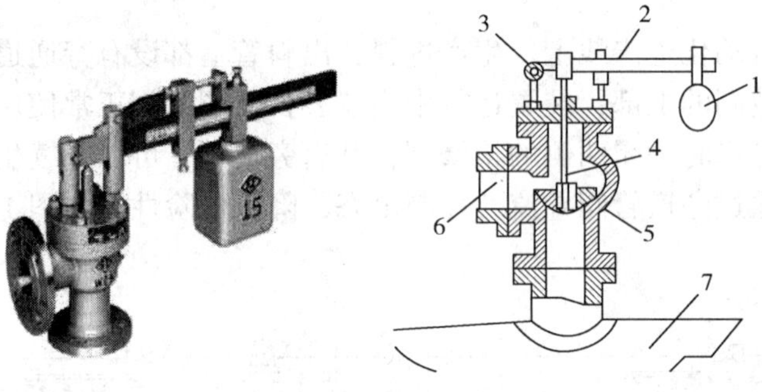

图 1-3　杠杆式安全阀

1—重锤；2—杠杆；3—杠杆支点；4—阀芯；5—阀座；6—排出管；7—容器或设备

4. 防爆膜(爆破片)

在压力装置泄压孔上设置的金属薄片称为防爆膜，也称爆破片。当装置压力超过一定值时，金属薄片爆破，达到泄压保护装置的目的。由于防爆膜爆破后会发生大量冲料(喷料)，对装置构成更大的危险。因此一般在防爆膜上加装放空回收管，将防爆膜爆破后冲出的物料回收到槽(罐)或放空至火炬焚烧。但有些生产条件较差的装置不加装放空回收管。有些装置设双层防爆膜，并在防爆膜之间安装数据采集装置以增加反应的安全性。爆破片安装见图 1-4。

5. 数据资料采集装置

为了控制工艺参数，提高石油化工生产质量和效率，也为了生产安全，一般石油化生产设备在装置的不同部位装有温度、压力、物料(产品)等数据采集和采样装置，这些装置为操作、控制人员提供第一线真实资料，数据采集装置失灵，对生产安全将会构成极大威胁。

6. 氮气、蒸汽吹扫系统

多数石油化工装置安装有氮气和蒸汽吹扫系统，这些系统的管网与装置紧密相连，当生产工艺需要时，自动或手动开启氮气或蒸汽系统可以为生产工艺服务；当设备抢修时可以对装置进行吹扫置换，为抢修提供安全保障；当装置发生故障或意外事故时，可以吹扫管路，加速气化，增加流速，防止物料沉积和堵塞，可以稀释物料、降低浓度、减缓反应或加压保护物料，也可以作为处置泄漏及火灾事故的稀释剂和灭火剂。

7. 报警装置、灭火装置

温度、压力、流速等工艺参数发生异常时在控制室发生的报警，生产装置及附近安装的可燃气体、有毒气体浓度检测、报警装置，都是石油化工生产中重要的安全装置。为了确保装置事故后能快速有效处置，许多化工装置设置了水喷淋系统，泡沫喷淋系统，高压消火栓系统和固定消防炮冷却、灭火系统，这些灭火设施在一定条件下会发挥重要的控制事态发展的作用。

8. 管线标识

石油化工生产管线纵横交错，错综复杂，为了便于管理，在行业中规定了管线的基本标识，不仅便于生产工人操作，也有利于灭火救援中的操作。通常情况下，易腐蚀的物料管线用不锈钢作材料，不涂颜色；循环水管线涂墨绿颜色；酸(碱)液管线涂粉红颜色；氮气吹扫管线涂淡黄色；放空管线(紧急出料管线)涂黄色；消防供水、灭火剂输送管线涂红色；水蒸气管线设保温层外包白铁皮；主物料管线不涂色。

9. 防静电装置

工业过程中消除静电的方法很多，包括合理选材、控制物料流动速度、静置、接地、增湿、加抗静电剂等措施。同时还可以通过静电消除设备防止静电，静电消除器是一种产生电子或离子的装置，借助于产生的电子或离子中和物体上的静电，从而达到消除静电的目的。静电消除器具有不影响产品质量、使用比较方便等优点。常用的静电消除器有以下几种。

图 1-4　爆破片安装图

1—法兰；2—密封件；3—爆破片

(1) 感应式消除器

这是一种没有外加电源、最简便的静电消除器，可用于石油、化工、橡胶等行业。它由若干只放电针、放电刷或放电线及其支架等附件组成。生产资料上的静电在放电针上感应出极性相反的电荷，针尖附近形成很强的电场，当局部场强超过 30kV/cm 时，空气被电离，产生正负离子，与物料电荷中和，达到消除静电的目的。

(2) 高压静电消除器

这是一种带有高压电源和多支放电针的静电消除器，可用于橡胶、塑料行业。它是利用高电压使放电针尖端附近形成强电场，将空气电离以达到消除静电的目的。使用较多的是交流电压消除器。直流电压消除器由于会产生火花放电，不能用于有爆炸危险的场所。

在使用高压静电消除器时，要十分注意绝缘是否良好，要保持绝缘表面的洁净，定期清扫和维护保养，防止发生触电事故。

（3）高压离子流静电消除器

这种消除器是在高压电源作用下，将经电离后的空气输送到较远的需要消除静电的场所。它的作用距离大，距放电器 30~100cm 有满意的消电效能，一般取 60cm 比较合适。使用时，空气要经过净化和干燥，不应有可见的灰尘和油雾，相对湿度应控制在 70%以下，放电器的压缩空气进口处的正压不能低于 0.049~0.098MPa。此种静电消除器，采用了防爆型结构，安全性能良好，可用于爆炸危险场所。如果加上挡光装置，还可以用于严格防光的场所。

（4）放射性辐射消除器

这是利用放射性同位素使空气电离，产生正负离子去中和生产物料上的静电。放射性辐射消除器距离带电体愈近，消电效应就愈好，距离一般取 10~20cm，其中采用 α 射线不应大于 4~5cm；采用 β 射线不宜大于 40~60cm。

放射线辐射消除器结构简单，不要求外接电源，工作时不会产生火花，适用于有火灾和爆炸危险的场所。使用时要有专人负责保养和定期维修，避免撞击，防止射线的危害。

10. 阻火装置

阻火装置的作用是防止外部火焰窜入有火灾爆炸危险的设备、管道、容器，或阻止火焰在设备或管道间蔓延。主要包括阻火器、安全液封、单向阀、阻火闸门等。

（1）阻火器

阻火器的工作原理是使火焰在管中蔓延的速度随着管径的减小而减小，最后可以达到一个火焰不蔓延的临界直径。

阻火器常用在容易引起火灾爆炸的高热设备和输送可燃气体、易燃液体蒸气的管道之间，以及可燃气体、易燃液体蒸气的排气管上。阻火器有金属网、砾石和波纹金属片等形式。

① 金属丝网阻火器：其结构如图 1-5 所示，是用若干具有一定孔径的金属网把空间分隔成许多小孔隙。对一般有机溶剂采用 4 层金属网即可阻止火焰蔓延，通常采用 6~12 层。

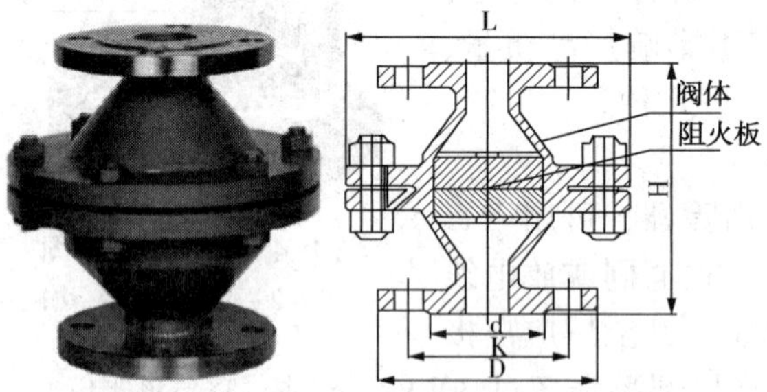

图1-5(a) 金属丝网阻火器

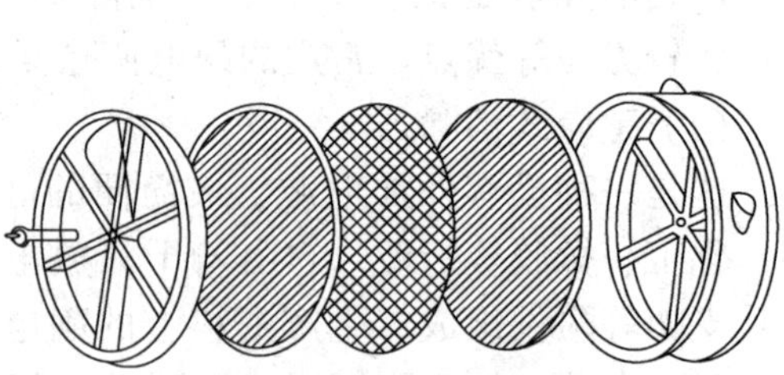
图1-5(b) 金属丝网

② 砾石阻火器：其结构如图 1-6 所示，是用砂粒、卵石、玻璃球等作为填料，这些阻火介质使阻火器内的空间被分隔成许多非直线性小孔，当可燃气体发生燃烧时，这些非直线性微孔能有效地阻止火焰的蔓延，其阻火效果比金属网阻火器更好。阻火介质的直径一般为 3~4mm。

③ 波纹金属片阻火器：其结构如图 1-7 所示，壳体由铝合金铸造而成，阻火层由 0.1~0.2mm 厚的不锈钢带压制成波纹形。两波纹带之间加一层同厚度的平带缠绕成圆形阻火层，

阻火层上形成许多三角形孔隙，孔隙尺寸在 0.45～1.5mm 左右，三角形孔隙有利于阻止火焰通过，阻火层厚度一般不大于 50mm。

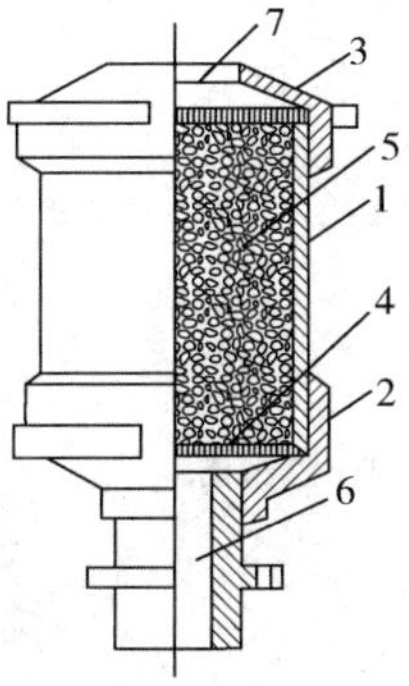

图 1-6　砾石阻火器

1—壳体；2—下盖；3—上盖；4—网格；5—砂粒；6—进口；7—出口

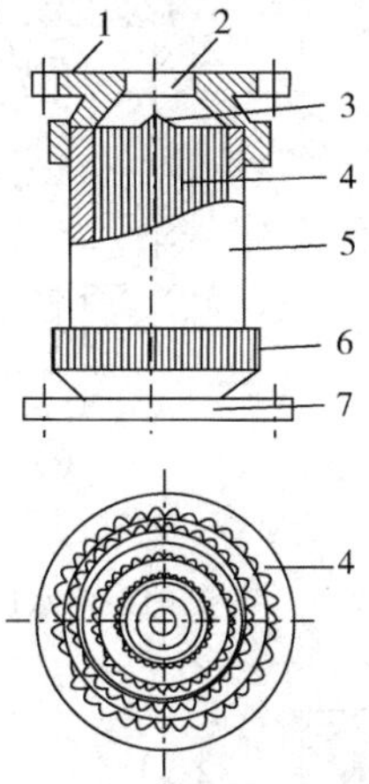

图 1-7　波纹金属片阻火器

1—上盖；2—出口；3—轴芯；4—波纹金属片；5—外壳；6—下盖；7—进口

(2)安全液封

安全液封的阻火原理是液体封在进出口之间，一旦液封的一侧着火，火焰都将在液封处被熄灭，从而阻止火焰蔓延。安全液封一般安装在气体管道与生产设备或气柜之间，一般用水作为阻火介质。

安全液封的结构型式常用的有敞开式和封闭式两种，其结构如图 1-8、图 1-9 所示。

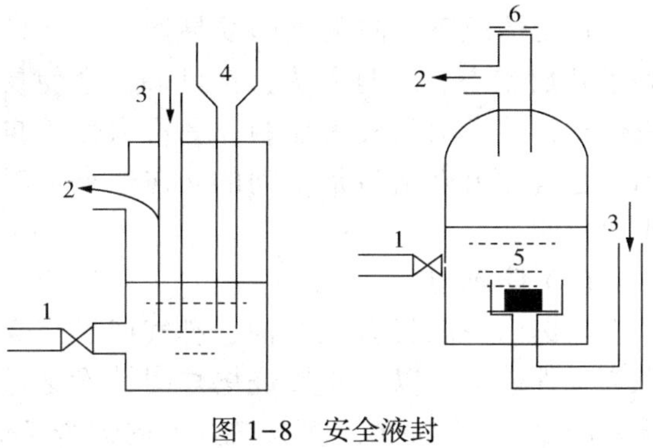

图 1-8　安全液封

1—验水阀；2—气体出口；3—进气管；4—安全管；5—单向阀；6—爆破片

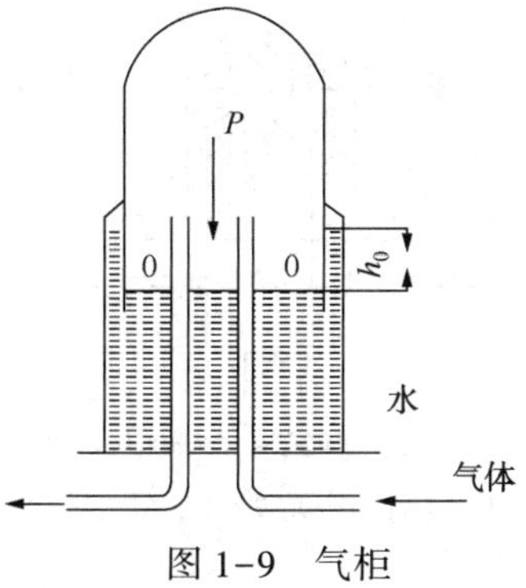

图 1-9　气柜

水封井是安全液封的一种，设置在有可燃气体、易燃液体蒸气或油污的污水管网上，以防止燃烧或爆炸沿管网蔓延，水封井的结构如图 1-10(a)、(b)所示。

(3) 单向阀

又称止逆阀、止回阀，其作用是仅允许流体向一定方向流动，遇有回流即自动关闭。常用于防止高压物料窜入低压系统，也可用作防止回火的安全装置。如液化石油气瓶上的调压阀就是单向阀的一种。生产中用的单向阀有升降式、摇板式、球式等，参见图 1-11~图 1-13。

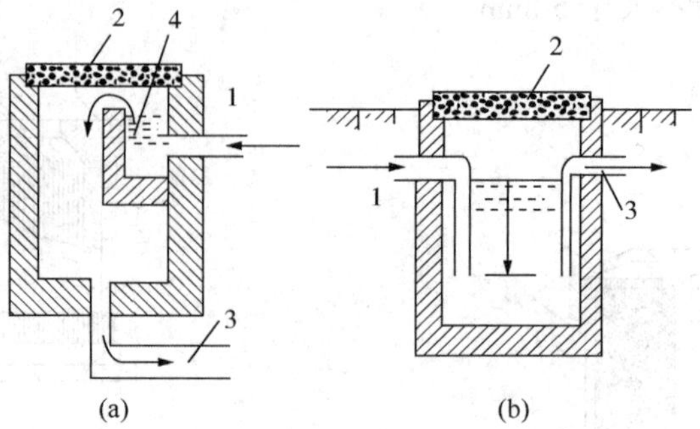

图 1-10　水封井示意图

1—污水进口；2—井盏；3—污水出口；4—溢水槽

图 1-11　升降式单向阀

1—壳体；2—升降阀

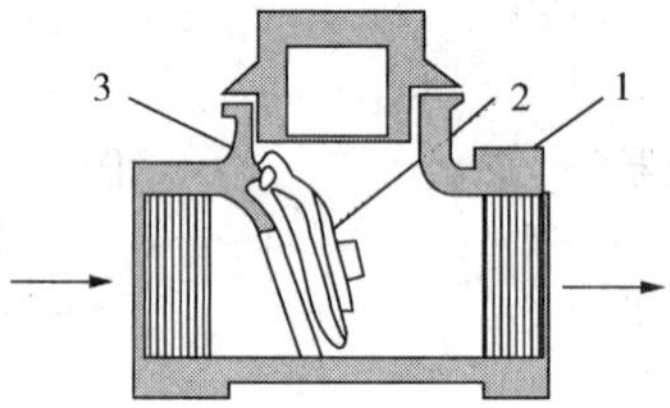

图 1-12　摇板式单向阀

1—壳体；2—阀蕊；3—阀座

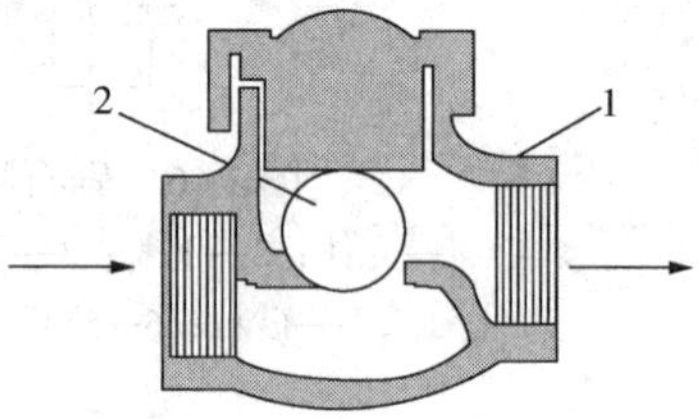

图 1-13　球式单向阀球阀

1—壳体；2—球阀

(4)阻火闸门

阻火闸门是为防止火焰沿通风管道蔓延而设置的阻火装置。图 1-14 所示为跌落式自动阻火闸门。

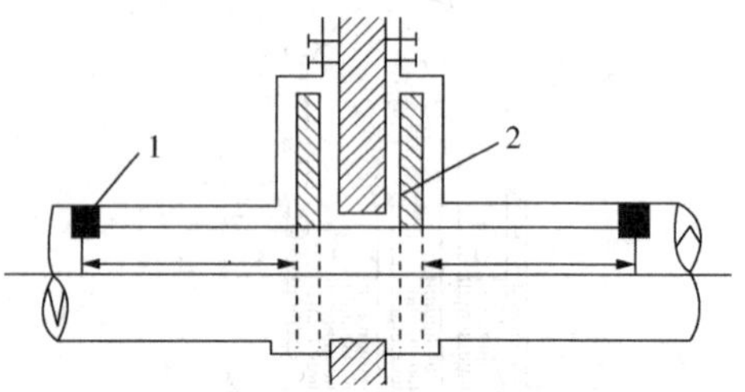

图 1-14　跌落式自动阻火闸门

1—易熔合金元件；2—阻火闸门

正常情况下，阻火闸门受易熔合金元件控制处于开启状态，一旦着火，温度高，会使易熔金属熔化，此时闸门失去控制，受重力作用自动关闭。也有的阻火闸门是手动的，在遇火情时由人迅速关闭。

(5) 防爆门

防爆门一般设置在燃油、燃气或燃烧煤粉的燃烧室外壁上，以防止燃烧爆炸时，设备遭到破坏。防爆门的总面积一般按燃烧室内部净容积 $1m^3$ 不少于 $250cm^2$ 计算。为了防止燃烧气体喷出时将人烧伤，防爆门应设置在人们不常到的地方，高度不低于 2m。图 1-15、图 1-16 为两种不同类型的防爆门。

11. 地面隔断

根据《建筑设计防火规范条文说明》，生产单元之间的墙应无门窗洞口，单元之间的墙砌至屋面板底部的要求可使该隔墙真正起到防火隔断作用，从而把火灾限制在一个单元之内，防止延烧，减少损失。穿越墙体的管道及其缝隙、开口等应采取相关防火措施。

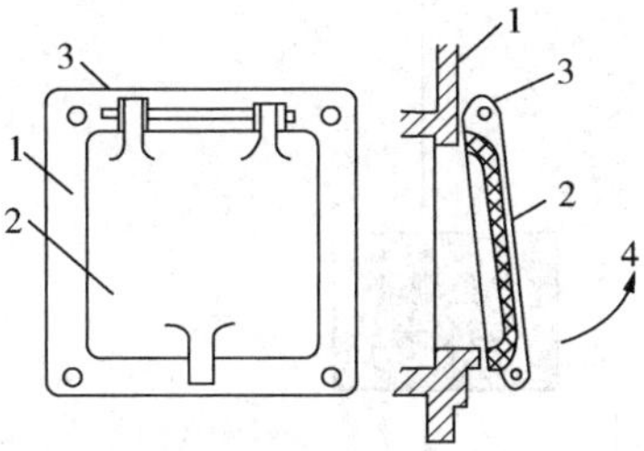

图 1-15 向上翻开的防爆门

1—防爆门的门框；2—防爆门；

3—转轴；4—防爆门动作方向

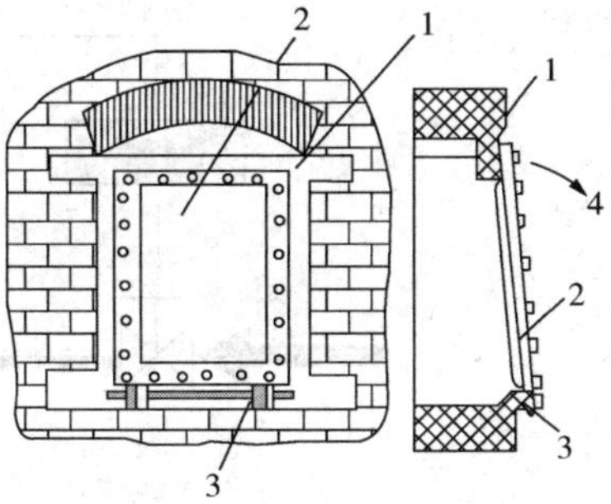

图 1-16 向下翻开的防爆门

1—燃烧室外壁；2—防爆门；

3—转轴；4—防爆门动作方向

12. 灭火装置

工业企业的灭火装置包括消防给水设施、冷却喷淋设备、消防水幕、带架水枪、各种规格灭火器等。

1.2 化工工艺过程检测、监测技术

1.2.1 化工生产过程自动化系统

生产过程自动化系统一般包括四种自动化系统，即自动检测系统、自动保护系统、自动操纵和开停车系统、自动控制系统。

1）自动检测系统：利用各种化工测量仪表对各种工艺参数进行测量、指示或记录的，称为自动检测系统。它代替了操作人员对工艺参数的不断观察与记录，起到人的眼睛的作用。

2）自动信号和联锁保护系统：当工艺参数超过了允许范围，在事故即将发生以前，信号系统就自动地发出声光信号，告诫操作人员注意，并及时采取措施。当工况已到达危险状态时，联锁系统立即自动采取紧急措施，打开安全阀或切断某些通路，必要时紧急停车，以防止事故的发生和扩大。它是生产过程中的一种安全装置。

3）自动操纵及自动开停车系统：自动操纵系统可以根据预先规定的步骤自动地对生产设备进行某种周期性操作。自动开停车系统可以按照预先规定好的步骤，将生产过程自动地投入运行或自动停车。

4）自动控制系统：在被控变量受到外界干扰（扰动）的影响而偏离正常状态时，自动控制系统能自动地控制而使被控变量回到规定的数值范围内。

自动控制系统由被控制对象（如液位、压力、温度、流量等）和自动化装置组成。

自动控制系统由测量仪表（尤如人的眼睛）、控制器（相当于人的大脑）、执行器（相当于人的手脚）组成。

如图 1-17 所示，就是一个液位自动控制系统。

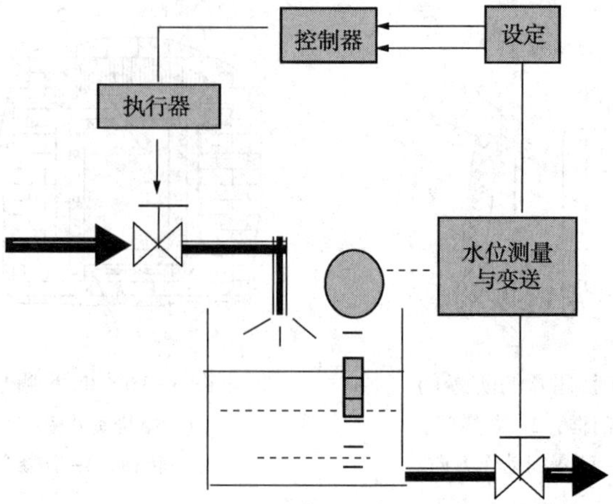

图 1-17　液位的控制系统

1.2.2　工业仪表的分类

1. 按信息的获得、传递、反应和处理的过程分类

1）检测仪表：作用是获取信息，并对获取的信息进行适当的转换。

2）显示仪表：作用是将检测仪表获得的信息显示出来。

3）集中控制装置：包括各种巡回检测仪、巡回控制仪等。

4）控制仪表：可以根据需要对输入信号进行各种运算。

5）执行器：可以接受控制仪表的输出信号或直接来自操作员的指令，对生产过程进行操作或控制。

2. 按仪表所使用的能源分类

气动仪表、电动仪表、液动仪表。

3. 按仪表的组成形式分类

1）基地式仪表，特点是将测量、显示、控制等各部分集中组装在一个表壳里，形成一个整体。这种仪表比较适于在现场做就地检测和控制，但不能实现多种参数的集中显示与控制。这在一定程度上限制了基地式仪表的应用范围。

2）单元组合仪表，是将对参数的测量及其变送、显示、控制等各部分，分别制成能独立工作的单元仪表(简称单元，例如变送单元、显示单元、控制单元等)。这些单元之间以统一的标准信号互相联系，可以根据不同要求，方便地将各单元任意组合成各种控制系统，适用性和灵活性都很好。化工生产中的单元组合仪表有电动单元组合仪表和气动单元组合仪表两种。国产的电动单元组合仪表简称 DDZ 仪表；气动单元组合仪表简称 QDZ 仪表。

1.2.3　过程检测与控制

过程检测与控制是一个内容广泛的学科，在工业过程中有大量的参数需要通过自动控制来实现过程的自动化，然而自动控制的基础是仪表系统准确而自动的测量，二者必须紧密配合。图 1-18 说明了生产过程检测与自动控制的关系。

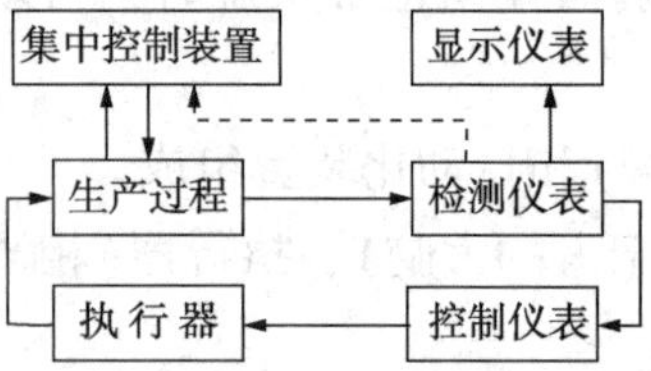

图 1-18　生产过程自动控制的实现

1.3 化工工艺过程本质安全化设计技术

1.3.1 化工过程安全保护层次

毫无疑问，化工生产过程是存在诸多安全隐患和风险的，对化工生产过程的安全保护有以下保护层次。

1）化工过程本质安全设计技术；

2）基本工艺参数监测与控制；

3）关键参数报警；

4）工艺联锁系统或紧急停车程序；

5）冗余系统（为增加系统的可靠性，而采取两套或两套以上相同、相对独立配置的设计）设置；

6）物理保护措施；

7）事故应急状态。

1.3.2 本质安全化设计技术

本质安全是指通过设计等手段使生产设备或生产系统本身具有安全性，即使在误操作或发生故障的情况下也不会造成事故的功能。具体包括失误–安全（误操作不会导致事故发生或自动阻止误操作）、故障–安全功能（设备、工艺发生故障时还能暂时正常工作或自动转变安全状态），现行相关标准是（GB/T 3836. 18—2017）《爆炸性环境　第 18 部分：本质安全电气系统》。

化工过程开发是由多个阶段组成的，因此可采用分步设计的方法提高化工过程的本质安全化水平。化工厂主要的危险因素有：化学品储存、压力、温度、设备、能力释放和副反应等，对上述因素分别采取强化、替代、衰减、限制、简化等措施，消除或减少化工过程危害。并且在不同的设计阶段本质安全设计有不同的内涵。

1. 可行性分析阶段

可行性分析阶段可通过贯彻执行国家有关安全生产和职业卫生方面的法规、标准，以实现项目的本质安全，特别应从气象、地形、地质、水源和周边环境等角度，确定项目选址，减少项目和周边环境之间的相互不良影响。

2. 工艺研究阶段

化工过程把原料通过一系列步骤转换为产品，其中化学反应处于化工过程的核心地位，化学反应工艺设计在系统集成中具有本质的重要性。化工工艺本质安全主要体现在原料路线、反应路线和反应条件三个方面，特别应对化学反应过程本质的危险性进行深入、透彻的分析。如化学活性物质的危险性评估、反应放热预测、反应压力变化、爆炸性气体的形成、爆炸极限范围的分析、化学不稳定性分析等。其设计策略见表 1–1。

3. 概念设计阶段

概念设计阶段主要考虑库存设置，能量释放，流程安全性，以及经济最优化，环境友好等问题。这一阶段的本质安全化设计策略见表 1–2。

表 1-1　工艺研究阶段本质安全设计策略

影响因素	设计目标	设计方法	应用工具
原料路线	减少或限制过程危害	①用不燃物质代替可燃物质 ②用无毒或低毒物质代替有毒或高毒物质 ③采用低腐蚀性物质	化学品理化特性数据库
反应路线	概述过程条件的苛刻度	①采用新的工艺路线以避免危险的原料或产生危险的中间产物 ②采用更高效的催化剂，减小副反应的危害	工艺路线安全评估方法
反应条件	缓和反应条件	降低反应压力、温度、反应物浓度等	小试、中试实验探索工艺优化

表 1-2　概念设计阶段本质安全设计策略

影响因素	设计目标	设计方法	应用工具
库存设置	限制或减少库存	减少中间储存设施或限制储存量	系统物料衡算
能量释放	概述过程条件的苛刻度	采用稀释，采用气相进料代替液相进料，采用连续过程缓解反应的剧烈程度	分析化工过程动力学、反应机理和反应热转移之间的关系
流程安全性	简化和优化流程	①合理安排工艺流程，注意流程中各工艺步骤间的配合；②避免可能造成泄漏的无用连接；③对流程进行模拟和优化	流程优化模拟软件等

4. 基础设计阶段

基础设计阶段是对生产装置的形式进行设计，可通过加强设备可靠性增强本质安全性。采用新设备，新技术，缩减设备尺寸，可减少向外释放的危险物量、设备内储存的能力和物料的腐蚀性。基础设计阶段的本质安全化设计策略见表 1-3。

表 1-3　概念设计阶段本质安全设计策略

影响因素	设计目标	设计方法	应用工具
生产装置型式	减少设备内储存的能量	①用连续代替间歇；②用膜式蒸馏代替蒸馏塔；③用离心抽提代替抽提塔；④选择单位容积效率高的设备	设备性能、特征分析；根据热稳定性实验、反应速率和动力学参数进行紧急泄压系统设计
设备腐蚀	预防设备腐蚀失效	合理选择设备材料，对设备防腐设计	设备、设施防腐相关标准规范
单元操作	改善操作条件	①减少操作环节，形成流畅的作业路线；②选择可靠、成熟的单元操作方式	危险性与可操作性分析研究

5. 工程设计阶段

工程设计阶段，除基础设计的内容外，还应增加说明详细的定型设备型号、规格、零部件及材质的明细表，非定型设备加工制造图纸和装配图，指导装置安装的详细工艺流程图，带控制点的流程图，管路图，设备的平面布置图和立面布置图等。工程设计阶段本质安全化设计策略见表 1-4。

表 1-4 工程设计阶段本质安全设计策略

影响因素	设计目标	设计方法	应用工具
设备安全	设备的本质安全化	①选用安全装置，将危险区完全屏蔽、隔离，实现机械化和自动化等；②在设备超限运行时自动调节系统排出故障或中断危险	事故树分析法；设备可靠性评价
测控系统	准确测量和控制操作参数	选用仪表和元件稳定可靠，测控系统灵敏度和可靠性好	故障类型与影响分析
设备平面布置	全面规划，布局合理	①将功能相同和互相联系的设备组合在一起；②原材料、半成品、成品的转运路线短，运输安全；③充分考虑作业者的行动空间、协调工作空间	人机工程系原则；安全检查表

需要指出的是，化工过程本质安全设计并不是纯单项的，每一阶段都会对前一阶段的工作进行评价，若发现有不足或错误，则需返回前一阶段重新研究并进行修正，再重新设计直至设计方案的科学性和合理性被接受。

1.4 化工工艺过程安全控制

1.4.1 化工物料安全控制

1. 物料信息概况

1）物料的分布：生产原料，辅助材料，产品，中间产品，副产品，三废的种类、数量在各个生产单元(或设备)的分布情况；水电气等公用工程在各个生产单元的数量和分布状况。这是识别和控制重大危险源，辨识安全隐患的依据之一。

2）物料的变更：生产原料、辅助材料、中间产物、产品、副产品、废物等在工艺改造、更换产品牌号等过程中会发生变更，相应的安全控制措施也应该变更。

3）危险性物料的危险特性：化工生产过程中使用的原料、辅助材料以及中间产物、产品、副产品、三废等其燃烧、爆炸性能、毒性、腐蚀性、氧化性等等级和数量各不相同，需区别辨识。

4）物料的状态参量：确定生产、加工和储存各个阶段的物料量和物理状态(相态、温度、压力等)参数的大小、异常状况各不相同，需即时将其与危险性关联。

5）物料运输状况：确定产品运输中对仓储人员、承运员、铁路工人、公众等的危险。依据安全储运安全规程和技术规范，加强对操作人员的安全培训，确保储运安全。

2. 化工过程物料安全控制措施

(1) 用难燃或不燃物质代替可燃物质

用危险性较小的物质代替危险性高的物质是本质安全设计的一个方面。选择液体时，沸点及蒸气压很重要。如沸点在 110℃以上的液体，常温下(18~20℃)不能达到爆炸浓度。

(2) 加强密闭

为防止易燃气体、蒸气、可燃性粉尘与空气构成爆炸性混合物，应设法使设备密闭。对于有压设备更须保证其密闭性，以防气体或粉尘逸出。在负压下操作的设备，应防止进入空气。

为了保证设备的密闭性，对危险设备或系统应尽量少用法兰连接，但要保证安装和检修方便。输送危险气体、液体的管道应采用无缝管。盛装腐蚀性介质的容器底部尽可能不装开关和阀门，腐蚀性液体应从顶部抽吸排出。

如设备本身不能密闭，可采用液封。负压操作可防止系统中有毒或爆炸危险性气体逸入生产场所。例如在焙烧炉、燃烧室及吸收装置中都是采用这种方法。

（3）通气排风

实际生产中，完全依靠设备密闭，消除可燃物在生产场所的存在是不大可能的，往往还要借助于通风措施来降低车间空气中可燃物、毒物的浓度。通风按动力来源可分为机械通风和自然通风，机械通风按换气方式又可分为排风和送风。

（4）惰性化

化工生产中常用的惰性介质有氮气、二氧化碳、水蒸气及烟道气等。这些气体常用于以下几个方面：

1）易燃固体物质的粉碎、研磨、筛分、混合以及粉状物料输送时，可用惰性介质保护；

2）可燃气体混合物在处理过程中可加入惰性介质保护；

3）具有着火爆炸危险的工艺装置、贮罐、管线等配备惰性介质，以备在发生危险时使用。可燃气体的排气系统尾部用氮封；

4）采用惰性介质(氮气)压送易燃液体；

5）爆炸性危险场所中，非防爆电器、仪表等的充氮保护以及防腐蚀等；

6）有着火危险的设备的停车检修处理；

7）危险物料泄漏时用惰性介质稀释。

使用惰性介质时，要有固定贮存输送装置。根据生产情况、物料危险特性，采用不同的惰性介质和不同的装置。例如，氢气的充填系统最好备有高压氮气，地下苯贮罐周围应配有高压蒸汽管线等。

（5）气体浓度监测、报警

对于易燃、易爆、剧毒等危险敏感类气体，为了及时发现其泄漏情况，多采用气体浓度检测和报警装置，以便及时发现并做恰当的处理和防护。

（6）特殊化学物质的处理

对本身具有自燃能力的油脂以及遇空气自燃、遇水燃烧爆炸的物质等，应采取隔绝空气、防水、防潮或通风、散热、降温等措施，以防止物质自燃或发生爆炸。

相互接触能引起燃烧爆炸的物质不能混存，遇酸、碱分解爆炸的物质应防止与酸、碱接触，对机械作用比较敏感的物质要轻拿轻放。

易燃、可燃气体和液体蒸气要根据它们的相对密度采取相应的排污方法。根据物质的沸点、饱和蒸气压考虑设备的耐压强度、贮存温度、保温降温措施等。根据它们的闪点、爆炸范围、扩散性等采取相应的防火防爆措施。

某些物质如乙醚等，受到阳光作用可生成危险的过氧化物，因此，这些物质应存放于金属桶或暗色的玻璃瓶中。

1.4.2 点火源的控制

1. 加入用火的控制

加热易燃液体时，应尽量避免采用明火，而采用蒸汽、过热水、中间载热体或电热等；如果必须采用明火，则设备应严格密闭，并定期检查，防止泄漏。工艺装置中明火设备的布置，应远离可能泄漏的可燃气体或蒸汽(气)的工艺设备及贮罐区，在积存有可燃气体、蒸汽的地沟、深坑、下水道内及其附近，没有消除危险之前，不能进行明火作业。

在确定的禁火区内，要加强管理，杜绝明火的存在。

2. 维修用火的控制

维修用火主要是指焊割、喷灯、熬炼用火等。在有火灾爆炸危险的厂房内，应尽量避免焊割作业，必须进行切割或焊接作业时，应严格执行动火安全规定，在有火灾爆炸危险场所使用喷灯进行维修作业时，应按动火制度进行并将可燃物清理干净；对熬炼设备要经常检查，防止烟道串火和熬锅破漏，同时要防止物料过满而溢出，在生产区熬炼时，应注意熬炼地点的选择。

此外，烟囱飞火，机动车的排气管喷火，都可以引起可燃气体、蒸气的燃烧爆炸。要加强对上述火源的监控与管理。

3. 高温表面

在化工生产中，加热装置、高温物料输送管线及机泵等，其表面温度均较高，要防止可燃物落在上面，引燃着火。可燃物的排放要远离高温表面。如果高温管线及设备与可燃物装置较接近，高温表面应有隔热措施。加热温度高于物料自燃点的工艺过程，应严防物料外泄或空气进入系统。

4. 电气火花及电弧

火花是电极间的击穿放电，电弧则是大量的电火花汇集的结果。一般电火花的温度均很高，特别是电弧，温度可达3600~6000℃。电火花和电弧不仅能引起绝缘材料燃烧，而且可以引起金属熔化飞溅，构成危险的火源。

电火花分为工作火花和事故火花。工作火花是指电气设备正常工作时或正常操作过程中产生的火花。如直流电机电刷与整流片接触处的火花，开关或继电器分合时的火花，短路、保险丝熔断时产生的火花等。

除上述电火花外，电动机转子和定子发生摩擦或风扇叶轮与其他部件碰撞会产生机械性质的火花；灯泡破碎时露出温度高达2000~3000℃的灯丝，都可能成为引发电气火灾的火源。

为了满足化工生产的防爆要求，必须了解并正确选择防爆电气的类型。

5. 静电

静电能够引起火灾爆炸的根本原因，在于静电放电火花具有点火能量。许多爆炸性蒸气、气体和空气混合物点燃的最小能量约为0.009~7mJ。当放电能量小于爆炸性混合物最小点燃能量的四分之一时，则认为是安全的。

静电防护主要是设法消除或控制静电的产生和积累的条件，主要有工艺控制法、泄漏法和中和法。工艺控制法就是采取选用适当材料，改进设备和系统的结构，限制流体的速度以及净化输送物料，防止混入杂质等措施，控制静电产生和积累的条件，使其不会达到危险程度。泄漏法就是采取增湿、导体接地，采用抗静电添加剂和导电性地面等措施，促使静电电荷从绝缘体上自行消散。中和法是在静电电荷密集的地方设法产生带电离子，使该处静电电荷被中和，从而消除绝缘体上的静电。

6. 摩擦与撞击

化工生产中，摩擦与撞击也是导致火灾爆炸的原因之一。如机器上轴承等转动部件因润滑不均或未及时润滑而引起的摩擦发热起火，金属之间的撞击而产生的火花等。因此在生产过程中，特别要注意以下几个方面的问题：

1）设备应保持良好的润滑，并严格保持一定的油位；

2）搬运盛装可燃气体或易燃液体的金属容器时，严禁抛掷、拖拉、震动，防止因摩擦与撞击而产生火花；

3）防止铁器等落入粉碎机、反应器等设备内因撞击而产生火花；

4）防爆生产场所禁止穿带铁钉的鞋；

5）禁止使用铁制工具。

7. 绝热压缩

绝热压缩过程通常产生高温，引发危险。如在柴油机中，当压缩比为13~14，压缩行程终点压缩压力达到3432~3628kPa时，绝热压缩作用能使气缸温度升高500℃左右，这个温度已远远超过柴油燃点，故能立即点燃喷射到气缸内的柴油。根据绝热压缩过程：

$$\frac{T_2}{T_1}=\left(\frac{V_1}{V_2}\right)^{k-1}=\left(\frac{p_1}{p_2}\right)^{\frac{k-1}{k}}$$

式中 T_1——压缩机入口温度，K；

T_2——压缩机出口温度，K；

V_1——压缩机吸入口气体体积，m^3；

V_2——压缩机出口气体体积，m^3；

p_1——压缩机吸入口气体压力，kPa；

p_2——压缩机出口气体压力，kPa；

k——被压缩气体的绝热指数；

8. 自燃发热及化学反应热的控制

有些物质因氧化反应而自燃和发热，如黄磷、金属粉末等；有些因分解反应而发热，如硝化纤维类的硝化棉、赛璐珞、火药以及过氯酸盐、氯酸盐、硝酸盐、过锰酸盐等无机过氧化物、有机过氧化物、碱金属的过氧化物等；发酵引起发热的物质和禁水性物质，如浓硫酸、浓硝酸等。对这些物品，要严格按照各自的理化性质和安全规定来保管和使用。

9. 雷电的控制

雷电是天空中雷云的一种放电现象。当雷云对地面建筑物（或物体）放电时，雷电流可达几十至几百千安，这样大的电流，即使持续时间很短，也能在放电通道上产生大量热，温度可达几万摄氏度，可引起厂房着火，引起可燃、易燃物品爆炸起火，也可造成电气火灾，我国的黄岛油库火灾就是因为雷电击中储油罐造成的。因此，石油化工企业必须采取有效的防、避雷措施。防雷的方法，通常采用装设避雷针、避雷线、避雷网、避雷带、避雷器等防雷装置。避雷针主要用来保护露天变配电设备，保护建筑物、构筑物和罐、塔类。避雷线主要用来保护电力线路。

避雷网和避雷带主要用来保护建筑物。避雷器用来保护电力设备等。

10. 光线和放射线的控制

波长小于380nm的紫外线及波长大于770nm的红外线，具有很高的热效应，均有促进化学反应的作用，可使某些不稳定的物质着火或爆炸。因此对储存运输中的石油化工原料和产品，应采取有效的蔽光措施，绝热保温，削弱辐射热的影响。放射线是放射性元素衰变时放射出的高速粒子束或电磁波，它能使气体电离，也能够促进化学反应而放热，并有起火的可能，对它要采取“密封”和“屏蔽”的措施防止发生事故。

1.4.3 化工工艺参数的安全控制

1. 化学反应温度的安全控制

温度是化工生产中的主要控制参数之一。不同的化学反应都有其最适宜的反应温度。化学反应速率与温度有着密切关系。如果超温，反应物有可能加剧反应，造成压力升高，导致爆炸，也可能因为温度过高产生副反应，生成新的危险物质，升温过快、过高或冷却降温设施发生故障，还可能引起剧烈反应发生冲料或爆炸。温度过低有时会造成反应速度减慢或停滞，而一旦反应温度恢复正常时，则往往会因为未反应的物料过多而发生剧烈反应引起爆炸。温度过低还会使某些物料冻结，造成管路堵塞或破裂，致使易燃物泄漏而发生火灾爆炸。液化气体和低沸点液体介质都可能由于温度升高气化，发生超压爆炸。因此必须防止工艺温度或高或过低。

（1）控制反应温度

化学反应一般都伴随有热效应，放出或吸收一定热量。例如基本有机合成中的各种氧化反应、氯化反应、聚合反应等均是放热反应，而各种裂解反应、脱氢反应、脱水反应等则为吸热反应。为使反应在一定温度下进行，必须向反应系统中加入或除去一定的热量。通常利用热交换装置来实现。

（2）防止搅拌中断

化学反应过程中，搅拌可以加速热量的传递，使反应物料温度均匀，防止局部过热。反应时一般应先投入一种物料再开始搅拌，然后按规定的投料速度投入另一种物料。如果将两种反应物投入反应釜后再开始搅拌，就有可能引起两种物料剧烈反应而造成超温超压。生产过程中如果由于停电、搅拌器脱落而造成搅拌中断时，可能造成散热不良或发生局部剧烈反应而导致危险。因此必须采取措施防止搅拌中断，例如采取双路供电、增设人工搅拌装置、自动停止加料设置及有效的降温手段等。

（3）正确选择传热介质

化工生产中常用的热载体有水蒸气、热水、过热水、碳氢化合物(如矿物油、二苯醚等)、熔盐、汞、烟道气及熔融金属等。充分了解热载体性质，进行正确选择，对加热过程的安全性十分重要。

1）避免使用和反应物料性质相抵触的介质作为传热介质。例如，不能用水来加热或冷却环氧乙烷，因为极微量水也会引起液体环氧乙烷自聚发热而爆炸。此种情况可选用液体石蜡作为传热介质。

2）防止传热面结疤。在化工生产中，设备传热面结疤现象是普遍存在的。结疤不仅影响传热效率，更危险的是因物料分解而引起爆炸。结疤的原因：可以是由于水质不好而结成水垢；还可由物料聚合、缩合、凝聚、碳化等原因引起结疤。其中后者危险性更大。换热器内的流体宜采用较高流速，不仅可以提高传热效率，而且可以减少污垢在换热管表面的沉积。

2. 压力的安全控制

压力的极端升高可导致压力容器的物理性爆炸，而反复的压力异常变化也会导致容器的疲劳而失效，增加了生产过程的危险性，所以在压力容器上通常安装有安全阀，防爆膜，安全切断等，或采用超温超压系统联锁保护装置。

3. 液位的安全控制

不超装、超储、超投料，防止满溢泄漏和超压，同时要防止假液面造成的误判。

4. 加料控制

投料控制主要是指对投料速度、配比、顺序、原料纯度以及投料量的控制。

（1）投料速度

对于放热反应，加料速度不能超过设备的传热能力。加料速度过快会引起温度急剧升高，而造成事故。加料速度若突然减少，会导致温度降低，使一部分反应物料因温度过低而不反应。因此必须严格控制投料速度。

（2）投料配比

对于放热反应，投入物料的配比十分重要。如松香钙皂的生产，是把松香投入反应釜内加热至240℃，再缓慢加入氢氧化钙，反应生成的水在高温下变成蒸汽。由反应可以看出，投入的氢氧化钙量增大，蒸汽的生成量也增大，如果控制不当会造成物料溢出，一旦遇火源接触就会造成着火。

对于连续化程度较高、危险性较大的生产，更要特别注意反应物料的配比关系。例如环氧乙烷生产中乙烯和氧的混合反应，其浓度接近爆炸范围，尤其在开停车过程中，乙烯和氧的浓度都在发生变化，且开车时催化即活性较低，容易造成反应器出口氧浓度过高，为保证安全，应设置联锁装置，经常核对循环气的组成，尽量减少开停车的次数。

（3）投料顺序

化工生产中，必须按照一定的顺序投料。例如，氯化氢合成时，应先通氢后通氯；三氯化磷的生产应先投磷后通氯，磷酸酯与甲胺反应时，应先投磷酸酯，再滴加甲胺。反之，就容易发生爆炸事故。

5. 原料纯度

许多化学反应，由于反应物料中含有过量杂质，以致引起燃烧爆炸。如用于生产乙炔的电石，其含磷量不得超过0.08%。因为电石中的磷化钙遇水后生成易自燃的磷化氢，磷化氢与空气燃烧而导致乙炔–空气混合物的爆炸。此外，在反应原料气中，如果有害气体不清除干净，在物料循环过程中，就会越聚越多，最终导致爆炸。因此，对生产原料、中间产品及成品应有严格的质量检验制度，以保证原料的纯度。

有时有害杂质来源于未清除干净的设备，例如“六六六”生产中，由于合成塔中可能留有少量的水，通氧后，水与氯反应生成次氯酸，次氧酸受光照射产生氧气，与苯混合会发生爆炸。所以对此类设备，一定要清除干净，符合要求后才能投料生产。

6. 投料量

化工反应设备或贮罐都有一定的安全容积，带有搅拌器的反应设备要考虑搅拌开动时的液面升高；贮罐、气瓶要考虑温度升高后液面或压力的升高。若投料过多，超过安全容积系数，往往会引起溢料或超压。投料过少，也可能发生事故。投料量过少，可能使温度计接触不到液面，导致温度出现假象，由于判断错误而发生事故；投料量过少，也可能使加热设备的加热面与物料的气相接触，使易于分解的物料分解，从而引起爆炸。

7. 过反应的控制

过反应往往是因为反应时间过长、温度过高或催化剂用量过大等原因造成物料转化率高，产品选择性低，同时副反应过程伴随更大的热效应，导致温度和压力的异常波动。或者生产的副产物黏性高，造成物料流动性降低，传热恶化等事故。过反应的控制要针对过反应的具体原因通过控制空速、加入中止剂、合理调配催化剂的用量等手段加以控制。

8. 公用工程的安全控制

装置的公用工程是指在生产装置上共同使用的电、水、蒸汽、工艺空气、仪表空气、氮气、冷却剂等工程工艺网。

1）氮气压料、吹扫、置换必须用活接头连接，用完氮气必须断开活接头，以防物料窜入氮气管网中。

2）仪表空气禁止用于工艺吹扫和置换等作业，以保证仪表空气管网的压力稳定。

3）冬季蒸汽管网和用汽设备接受蒸汽时，须排出冷凝液并进行预热，蒸汽阀门不能开得过猛过大。

4）消防水、过滤水、生活水等不能互窜使用。

5）蒸汽、氮气和工艺空气的使用要集中统一调度，有压力波动应及时与调度联系。

1.4.4 工艺联锁系统或紧急停车程序

工艺联锁是指为保证生产装置(单元)安全稳定运行而设置的保护措施，当某项指标(如压力、流量、液位、温度等)超出安全操作范围时，能够保护装置设备不超温、不超压，使得生产装置与操作人员处于安全状态，避免事故扩大化。

根据对安全生产的重要程度将工艺联锁分为A、B两级，实行分级管理。工艺联锁分主要工艺联锁回路(即A级)和一般工艺联锁回路(即B级)。

1. A级工艺联锁

A级工艺联锁为直接引发某一个工艺系统或某一台关键设备联锁动作，并造成该生产单元紧急停车的联锁；直接引发一个生产单元联锁紧急停车并造成该生产装置非计划停工的联锁。

1）涉及全装置或大范围停车的工艺联锁；

2）重要工艺系统的工艺联锁；

3）关系到人身和产品质量的工艺联锁；

4）涉及装置仪表气源、电源主干线的工艺联锁回路。

2. B级工艺联锁

B级工艺联锁为除A级以外的工艺联锁均为B级。仅引起一个系统或一台设备联锁动作，不会造成单元或装置停车，能够迅速恢复系统正常运行。

3. 紧急停车程序

紧急停车程序包括紧急停车方案和紧急停车计算机自动控制程序。对工艺过程中每一种可能出现的事故状态都必须有对应的紧急停车方案，并反复演练，使方案具有可执行性和操作熟练性。对停车过程过于复杂，事故后果严重，停车过程耗时长的事故，可编制计算机程序，达到一键停车的效果，以免酿成严重后果。

1.4.5 冗余系统设置

系统冗余是重复配置系统中的一些部件、设备、子系统等，当系统发生故障时，冗余配置的部件、设备、子系统介入并承担故障部件的工作，由此减少系统的故障时间。

在化工生产过程中，为了保障系统的安全，冗余设置的范围是非常广泛的，如管路上控制阀设置旁路系统，装置中设置备用泵、备用换热器、备用电源、备用冷却系统、备用的控制系统，或者一个冗余的安全阀、液位计、压力表等。正常生产过程中，使用原有设备，而在事故状态下，则使用备用设备、冗余系统。一方面可以使生产过程顺利进行，一方面在事故状态时，可以帮助终止事故，达到安全操作的目的。

1.4.6 物理保护措施

化工生产过程中安全隐患的种类和数量是非常多的，其隐患来源主要包括物质的不安定性、设备缺陷、操作条件波动、管理缺陷、人的误操作、环境因素等。每一类隐患都可能演化为事故。为了减小事故造成的损失和影响，用一些物理设施对化工装置进行保护是不可或缺的方法措施。

物理保护措施有：

1. 防止火灾爆炸蔓延的装置

化工装置设计建设时，装置布置都有一定范围的防火分区、防烟分区、安全间距、防火墙、防爆墙、防火闸门、阻火器、安全液封、防液体蔓延堤坝等。如环氧乙烷生产过程中，环氧乙烷、乙烯、氧气的混合组成极具火灾爆炸性，所以其氧化反应器和换热器都设置有防爆墙。而有机油品的储罐区，一般设有一定高度的堤坝，并设置一个地下收集槽，以防止一旦泄漏发生时油品四处横流。

2. 安全泄放装置

对于锅炉、压力容器等设备，超载和超压是非常危险的，这类设备常安装有安全阀、防爆膜、压力表、液位计等设施。在常压容器的呼吸管线上安装阻火器。

3. 防静电和雷电设施

静电和雷电属于点火源，是燃烧三要素之一，防静电可以采用增湿、接地、采用静电消除器。防雷电可以采用避雷带、避雷针以及安全接地等设施。

4. 能量外泄防护设施

化工生产过程中也要用到大量能量，来维持机泵的运转。在电力输送时，电缆、电线外都设有高分子材料绝缘包覆层，大型机组都有保护接零、保护接地等安全措施。

1.4.7 化工工艺过程应急措施

1. 溢料和泄漏的控制

化工生产中，发生溢料情况并不鲜见，然而若溢出的是易燃物，则是相当危险的，必须予以控制。

造成溢料的原因很多，它与物料的构成、反应温度、投料速度以及消泡剂用量、质量有关。投料速度过快，产生的气泡大量溢出，同时夹带走大量物料；加热速度过快，也易产生这种现象；物料黏度大也容易产生气泡。

化工生产中的大量物料泄漏，通常是由于设备损坏、人为操作错误和反应失去控制等原因造成的，一旦发生可能会造成严重后果。因此必须在工艺指标控制、设备结构形式等方面采取相应的措施。比如重要的阀门采取两级控制；对于危险性大的装置，应设置远距离遥控断路阀，以备一旦装置异常，立即和其他装置隔离，为了防止误操作，重要控制阀的管线应涂色以示区别或挂标志、加锁等；此外，仪表配管也要以各种颜色加以区别，各管道上的阀门要保持一定距离。

在化工生产中还存在着反应物料的跑、冒、滴、漏现象，原因较多，加强维护管理是非常重要的。因为易燃物的跑、冒、滴、漏可能会引起火灾爆炸事故。

特别要防止易燃、易爆物料渗入保温层。由于保温材料的不严密，容易渗入易燃、易爆物，在高温下达到一定浓度或遇到明火时，就会发生燃烧爆炸。在苯酐的生产中，就曾发生过由于物料漏入保温层中，引起爆炸事故。因此对于接触易燃物的保温材料要采取防渗漏措施。

2. 化工工艺异常的处理问题

1）正确区分工艺波动和工艺异常的界限。工艺异常包括：波动处理不当、设备故障、外部环境突变。

2）思考，从变化趋势中发现异常工艺变化。

3）对异常现象发现早、判断准，处理及时果断。

4）防止处理异常现象时引发新的异常。

5）处理异常现象要遵循规定程序。

3. 启动应急预案和应急响应

到了这一层次一般事故发生已经到了严重的程度，要在消防部门等的配合下做好减灾、救人、保护环境的工作。

习题与练习

1. 化工生产过程中常用的安全装置有哪些？试列举说明。

2. 试说明安全阀和防爆膜在使用过程中各有何优缺点，二者能并联或串联使用吗？试分析这样组合的特点。

3. 试分析安全阀和阻火器的安全功能。

4. 试举例说明安全液封在化工生产中应用的实例。

5. 说明化工自动检测系统的组成。
6. 如何控制化工生产过程中的危险物料?
7. 点火源的种类有哪些?应如何加以控制?
8. 说说如何控制化工工艺参数,有哪些实际意义?
9. 化工生产过程安全装置或设施有哪些?
10. 化工生产过程的安全控制系统有哪些?
11. 化工工艺过程安全控制包括哪些控制项目?

2 石油炼制工艺及安全技术

【单元导读】

- 掌握常减压蒸馏的原理、操作条件、主要装置及工艺流程；
- 了解催化裂化的原料及产品，掌握催化裂化的生产原理、操作条件及工艺流程；
- 掌握催化重整的化学反应、操作条件及工艺流程；
- 了解加氢裂化的原料及产品，掌握其反应原理、操作条件及工艺流程。

【能力要求】

- 能够画出各炼油过程的全流程图；
- 能够分析影响各炼油过程的各种因素。

2.1 概述

2.1.1 石油的化学组成

石油是化石燃料之一，从地下深处开采出来的可燃性黏稠液体，常与天然气并存。它是由远古海洋或湖泊中的生物在地下经过漫长的地球化学演化而形成的复杂混合物，如图 2-1 所示。主要元素是 C、H、S、N、O，最主要的是 C 和 H。其中 C 占 83%~87%，H 占 11%~14%，C 和 H 两种元素占 96%~99%。其余的 S、N、O 和微量元素总含量不超过 1%~4%。C、H、S、N、O 等元素在石油中形成各种化合物，这些化合物可分为两大类，即烃类和非烃类化合物。其中烃类化合物是石油的主要组分，包括烷烃、环烷烃和芳烃，一般不含烯烃。非烃类化合物包括含硫化合物、含氧化合物、含氮化合物以及结构复杂、组成不明的高分子化合物的复杂混合物——胶质和沥青质。在石油中还发现氯、碘、磷、砷、硅等微量元素和铁、钒、镍、铜、铅、钙、钠、镁、钛、钴、锌等微量金属元素。石油外观颜色因不同产地会有所不同，但基本都是从褐黄色到黑色的深色系。在常温下多为流动或半流动的黏稠液体。相对密度多在 0.8~0.98 之间。

2.1.2 原油分类

按照化学组成原油大体可分为石蜡基、中间基和环烷基原油三大类。石蜡基原油一般含烷烃超过 50%，其特点是密度较小、含蜡量较高，凝点高，含硫和胶质较少。这种原油生产的直馏汽油辛烷值低，柴油的十六烷值较高，润滑油的黏温性能良好。环烷基原油的特点是含环烷烃和芳香烃较多，凝点低，一般含硫、胶质及沥青质较多。它所生产的汽油中含环烷烃超过 50%，直馏汽油的辛烷值较高，柴油的十六烷值较低，润滑油的黏温性质差。中间基原油的性质介于石蜡基和环烷基之间。

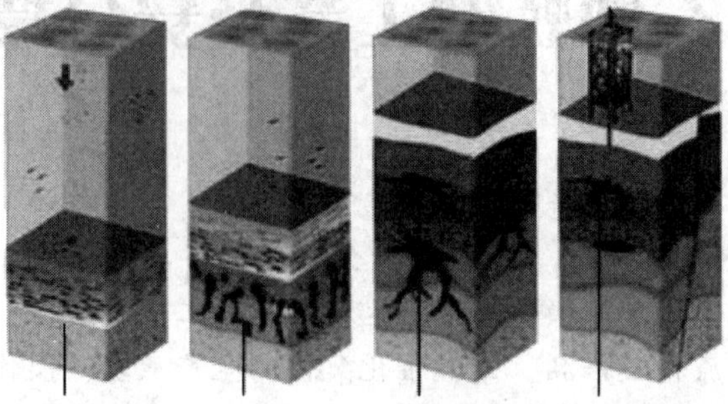

图 2-1　石油和天然气的形成

2.1.3　原油炼制馏分组成

原油是一个多组分的复杂混合物，其沸点范围很大，从常温一直到 500℃以上。研究原油以及将原油加工成产品，都需将石油进行蒸馏，获得各种沸点范围相对较窄的馏分。馏分就是一定沸点范围的蒸馏馏出物。馏分的沸点范围简称为馏程或沸程。原油直接蒸馏得到的馏分称为直馏馏分。一般把原油从常压蒸馏开始馏出的温度(初馏点)到 200℃(或 180℃)的轻馏分称为汽油馏分(也称为石脑油馏分)，常压蒸馏 200℃(或 180℃)到 350℃的中间馏分称为煤柴油馏分或称常压瓦斯油(简称 AGO)，将常压蒸馏>350℃的馏分称为常压重油(简称 AR)。但是原油从 350℃开始有明显的分解现象，所以对于高于 350℃的馏分，需在减压下进行蒸馏，将减压下蒸出馏分再换算成常压沸点。一般将相当于常压下 350~500℃的高沸点馏分称为减压馏分或润滑油馏分，还可称为减压瓦斯油(简称 VGO)，减压蒸馏后残留的>500℃的馏分称为减压渣油(简称 VR)。因为常减压蒸馏过程中没有发生化学反应，所以直馏馏分基本保留原油原来的组成，即直馏馏分中也不含烯烃。特别要注意馏分还不是产品，即汽油馏分不是汽油产品，因为馏分并没有满足产品规格的要求，还需将馏分进一步加工才能成为石油产品。

2.1.4　石油产品分类

一般地讲，石油产品并不包括以石油为原料合成的各种石油化工产品。现在石油产品约有 800 多种，如包括石油化工产品在内而达数千种之多。我国现将石油产品分为下列 6 大类：

(1) 燃料

燃料包括汽油、喷气燃料(航空煤油)及柴油等发动机燃料以及灯用煤油、燃料油等。我国石油产品中燃料类约占 80%，而其中 60%为各种发动机燃料。

汽油根据辛烷值高低而有各种牌号，如汽车中常用的 93#汽油和 97#汽油等，指的就是该汽油辛烷值分别为 93 和 97。辛烷值是用来表示汽油的抗爆性能。我们人为地规定抗爆性能极好的异辛烷(2，2,4-三甲基戊烷)的辛烷值为 100，抗爆性能极差的正庚烷的辛烷值为 0。将二者按照比例配成一系列的标准燃料，两者的混合物则以其中异辛烷的体积分数值为其辛烷值。例如，体积分数为80%的异辛烷和体积分数为20%的正庚烷的混合物的标准燃料其辛烷值就是80。

我国的柴油产品分为轻柴油和重柴油。轻柴油适用于高速柴油机，重柴油适用于中、低速柴油机。轻柴油按凝点划分为10#、0#、-10#、-20#、-35#和-50#六个牌号；重柴油则按其50℃运动黏度(mm^2/s)划分为10#、20#、30#三个牌号。

由此看出柴油是用凝点和黏度作为划分牌号的指标，而不像汽油用抗爆性能来划分牌号。但我们也需用一个指标来考核柴油的抗爆性能，这个指标就是十六烷值。

十六烷值是衡量燃料在压燃式发动机中发火性能的指标。所用的标准燃料是正十六烷和α-甲基萘(或七甲基壬烷)。正十六烷具有很短的发火延迟期，自燃性能很好，因而规定其十六烷值为100。而α-甲基萘的发火延迟期很长，自燃性能很差，规定其十六烷值为0(七甲基壬烷的十六烷值为15)。将这两种化合物按不同比例掺合，即可配成各种十六烷值不同的标准燃料。把所测燃料与标准燃料进行对比，与其发火性能相同的标准燃料的十六烷值即为所测燃料的十六烷值。

我国石油产品标准中规定轻柴袖的十六烷值一般不低于45，对于中间基原油生产或混有催化裂化组分的轻柴油则其十六烷值不允许低于40。

(2) 润滑油

包括润滑油和润滑脂，主要用于降低机件之间的摩擦和防止磨损，以减少能耗和延长机械寿命。其产量不多，仅占石油产品总量的2%左右，但品种达数百种之多。润滑油主要有发动机润滑油、机械油、电器用油、齿轮油、液压油等。

(3) 石油沥青

石油沥青用于道路、建筑及防水等方面，其产量占石油产品总量的3%左右。

(4) 石油蜡

石油蜡属于石油中的固态烃类，是轻工、化工和食品等工业部门的原料，其产量约占石油产品总量的1%。

(5) 石油焦

石油焦可用以制作炼铝及炼钢用电极等，其产量约为石油产品总量的2%。

石油沥青、石油蜡和石油焦是生产燃料和润滑油的副产物，它们都是固体产品。

(6) 溶剂和化工原料

约有10%的石油产品用作石油化工原料和溶剂，其中包括制取乙烯的原料以及石油芳烃和各种溶剂油。

2.1.5 石油产品加工方法

我们习惯上将石油炼制工艺过程不很严格地分为一次加工、二次加工、三次加工三种类型。

(1) 一次加工过程

将原油用蒸馏方法分离成几个不同沸点范围的馏分，如汽油馏分、煤油馏分、柴油馏分、常压重油、减压馏分、减压渣油等，常称为原料蒸馏。这个过程只是通过蒸馏的方法对原油进行物理分离，是不发生化学反应的。

(2) 二次加工过程

将一次加工过程产物进行再加工。主要是指将重质馏分油和渣油经过各种化学加工过程生产轻质油的过程，主要包括催化裂化、热裂化、催化重整、加氢裂化、延迟焦化、石油产品精制等。

(3) 三次加工过程

主要指将二次加工产品产生的各种气体进一步加工以生产高辛烷值汽油组分和各种化学品的过程，如烷基化、烯烃叠合、异构化等。

2.2 常减压蒸馏

石油炼制：将石油加工为汽油、煤油、喷气燃料、柴油、润滑油、石蜡、沥青等产品及化工原料的方法。石油炼制简称为炼油，主要包括蒸馏、重整、催化裂化、焦化、加氢、脱蜡、精制等生产过程，我们在本章介绍其生产过程的原理、操作特点及工艺过程等，即掌握炼油技术的相关知识。

炼油厂主要由两大部分组成，即：炼油过程和辅助设施。从原油生产出各种石油产品一般须经过多个物理的及化学的炼油过程。通常，每个炼油过程相对独立地自成为一个炼油生产装置。在某些炼油厂，从有利于减少用地、余热的利用、中间产品的输送、集中控制等考虑，把几个炼油装置组合成一个联合装置。为了保证炼油生产的正常进行，炼油厂还必须有完备的辅助设施，例如供电、供水、废物处理、储运等系统。下面对这两部分分别作简要介绍。石油炼制过程如图 2-2 所示。

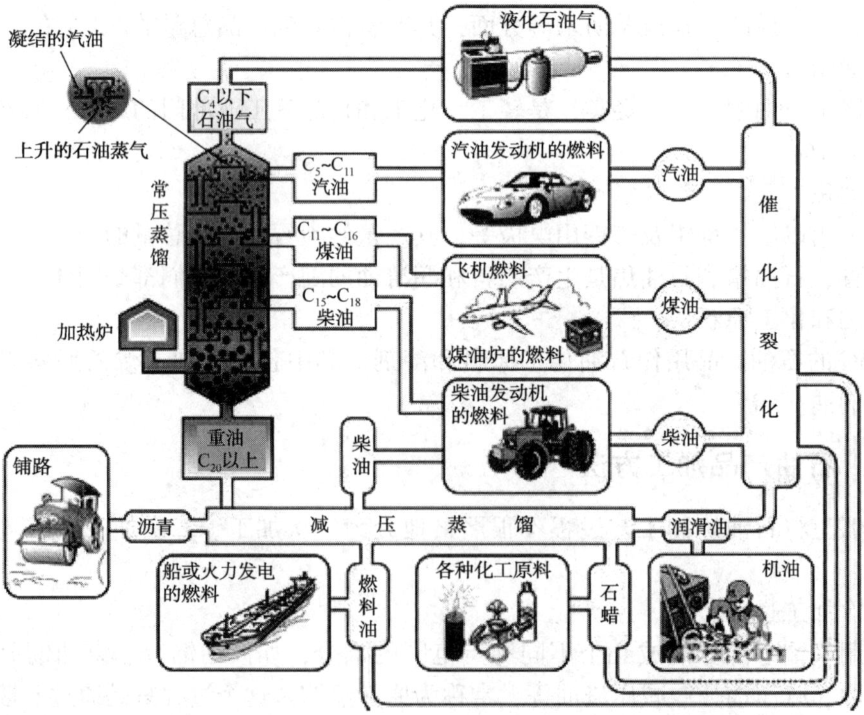

图 2-2 石油炼制过程

1. 炼油生产装置

各种炼油生产装置大体上可以按生产目的分为以下几类：

(1) 原油分离装置

原油加工的第一步是把原油分离为多个馏分油和残渣油，因此，每个正规的炼油厂都应有原油常压蒸馏装置或原油常减压蒸馏装置。在此装置中，还应设有原油脱盐脱水设施。

(2) 重质油轻质化装置

为了提高轻质油品收率，须将部分或全部减压馏分油及渣油转化为轻质油，此任务由裂化反应过程来完成，如催化裂化、加氢裂化、焦炭化等。

(3) 油品改质及油品精制装置

此类装置的作用是提高油品的质量以达到产品质量指标的要求，如催化重整、加氢精制、电化学精制、溶剂精制、氧化沥青等。加氢处理、减黏裂化也可归入此类。

(4) 油品调和装置

为了达到产品质量要求，通常需要进行馏分油之间的调和(有时也包括渣油)，并且加入各种提高油品性能的添加剂。油品调和方案的优化对提高现代炼油厂的效益也能起重要作用。

(5) 气体加工装置

如气体分离、气体脱硫、烷基化、C_5 和 C_6 异构化、合成甲基叔丁基醚(MTBE)等。

(6) 制氢装置

在现代炼油厂，由于加氢过程的耗氢量大，催化重整装置的副产氢气不敷使用，有必要建立专门的制氢装置，通常采用甲烷水蒸气转化工艺。

(7) 化工产品生产装置

如芳烃分离、含硫化氢气体制硫、某些聚合物(如聚丙烯)单体的合成等。

2. 辅助设施

辅助设施是维持炼油厂正常生产所必需的。主要的辅助设施如下：

(1) 供电系统

多数炼油厂使用外来高压电源，炼油厂应有降低电压的变电站及分配用电的配电站。为了保证电源不间断，多数炼油厂备有两个电源。为了保证在断电时不发生安全事故，炼油厂还自备小型的发电机组。

(2) 供水系统

新鲜水的供应系统主要由水源、泵站和管网组成，有的还需水的净化设施。大量的冷却用水需循环使用，故应设有循环水系统。

(3) 供水蒸气系统

主要由蒸汽锅沪和蒸汽管网组成。供应全厂的工艺用蒸汽、吹扫用蒸汽、动力用蒸汽等。一般都备有 1MPa 和 4MPa 两种压力等级的蒸汽锅炉。

(4) 供气系统

如压缩空气站、氧气站(同时供应氮气)等。

(5) 原油和产品储运系统

如原油及产品的输油管、码头或铁路装卸站、原油储罐区、产品储罐区等。

(6) 三废处理系统

如污水处理系统、有害气体处理(如含硫化氢、二氧化硫气体)、废渣处理(如废碱渣、酸渣)等。三废的排放应符合环境保护的要求。

此外，多数炼油厂还设有机械加工维修、仪表维护、研究机构、消防队等专业部门。为了保证出厂产品的质量，炼油厂中都设有产品分析中心。

常减压蒸馏是石油加工的第一道工序，它依次在常压和减压条件下进行蒸馏，将原料按照沸程范围切割成汽油(或称石脑油)馏分、煤油馏分、柴油馏分、润滑油原料、裂化原料和渣油等。

2.2.1 常减压蒸馏的基本原理

根据石油中各种组分的沸点不同且随压力的变化而改变的特点，通过蒸馏的办法将其分离成满足产品要求或后续装置加工要求的各种馏分。

常减压蒸馏装置由原油预处理(电脱盐)部分、换热系统(余热回收)及加热炉部分、常压蒸馏部分、减压蒸馏部分等部分组成。工艺流程示意图如图 2-3 所示。

根据原油的品质情况和生产的目的不同，常减压蒸馏装置有两种类型：燃料型和燃料润滑油型。

燃料型生产装置主要生产：石脑油、煤油、柴油、催化裂化原料或者加氢裂化、加氢处理原料、减黏原料、焦化原料、氧化沥青原料或者直接生产道路沥青；燃料润滑油型生产装置主要生产除燃料之外，还在减压塔得到作为润滑油基础油的原料。

图 2-3 是常见的三段汽化常减压蒸馏装置的工艺流程。原油经预热后进入两级脱盐罐，用电-化学方法脱除原油中的盐和水。

脱除盐和水后的原油经过一系列的换热，使温度升高到 230~240℃，然后进入初馏塔进行预分离。初馏塔的主要作用是将原油中较轻的组分蒸出一部分。蒸出的塔顶气经冷凝冷却后在塔顶回流罐进行气液分离，液体的一部分返回塔顶作为回流，另一部分为轻汽油(或称石脑油)送出装置。初馏塔侧线不出产品，但可抽出组成与重汽油馏分相似的馏分，经换热后，一部分打入常压塔中段回流入口处(常压塔侧一线和侧二线之间)，这样可以减轻常压炉和常压塔的负荷；另一部分则送回初馏塔作循环回流。

初馏塔底油称为拔头原油，经一系列换热后，再经常压炉加热到 360~370℃进入常压塔的汽化段。从汽化段到塔顶由下而上温度逐渐降低，组分越来越轻，塔顶蒸出的气体经冷凝冷却后在塔顶回流罐进行气液分离，液体的一部分返回塔顶作为回流，另一部分作为轻汽油(或称石脑油)送出装置。

常压塔和初馏塔顶的回流罐中分离出的石油气体为 $C_1 \sim C_4$ 轻质烷烃和少量轻油，可引到加热炉作燃料或经压缩进行气体分离，以回收液化石油气。

常压塔一般有 3~5 个侧线，由此抽出液体产品分别为：煤油(喷气燃料与灯用煤油)、轻柴油、重柴油、催化裂化原料油等。图 2-3 中采用的 4 个侧线，所以采出的是汽油馏分、煤油馏分、柴油馏分和蜡油馏分。这些馏分在汽提塔中，用水蒸气汽提脱除轻组分后，与原油换热，冷却到规定温度送出装置。

在两侧线之间还采用了中段循环回流，这样一方面可以使全塔沿塔高的气液相负荷分布比较均匀，另一方面可以取走部分热量。

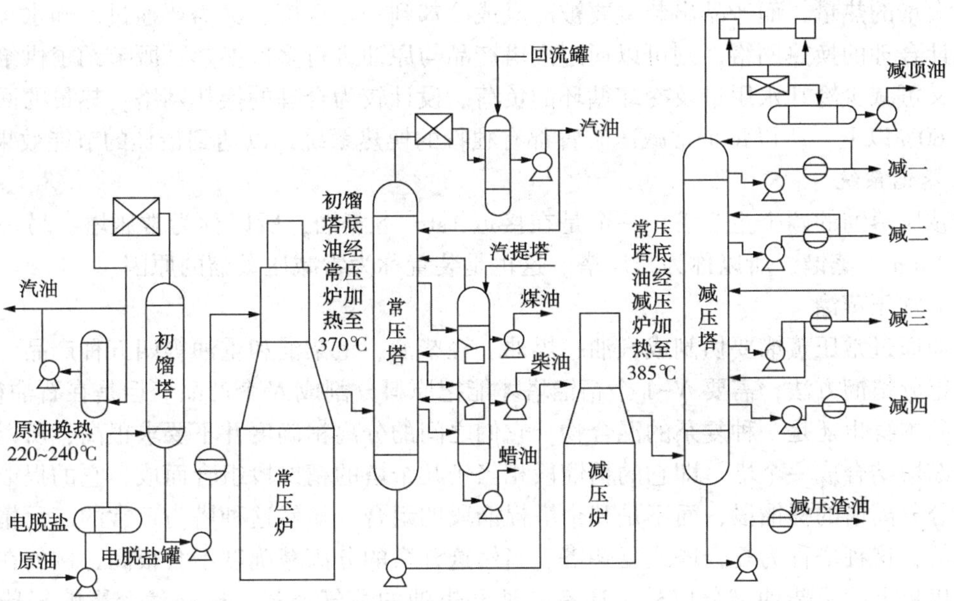

图 2-3　常减压蒸馏流程示意图

常压塔底未汽化的常压重油经水蒸气汽提出轻组分后，进入减压炉加热到400~410℃，然后进入减压塔，在减压条件下使重质油料汽化蒸出，塔顶为不凝气和水蒸气，经冷凝后采用真空喷射器抽出不凝气，使塔内压力维持在5.5~8.0kPa。减压塔一般也设3~5个侧线，用于抽出润滑油原料或裂化原料等。液体侧线经水蒸气汽提、换热、冷却到规定温度后送出装置。

减压塔底的减压渣油经水蒸气汽提，以提高拔出率，然后经换热、冷却到规定温度后送出装置。减压渣油可作为丙烷脱沥青、延迟焦化、氧化沥青装置的原料，去生产沥青或石油焦。也可经调和后作为重质燃料油，供给炼钢厂或发电厂使用。

根据我国原油性质，一般常、减压蒸馏的馏出率分别在25%~35%之间，原油的总拔出率在60%左右。

1. 原油的预处理

原油的预处理是指对原油进行脱盐脱水的过程。原油中所含盐类主要是 $NaCl$、$MgCl_2$、$CaCl_2$ 等。原油从油田开采出来后，已经在油田进行了初步的脱盐、脱水，为了减轻在输送过程中的动力消耗和管线腐蚀。同时原油中含盐含水会增加炼油过程的能耗、干扰蒸馏操作、腐蚀设备、影响二次加工的催化剂的性能等，所以原油进入炼油厂还必须进行更为严格的脱盐脱水。对设有重油催化裂化装置的炼油厂，要求脱后原油含盐量要小于3mg/L，含水量小于0.2%；对于不设重油催化裂化装置的炼油厂，要求脱后原油含盐量应小于5mg/L，含水量小于0.3%。

目前常用的是电化学脱盐脱水的方法。即先在原油中加入大量的不含盐的清水，充分搅拌，使大部分的盐能溶于水中。然后在破乳剂和高压电场的共同作用下，使微小水滴聚集成较大水滴，借重力从油中分离，达到脱盐脱水的目的。

2. 换热系统

常减压蒸馏装置的能耗在炼油厂全厂能耗中占有重要的比重，其燃料消耗约相当于加工原油量的2%，为全厂消耗自用燃料量最大的生产装置。在装置中原油升温及部分汽化，需要供给大量的热量，而产品出装置要被冷凝或冷却到一定温度，又需要通过冷却水等取走热量。设计合理的换热网络，则可以通过离塔产品与原油进行多次换热，既节约了供给原油的热量，又可减少冷却水用量及冷却循环的负荷。设计较为合理的换热网络，热量的回收率可以达到60%以上。所以每个常减压装置都有独特的换热系统，以达到最佳的节能效果。

3. 蒸馏系统

常减压蒸馏的两个主要塔，一个是在接近1atm下蒸馏，所以称为常压塔；另一个塔是在小于1atm下蒸馏，所以称为减压塔。这也是装置称为常减压蒸馏的原因。

(1) 常压蒸馏

原油通过常压蒸馏要切割成汽油、煤油、轻柴油、重柴油和重油等四五种产品。按照一般的多组分精馏方法，需要 $N-1$ 个精馏塔才能把原料分割成 N 个产品。但是在石油精馏中，各种产品本身也还是一种复杂的混合物，它们之间的分离精确度并不要求很高，所以可以把几个精馏塔结合成一个塔，即它的精馏段相当于几个塔的精馏段组合而成，它的提馏段只是最重馏分分离塔的提馏段，而不是几个塔提馏段的组合。显然这种塔与正常的二元精馏塔是不一样的，这种塔称为复合塔或复杂塔。当然这种塔的分离精确度不会很高，例如在轻柴油侧线抽出板上除了柴油馏分以外，还有汽油和煤油的蒸气通过，这必然会影响轻柴油的质量，而且会降低汽油和煤油的产率。生产中在常压塔的外侧为侧线产品设汽提塔，在汽提塔底部吹入少量的过热蒸汽以降低侧线产品的油气分压，使混入产品的较轻馏分汽化而返回常压塔。这样做既可能达到分离要求，而且也很简便。显然这种汽提塔与精馏塔的提馏段在本质上有所不同。

(2)减压蒸馏

常压塔底的产物称为常压重油，一般是原油中>350℃的重组分，原油中的胶质、沥青质等也集中在其中。为了取得润滑油原料和催化裂化原料，需要把沸点高于350℃的馏分从重油中分离出来。如果继续在常压下进行分离，则必须将重油加热到400~500℃，从而导致重油，特别是其中的胶质、沥青质等不安定组分发生较严重的分解、缩合等化学反应。这不仅会降低产品的质量，而且会加剧设备的结焦而缩短生产周期。为此将常压重油在减压条件下进行蒸馏，温度条件限制在420℃以下，压力在8kPa左右或更低，它是由塔顶的抽真空系统实现的。

2.2.2 蒸馏塔的安全控制

1. 操作压力

(1) 常压塔

常压蒸馏塔的最低操作压力最终是受制于塔顶产品接受罐的温度下塔顶产品的泡点压力。常压塔顶产品通常是汽油馏分或重整原料，当用水作冷却介质时，产品罐常压操作，塔顶产品冷却到40℃左右即可冷凝。但为使塔顶馏出液能克服管线和冷凝冷却设备的阻力而流入产品回流罐，常压塔顶的压力应稍高于产品接受罐的压力，或者说稍高于常压，大约在130~160kPa。塔顶压力确定后，塔的各部位的操作压力也随之可以计算得到。油气由下而上，所以塔内压力由上而下逐渐增加，根据所用不同类型塔板的压降即可推算出塔内各处的压力。然后再由精馏塔汽化段压力即可推算出炉出口压力，一般加热炉出口经转油线到精馏塔汽化段的压力降通常为34kPa。

(2) 减压塔

为了达到蒸馏塔在减压下操作，在塔顶设有专门的抽真空设备。减压塔的抽真空设备可以是蒸汽喷射器或机械真空泵，由于蒸汽喷射器用水蒸气，所以称为湿式抽真空，相对应的机械真空泵称为干式抽真空。对于湿式减压，减压塔顶残压一般在5.5~8.0kPa，对于干式减压，减压塔顶压力一般为1.3kPa。

2. 操作温度

(1) 加热炉出口温度

最高的加热炉允许温度应该是保证在此温度下油料的不安定组分不至于发生显著的热裂解反应。一般常压炉出口温度为370℃，若生产航空煤油最高温度为360~365℃，减压炉生产润滑油型为400℃，燃料型为410℃。

(2) 汽化段温度

汽化段温度就是进料的绝热闪蒸温度。由于热损失及入塔后发生闪蒸过程使油料温度下降，所以汽化段温度一般要比加热炉出口温度低5~10℃。

(3) 塔底温度

进料在汽化段闪蒸形成的液相部分，汇同精馏段流下的液相一起向下流入汽提段。塔底通入过热水蒸气逆流而上与油料接触，不断地将油料中的轻馏分汽提出去。轻馏分汽化需要的热量一部分由过热水蒸气供给，一部分由液相油料本身的显热提供。由于过热水蒸气提供的热量有限，加之又有散热损失，因此油料温度由上而下逐板下降，塔底温度比汽化段温度低5~10℃。

(4) 侧线温度

侧线抽出温度是未经汽提的侧线产品在该处油气分压下的泡点温度。它比汽提后的产品在同样条件下的泡点温度略低，相差不多。所以生产中常用易得到的汽提后的泡点温度作为侧线抽出温度。

(5) 塔顶温度

塔顶温度就是塔顶产品在其本身油气分压下的露点温度。

表2-1是国内某常减压蒸馏装置的操作温度与压力，可以作为参考。

表2-1 某常减压蒸馏装置的操作温度与压力

常压塔		减压塔	
塔顶温度/℃	92	塔顶温度/℃	74
一线温度/℃	162	一线温度/℃	190
二线温度/℃	250	二线温度/℃	225
三线温度/℃	267	三线温度/℃	260
四线温度/℃	324	四线温度/℃	349
五线温度/℃	338	五线温度/℃	370
汽化段温度/℃	363	汽化段温度/℃	390
炉出口温度/℃	370	炉出口温度/℃	400
塔底温度/℃	358	塔底温度/℃	380
塔顶压力/kPa	159	塔顶残压/kPa	7.7
汽化段压力/kPa	180	汽化段残压/kPa	12.2

3. 汽提水蒸气用量

原油蒸馏用的汽提水蒸气一般都是用温度为400~450℃的过热水蒸气，用过热蒸汽主要原因是防止冷凝水带入塔内。侧线产品汽提的目的是驱除其中的低沸点组分，从而提高产品的闪点和改善蒸馏的精确度；常压塔汽提主要是为了降低塔底重油中<350℃馏分的含量，以提高直馏轻质油品的收率，同时也减轻了减压塔的负荷；减压塔汽提的目的则是降低汽化段的油气分压，从而在所能达到的最高温度和真空度之下尽可能提高减压塔的拔出率。汽提蒸汽的用量与需要提馏出来的轻组分含量有关。表2-2列出了选择汽提蒸汽的经验数据，可以作为参考，当然生产中还要根据具体情况进行调整。

表2-2 汽提蒸汽用量的经验数据

塔	产品	蒸汽用量/%(质)
初馏塔	塔底油	1.2~1.5
常压塔	溶剂油	1.5~2
	煤油	2~3
	轻柴油	2~3
	重柴油	2~4
	轻润滑油	2~4
	塔底重油	2~4
减压塔	中、重润滑油	2~4
	残渣燃料油	2~4
	残渣汽缸油	2~5

2.2.3 常减压蒸馏装置的工艺安全与风险控制

2.2.3.1 危险物质的辨识及安全对策

常减压蒸馏过程中涉及的危险物质主要有原油、液化石油气、石脑油、汽油、煤油、柴油等，其中液化石油气、石脑油、汽油是甲类火灾危险性物质，原油、煤油、柴油等属于乙类火灾危险性物质。同时生产过程还副产H_2S、CO等高毒性物质，部分物质的特性和火灾危险性见表2-3~表2-6。

表2-3 液化石油气(拔顶气)应急处置对策

特别警示	极易燃气体。
理化特性	由石油加工过程中得到的一种无色挥发性液体，主要组分为丙烷、丙烯、丁烷、丁烯，并含有少量戊烷、戊烯和微量硫化氢等杂质。不溶于水。熔点-160~-107℃，沸点-12~4℃，闪点-80~-60℃，相对密度(水=1)0.5~0.6，相对蒸气密度(空气=1)1.5~2.0，爆炸极限5%~33%(体积比)，自燃温度426~537℃。 主要用途：主要用作民用燃料、发动机燃料、制氢原料、加热炉燃料以及打火机的气体燃料等，也可用作石油化工的原料。
危害信息	【燃烧和爆炸危险性】 极易燃，与空气混合能形成爆炸性混合物，遇热源或明火有燃烧爆炸危险。比空气重，能在较低处扩散到相当远的地方，遇点火源会着火回燃。 【活性反应】 与氟、氯等接触会发生剧烈的化学反应。 【健康危害】 主要侵犯中枢神经系统。急性液化气轻度中毒主要表现为头昏、头痛、咳嗽、食欲减退、乏力、失眠等；重者失去知觉、小便失禁、呼吸变浅变慢。 职业接触限值：PC-TWA(时间加权平均容许浓度)：1000mg/m^3；PC-STEL(短时间接触容许浓度)：1500mg/m^3。

续表

安全措施	【一般要求】 操作人员必须经过专门培训，严格遵守操作规程，熟练掌握操作技能，具备应急处置知识。 密闭操作，避免泄漏，工作场所提供良好的自然通风条件。远离火种、热源，工作场所严禁吸烟。 生产、储存、使用液化石油气的车间及场所应设置泄漏检测报警仪，使用防爆型的通风系统和设备，配备两套以上重型防护服。穿防静电工作服，工作场所浓度超标时，建议操作人员应该佩戴过滤式防毒面具。可能接触液体时，应防止冻伤。储罐等压力容器和设备应设置安全阀、压力表、液位计、温度计，并应装有带压力、液位、温度远传记录和报警功能的安全装置，设置整流装置与压力机、动力电源、管线压力、通风设施或相应的吸收装置的联锁装置。储罐等设置紧急切断装置。 避免与氧化剂、卤素接触。 生产、储存区域应设置安全警示标志。在传送过程中，钢瓶和容器必须接地和跨接，防止产生静电。搬运时轻装轻卸，防止钢瓶及附件破损。禁止使用电磁起重机和用链绳捆扎，或将瓶阀作为吊运着力点。配备相应品种和数量的消防器材及泄漏应急处理设备。 【特殊要求】 【操作安全】 1)充装液化石油气钢瓶，必须在充装站内按工艺流程进行。禁止槽车、贮罐，或大瓶向小瓶直接充装液化气。禁止漏气、超重等不合格的钢瓶运出充装站。 2)用户使用装有液化石油气钢瓶时：不准擅自更改钢瓶的颜色和标记；不准把钢瓶放在曝日下、卧室和办公室内及靠近热源的地方；不准用明火、蒸汽、热水等热源对钢瓶加热或用明火检漏；不准倒卧或横卧使用钢瓶；不准摔碰、滚动液化气钢瓶；不准钢瓶之间互充液化气；不准自行处理液化气残液。 3)液化石油气的储罐在首次投入使用前，要求罐内含氧量小于3%。首次灌装液化石油气时，应先开启气相阀门待两罐压力平衡后，进行缓慢灌装。 4)液化石油气槽车装卸作业时，凡有以下情况之一时，槽车应立即停止装卸作业，并妥善处理： 附近发生火灾； 检测出液化气体泄漏； 液压异常； 其他不安全因素。 5)充装时，使用万向节管道充装系统，严防超装。 【储存安全】 1)储存于阴凉、通风的易燃气体专用库房。远离火种、热源。库房温度不宜超过30℃。 2)应与氧化剂、卤素分开存放，切忌混储。照明线路、开关及灯具应符合防爆规范，地面应采用不产生火花的材料或防静电胶垫，管道法兰之间应用导线跨接。压力表必须有技术监督部门有效的检定合格证。储罐站必须加强安全管理。站内严禁烟火。进站人员不得穿易产生静电的服装和穿带钉鞋。入站机动车辆排气管出口应有消火装置，车速不得超过5km/h。液化石油气供应单位和供气站点应设有符合消防安全要求的专用钢瓶库；建立液化石油气实瓶入库验收制度，不合格的钢瓶不得入库；空瓶和实瓶应分开放置，并应设置明显标志。储存区应备有泄漏应急处理设备。 3)液化石油气储罐、槽车和钢瓶应定期检验。 4)注意防雷、防静电，厂(车间)内的液化石油气储罐应按《建筑物防雷设计规范》(GB 50057)的规定设置防雷、防静电设施。 【运输安全】 1)运输车辆应有危险货物运输标志、安装具有行驶记录功能的卫星定位装置。未经公安机关批准，运输车辆不得进入危险化学品运输车辆限制通行的区域。 2)槽车运输时要用专用槽车。槽车安装的阻火器(火星熄灭器)必须完好。槽车和运输卡车要有导静电拖线；槽车上要备有2只以上干粉或二氧化碳灭火器和防爆工具。 3)车辆运输钢瓶时，瓶口一律朝向车辆行驶方向的右方，堆放高度不得超过车辆的防护栏板，并用三角木垫卡牢，防止滚动。不准同车混装有抵触性质的物品和让无关人员搭车。运输途中远离火种，不准在有明火地点或人多地段停车，停车时要有人看管。发生泄漏或火灾时要开到安全地方进行灭火或堵漏。 4)输送液化石油气的管道不应靠近热源敷设；管道采用地上敷设时，应在人员活动较多和易遭车辆、外来物撞击的地段，采取保护措施并设置明显的警示标志；液化石油气管道架空敷设时，管道应敷设在非燃烧体的支架或栈桥上。在已敷设的液化石油气管道下面，不得修建与液化石油气管道无关的建筑物和堆放易燃物品；液化石油气管道外壁颜色、标志应执行《工业管道的基本识别色、识别符号和安全标识》(GB 7231)的规定。

续表

应急处置原则	【急救措施】 吸入：迅速脱离现场至空气新鲜处。保持呼吸道通畅。如呼吸困难，立即输氧。如呼吸停止，立即进行人工呼吸并就医。 皮肤接触：如果发生冻伤，将患部浸泡于保持在38~42℃的温水中复温。不要涂擦。不要使用热水或辐射热。使用清洁、干燥的敷料包扎。如有不适感，就医。 【灭火方法】 切断气源。若不能切断气源，则不允许熄灭泄漏处的火焰。喷水冷却容器，尽可能将容器从火场移至空旷处。 灭火剂：泡沫、二氧化碳、雾状水。 【泄漏应急处置】 消除所有点火源。根据气体的影响区域划定警戒区，无关人员从侧风、上风向撤离至安全区；静风泄漏时，液化石油气沉在底部并向低洼处流动，无关人员应向高处撤离。建议应急处理人员戴正压自给式空气呼吸器，穿防静电、防寒服。作业时使用的所有设备应接地。禁止接触或跨越泄漏物。尽可能切断泄漏源。若可能翻转容器，使之逸出气体而非液体。喷雾状水抑制蒸汽或改变蒸气云流向，避免水流接触泄漏物。禁止用水直接冲击泄漏物或泄漏源。防止气体通过下水道、通风系统和密闭性空间扩散。隔离泄漏区直至气体散尽。 作为一项紧急预防措施，泄漏隔离距离至少为100m。如果为大量泄漏，下风向的初始疏散距离应至少为800m。

表 2-4　H_2S 应急处置对策

特别警示	强烈的神经毒物，高浓度吸入可发生猝死，谨慎进入工业下水道(井)、污水井、取样点、化粪池、密闭容器，下敞开式、半敞开式坑、槽、罐、沟等危险场所；极易燃气体。
理化特性	无色气体，低浓度时有臭鸡蛋味，高浓度时使嗅觉迟钝。溶于水、乙醇、甘油、二硫化碳。相对分子质量为34.08，熔点-85.5℃，沸点-60.7℃，相对密度(水=1)1.539g/L，相对蒸气密度(空气=1)1.19，临界压力9.01MPa，临界温度100.4℃，饱和蒸气压2026.5kPa(25.5℃)，闪点-60℃，爆炸极限4.0%~46.0%(体积比)，自燃温度260℃，最小点火能0.077mJ，最大爆炸压力0.490MPa。 主要用途：主要用于制造无机硫化物，还用作化学分析如鉴定金属离子。
危害信息	【燃烧和爆炸危险性】 极易燃，与空气混合能形成爆炸性混合物，遇明火、高热能引起燃烧爆炸。气体比空气重，能在较低处扩散到相当远的地方，遇火源会着火回燃。 【活性反应】 与浓硝酸、发烟硝酸或其他强氧化剂剧烈反应可发生爆炸。 【健康危害】 本品是强烈的神经毒物，对粘膜有强烈刺激作用。 急性中毒：高浓度(1000mg/m^3以上)吸入可发生闪电型死亡。严重中毒可留有神经、精神后遗症。急性中毒出现眼和呼吸道刺激症状，急性气管-支气管炎或支气管周围炎，支气管肺炎，头痛，头晕，乏力，恶心，意识障碍等。重者意识障碍程度达深昏迷或呈植物状态，出现肺水肿、多脏器衰竭。对眼和呼吸道有刺激作用。 慢性影响：长期接触低浓度的硫化氢，可引起神经衰弱综合征和植物神经功能紊乱等。 职业接触限值：MAC(最高容许浓度)：10mg/m^3。
安全措施	【一般要求】 操作人员必须经过专门培训，严格遵守操作规程，熟练掌握操作技能，具备应急处置知识。 严加密闭，防止泄漏，工作场所建立独立的局部排风和全面通风，远离火种、热源。工作场所严禁吸烟。 硫化氢作业环境空气中硫化氢浓度要定期测定，并设置硫化氢泄漏检测报警仪，使用防爆型的通风系统和设备，配备两套以上重型防护服。戴化学安全防护眼镜，穿防静电工作服，戴防化学品手套，工作场所浓度超标时，操作人员应该佩戴过滤式防毒面具。

续表

安全措施	储罐等压力设备应设置压力表、液位计、温度计，并应装有带压力、液位、温度远传记录和报警功能的安全装置。设置整流装置与压力机、动力电源、管线压力、通风设施或相应的吸收装置的联锁装置。重点储罐等设置紧急切断设施。 避免与强氧化剂、碱类接触。 生产、储存区域应设置安全警示标志。防止气体泄漏到工作场所空气中。搬运时轻装轻卸，防止钢瓶及附件破损。配备相应品种和数量的消防器材及泄漏应急处理设备。 【特殊要求】 【操作安全】 1)产生硫化氢的生产设备应尽量密闭。对含有硫化氢的废水、废气、废渣，要进行净化处理，达到排放标准后方可排放。 2)进入可能存在硫化氢的密闭容器、坑、窑、地沟等工作场所，应首先测定该场所空气中的硫化氢浓度，采取通风排毒措施，确认安全后方可操作。操作时做好个人防护措施，佩戴正压自给式空气呼吸器，使用便携式硫化氢检测报警仪，作业工人腰间缚以救护带或绳子。要设监护人员做好互保，发生异常情况立即救出中毒人员。 3)脱水作业过程中操作人员不能离开现场，防止脱出大量的酸性气。脱出的酸性气要用氢氧化钙或氢氧化钠溶液中和，并有隔离措施，防止过路行人中毒。 【储存安全】 储存于阴凉、通风仓库内，库房温度不宜超过30℃。储罐远离火种、热源，防止阳光直射，保持容器密封。采用防爆型照明、通风设施。禁止使用易产生火花的机械设备和工具。储存区应备有泄漏应急处理设备。 【运输安全】 1)运输车辆应有危险货物运输标志、安装具有行驶记录功能的卫星定位装置。未经公安机关批准，运输车辆不得进入危险化学品运输车辆限制通行的区域。夏季应早晚运输，防止日光曝晒。 2)运输时运输车辆应配备相应品种和数量的消防器材。装运该物品的车辆排气管必须配备阻火装置，禁止使用易产生火花的机械设备和工具装卸。 3)采用钢瓶运输时必须戴好钢瓶上的安全帽。钢瓶一般平放，瓶口一律朝向车辆行驶方向的右方，堆放高度不得超过车辆的防护栏板，并用三角木垫卡牢，防止滚动。严禁与氧化剂、碱类、食用化学品等混装混运。运输途中远离火种，不准在有明火地点或人多地段停车，停车时要有人看管。 4)输送硫化氢的管道不应靠近热源敷设；管道采用地上敷设时，应在人员活动较多和易遭车辆、外来物撞击的地段，采取保护措施并设置明显的警示标志；硫化氢管道架空敷设时，管道应敷设在非燃烧体的支架或栈桥上。在已敷设的硫化氢管道下面，不得修建与硫化氢管道无关的建筑物和堆放易燃物品。硫化氢管道外壁颜色、标志应执行《工业管道的基本识别色、识别符号和安全标识》(GB 7231)的规定。
应急处置原则	【急救措施】 吸入：迅速脱离现场至空气新鲜处。保持呼吸道通畅。如呼吸困难，给氧。呼吸心跳停止时，立即进行人工呼吸和胸外心脏按压术。就医。 【灭火方法】 切断气源。若不能切断气源，则不允许熄灭泄漏处的火焰。喷水冷却容器，尽可能将容器从火场移至空旷处。 灭火剂：雾状水、泡沫、二氧化碳、干粉。 【泄漏应急处置】 根据气体扩散的影响区域划定警戒区，无关人员从侧风、上风向撤离至安全区。消除所有点火源(泄漏区附近禁止吸烟，消除所有明火、火花或火焰)。作业时所有设备应接地。应急处理人员戴正压自给式空气呼吸器，泄漏、未着火时应穿全封闭防化服。在保证安全的情况下堵漏。隔离泄漏区直至气体散尽。 隔离与疏散距离：小量泄漏，初始隔离30m，下风向疏散白天100m、夜晚100m；大量泄漏，初始隔离600m，下风向疏散白天3500m、夜晚8000m。

表 2-5　原油应急处置对策

特别警示	易燃黏稠液体。
理化特性	原油即石油，是一种黏稠的、深褐色(有时有点绿色的)流动或半流动液体，略轻于水。原油相对密度一般在 0.75~0.95 之间，少数大于 0.95 或小于 0.75，相对密度在 0.9~1.0 之间的称为重质原油，小于 0.9 的称为轻质原油。原油黏度范围很宽，凝点差别很大(-60~30℃)，沸点范围为常温到 500℃以上。它由不同的碳氢化合物混合组成，其主要组成成分是烷烃，还含有硫、氧、氮、磷、钒等元素。可溶于多种有机溶剂，不溶于水，但可与水形成乳状液。不同油田的石油成分和外观可以有很大差别。 主要用途：原油主要被用来作为燃油和生产各种油品等，也是许多化学工业产品，如溶剂、化肥、杀虫剂和塑料等的原料。
危害信息	【燃烧和爆炸危险性】 易燃，遇明火或热源有燃烧爆炸危险。 【健康危害】 石油对健康的危害取决于石油的组成成分，对健康危害最典型的是苯及其衍生物，含苯的新鲜石油对人体危害的急性反应症状有：味觉反应迟钝、昏迷、反应迟缓、头痛、眼睛流泪等，长期接触可引起白血病发病率的增加。
安全措施	【一般要求】 操作人员必须经过专门培训，严格遵守操作规程，熟练掌握操作技能，具备应急处置知识。 严加密闭，防止泄漏，工作场所提供充分的局部排风和全面通风，远离火种、热源，工作现场严禁吸烟。 在可能泄漏原油的场所内，应该设置可燃气体报警仪，使用防爆型的通风系统和设备，配备两套以上重型防护服。戴安全防护眼镜。穿相应的防护服。戴防护手套。高浓度环境中，应该佩戴防毒口罩。必要时应佩戴自给式呼吸器。储罐等压力设备应设置液位计、温度计，并应带有远传记录和报警功能的安全装置。 避免与强氧化剂接触。 生产、储存区域应设置安全警示标志。搬运时要轻装轻卸，防止包装及容器损坏。配备相应品种和数量的消防器材及泄漏应急处理设备。倒空的容器可能存在残留有害物时应及时处理。 【特殊要求】 【操作安全】 1)往油罐或油罐汽车装油时，输油管要插入油面以下或接近罐的底部，以减少油料的冲击和与空气的摩擦。 2)当进行灌装原油时，邻近的汽车、拖拉机的排气管要戴上防火帽后才能发动，存原油地点附近严禁检修车辆。 3)注意仓库及操作场所的通风，使油蒸气容易逸散。 【储存安全】 1)储存于阴凉、通风的仓库内。远离火种、热源。库房内温度不宜超过 30℃。 2)保持容器密闭。应与氧化剂、酸类物质分开存放。储存间采用防爆型照明、通风等设施。禁止使用产生火花的机械设备和工具。储存区应备有泄漏应急处理设备。灌装时，注意流速不超过 3m/s，且有接地装置，防止静电积聚。 3)注意防雷、防静电，厂(车间)内的储罐应按《建筑物防雷设计规范》(GB 50057)的规定设置防雷、防静电设施。 【运输安全】 1)运输车辆应有危险货物运输标志，安装具有行驶记录功能的卫星定位装置。未经公安机关批准，运输车辆不得进入危险化学品运输车辆限制通行的区域。 2)严禁与氧化剂、食用化学品等混装混运。运输时所用的槽(罐)车应有导静电拖线，槽内可设孔隔板以减少震荡产生静电。装运该物品的车辆排气管必须配备阻火装置，禁止使用易产生火花的机械设备和工具装卸。运输时运输车辆应配备相应品种和数量的消防器材。运输途中应防曝晒、防雨淋、防高温。中途停留时应远离火种、热源、高温区，勿在居民区和人口稠密区停留。 3)输油管道地下铺设时，沿线应设置里程桩、转角桩、标志桩和测试桩，并设警示标志。运行应符合有关法律法规规定。

续表

应急处置原则	【急救措施】 吸入：将中毒者移到空气新鲜处，观察呼吸。如果出现咳嗽或呼吸困难，考虑呼吸道刺激、支气管炎或局部性肺炎。必要时给吸氧，帮助通气。 食入：禁止催吐。可给予1~2杯水稀释。尽快就医。 皮肤接触：脱去污染的衣物，用大量水冲洗皮肤或淋浴。 眼睛接触：用大量清水冲洗至少15min，尽快就医。冲洗之前应先摘除隐形眼镜。 【灭火方法】 消防人员须佩戴防毒面具、穿全身消防服，在上风向灭火。尽可能将容器从火场移至空旷处。喷水保持火场容器冷却，直至灭火结束。处在火场中的容器若已变色或从安全泄压装置中产生声音，必须马上撤离。 用泡沫、干粉、二氧化碳、砂土灭火。 【泄漏应急处置】 根据液体流动和蒸气扩散的影响区域划定警戒区，无关人员从侧风、上风向撤离至安全区。消除所有点火源(泄漏区附近禁止吸烟，消除所有明火、火花或火焰)。作业时所有设备应接地。禁止接触或跨越泄漏物。在保证安全的情况下堵漏。防止泄漏物进入水体、下水道、地下室或密闭空间。用泡沫覆盖抑制蒸气产生。用干土、砂或其他不燃性材料吸收或覆盖并收集于容器中。用洁净非火花工具收集吸收材料。大量泄漏：在液体泄漏物前方筑堤堵截以备处理。雾状水能抑制蒸气的产生，但在密闭空间中的蒸气仍能被引燃。 作为一项紧急预防措施，泄漏隔离距离周围至少为50m。如果为大量泄漏，下风向的初始疏散距离应至少为300m。

表 2-6　汽油、石脑油应急处置对策

特别警示	高度易燃液体；不得使用直流水扑救(用水灭火无效)。
理化特性	无色到浅黄色的透明液体。 依据《车用无铅汽油》(GB 17930)生产的车用无铅汽油，按研究法辛烷值(*RON*)分为90号、93号和95号三个牌号，相对密度(水=1)0.70~0.80，相对蒸气密度(空气=1)3~4，闪点-46℃，爆炸极限1.4%~7.6%(体积比)，自燃温度415~530℃，最大爆炸压力0.813MPa；石脑油主要成分为C_4~C_6的烷烃，相对密度0.78~0.97，闪点-2℃，爆炸极限1.1%~8.7%(体积比)。 主要用途：汽油主要用作汽油机的燃料，可用于橡胶、制鞋、印刷、制革、颜料等行业，也可用作机械零件的去污剂；石脑油主要用作裂解、催化重整和制氨原料，也可作为化工原料或一般溶剂，在石油炼制方面是制作清洁汽油的主要原料。
危害信息	【燃烧和爆炸危险性】 高度易燃，蒸气与空气能形成爆炸性混合物，遇明火、高热能引起燃烧爆炸。高速冲击、流动、激荡后可因产生静电火花放电引起燃烧爆炸。蒸气比空气重，能在较低处扩散到相当远的地方，遇火源会着火回燃和爆炸。 【健康危害】 汽油为麻醉性毒物，高浓度吸入出现中毒性脑病，极高浓度吸入引起意识突然丧失、反射性呼吸停止。误将汽油吸入呼吸道可引起吸入性肺炎。 职业接触限值：PC-TWA(时间加权平均容许浓度)：300mg/m^3(汽油)。
安全措施	【一般要求】 操作人员必须经过专门培训，严格遵守操作规程，熟练掌握操作技能，具备应急处置知识。 密闭操作，防止泄漏，工作场所全面通风。远离火种、热源，工作场所严禁吸烟。配备易燃气体泄漏监测报警仪，使用防爆型通风系统和设备，配备两套以上重型防护服。操作人员穿防静电工作服，戴耐油橡胶手套。 储罐等容器和设备应设置液位计、温度计，并应装有带液位、温度远传记录和报警功能的安全装置。 避免与氧化剂接触。 生产、储存区域应设置安全警示标志。灌装时应控制流速，且有接地装置，防止静电积聚。搬运时要轻装轻卸，防止包装及容器损坏。配备相应品种和数量的消防器材及泄漏应急处理设备。

续表

安全措施	【特殊要求】 【操作安全】 1)油罐及贮存桶装汽油附近要严禁烟火。禁止将汽油与其他易燃物放在一起。 2)往油罐或油罐汽车装油时，输油管要插入油面以下或接近罐的底部，以减少油料的冲击和与空气的摩擦。沾油料的布、油棉纱头、油手套等不要放在油库、车库内，以免自燃。不要用铁器工具敲击汽油桶，特别是空汽油桶更危险。因为桶内充满汽油与空气的混合气，而且经常处于爆炸极限之内，一遇明火，就能引起爆炸。 3)当进行灌装汽油时，邻近的汽车、拖拉机的排气管要戴上防火帽后才能发动，存汽油地点附近严禁检修车辆。 4)汽油油罐和贮存汽油区的上空，不应有电线通过。油罐、库房与电线的距离要为电杆长度的 1.5 倍以上。 5)注意仓库及操作场所的通风，使油蒸气容易逸散。 【储存安全】 1)储存于阴凉、通风的库房。远离火种、热源。库房温度不宜超过30℃。炎热季节应采取喷淋、通风等降温措施。 2)应与氧化剂分开存放，切忌混储。用储罐、铁桶等容器盛装，不要用塑料桶来存放汽油。盛装时，切不可充满，要留出必要的安全空间。 3)采用防爆型照明、通风设施。禁止使用易产生火花的机械设备和工具。储存区应备有泄漏应急处理设备和合适的收容材料。罐储时要有防火防爆技术措施。对于 $1000m^3$ 及以上的储罐顶部应有泡沫灭火设施等。 【运输安全】 1)运输车辆应有危险货物运输标志，安装具有行驶记录功能的卫星定位装置。未经公安机关批准，运输车辆不得进入危险化学品运输车辆限制通行的区域。 2)汽油装于专用的槽车(船)内运输，槽车(船)应定期清理；用其他包装容器运输时，容器须用盖密封。运送汽油的油罐汽车，必须有导静电拖线。对有每分钟 $0.5m^3$ 以上的快速装卸油设备的油罐汽车，在装卸油时，除了保证铁链接地外，更要将车上油罐的接地线插入地下并不得浅于100mm。运输时运输车辆应配备相应品种和数量的消防器材。装运该物品的车辆排气管必须配备阻火装置，禁止使用易产生火花的机械设备和工具装卸。汽车槽罐内可设孔隔板以减少震荡产生静电。 3)严禁与氧化剂等混装混运。夏季最好早晚运输，运输途中应防曝晒、防雨淋、防高温。中途停留时应远离火种、热源、高温区及人口密集地段。 4)输送汽油的管道不应靠近热源敷设；管道采用地上敷设时，应在人员活动较多和易遭车辆、外来物撞击的地段，采取保护措施并设置明显的警示标志；汽油管道架空敷设时，管道应敷设在非燃烧体的支架或栈桥上。在已敷设的汽油管道下面，不得修建与汽油管道无关的建筑物和堆放易燃物品；汽油管道外壁颜色、标志应执行《工业管道的基本识别色、识别符号和安全标识》(GB 7231)的规定。 5)输油管道地下铺设时，沿线应设置里程桩、转角桩、标志桩和测试桩，并设警示标志。运行应符合有关法律法规规定。
应急处置原则	【急救措施】 吸入：迅速脱离现场至空气新鲜处。保持呼吸道通畅。如呼吸困难，给氧。如呼吸停止，立即进行人工呼吸。就医。 食入：给饮牛奶或用植物油洗胃和灌肠。就医。 皮肤接触：立即脱去污染的衣着，用肥皂水和清水彻底冲洗皮肤。就医。 眼睛接触：立即提起眼睑，用大量流动清水或生理盐水彻底冲洗至少15min。就医。 【灭火方法】 喷水冷却容器，尽可能将容器从火场移至空旷处。 灭火剂：泡沫、干粉、二氧化碳。用水灭火无效。

续表

应急处置原则	【泄漏应急处置】 消除所有点火源。根据液体流动和蒸气扩散的影响区域划定警戒区，无关人员从侧风、上风向撤离至安全区。建议应急处理人员戴正压自给式空气呼吸器，穿防毒、防静电服。作业时使用的所有设备应接地。禁止接触或跨越泄漏物。尽可能切断泄漏源。防止泄漏物进入水体、下水道、地下室或密闭性空间。小量泄漏：用砂土或其他不燃材料吸收。使用洁净的无火花工具收集吸收材料。大量泄漏：构筑围堤或挖坑收容。用泡沫覆盖，减少蒸发。喷水雾能减少蒸发，但不能降低泄漏物在受限制空间内的易燃性。用防爆泵转移至槽车或专用收集器内。 作为一项紧急预防措施，泄漏隔离距离至少为50m。如果为大量泄漏，下风向的初始疏散距离应至少为300m。

2.2.3.2 重点危险源控制和隐患识别

由于常减压蒸馏装置生产规模大，生产现场贮存和设备中时时流动的危险物料数量数以万吨级，危险物质的种类也很多，属于重大危险源。同时生产场所还存在加热炉、高温蒸汽、电气设备等着火源，所以应重点加强管理，以防引发火灾、爆炸、中毒等灾难性事故。

2.2.3.3 常减压蒸馏过程的防腐蚀

腐蚀对于炼油企业来说是一个制约装置生产的重要因素之一，原油的腐蚀问题通常认为是由以下一种或多种化合物所构成：

① 氯化氢和有机及无机的氯化物；②硫化氢、硫醇及有机硫化合物；③二氧化碳；④溶解氧及水；⑤有机酸；⑥氮化合物。

1. 常减压蒸馏装置易发生设备腐蚀的部位

(1) 低温轻油易腐蚀部位

低温部位腐蚀主要是 $HCl+H_2S+H_2O$ 腐蚀，主要部位：初馏塔、常压塔(顶部五层塔盘及其上部)、减压塔三塔冷凝冷却系统及管线，其中处于相变部位换热器或空冷器入口腐蚀最为严重。

(2) 高温重油易腐蚀部位

高温硫腐蚀，通常是指240℃以上重油部位的硫、硫化氢和硫醇环境下形成的腐蚀，其特点是均匀腐蚀，分两种情况：

一是 $S+H_2S+RSH$(硫醇)型高温腐蚀，二是高温烟气硫酸露点腐蚀。

(3) 高温环烷酸腐蚀

环烷酸是原油中有机酸的总称，是原油中主要的酸性氧化物，其化学性质与脂肪酸相似，具有普通有机酸的所有性质。包括环烷酸、脂肪酸、芳香酸以及酚类，以环烷酸含量最多，故一般称石油中的酸为环烷酸。环烷酸腐蚀主要发生在200~400℃温度范围内，易腐蚀主要部位：常压塔、减压塔、常压炉出口转油线、减压炉出口转油线、换热器。特别是原油和渣油换热器的出入口短接线；240℃以上高温油管线，特别是常底抽出线、减压渣油线、减二线、减三线。

环烷酸的分子结构通式如下：

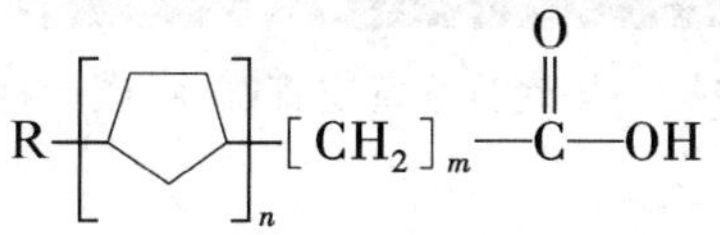

其中 R 为较低碳原子数的烷基侧链，n 为 1~5，m 通常大于 1。由于 R、m、n 的不同，原油中的环烷酸有 1500 多种不同的结构。

这些环烷酸分子量各不相同，其沸点也不相同。在蒸馏过程中，沸点不同的环烷酸在不同的馏分油中富集，形成具有腐蚀性的非水电解质，从而造成该部位的腐蚀。

原油中的环烷酸对炼油装置会造成严重的腐蚀。环烷酸腐蚀主要发生在炼油厂高温部位。常减压装置主要部位有常压转油线、减压转油线、常压炉出口、减压炉出口、常减压塔进料段塔壁、减三线等；催化和焦化装置主要部位有高温重油管线、加热炉管、分馏塔及相应的换热器等。图 2-4 显示了常减压装置发生环烷酸腐蚀的主要部位。

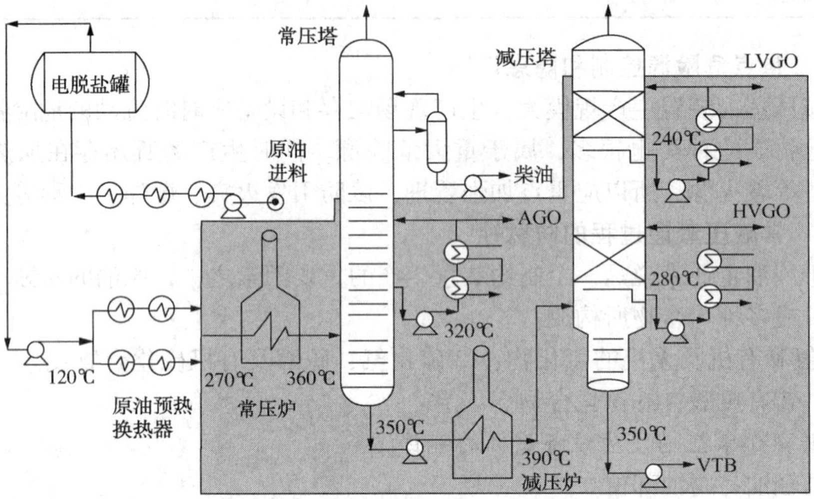

图 2-4 常减压装置发生环烷酸腐蚀的主要部位(阴影部分)

某厂一联合装置加工的原油以低硫低酸原油为主，但也加工部分高硫原油和高酸原油，如奎屯原油的硫含量达到 0.87%，蓬莱原油的酸值达到 2.36mgKOH/g。因此，给装置带来高温硫和高温环烷酸的交替或联合腐蚀。检修发现，塔底回流分配管支管腐蚀出现大面积减薄穿孔，见图 2-5。减三线填料腐蚀没有韧性，手掰即断，减三线的塔内构件几乎腐蚀光，升气孔腐蚀成薄纸状，圈梁及冲洗焊缝也有咬蚀痕迹。

图 2-5 塔底分配管支管腐蚀(碳钢材质)

2. 常减压蒸馏装置防腐蚀措施

对于这种原油中固有介质的腐蚀，工业上防腐蚀的方法有：

1）正确地选用金属材料。国外对塔顶馏出物系统的冷凝器及馏出物分离槽的衬里，通常使用高强度耐蚀镍铜合金-蒙乃尔(Monel；Ni68%，Cu28%，Mn1.5%，Fe2.5%)或海军黄铜(Cu70%，Zn29%，Sn1%的合金)。

2）目前普遍采用行之有效的工艺防腐措施是“一脱四注”，即：原油脱盐、注碱、塔顶挥发线注氨、注水及注缓蚀剂。

(1) 原油脱盐

目前国内外广泛采用的是电脱盐法。电脱盐的原理是在高压电场的作用下，使原油乳化液破乳，以达到油水分离的目的。由于盐分是溶解在水中的，因而脱水即可将盐脱掉。一级电脱盐一般可使原油中的盐含量降低60%~90%，采用一级电脱盐的炼油厂脱后含盐量平均为10~23mg/L，二级脱盐基本上能把含盐量稳定地控制在3.0mg/L以下。这样就能把引起腐蚀的介质稳定地控制在一个较低的范围，从而达到有效地控制腐蚀的目的。

(2) 原油注碱

原油脱盐后注入烧碱(NaOH)或纯碱(Na_2CO_3)溶液，其目的主要是使脱盐后残留在原油中的氯化镁和氯化钙变为不水解的氯化钠，从而进一步减少氯化氢的生成量，以便更有效地控制腐蚀，其反应式如下：

$$MgCl_2+2NaOH \longrightarrow 2NaCl+Mg(OH)_2$$

$$CaCl_2+2NaOH \longrightarrow 2NaCl+Ca(OH)_2$$

或者

$$MgCl_2+Na_2CO_3 \longrightarrow 2NaCl+MgCO_3$$

$$CaCl_2+Na_2CO_3 \longrightarrow 2NaCl+CaCO_3$$

原油在加热过程中已生成的氯化氢也能被注入的碱中和，还能中和原油中促进盐水解的酸性物质和部分硫化物，其效果十分显著，通常可使氯化氢发生量减少90%左右。

(3) 塔顶挥发线注氨和注水

原油经过脱盐和注碱以后，虽然氯化氢的发生量已显著降低，但仍有残留的5%~10%的氯化氢会造成冷凝区比较严重的腐蚀，因此必须在塔顶注氨，以便在水冷凝之前于气相中将氯化氢中和掉。而且注氨还可提高系统的pH值，明显地降低冷凝区的腐蚀。但注氨的最大缺点是生成氯化铵(NH_4Cl)，含水的氯化铵能造成很高的腐蚀速度，常常使设备腐蚀穿孔。

根据试验表明，最好的办法是注氨及注水相结合。注水能防止氯化铵的沉积，应以足够的水将其冲洗掉，以减轻塔顶馏出系统的腐蚀，延长冷凝器的使用时间，这种方法近年来在国内外炼油厂已广泛使用。

(4) 塔顶挥发线注缓蚀剂

上述防腐措施采用以后，严重的腐蚀基本得到抑制。塔顶冷凝系统在高pH值下操作，对碳钢虽有显著的防腐效果，但容易造成铵盐堵塔。如果蒸馏装置馏出油品中含有较多的氨及铵盐，会引起下游加工装置一系列的严重后果。如使重整装置中预处理换热器结垢，预分馏塔顶气体管线堵塞，以及氨进入重整反应器原料中，影响催化剂的活性等。因而，还应在塔顶挥发线注缓蚀剂，使其吸附在金属表面，形成一层单分子的抗水性保护膜，从而保护金属表面使其不受腐蚀。

2.2.3.4 常减压蒸馏装置火灾事故危害

在常减压蒸馏装置的加工过程中，由于高温重质油的操作温度高于它的自燃点。因此，只要重质组分油在高温下发生泄漏，就极易发生自燃着火，造成火灾事故。例如：因热蜡油、热常渣油、热减渣油设备腐蚀发生泄漏，设备本身质量的原因造成的泄漏，施工质量原因造成的设备泄漏或操作人员在生产过程中，因操作失误造成的设备泄漏等都很容易发生着火事故，如果所采取的处理方法、措施不当或不及时，就很容易扩大成为火灾事故，事故一旦发生，不仅会造成人员伤亡和重大的财产损失，同时还会给周围环境造成严重的污染。

1. 正常运行期间易发生火灾事故的几个时期

在装置检修完成装置开工的运行初期，由于设备经过大检修，从冷态到热态(施工质量等原因)容易出现跑冒滴漏，发生闪爆、着火事故；装置运行到开工周期的末期，设备进入到腐蚀磨损最为严重时期，操作上稍有波动就很容易造成设备泄漏，进而发生火灾事故；装置因某些因素造成突然停工，油品温差变化大，这时候特别是高温换热器最容易发生泄漏；在装置正常运行期间设备动火施工作业以及装置停工期间的硫化铁自燃事故。

2. 常减压蒸馏装置发生火灾实例

在我国石油加工的历史上，常减压蒸馏装置发生过很多重大火灾事故。这些事故的最根本原因，就是高温重油发生泄漏自燃。由于目前国内加工的原油中，酸值普遍上升，环烷酸对设备的腐蚀逐渐加重，所以发生火灾事故的危险性在逐渐增大。例如，××企业 2 号常减压装置操作人员在热油泵房附近巡检时，发现热油泵房内初底、常底和减底泵的位置突然起火，经过奋力扑救，将油火扑灭，此次事故虽无人员伤亡，但造成装置非计划停工 15d。此次泄漏着火位置位于热油泵房减底泵，出口管线测量孔板上部，是由于环烷酸腐蚀冲刷，造成该管线直管段严重减薄，导致管线介质压力下开裂(1.5MPa)，泄漏的介质——减压渣油与空气接触发生自燃着火。又例如××企业常减压装置在停工检修前 1 天，常压塔上段出现油气泄漏，塔壁腐蚀穿孔，顶部五层塔盘、圈梁、支撑梁等部位腐蚀减薄严重。××企业 8000kt 常减压连续运行三年后首次进行大修，该装置加工高硫、含酸原油，检修发现减压塔减三、减四线规整填料腐蚀严重。××企业装置运转时间不长的减压塔，减二线、减三线抽出量逐渐降低，减压塔操作困难，装置被迫停工，经检查发现减二、减三线塔盘及抽出层全部腐蚀脱落，腐蚀剥落物几乎将抽出口全部堵死。××企业常压塔转油线弯头腐蚀泄漏发生着火事故，由于发现及时，处理果断，避免一起重大火灾事故。××企业蜡油泵短接法兰面腐蚀泄漏，高温蜡油喷出后引起大火，事故造成部分机泵、空冷、仪表、管线等严重烧坏。××企业加热炉火灾事故造成部分管架烧塌，工艺管线、仪表电缆线烧坏。以上事故均是设备腐蚀造成高温重油泄漏自燃所引起的火灾事故。

3. 常减压蒸馏装置火灾事故的原因辨识及分析

通过对常减压蒸馏装置生产全过程进行安全辨识分析，火灾事故发生的原因有以下几方面：

(1) 机泵高温重质油泄漏火灾事故辨识

高温重质油机泵发生泄漏，由于机泵泵体的腐蚀、磨损泄漏和轴承密封件的质量问题，以及维护钳工技能等原因，高温重质油泵，如常压塔塔底泵、减压塔塔底泵、常压蜡油泵、减压蜡油泵密封泄漏，如果发现不及时，处理不果断就容易发生火灾事故。主要有：

1) 机泵端面密封处泄漏严重或呲开；

2）高温重油机泵预热速度过快，设备受热不均匀，泵一侧法兰垫片泄漏呲开，高温重油喷出着火；

3）泵体腐蚀泄漏高温重油喷出着火；

4）机泵剖体检修更换完密封以后，交给操作人员，由于检查不认真，机泵出入口排凝阀未关严，引发着火事故；

5）在更换机泵出口压力表时，压力表引出阀未关严，压力表拆下后，高温重油喷出着火；

6）高温重油泵预热线腐蚀磨损泄漏，引发着火事故；

7）高温重油泵出入口阀连接法兰泄漏着火。

（2）加热炉炉管泄漏火灾事故辨识

加热炉炉管焊缝、弯头腐蚀磨损泄漏。由于炉管所处的环境温度较高，如果发生泄漏就更容易引发火灾事故；加热炉出口转油线腐蚀泄漏容易发生火灾事故。投用热常渣进减压炉调节阀时，由于检查不仔细，调节阀前排凝阀未关严，引发着火事故。仪表热电偶套管腐蚀磨损泄漏穿孔引发着火，造成火灾事故。

（3）冷换设备泄漏火灾事故辨识

冷换设备的腐蚀泄漏和操作不当引起的泄漏火灾事故，如改错流程将冷换设备憋漏，操作时升温或降温速度过快，造成设备膨胀不均匀、收缩不均匀引起的泄漏，造成火灾事故。

（4）瓦斯轻质油泄漏闪爆火灾事故辨识

轻质油泄漏处理不及时，落到高温油管线或过热蒸汽线引发火灾事故。初常顶瓦斯、减顶瓦斯管线腐蚀泄漏引发闪爆着火，造成火灾事故。加热炉前瓦斯罐脱液罐，脱液引发闪爆着火，造成火灾事故。

（5）其他位置泄漏引发的火灾事故

采样不当引发的火灾事故，如操作人员没有经验，图省事未到正规重油采样点采样，引发火灾事故；装置运行期间动火防护未做到位，不慎造成含油污水地沟着火事故；处理塔底污垢时，塔壁引出阀未关严，高温重质油泄漏自燃引发着火事故等。

2.2.3.5　常减压蒸馏操作安全技术

常减压装置全过程的易燃、易爆、易中毒和加热炉易结焦等是装置操作的主要安全要点。

1. 认真巡回检查

及时发现和消除炉、塔、贮槽等设备管线的跑、冒、滴、漏。禁止乱排乱放各种油品和可燃气体，防止火灾发生。

2. 查火灾隐患

常减压蒸馏过程中许多高温油品一旦泄漏，遇空气会立即自燃着火，火灾危险很大。造成热油跑料着火的原因主要有：

1）法兰垫刺开跑料；

2）年久腐蚀漏油；

3）液面计、热电偶套管等漏油着火；

4）原油含水多，蒸馏塔内压力过高，安全阀起跳喷油着火；

5）减压操作不当，空气进入减压塔内引起火灾爆炸；

6）压力过大，造成爆炸着火；

7）压力和真空度剧烈变化引起漏油等。

3. 火灾现场处理方法

1）初期火灾可用蒸汽或石棉布扑盖火源，或用干粉灭火器灭火。

2）减压塔火灾要向塔内吹入蒸汽，恢复常压。不允许在负压系统管线上动火堵漏。

3）火势大时要立即通知消防队灭火。并紧急停车，将塔内油抽空。

4. 加热炉结焦处理

加热炉内油品温度高、油品轻、组分复杂。如果加热炉进料量和炉温度控制不当，或仪表温度测量指示、仪表流量控制指示不准，都会导致炉管结焦。炉管结焦不仅影响传热，严重时还会堵塞以致烧毁炉管，爆炸着火。尤其是常压炉分四路进料，加热后又合为一路去常压塔；减压炉分两路进料，加热后也合为一路去减压塔。如果各支路的进料量不平衡，易局部超温而加快炉管结焦。针对加热炉的这些特点，操作中应特别注意以下问题：

1）加热炉各支路进料量均衡，严防偏烧。如各支路间进料量不平衡，有的支路就会因进料量少，减缓或停止管内油品流动，使炉管局部超温结焦，烧坏炉管。

2）平衡好各塔底液面，稳定加热炉的进料流量。

3）不论是正常停车，还是异常情况下的紧急停车，加热炉进料降量时要维护局部循环，必须保证炉管内的油品流动，以防炉管结焦烧坏。

4）正常停炉要严格按规定程序进行，同时应特别注意控制加热炉的原油降量速度和降温速度；加热炉停止进油之后仍要改为热循环，并注意维持三塔液面平衡；常压炉降温至250℃，减压炉降温至230℃时，炉子全部熄火。炉膛温度降到200℃时，自然通风降温；加热炉熄火后继续冷循环降温到90℃时开始退油。

5）加热炉紧急停车时也应该注意：熄火后要向炉膛吹入适当蒸汽，尽量保证炉膛温度不要下降太快；减压塔恢复常压时，末级抽真空器放空阀要关闭，严防空气倒入减压塔；尽快退走设备内存油，但要尽量维护局部循环，防止超温超压。

5. 加热炉回火

炉子回火是发生操作事故的主要原因之一。加热炉回火原因主要有如下几个方面：

1）燃料油大量喷入炉内或瓦斯带油。

2）烟道气挡板开度过小，降低了炉子抽力，烟气排不出去。

3）炉子超负荷运行，烟气来不及排放。

4）升温点火时瓦斯阀门不严，瓦斯窜入炉内，造成炉膛爆炸着火。

加热炉回火时首先要及时打开炉子垂直挡板，然后熄火，待查明回火原因，处理后重新点火。

2.2.3.6 常减压蒸馏装置防止火灾发生的预防措施和安全管理

1. 增加腐蚀在线检测设施

在高温易腐蚀和低温易腐蚀管线部位，设置有代表性的监测点，并安装易更换的在线腐蚀检测设施，同时对易腐蚀管线选择易腐蚀、冲刷严重的部位进行定期测厚，进行长期监测，通过监测结果计算易腐蚀设备的腐蚀冲刷减薄速率，有计划更换设备，防止火灾事故发生。加强工艺管理，特别是对“一脱四注”的管理，在高温部位注入高温缓蚀剂，对装置系统内水质分析结果进行重点监控。

2. 机泵易损配件定期更换

加强设备检查和维护管理，特别是对高温重质油机泵密封运行周期的管理，逐台对机泵密封配件更换后，进行使用全过程跟踪管理，如连续运行时间、累计运行时间、生产过程发生何种操作波动等记录整理，特别是对机泵密封件运行至后期更要重点加强检查，避免突发事故发生。

3. 部分设备材质升级管理

对主要部位的管线、阀门、换热器等设备进行材质升级，保证装置长周期运行，在装置的重要部位增设电视监控设备，第一时间发现问题，并迅速采取控制措施。加强工艺管理，防止发生设备超温、超压，以及防止设备升温、降温速度过快所引发的人为火灾事故。定期进行联合火灾事故应急预案演练，在演练过程中认真总结并不断完善事故应急预案。装置实行预防性维修，通过建立落实预防性维修制度，对关键的设备进行有计划的测试检验，这样可以尽早识别工艺设备存在的缺陷，并及时进行修复或更换，以防止小缺陷、小故障而引发灾难性的泄漏或严重的工艺设备安全事故。加强操作人员安全知识、业务操作技能培训，加强巡回检查，发现跑冒滴漏等问题及时处理。在设计时尽可能避免在高温重质油机泵上方架设轻质油管线，尽可能避免过热蒸汽管线上方有轻质油管线，装置内工艺管线及设备保温质量要符合设计规范要求。

4. 工艺设备安全管理

严格控制原油进装置性质的稳定性，因为原油性质是装置安全平稳生产的关键之一，也是保证装置长周期安全运转的关键之一。加强协调对原油性质的调配工作，将原油酸值和硫含量控制在指标内。加强原油电脱盐的工艺管理和三注管理，严格工艺卡片的管理，对有重大工艺流程动改作业时，要实行三级确认制度。

设备正常平稳运转是装置安全生产的保证，定期更换塔、容器、压力管线压力表，定期更换机泵润滑油、更换机泵密封件、定期清理加热炉瓦斯阻火器、定期检验压力容器及冷换设备；对塔、容器、管线上的安全阀定期检验；可燃气体、硫化氢监测报警仪定期测试；关键部位工艺管线定期测厚，数据及时分析，整理汇总。

5. 操作人员技能安全培训

组织操作人员学习消防器材的使用和逃生训练，进行消防灭火实战演练。操作人员的作业活动直接关系到工艺设备的安全运行，除了基本的安全知识和安全意识外，更重要的是要他们熟练掌握岗位相关的工艺流程和操作规程，加强对事故应急预案的演练，在演练结束后认真总结完善；在生产中组织安全辨识，让操作人员了解工艺系统存在的危害以及危害可能导致的后果，特别是在紧急情况下正确的处理措施。

2.3 催化裂化

一般而言，原油经常减压蒸馏后可得到10%~40%的汽油、煤油及柴油等轻质油品，其余的是重质馏分和残渣油。如果不经过二次加工，占原油约60%的重质油只能作为润滑油原料或重质燃料油。但是国民经济和国防上需要的轻质油量是很大的，由于内燃机的发展对汽油的质量提出更高的要求，而直馏汽油(辛烷值较低40)则一般难以满足这些要求。原油经简单加工所能提供的轻质油品的数量和质量同生产发展所需要的轻质油品的数量和质量之间的矛盾促使了催化裂化过程的产生和发展。促进催化裂化发展的因素中除了继续解决上述的矛盾以外，还有像如何满足石油化工原料的需要，如何节约能源以及减少环境污染等新的因素对促进催化裂化发展也起了重要作用。

所谓催化裂化就是重质油在酸性催化剂存在下，在温度为500℃左右、压力约0.1~0.4MPa下发生裂解，生成气态轻质烃、汽油、柴油、重质油及焦炭等。

2.3.1 催化裂化的原料

催化裂化原料的范围很广泛，大体可分为馏分油和渣油两大类。馏分油包括以下几种：

1）直馏重馏分油(蜡油350~500℃)：大多数直馏重馏分油含芳烃较少，容易裂化，轻油收率较高，是理想的催化裂化原料。

2）热加工产物：焦化蜡油、减黏裂化馏出油等。由于它们是已经裂化过的油料，其中烯烃、芳烃含量较多，裂化时转化率低、生焦率高，一般不单独使用，而是和直馏馏分油掺合作为混合进料。

3）润滑油溶剂精制的抽出油：此抽出油中含有大量难以裂化的芳烃，尤其是含稠环化合物较多，极易生焦。渣油是原油中最重的部分，它含有大量胶质、沥青质和各种稠环烃类，因此它的元素组成中氢碳比小，残炭值高，在反应中易于缩合生成焦炭，这时产品分布和装置热平衡都有很大影响。原油中的硫、氮、重金属以及盐分等杂质也大量集中在渣油中。在催化裂化过程中会使催化剂中毒，进而也会影响产品分布，同时将加重对环境的污染。由于渣油的残炭、重金属、硫、氮等化合物的含量比馏分油高得多，增加了催化裂化的难度。

2.3.2 产品分布

催化裂化的主要产物有：气体约占10%~20%、汽油约占40%~60%、柴油约占20%~40%、焦炭约占5%~10%。

1. 气体产品

在一般工业条件下，气体产率约为10%~20%，催化裂化气体中大量的是C_3、C_4(称为液态烃或液化气)，约占90%(质)，其中液态烃中C_4含量约为C_3含量的1.5~2.5倍，而且烯烃比烷烃多。C_3中烯烃约为70%，C_4烯烃约为55%。由于上述特点致使催化裂化所产气体成为石油化工的宝贵原料。

2. 液体产品

催化裂化汽油产率为40%~60%(质)。由于其中有较多烯烃(一般50%以上)、异构烷烃和芳烃，所以辛烷值较高，一般为90左右(*RON*)。

柴油产率为20%~40%(质)，因其中含有较多的芳烃(约为40%~50%)，所以十六烷值较直馏柴油低很多，只有20~30，常常需要与直馏柴油等调和后才能作为柴油发动机燃料使用。

3. 焦炭

催化裂化的焦炭沉积在催化剂上，不能作为产品。常规催化裂化的焦炭产率约为5%~7%，当以渣油为原料时可高达10%以上。

2.3.3 催化裂化的生产原理

2.3.3.1 不同烃类的催化裂化

1. 烷烃催化裂化反应

烷烃主要是发生分解反应，分解成较小分子的烷烃和烯烃。例如：

$$C_{16}H_{34} \longrightarrow C_8H_{16} + C_8H_{18}$$

生成的烷烃又可以继续分解成更小的分子，烷烃分子中的C—C键的键能随着其由分子两端向中间移动而减少，因此烷烃分解时多从中间的C—C键处断裂，而且分子越大越容易断裂。

2. 烯烃催化裂化反应

烯烃很活泼，反应速度快。在催化裂化过程中，烯烃的主要反应也是分解反应，但还有一些其他重要的反应。

（1）分解反应

烯烃发生分解反应生成两个较小分子的烯烃，反应速度比烷烃高很多。

（2）异构化反应

烯烃的异构化反应有两种，一种是分子骨架改变，正构烯烃变成异构烯烃；另一种是分子中的双键向中间位置转移。例如：

C—C—C ═ C ⟶ C—C ═ C
　　　　　　　　　|
　　　　　　　　　C

C—C—C—C—C ═C ⟶C—C—C ═C—C—C

（3）氢转移反应

某烃分子上的氢脱下来后立即加到另一烯烃分子上使之饱和的反应称为氢转移反应。它包括烯烃分子之间、烯烃与环烷烃、芳烃分子之间的反应，其结果是一方面某些烯烃转化为烷烃，另一方面，给出氢的烃分子转化为多烯烃及芳烃或缩合程度更高的分子。所以氢转移反应是造成催化裂化汽油饱和度较高及催化剂失活的主要原因。在高温下(如500℃左右)，氢转移反应的速度比分解反应速度低得多，所以在高温时，裂化汽油的烯烃含量高；在较低温度下(如400~450℃)，氢转移反应速度降低的程度不如分解反应降低得多，于是在低温反应时所得汽油的烯烃含量就会低些。根据以上反应特点可以指导生产，如要生产碘值低的汽油时，可采用较低温度，以促进氢转移反应，降低汽油中烯烃的含量；要生产高辛烷值汽油，则应采用较高的反应温度，以加速分解反应而抑制氢转移反应，使汽油中烯烃含量增加。

（4）芳构化反应

烯烃环化并脱氢生成芳烃，例如：

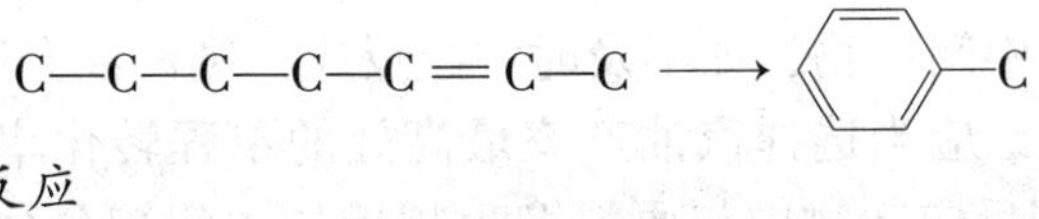

3. 环烷烃催化裂化反应

环烷烃主要发生分解、氢转移和异构化反应。

环烷烃的分解反应有两种情况，一是断环生成烯烃，烯烃再继续进行上面介绍的各类反应。例如：

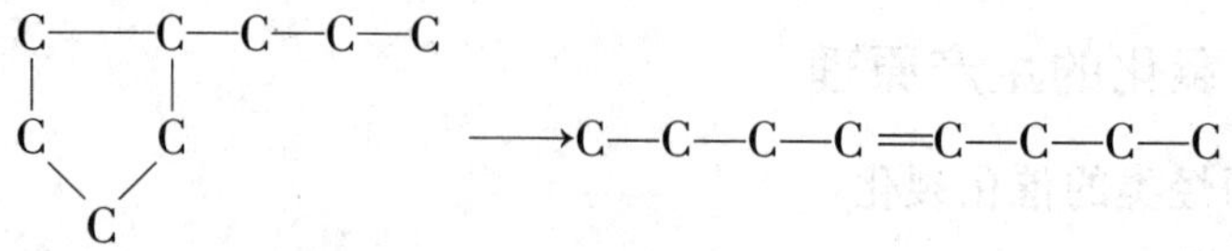

另一种是带长侧链的环烷烃断侧链。因为环烷烃的结构中有叔碳原子，因此分解反应速度较快。

环烷烃通过氢转移反应转化成芳烃。带侧链的五元环烷烃也可以异构化成六元环烷烃再进一步脱氢生成芳烃。

4. 芳烃催化裂化反应

芳烃的苯环在催化裂化条件下十分稳定，例如苯、萘就难以进行反应。但是有侧链的芳烃，侧链容易从苯环根部断裂下来生成较小分子的烯烃。

多环芳烃的裂化反应速度很低，它们的主要反应是缩合成稠环芳烃，最后成为焦炭，同时放出氢使烯烃饱和。

由以上分析可得，催化裂化条件下，各类烃发生的最主要反应是分解反应，催化裂化也是因此而得名。但与此同时，还进行了异构化、氢转移、芳构化等反应。

2.3.3.2 石油馏分的催化裂化反应

石油馏分是由各种烃类所组成，因此在石油馏分进行催化裂化反应时，上述各烃的反应规律都是遵循的，但是组成石油馏分的各种烃类之间又相互影响，并不是各种烃类反应的简单加合。

石油馏分的催化裂化反应同时朝着几个方面进行，这种反应称为平行反应，生成的反应产物又可继续进行反应，这种反应称为连串反应。因此石油馏分的催化裂化反应是一个复杂的平行-连串反应。如图 2-6 所示。由图可见，重质石油馏分发生了下列化学变化，从而得到了各种产物：

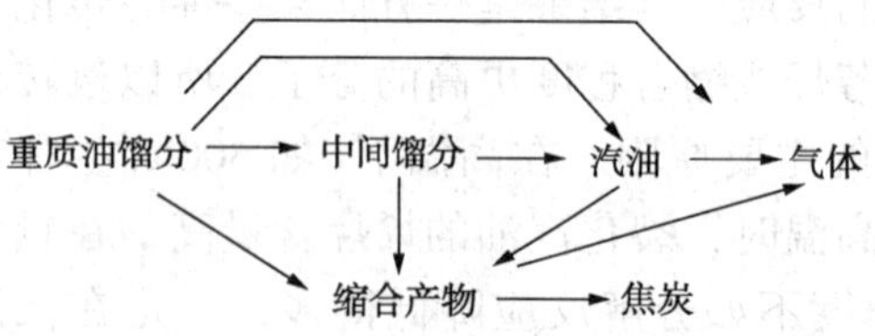

图 2-6 石油馏分的催化裂化反应

1）原料中大分子烃经裂化生成氢气、低级烷烃和烯烃(含 4 个碳以下)，这就是称为裂解气的气体混合物。

2）原料中大分子经裂化生成 4～20 个碳的烃，其结果是环烷烃、芳烃和异构烃增加，这就使汽油等馏分的产量增加，质量提高。

3）由于氢转移及缩合等反应，会生成比原料烃分子更大的物质，即缩合产物。

4）缩合产物继续反应最后会生成不希望要的焦炭。

平行-连串反应的一个特点是反应深度对产品产率的分布有重要的影响。随着反应时间的增加，转化度提高，气体和焦炭的产率会一直增加，而汽油是先增加到达一最高点后会下降。因为汽油是裂化时的中间产物，如不及时中止反应，则汽油会进一步反应掉。所以工业中，如果产品主要是汽油，应当选择汽油产率最高处的单程转化率，一般 50%～70%之间。然后将“未反应的原料”即反应产物中与原料馏程相近的中间馏分(回炼油)再送回反应器重新进行裂化。由于回炼油中含有芳烃比新鲜原料多，所以它比新鲜原料难裂化。

2.3.4 催化剂

催化剂就是能改变化学反应的速率，但却不能改变热力学趋向性的物质，催化剂同时对可逆反应相等地加速或减慢正向和逆向反应，也就是不改变反应的平衡。例如，在通常的反应条件下，从热力学角度来判断，烃类可以进行分解、异构化、芳构化、氢转移、叠合、烃化等多种反应，但反应速率各异，这样就可以利用催化剂选择性地加速这些反应中所希望的反应，而抑制那些不希望发生的反应，从而达到提高产品质量改善产品分布的目的，这是热裂化过程所达不到的。例如为了提高汽油辛烷值，设法使催化剂能选择性加速异构化反应而抑制氢转移反应和不饱和烃进一步脱氢生焦的反应。工业上所使用的裂化催化剂虽品种繁多，但归纳起来不外乎三大类：

(1) 天然白土催化剂

工业催化裂化装置最初使用的经处理的天然白土，其主要活性组分是硅酸铝。

(2) 无定型合成催化剂

天然白土被人工合成硅酸铝所取代。特点是具有孔径大小不一的许多微孔，一般平均孔径为4~7nm，比表面积可达500~700m^2/g。硅酸铝的催化活性来源于其表面的酸性。

(3) 分子筛催化剂

分子筛催化剂在催化裂化中的应用是催化裂化技术的重大发展。与无定型硅酸铝相比，具有更高的选择性、活性和稳定性，比表面600~800m^2/g。分子筛又名结晶型泡沸石，是一种具有规则晶体结构的硅铝酸盐，在它的晶格结构中排列着整齐均匀、大小一定的孔穴，只有小于孔径的分子才能进入其中，而直径大于孔径的分子则无法进入。由于它能像筛子一样将直径大小不等的分子分开，因而得名分子筛。目前应用于催化裂化的主要是Y型分子筛，其结构如图2-7所示。

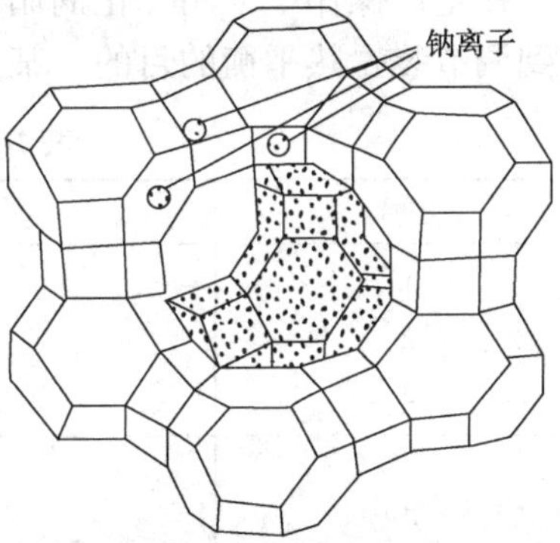

图2-7 Y型分子筛的单元晶胞结构

2.3.5 催化裂化的安全控制

1. 反应温度

反应温度对催化裂化的反应速率和产品产率分布以及产品质量都有显著的影响。提高反应温度则反应速率增大，活化能越高，反应速率增加得越快。热裂化的活化能比催化裂化高得多。因此当反应温度提高时，热裂化反应速率提高的比较快。当反应温度>500℃，热裂化反应渐趋重要。所以催化裂化反应温度不宜过高。

在生产实践中，反应温度是调节转化率的主要参数。不同的反应温度可实现不同的生产方案。低温多产柴油方案，采用较低的反应温度(460~470℃)，在低转化率和高回炼比的条件下操作；多产汽油方案，反应温度较高(500~530℃)，在高转化率和高回炼比的条件下操作；多产气体的方案，则选择更高的温度。

当反应温度提高时，由于分解反应和芳构化反应的反应速率常数比氢转移反应的大，因而前两类反应的速率提高得快，所以汽油中的烯烃和芳烃含量有所增加，烷烃含量降低，相应的汽油的辛烷值提高，柴油的十六烷值降低，汽油和柴油中的胶质含量提高。

2. 反应压力

反应压力是指反应器内的油气分压。油气分压的提高意味着反应的浓度的提高，因而反应速度加快。当然提高压力也提高了生焦反应的速度，使焦碳产率明显提高。在实际生产中，压力一般固定不变的，不作为调节参数。另外反应压力主要不是由反应系统决定的。由于压力平衡的要求，反应压力和再生压力之间应保持一定的压差，不能任意改变，即反应压力随再生压力而定。

对于给定大小的设备，提高压力可以增加装置的处理能力。而处理能力常常受到再生系统烧焦能力的限制，因此工业上一般不采用太高的反应压力，目前采用的反应压力约0.1~0.4MPa。

3. 剂油比

剂油比是催化剂循环量与总进料量之比。剂油比实际上反应了单位催化剂上有多少原料进行反应。因此剂油比增大，原料与催化剂的接触机会更多，并减少了单位催化剂上的积炭量。提高了催化剂活性，从而提高了转化率。但是随着转化率的提高，焦炭产率也提高了。

剂油比的选择还与原料油性质和生产方案有关，一般适宜的剂油比为3~7。汽油方案，剂油比为5~7；柴油方案和渣油裂化的剂油比为3~5。

在生产操作中常用催化剂循环量调节温度，其实质是通过剂油比来调节焦炭产率，从而达到调节装置热平衡的目的。某催化裂化装置的部分操作条件见表2-7。

表2-7 某催化裂化装置的部分操作条件

序号	反应-再生部分操作参数	设计条件
1	第一再生器压力/MPa(绝)	0.35
2	第二再生器压力/MPa(绝)	0.37
3	反应沉降器压力/MPa(绝)	0.30
4	提升管出口温度/℃	510~538
	一再密相温度/℃	660~690
	二再密相温度/℃	720~760
5	第一再生器主风量/(Nm^3/min)	1280
	密相线速/(m/s)	0.72
	稀相线速/(m/s)	0.60
6	旋风器入口线速(8组)/(m/s)	一级17.35 二级20.33

2.3.6 催化裂化的工艺安全与控制

催化裂化装置一般由三个部分组成，反应-再生系统，分馏系统，吸收-稳定系统。在处理量较大、反应压力较高(例如0.25MPa)的装置，常常还有再生烟气的能量回收系统。图2-8是一个高低并列式提升管催化裂化装置的工艺流程。

1. 反应-再生系统

催化裂化的反应-再生系统有多种型式，图2-8的高低并列式反应器只是其中的一种类型。新鲜原料油经换热后与回炼油混合经加热炉加热至200~400℃后进入提升管反应器下部的喷嘴，原料油由蒸汽雾化并喷入提升管内，在其中与来自再生器的高温催化剂（600~750℃）接触，随即汽化并进行反应。油气在提升管内的停留时间很短，一般只有几秒种。反应产物经旋风分离器分离出夹带的催化剂后离开反应器去分馏塔。

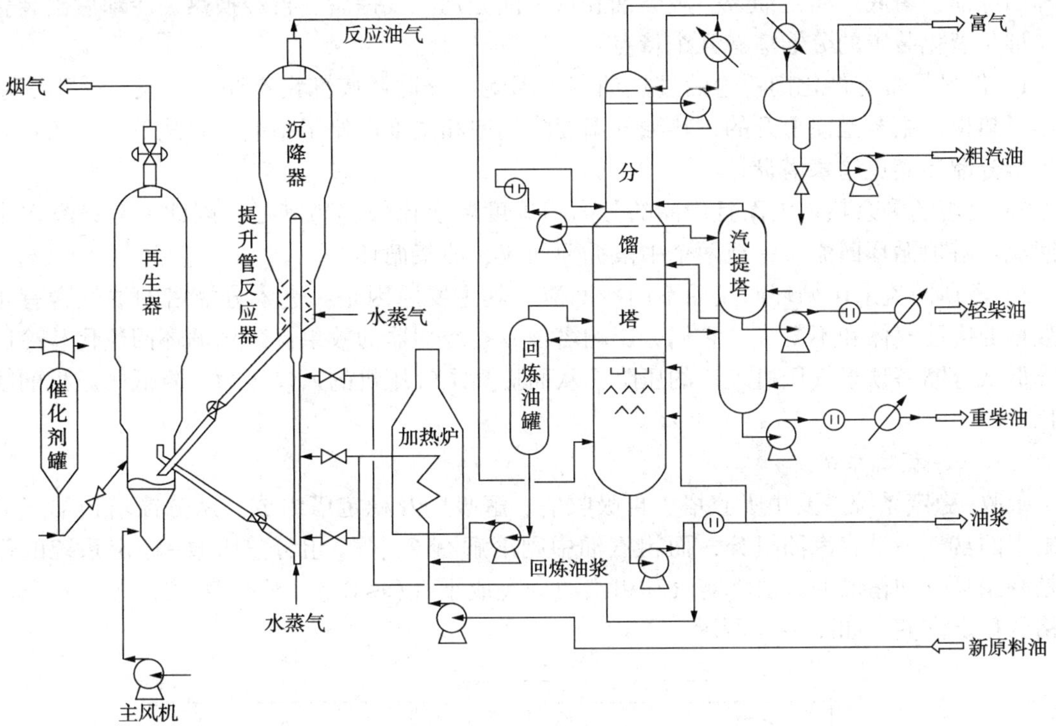

图 2-8　馏分油高低并列式提升管催化裂化反-再及分馏系统工艺流程图

积有焦炭的催化剂（称待生催化剂）由沉降器落入下面的气提段。气提段内装有多层人字形挡板并在底部通入过热水蒸气。待生催化剂上吸附的油气和颗粒之间的空间的油气被水蒸气置换出而返回上部。经气提后的待生剂通过待生斜管进入再生器。

再生器的主要作用是烧去催化剂上因反应而生成的积炭，使催化剂的活性得以恢复。再生用空气由主风机供给，空气通过再生器下面的辅助燃烧室及分布管进入流化床层。对于热平衡式装置，辅助燃烧室只是在开工升温时才使用，正常运转时并不烧燃料油。再生后的催化剂（称再生催化剂）落入淹流管，再经再生斜管送回反应器循环使用。再生烟气经旋风分离器分离出夹带的催化剂后，经双动滑阀排入大气。在加工生焦率高的原料时，例如加工含渣油的原料时，因焦炭产率高，再生器的热量过剩，须在再生器设取热设施以取走过剩的热量。再生烟气的温度很高，不少催化裂化装置设有烟气能量回收系统，利用烟气的热能和压力能（当设能量回收系统时，再生器的操作压力应较高些）做功，驱动主风机以节约电能，甚至可对外输出剩余电力。对一些不完全再生的装置，再生烟气中含有5%~10%的CO，可以设CO锅炉使CO完全燃烧以回收能量。

在生产过程中，催化剂会有损失及失活，为了维持系统内的催化剂的藏量和活性，需要定期地或经常地向系统补充或置换新鲜催化剂。为此，装置内至少应设两个催化剂储罐。装卸催化剂时采用稀相输送的方法，输送介质为压缩空气。

2. 分馏系统

典型的催化裂化分馏系统见图 2-8。由反应器来的反应产物油气从底部进入分馏塔，经底部的脱过热段后在分馏段分割成几个中间产品：塔顶为汽油及富气，侧线有轻柴油、重柴油和回炼油，塔底产品是油浆。轻柴油和重柴油分别经气提后，再经换热、冷却后出装置。

催化裂化装置的分馏塔有几个特点：

1）进料是带有催化剂粉尘的过热油气，因此，分馏塔底部设有脱过热段，采用 3 层人字形换热板，主要是使上升的过热油气温度降到饱和温度以便于精馏，并洗下夹带的粉尘以便进行分馏和避免堵塞塔盘。

2）全塔的剩余热量大而且产品的分离精确度要求比较容易满足。因此一般设有多个循环回流：塔顶循环回流、一至两个中段循环回流、油浆循环。

3）塔顶回流采用循环回流而不用冷回流，其主要原因是：进入分馏塔的油气含有相当大数量的惰性气体和不凝气，它们会影响塔顶冷凝冷却器的效果；采用循环回流代替冷回流以降低从分馏塔顶至气压机入口的压降，从而提高了气压机的入口压力、降低气压机的功率消耗。

3. 吸收-稳定系统

吸收-稳定系统主要由吸收塔、再吸收塔、解吸塔及稳定塔组成。从分馏塔顶油气分离器出来的富气中带有汽油组分，而粗汽油中则溶解有 C_3、C_4 组分。吸收-稳定系统的作用就是利用吸收和精馏的方法将富气和粗汽油分离成干气（$\leqslant C_2$）、液化气（C_3、C_4）和蒸汽压合格的稳定汽油。如图 2-9 所示。

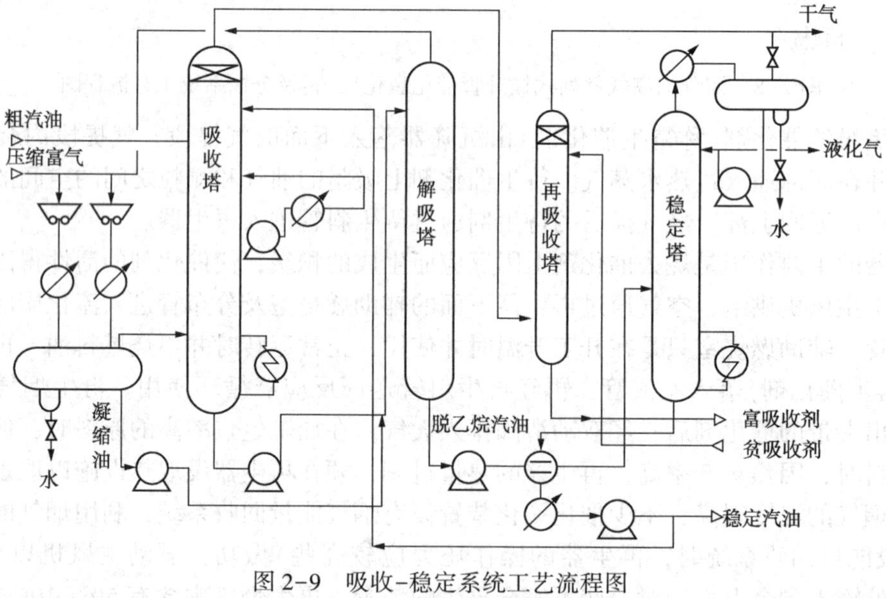

图 2-9　吸收-稳定系统工艺流程图

从分馏系统来的富气经气压机两段加压到 1.6MPa（绝），经冷凝冷却后，与来自吸收塔底部的富吸收油以及解吸塔顶部的解吸气混合，然后进一步冷却到 40℃，进入油气分离器进行平衡汽化。汽液平衡后将凝缩油送去解吸塔，不凝气送去吸收塔，从吸收塔底部进入。

吸收塔操作压力约 1.4MPa（绝）。粗汽油作为吸收剂由吸收塔第 20 层或第 25 层进入。稳定汽油作为补充吸收剂由塔顶打入。不凝气自下而上与粗汽油、稳定汽油逆流接触，气体中≥C_3组分大部分被吸收(同时也吸收了部分C_2)。吸收是放热过程，较低的操作温度对吸收有利，故在吸收塔设两个中段回流。吸收塔塔顶出来的携带有少量吸收剂的气体称为贫气，经过压力控制阀去再吸收塔。

再吸收塔压力为1.0MPa(绝)。再吸收塔用轻柴油馏分作为吸收剂，从塔上部打入，与吸收塔顶来的贫气进行逆流接触，吸收贫气中携带的少量汽油。塔底的富吸收油返回分馏塔，塔顶出来的干气送到瓦斯管网。

吸收塔塔底的富吸收油中含C_2组分不利于稳定塔的操作，解吸塔的作用就将其中的C_2解吸出来。富吸收油和从油气分离器来的凝缩油一起进入解吸塔顶部。解吸塔的操作压力为1.5MPa(绝)。解吸塔底部有再沸器提供热量。塔顶出来的解吸气中除含有C_2组分外，还有相当数量的C_3、C_4组分，与压缩富气混合冷却后循环回油气分离器。解吸塔底为脱乙烷汽油，送入稳定塔。

稳定塔实质就是一个精馏塔，通过精馏将脱乙烷汽油中的C_3、C_4组分从塔顶分离出去，经冷凝冷却后，一部分作为塔顶回流，另一部分就是液化气送出装置。稳定塔的操作压力1.2MPa(绝)。为了控制稳定塔的操作压力，有时有排出不凝气(或称气态烃)，它主要是C_2及少量夹带的C_3、C_4。稳定塔底产品就是蒸气压合格的稳定汽油，先后与脱乙烷汽油、解吸塔进料油换热，然后冷却到40℃，一部分用泵打入吸收塔顶部作补充吸收剂，另一部分送出装置。

2.3.7 主要设备——反应器与再生器

2.3.7.1 反应器

提升管反应器的基本结构如图2-10所示。按功能分为以下几段：

(1) 预提升段

进料以下部分的提升管称为预提升管，用汽油-轻烃混合物作为提升介质。其作用一方面加速催化剂，使催化剂形成活塞流向上流动，另一方面还可使催化剂上的重金属钝化，有利于与油雾的快速混合。预提升管的高度一般为3~6m。

(2)裂化反应段

进料喷嘴以上的提升管部分就是裂化反应段。主要的裂化反应都发生在这一部分。催化裂化的主要产品是裂化反应的中间产物，它们可进一步裂化为小分子的轻烃，也可以缩合成焦炭，所以为了控制总的反应深度，反应后进行产品-催化剂的快速分离是非常必要的，一般工业上提升管上端出口处设有气-固快速分离装置。

(3) 汽提段

汽提段的作用是用水蒸气脱除催化剂上吸附的油气及置换催化剂颗粒之间的油气，以免其被催化剂夹带至再生器，增加再生器的烧焦负荷。

(4) 沉降段

沉降段通过直径的扩大，上升气体的速度下降，使气体中夹

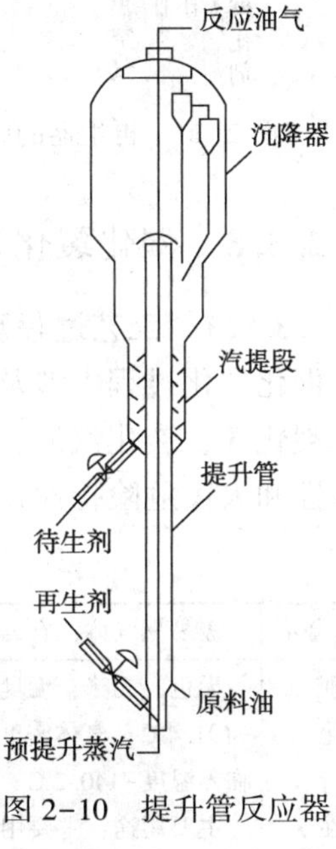

图2-10 提升管反应器

带的催化剂颗粒沉降下来，同时为了回收细小的催化剂颗粒，还在沉降器中安装有旋风分离器。

2.3.7.2 再生器

工业上有各种形式的再生器，大体上可分为三种类型：单段再生、两段再生、快速再生。单段再生器基本结构如图 2-11 所示，再生器的壳体是用普通碳钢板焊接而成的圆筒形设备。由于再生器的操作温度已经超过了碳钢所允许承受的温度，同时内壁还受到流化催化剂的磨损，因此在壳体内壁都敷设 100mm 厚的带龟甲网的隔热耐磨衬里。壳体内部分为稀相段和密相段。为了减少催化剂的损耗，再生器内装有两级串联的旋风分离器，在烧焦负荷大的再生器内装有几组旋风分离器，它们的升气管连接到一个集气室将烟气导出再生器。为了使烧焦空气进入床层时能沿整个床截面均匀分布，在再生器下部装有空气分布器，目前工业上使用较多的是短管式分布器，如图 2-12 所示。

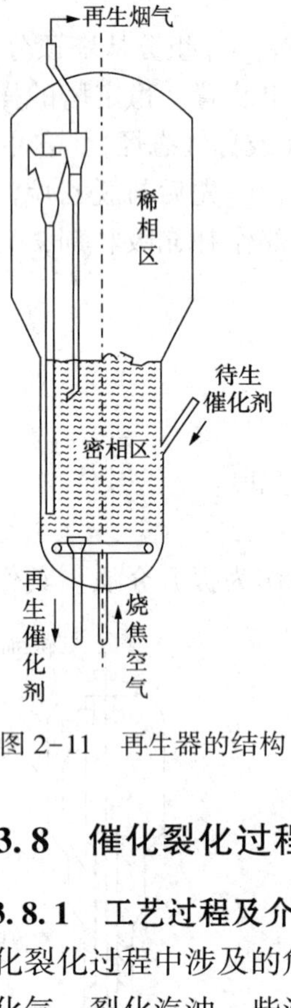

图 2-11 再生器的结构

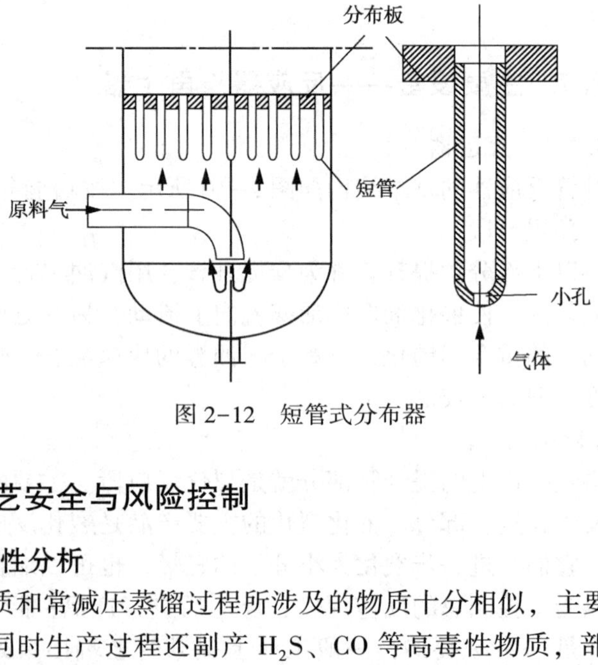

图 2-12 短管式分布器

2.3.8 催化裂化过程的工艺安全与风险控制

2.3.8.1 工艺过程及介质危险性分析

催化裂化过程中涉及的危险物质和常减压蒸馏过程所涉及的物质十分相似，主要有重质油、裂化气、裂化汽油、柴油等，同时生产过程还副产 H_2S、CO 等高毒性物质，部分物质的特性和火灾危险特性在 2.2.3 节中已作了介绍，这里介绍 CO 的安全注意事项，见表 2-8。

表 2-8 一氧化碳应急处置对策

特别警示	极易燃气体，有毒，吸入可因缺氧致死。
理化特性	无色、无味、无臭气体。微溶于水，溶于乙醇、苯等有机溶剂。相对分子质量 28.01，熔点-205℃，沸点-191.4℃，气体密度 1.25g/L，相对密度(水=1)0.79，相对蒸气密度(空气=1)0.97，临界压力 3.50MPa，临界温度-140.2℃，爆炸极限 12%~74%(体积比)，自燃温度 605℃，最大爆炸压力 0.720MPa。 主要用途：主要用于化学合成，如合成甲醇、光气等，及用作精炼金属的还原剂。

续表

危害信息	【燃烧和爆炸危险性】 极易燃，与空气混合能形成爆炸性混合物，遇明火、高热能引起燃烧爆炸。 【健康危害】 一氧化碳在血中与血红蛋白结合而造成组织缺氧。 急性中毒：轻度中毒者出现剧烈头痛、头晕、耳鸣、心悸、恶心、呕吐、无力，轻度至中度意识障碍但无昏迷，血液碳氧血红蛋白浓度可高于10%；中度中毒者除上述症状外，意识障碍表现为浅至中度昏迷，但经抢救后恢复且无明显并发症，血液碳氧血红蛋白浓度可高于30%；重度患者出现深度昏迷或去大脑强直状态、休克、脑水肿、肺水肿、严重心肌损害、锥体系或锥体外系损害、呼吸衰竭等，血液碳氧血红蛋白可高于50%。部分患者意识障碍恢复后，约经2~60d的“假愈期”，又可能出现迟发性脑病，以意识精神障碍、锥体系或锥体外系损害为主。 慢性影响：能否造成慢性中毒，是否对心血管有影响，无定论。 职业接触限值：PC-TWA(时间加权平均容许浓度)：20mg/m^3；PC-STEL(短时间接触容许浓度)：30mg/m^3。
安全措施	【一般要求】 操作人员必须经过专门培训，严格遵守操作规程，熟练掌握操作技能，具备应急处置知识。 密闭隔离，提供充分的局部排风和全面通风。远离火种、热源，工作场所严禁吸烟。 生产、使用及贮存场所应设置一氧化碳泄漏检测报警仪，使用防爆型的通风系统和设备。空气中浓度超标时，操作人员必须佩戴自吸过滤式防毒面具(半面罩)，穿防静电工作服。紧急事态抢救或撤离时，建议佩戴正压自给式空气呼吸器。 储罐等压力容器和设备应设置安全阀、压力表、温度计，并应装有带压力、温度远传记录和报警功能的安全装置。 生产和生活用气必须分路。防止气体泄漏到工作场所空气中。 避免与强氧化剂接触。 在可能发生泄漏的场所设置安全警示标志。配备相应品种和数量的消防器材及泄漏应急处理设备。 患有各种中枢神经或周围神经器质性疾患、明显的心血管疾患者，不宜从事一氧化碳作业。 【特殊要求】 【操作安全】 1)配备便携式一氧化碳检测仪。进入密闭受限空间或一氧化碳有可能泄漏的空间之前应先进行检测，并进行强制通风，其浓度达到安全要求后进行操作，操作人员佩戴自吸过滤式防毒面具，要求同时有2人以上操作，万一发生意外，能及时互救，并派专人监护。 2)充装容器应符合规范要求，并按期检测。 【储存安全】 1)储存于阴凉、通风的库房。远离火种、热源，防止阳光直晒。库房内温度不宜超过30℃。 2)禁止使用易产生火花的机械设备和工具。储存区应备有泄漏应急处理设备。搬运储罐时应轻装轻卸，防止钢瓶及附件破损。 3)注意防雷、防静电，厂(车间)内的储罐应按《建筑物防雷设计规范》(GB 50057)的规定设置防雷设施。 【运输安全】 1)运输车辆应有危险货物运输标志，安装具有行驶记录功能的卫星定位装置。未经公安机关批准，运输车辆不得进入危险化学品运输车辆限制通行的区域。 2)装运该物品的车辆排气管必须配备阻火装置，禁止使用易产生火花的机械设备和工具装卸。在传送过程中，钢瓶和容器必须接地和跨接，防止产生静电。槽车上要备有2只以上干粉或二氧化碳灭火器和防爆工具。高温季节应早晚运输，防止日光暴晒。 3)车辆运输钢瓶时，瓶口一律朝向车辆行驶方向的右方，堆放高度不得超过车辆的防护栏板，并用三角木垫卡牢，防止滚动。不准同车混装有抵触性质的物品和让无关人员搭车。中途停留时应远离火种、热源。禁止在居民区和人口稠密区停留。

续表

应急处置原则	【急救措施】 吸入：迅速脱离现场至空气新鲜处。保持呼吸道通畅。如呼吸困难，给氧。呼吸心跳停止时，立即进行人工呼吸和胸外心脏按压术。就医。 【灭火方法】 灭火剂：雾状水、泡沫、二氧化碳、干粉。切断气源。若不能切断气源，则不允许熄灭泄漏处的火焰。喷水冷却容器，尽可能将容器从火场移至空旷处。 【泄漏应急处置】 消除所有点火源。根据气体的影响区域划定警戒区，无关人员从侧风、上风向撤离至安全区。建议应急处理人员戴正压自给式空气呼吸器，穿防静电服。作业时使用的所有设备应接地。尽可能切断泄漏源。喷雾状水抑制蒸气或改变蒸气云流向。防止气体通过下水道、通风系统和密闭性空间扩散。隔离泄漏区直至气体散尽。 隔离与疏散距离：小量泄漏，初始隔离 30m，下风向疏散白天 100m、夜晚 100m；大量泄漏，初始隔离 150m，下风向疏散白天 700m、夜晚 2700m。

2.3.8.2 催化裂化过程系统、装置危险性分析

1. 反应-再生系统

反应器部分由沉降器、快速分离器、提升管、汽提段、待生斜管等组成。再生器部分由再生器、快速分离器、稀相管、外取热器、循环催化剂管、烧焦罐预混合管等组成。接触催化剂的设备和壳体都有耐磨衬里，而沉降器、再生器、外取热器以及输送催化剂管线不但有耐磨衬里，而且有绝热衬里，目前，由于材料的发展，耐磨和绝热衬里合为一种，根据不同部位选择不同厚度的耐磨绝热衬里。若设备出现大的故障，如再生器旋分器磨穿或沉降器结焦，将造成催化剂从再生器大量跑损，催化剂从沉降器大量进入分馏塔，将影响装置的正常生产，严重时需停工处理(该部分是事故多发区)。

2. 产品分离

1）分馏塔。分馏塔是产品分离的主体，塔底油浆系统若发生堵塞，结焦或是油浆泵管线及管件磨漏或高温泄漏自燃着火，烧坏设备、电缆将会导致装置停工。

2）吸收稳定、脱硫、脱硫醇。这部分如果发生故障，若处理得当，可停下来，与催化裂化的前部切断，其装置不至于停下。但是此部分塔、容器、冷换热器中储存大量液化气、汽油、干气，还有高浓度 H_2S 气体等，若发生泄漏遇见火星，将会发生火灾，是装置高危险地区。该区存在酸性气和酸性水，应注意防毒，该部分是事故多发区。

3. 三机(主风机、增压机、气压机)

1）主风机。大型催化裂化装置一般选用轴流式鼓风机(它抗喘震和其他干扰能力不如离心式风机)。该机是装置的心脏，若出现问题不能运转，装置只能停工。一般大型催化裂化装置都设置两台主风机，同时运行，而原动机选用不同动力，如蒸汽透平和电动机，这对保证装置安全生产十分重要。

2）增压机将主风机出口空气进行增压后送至需要较高风压的部位，如半再生 U 形管输送催化剂到二再生器，外取热器流化风或取热器循环催化剂的提升风(一段再生工艺)。它的故障停车，不会导致装置停工，可用主风机替代。但反应一段再生系统则降压操作，装置处理能力下降 30%左右。

3）气压机在装置中有两个作用，第一是将分馏塔顶回流罐的富气压缩后送往吸收稳定，

回收其液体并生产干气；第二是通过气压机转速的调节，以达到反应-再生系统三大平衡之一的压力平衡。气压机入口放火炬系统是催化裂化装置关键的安全措施，如果气压机因故障突然停机，而入口放火炬系统泄压缓慢或排放不畅，易造成反应—再生系统超压、主风机飞动，甚至催化剂倒流入主风机的恶性事故。

4. 特殊阀门

在反应-再生系统、三机和能量回收单元使用大量大口径的气动和液动阀门，它们的工作介质都含有催化剂，有的阀门操作温度很高(500~700℃左右)，既有调节性能，又有安全快速的切断(打开)性能。此类阀门容易受到高温冲蚀、催化剂堵塞、阀卡等事故。

2.3.8.3 设备防腐蚀和冲蚀

1. 催化裂化设备腐蚀、冲蚀情况

防腐技术是石化企业安全稳定长周期生产的重要保证之一，也是延长生产装置使用寿命、提高经济效益的重要因素。高硫、高酸原油加工总量的增加，以及环境保护重要性的增加，都将对防腐技术提出更高的要求。

催化裂化装置采用的催化剂是一种热稳定性良好的固体酸催化剂。早期的催化剂为天然白土，后期逐步发展成合成硅铝和分子筛催化剂，这些催化剂都是以硅酸铝为基础的固体酸材料。各类催化剂化学组成的主体均为 SiO_2 和 Al_2O_3。

催化剂的一个重要的性能指标是磨损指数。由于在反应器、再生器和输送管道中，催化剂颗粒之间以及催化剂颗粒和容器器壁之间发生激烈碰撞，会造成催化剂的过度粉化。为保证良好的流化质量，减少磨损，催化剂都要求具有一定的机械强度和耐磨性。但同时，提高了催化剂的耐磨性，也就相应加剧了设备管道冲刷腐蚀。

根据环境温度可以分为低温腐蚀和高温腐蚀。低温腐蚀主要是指环境温度低于120℃时发生的腐蚀，包括盐酸腐蚀、湿 H_2S 腐蚀等。高温腐蚀主要是指环境温度高于200℃时发生的腐蚀，包括高温烟气腐蚀、高温硫腐蚀和高温环烷酸腐蚀等。在高温腐蚀中，高温气相油相的冲刷腐蚀尤为严重。

高温气相的冲刷腐蚀主要发生在催化裂化装置高温烟气系统，该系统操作温度为700℃，烟气主要成分为 CO_2、CO、O_2、N_2、水蒸气、SO_2 等，同时夹带着部分催化剂。这些催化剂随再生烟气流动，在设备管道流速较高的部位发生严重的冲刷腐蚀，腐蚀形态多表现为大面积减薄或局部穿孔。

在该体系中，烟气成分主要起到了腐蚀的作用，包括高温氧化、露点腐蚀等。冲刷损伤主要是由于烟气中夹带的催化剂造成。

高温气相冲刷腐蚀发生的典型部位包括烟气和油气管道上弯头及其他的阀门阀板、热电偶套管，烟气轮机的叶片，旋风分离器的分离单管(尤其是单管下端的卸料盘)，双动滑阀的阀板、阀座、导轨，临界流速喷嘴的喷孔板，提升管预提升蒸汽喷嘴、原料油喷嘴、主风分布管、提升管出口快速分离设施、外取热管等。

某厂烟机解体检查发现烟机叶片二级动叶根部磨损严重，最深处约6mm以上，见图2-13。一级轮盘背部局部冲刷磨损，一二级轮盘蜂窝密封磨损严重，一级静叶根部局部存在裂纹，动静叶表面的长城一号耐磨涂层部分脱落磨损。

高温油相的冲刷腐蚀主要是指高温环烷酸冲刷腐蚀，通常发生在加工高酸原油(酸值高于0.5mgKOH/g)的炼油装置设备管线中。

图 2-13　某厂烟机叶片二级动叶根部磨损情况

2. 设备管线防腐目的

设备腐蚀一直是困扰石化装置安全生产和长周期运行的一个难题，无论是炼油还是化工装置，设备的腐蚀呈加剧趋势，在不同的企业以及不同的装置上，腐蚀形态和发生部位也呈现复杂多样化，造成设备跑、冒、滴、漏以及装置的非计划停工。因此，针对企业自身特点，开展防腐蚀策略研究，做好催化过程的腐蚀控制，对企业的安全生产和经济效益就显得尤为重要。这是消除制约装置长周期运行瓶颈的一项行之有效的措施。

3. 设备管线防腐方法

1）在制订原油采购计划时，应综合考虑装置设备的耐腐蚀承受能力，以免由于酸或硫含量超出设计值而引发设备管线腐蚀事故，造成人身伤亡及非计划停工。

2）工艺改进。采用混炼、注碱、注缓蚀剂、脱酸形式等减轻和缓解腐蚀。

3）提高炼油装置材料抗蚀能力材料升级：采用 316L 或 317L 不锈钢。表面改性：渗铝、Ni-P 化学镀等。

4）加强对环烷酸腐蚀和冲蚀的控制。流体冲刷与腐蚀的交互作用也是导致冲蚀加剧的原因之一。催化裂化装置应提高原料管线和换热器的材质，如使用 316L 等耐腐蚀材料或耐腐蚀涂层。环烷酸在提升管中与高温催化剂接触就分解了，所以反应、分馏系统不会发生环烷酸腐蚀。

5）优化设计，合理安装设备管线。由于腐蚀与介质流速、流态、相变有很大关系，设计上应适当加大管线或管束的流通面积，以降低流速，并尽可能取直线走向，避免流向突然转向，减少流体流向的死角和死区。流速较高和转向部位应增加壁厚或增设防冲板。高温腐蚀区内的设备内构件、管道及管道配件（法兰、阀门等）也不可忽视。特别要注意压力表、温度计插孔、热电偶套管及蒸汽喷嘴的保护。

6）做好装置的腐蚀检查。腐蚀检查前，要对装置的工艺、生产情况、设备情况进行深入了解，收集装置工艺物料、生产情况，设备选材、结构和改造等的相关资料，编写详细的腐蚀检查方案。装置停车吹扫置换合格后，第一时间进入装置，进行现场腐蚀检查，并对典型腐蚀部位采集腐蚀垢样。腐蚀检查完成后，对检查情况进行分析研究，对每台设备、管线进行全面的腐蚀评估，根据装置加工原料情况和生产情况，分析腐蚀发生的原因，形成腐蚀检查报告，提出下一周期装置生产、腐蚀防护的建议措施。

7）对设备腐蚀因素、腐蚀发生发展过程、腐蚀结果进行动态监测。对腐蚀过程监测主要是监测腐蚀行为、腐蚀发生和发展过程。可以采用在线电感探针、电阻探针、电化学探针监测。相对的电感探针兼具灵敏和普遍适用性，电感探针逐渐取代了电阻探针。例如：分馏塔顶油气进空冷，空冷管束露点部位腐蚀是最严重的，所以要安装到这个部位，才能够对空冷的腐蚀做出准确的评价。

2.3.8.4 催化裂化过程火灾、爆炸、中毒隐患

1）催化裂解工艺是重质油轻质化的石油二次加工炼制新工艺，反应深度很深，反应条件苛刻，高温高压，反应温度最高达到750℃左右，原料重质蜡油易燃易爆，所以温度失控是工艺过程中重要的危险因素之一。

2）反应中进料的速度控制如果太快或太慢，也会发生反应速度的失控导致过热或空炉加热而发生火灾爆炸事故；原料的泄漏而引起外部火灾和污染。

3）工艺过程中主要危险介质有：高温工艺条件下加工的干气、液化气及压缩富气等易燃易爆气体组分及汽油组分，高温易自燃的油浆等重油组分，中间产品及主要产品丙烯和汽油柴油都是易燃易爆物质，易造成人体烫伤的油品蒸气和加热炉燃料中的瓦斯等易燃易爆介质，这些物质在超温超压的条件下容易发生火灾爆炸事故。

4）含硫化氢的酸性气体和碱液的危害。双脱胺液脱除干气、液化气中硫化氢之后，经再生后循环使用，这样从再生塔顶出来的酸性水、酸性气中就带有大量的硫化氢。酸性气体有很强的腐蚀和烧伤作用，硫化氢对人体有很大危害，若容器、管线、阀门泄漏，超过允许浓度范围，都将发生人体中毒事故；双脱系统中的碱泵容易泄漏碱液，易灼伤人体。

5）防止催化剂的失效和中毒，严格工艺路线和工艺参数的控制；高温催化剂容易从滑阀中泄漏和喷射造成人员烫伤，所以应控制温度，使床层温度均匀，避免局部过热，同时还必须加强对滑阀的定期检测和校验，确保在承压范围之内。

相应的防范技术参考《化工安全工程》等课程相关内容。

2.4 催化重整

催化重整是以C_6~C_{11}石脑油为原料，在一定的操作条件和催化剂的作用下，使轻质原料油(石脑油)的烃类分子结构重新排列整理，转变成富含芳烃的高辛烷值汽油(重整汽油)，并副产液化石油气和氢气的过程。

2.4.1 催化重整的原料和产品

1. 原料

催化重整的原料主要是直馏汽油馏分，生产中也称石脑油。

在生产高辛烷值汽油时，一般用80~180℃馏分。馏分的终馏点过高会使催化剂上结焦过多，导致催化剂失活快及运转周期缩短。沸点低于80℃的C_6环烷烃的调和辛烷值已高于重整反应产物苯的调和辛烷值，因此没必要再去进行重整反应。

当以生产芳烃为主时，则宜用60~145℃馏分作原料，但在实际生产中常用60~130℃馏分作原料，因为130~145℃馏分是在航空煤油的馏程范围内。

2. 产品

按照对目的产品的不同要求，工业催化重整装置分为以生产芳烃为主的化工型、以生产

高辛烷值汽油为主的燃料型和包括副产氢气的利用与化工及燃料两种产品兼顾的综合型三种。若是化工型装置，则主要产品是苯、甲苯、二甲苯等轻质芳烃，并副产氢气及液化石油气。若是燃料型装置，则产品主要就是高辛烷值汽油，也副产氢气及液化石油气。若是综合型就是以上产品都要生产。

2.4.2 催化重整的化学反应

重整原料在催化重整条件下的化学反应主要有以下几种：

1. 芳构化反应

（1）六元环烷烃脱氢反应

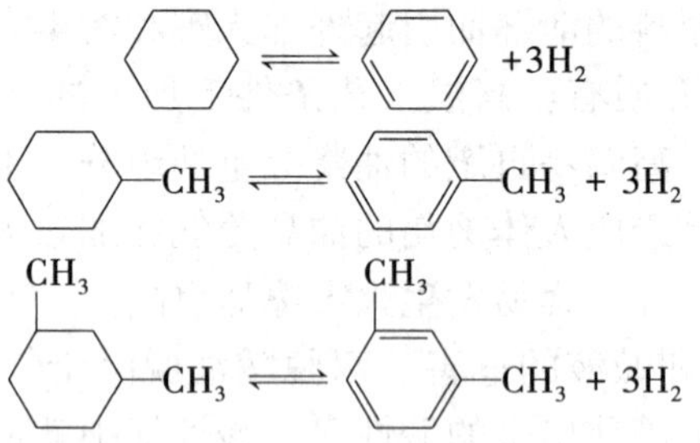

（2）五元环烷烃异构脱氢反应

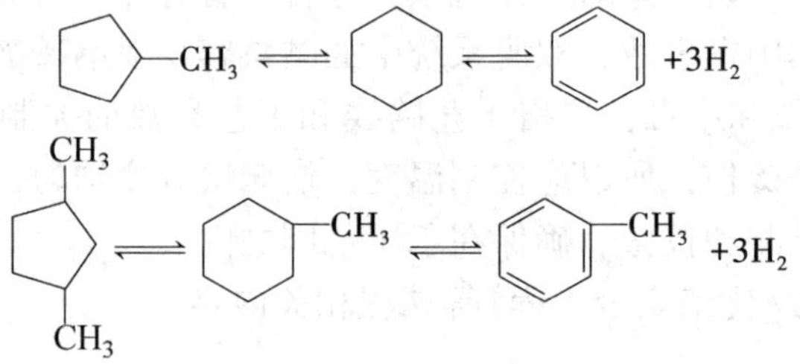

（3）烷烃的环化脱氢反应

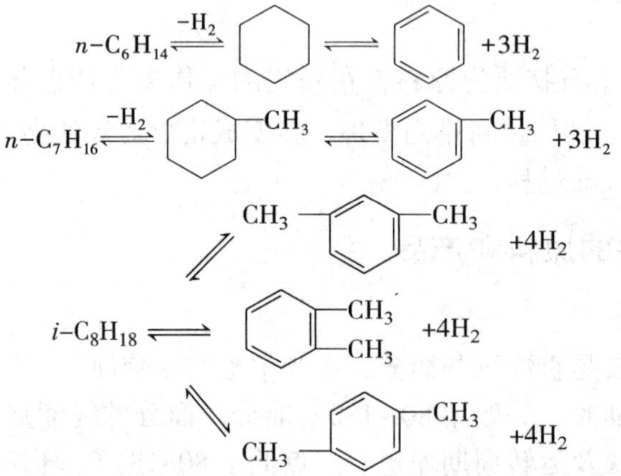

以上三种反应都是生成芳烃的反应，无论生产的目的产物是芳烃还是高辛烷值汽油，这些反应都是有利的，因为产物芳烃的辛烷值高于原料环烷烃的辛烷值。尤其是正构烷烃的环化脱氢反应会使辛烷值大幅度地提高。这三种反应的反应速度是不同的：六元环烷烃的脱氢反应很快，在工业生产中能达到化学平衡，它是生产芳烃的最重要反应；五元环烷烃的异构脱氢反应速度比六员环烷烃慢得多，但大部分也能转化为芳烃；烷烃环化脱氢反应的速度较慢，在一般铂重整过程中，烷烃转化为芳烃的转化率很小。

2. 异构化反应

各种烃类在重整催化剂的活性表面上都能发生异构化反应。例如：

$$n\text{-}C_7H_{16} \rightleftharpoons i\text{-}C_7H_{16}$$

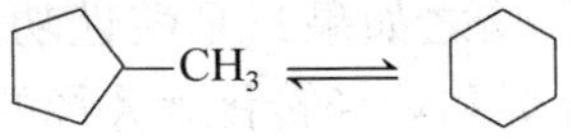

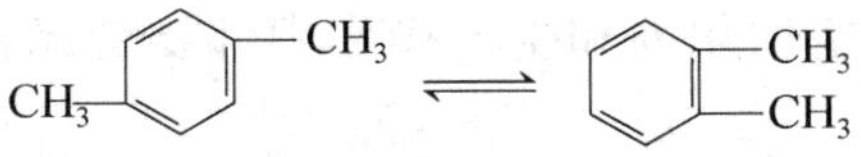

异构化反应对五元环烷烃异构脱氢反应发生产芳烃具有重要意义。对于烷烃的异构化反应，虽然不能生成芳烃，但却能提高汽油辛烷值。

3. 加氢裂化反应

在催化重整条件下，各种烃类都能发生加氢裂化反应，并可以认为是加氢、裂化和异构化三者并发的反应。例如：

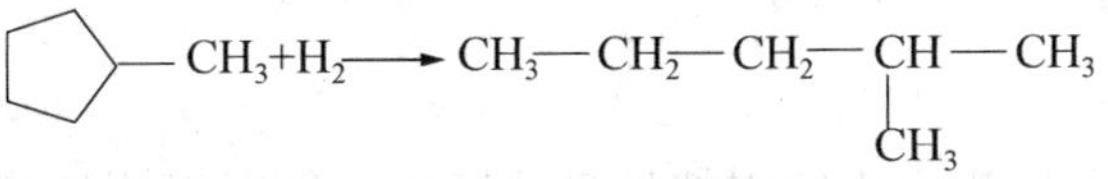

$$n\text{-}C_7H_{16}+H_2 \longrightarrow n\text{-}C_3H_8+i\text{-}C_4H_{10}$$

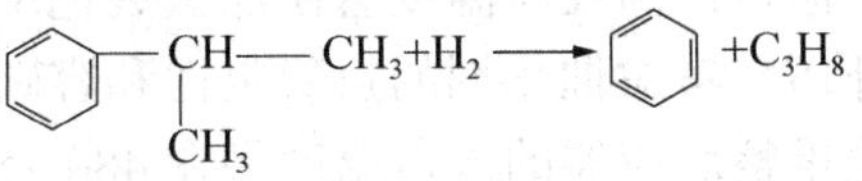

加氢裂化反应生成较小的烃分子，而且在催化重整条件下的加氢裂化还包含有异构化反应，因此加氢裂化反应有利于提高辛烷值。但是过多的加氢裂化反应会使液体产物收率降低，因此对加氢裂化反应要适当控制。

4. 缩合生焦反应

烃类还可以发生叠合和缩合等分子增大的反应，最终缩合成焦炭，覆盖在催化剂表面，使其失活。在生产中必须控制这类反应，工业上采用循环氢保护，一方面使容易缩合的烯烃饱和，另一方面抑制芳烃深度脱氢。

2.4.3 催化剂

从化学反应可知，催化重整反应主要有两大类：脱氢(芳构化)反应和裂化、异构化反应。这就要求重整催化剂应兼备两种催化功能，既能促进环烷烃和烷烃脱氢芳构化反应，又能促进环烷烃和烷烃异构化反应，即是一种双功能催化剂。

现代重整催化剂由三部分组成：活性组分(如铂、钯、铱、铑)、助催化剂(如铼、锡)和酸性载体(如含卤素的 $\gamma\text{-}Al_2O_3$)。其中铂构成活性中心，促进脱氢、加氢反应，一般铂含量在 0.2%~0.3%。

铼的主要作用是提高催化剂的容碳能力和稳定性，延长了运转周期或使反应苛刻度得以提高，特别适合于固定床反应器，工业催化剂中铼/铂=1~2。锡比铼价格低，新鲜剂和再生剂不必预硫化，生产操作简便，但铂-锡催化剂的稳定性不如铂-铼催化剂好，不过也足已满足连续重整工艺的要求，所以近年来已广泛用于连续重整装置。

而酸性载体提供酸性中心，促进裂化、异构化等反应，氧化铝载体本身只有很弱的酸性，甚至接近于中性，但含少量氯或氟的氧化铝则具有一定的酸性，从而提供了酸性功能，所以改变催化剂中卤素含量可以调节其酸性功能的强弱。

同时重整催化剂的两种功能必须适当的配合才能得到满意的结果。如果只是脱氢活性很强，则只能加速六元环烷烃的脱氢，而对于五元环烷烃和烷烃的异构化则反应不足，不能达到提高汽油辛烷值和芳烃产率的目的。反之如果只是酸性功能很强，就会有过度的加氢裂化，使液体产物的收率下降，五元环烷烃和烷烃转化为芳烃的选择性下降，同样也不能达到预期的目的。因此在制备重整催化剂和生产操作中都要考虑保证催化剂两种功能的配合问题。

国内连续重整催化剂的研制技术已日益成熟，可以与国外的研制技术相媲美。国内石油化工科学研究院(RIPP)主要通过助剂的选择、载体的改进、铂金属含量的降低、助剂与Pt的最佳配合和非Sn、Re助剂的引入等技术创新途径，实现了技术突破，得到了活性稳定性高、水热稳定性好和选择性高的连续重整催化剂。

2.4.4 催化重整的安全控制

1. 反应温度

催化重整的主要反应如芳构化反应都是吸热反应，所以无论从反应速度还是化学平衡的角度都希望采用较高的反应温度。但是提高反应温度会使加氢裂化反应加剧、液体产物收率下降，还使催化剂积炭加快。另外还应考虑催化剂的热稳定性和容碳能力、设备材质是否能承受高温等因素。综合考虑，工业重整反应器的入口温度多在480~530℃范围。重整反应器一般是3至4个反应器串联操作，目前多数重整装置趋向于采用前面反应器的温度较低，后面反应器的温度较高的方案。

2. 反应压力

提高反应压力对生成芳烃的芳构化反应都不利，相反却有利于加氢裂化反应。因此从增加芳烃产率的角度考虑，希望采用较低的反应压力。在较低的压力可以得到较高的汽油产率和芳烃产率的同时，氢气的产率和纯度也高。但是在低压下催化剂的积炭速度加快，从而使操作周期缩短。因此催化剂有较高容焦能力时，可以采用较低的反应压力。半再生式铂重整采用2~3MPa，铂铼重整1.8MPa左右，连续重整装置可低到约0.8MPa，新一代的连续再生式重整装置反应压力已降到0.35MPa。

3. 空速

空速反映了反应时间的长短。对一定的反应器，空速越大，处理能力也越大。能采用多大的空速主要取决于催化剂的活性水平。

正如我们前面讲过催化重整中的各类反应速度是不一样的，因而改变空速，即改变反应时间对各类反应的影响也不同。例如环烷烃脱氢反应的速度很快，比较容易达到化学平衡，延长反应时间的意义不大。但是对反应速度慢的加氢裂化和烷烃环化脱氢反应，则延长反应时间会有较大的帮助。所以，在一定范围内提高空速即减少反应时间，保证环烷烃脱氢反应的同时，减少加氢裂化反应可以得到较高的芳烃产率和液体收率。

选择空速时还应考虑到原料的性质。对环烷烃含量较高的原料，可以采用较高的空速，即较短的反应时间；而烷烃含量较高的原料，则需采用较低的空速，即较长的反应时间。铂重整采用的空速一般为$3h^{-1}$，铂铼重整则采用$1.5\sim2h^{-1}$。

4. 氢油比

在催化重整中，使用循环氢的目的是抑制生焦反应，达到保护催化剂的作用；同时也起到热载体的作用，减小反应床层的温降，提高反应器内的平均温度；此外还可以稀释原料，使原料更均匀地分布于床层。在总压不变的情况下，提高氢油比意味着提高氢分压，有利于抑制催化剂上积炭。但提高氢油比，使循环氢量增大，压缩机消耗功率增加。同时在氢油比过大时会由于减少了反应时间而降低了原料的转化率。

由此可见，对于稳定性高的催化剂和生焦倾向小的，可以采用较小的氢油比。铂重整装置采用的氢油摩尔比一般为5~8，使用铂铼催化剂时一般<5，新的连续重整则进一步降到了2。

在表2-9中把各类反应的特点和操作条件的改变对其的影响情况进行了总结，在实际生产中，还要综合考虑更多因素来确定操作条件。

表2-9 催化重整各类反应的特点和操作条件的影响

反应			六元环烷烃脱氢	五元环烷烃异构脱氢	烷烃环化脱氢	异构化	加氢裂化
影响	反应特性	热效应	吸热	吸热	吸热	放热	放热
		反应热/(kJ/kg)	2000~2300	2000~2300	约2500	很小	约840
		反应温度	最快	很快	慢	快	慢
		控制因素	化学平衡	化学平衡及反应速度	反应速度	反应速度	反应速度
	对产品产率的影响	芳烃	增加	增加	增加	影响不大	减少
		液体产品	稍减	稍减	稍减	影响不大	减少
		C_4~C_6气体					增加
		氢气	增加	增加	增加	无关	减少
	对重整汽油性质的影响	辛烷值	增大	增大	增大	增大	增大
		密度	增大	增大	增大	稍增	减小
		蒸气压	降低	降低	降低	稍增	增大
	参数增大时产生的影响	温度	促进	促进	促进	促进	促进
		压力	抑制	抑制	抑制	无关	促进
		空速	影响不大	影响不大	抑制	抑制	抑制
		氢油比	影响不大	影响不大	影响不大	无关	促进

2.4.5 催化重整的工艺安全与控制

生产的目的产品不同，则采用的工艺流程也不同。当以生产高辛烷值汽油为主要目的时，其工艺流程主要包括原料预处理和重整反应两大部分。而当以生产轻质芳烃为主要目的时，流程中还要增加芳烃的分离部分。下面以生产芳烃为例进行介绍，因为生产高辛烷值汽油比其过程还要简单。化工型常用的加工方案是预处理-催化重整-溶剂抽提-芳烃精馏的联合过程，装置的示意流程如图2-14所示。

2.4.5.1 原料的预处理过程

重整原料的预处理由预分馏、预加氢、预脱砷和脱水等单元组成，其典型工艺流程如图

2-15 所示，其目的是切取符合重整要求的馏分和脱除对重整催化剂有害的杂质及水分。

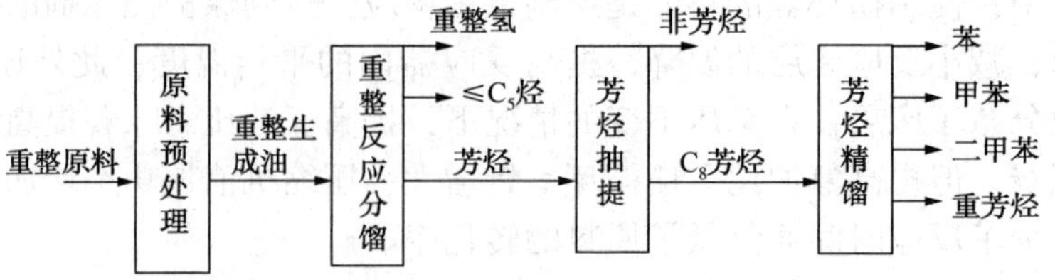

图 2-14　化工型催化重整装置流程示意图

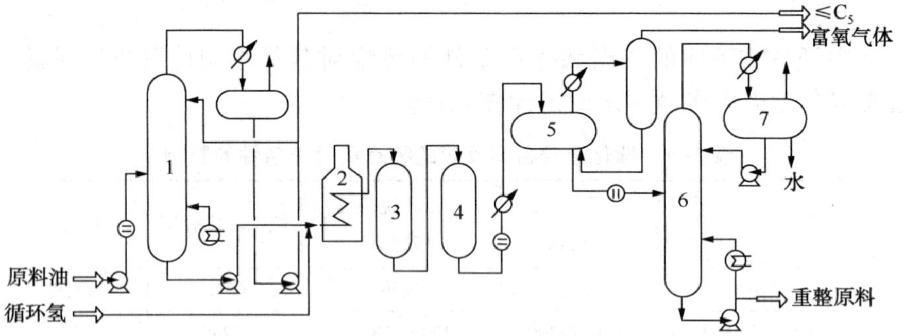

图 2-15　催化重整装置原料预处理部分工艺原则流程图

1—预分馏塔；2—预加氢加热炉；3，4—预加氢反应器；5—高压分离器；6—脱水塔；7—油水分离器

1. 原料预分馏部分

预分馏的作用是切取适宜馏程的重整原料。在多数情况下，进入重整装置的原料是原油常减压蒸馏塔塔顶<180℃（生产高辛烷汽油时）或<130℃（生产轻芳烃时）的汽油馏分。所以在预分馏塔，只要切去<80℃或<60℃的轻馏分即可满足：生产高辛烷值汽油所需的 80～180℃馏分，生产芳烃所需的 60～130℃馏分。

2. 预脱砷部分

砷不仅是重整催化剂最严重的毒物，也是各种预加氢精制催化剂的毒物。因此. 必须在预加氢前把砷降到较低程度。重整反应原料含砷量要求在 1×10^{-9} 以下。如果原料油的含砷量 $<100\times10^{-9}$，可不经过单独脱砷，经过预加氢就可符合要求。

3. 预加氢部分

预加氢的目的是脱除原料油中对催化剂有害的杂质，同时也使烯烃饱和以减少催化剂的积炭，从而延长运转周期。在预加氢条件下，原料中微量的硫、氮、氧等杂质能进行加氢裂解反应，相应地生成 H_2S、NH_3 及水等而被除去，烯烃则通过加氢变成饱和烃。

4. 脱水部分

由预加氢反应器出来的油、气混合物经冷却后在高压分离器中进行气液分离。由于相平衡的原因，分出的液体中溶解有少量的 H_2S、NH_3 和 H_2O 等。重整原料要求的含水量很低，主要是水和氯的含量控制不当会造成催化剂减活或失活，所以要进行脱水。脱水塔实质就是一个蒸馏塔，塔顶产品是水和少量轻烃的混合物，经冷凝冷却后在油水分离品中油水分层，再分别引出，就达到了脱水的目的。脱水塔底得到的就是符合要求的重整原料。

2.4.5.2　重整反应过程

工业重整装置广泛应用的反应系统流程可分为两大类：固定床反应器半再生式工艺流程

和移动床反应器连续再生式工艺流程。下面分别进行介绍。

1. 固定床半再生式重整工艺流程

以生产芳烃为目的的铂铼双金属半再生重整工艺原理流程如图 2-16 所示。

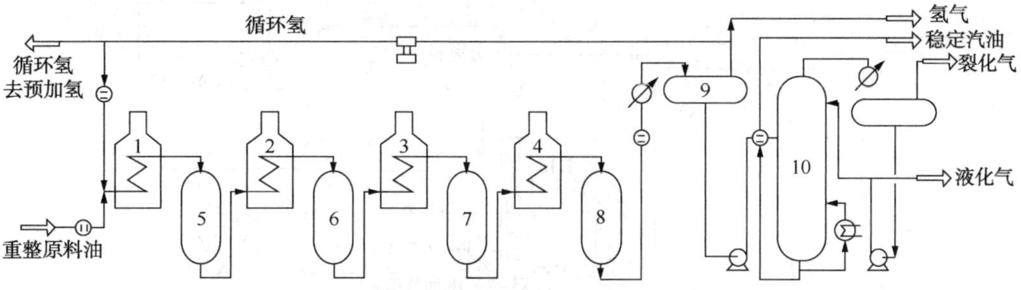

图 2-16 铂铼重整反应过程原理流程图

1~4—加热炉；5~8—重整反应器；9—高压分离器；10—稳定塔

经预处理得到的重整原料油与循环氢混合，再经换热、加热后进入重整反应器。重整反应是强吸热反应，反应时温度下降，因此为得到较高的重整平衡转化率和保持较快的反应速度，就必须维持合适的反应温度，这就要在反应过程中不断地补充能量。所以半再生装置的固定床反应器一般由 3~4 个绝热式反应器串联，反应器之间有加热炉加热到所需的反应温度。每半年或一年停止进料，全部催化剂在反应器中就地再生一次。

自最后一个反应器出来的重整产物温度很高(490℃左右)，先回收热量，再经冷却后进入高压分离器，分出的气体是含氢 85%~95%(体)的氢气，分出的液体是重整生成油。重整生成油进入脱戊烷塔，塔顶蒸出≤C_5的组分，塔底是含有芳烃的脱戊烷油，作为芳烃抽提的进料油。

如果重整装置只是生产高辛烷值汽油，则脱戊烷塔改称稳定塔，塔底得到的产品就是满足蒸气压要求的稳定汽油。

2. 连续再生式重整工艺流程

半再生式重整会因催化剂的积炭而停工进行再生。为了能经常保持催化剂的高活性，并且随炼油厂加氢工艺的日益增加，需要连续地供应氢气，美国环球油品公司(UOP)和法国石油研究院(IFP)分别研究和发展了移动床反应器连续再生式重整(简称连续重整)。主要特征是设有专门的再生器，反应器和再生器都是采用移动床，催化剂在反应器和再生器之间连续不断地进行循环反应和再生，一般每 3~7d 全部催化剂再生一遍。UOP 和 IFP 连续重整反应系统的流程如图 2-17、图 2-18 所示。

在国外，连续催化重整专利技术主要有 UOP 和 IFP 两家，反应条件及产品收率大致相同，工艺技术没有大的差别。两个公司的工艺流程具有着各自的特点：

1）美国 UOP 连续催化重整工艺流程是反应器重叠布置，催化剂从第一个反应器靠重力依次流经重叠的第二、第三反应器。从最下面的一个反应器出来后，用 N_2 将催化剂提升到再生器顶，除去粉尘后进入再生器。催化剂在再生器内经烧焦、氯化、干燥 3 个区，再经 N_2 置换后，用 H_2 提升到反应器顶，用 H_2 还原后，进入第一个反应器，这样完成一个循环。反应器与再生器之间均设有料斗。

2）法国 IFP 的连续催化重整工艺流程是反应器并列布置，各反应器均设有料斗和提升器，顶上设有上部料斗。催化剂从第一个反应器至最后一个反应器是通过气体输送的。从最后一个反应器底出来的催化剂用气体提升，定期进入再生器。再生器内催化剂在固定状态下烧焦、氧化、焙烧。再生后的催化剂经还原后再送入第一反应器顶部。

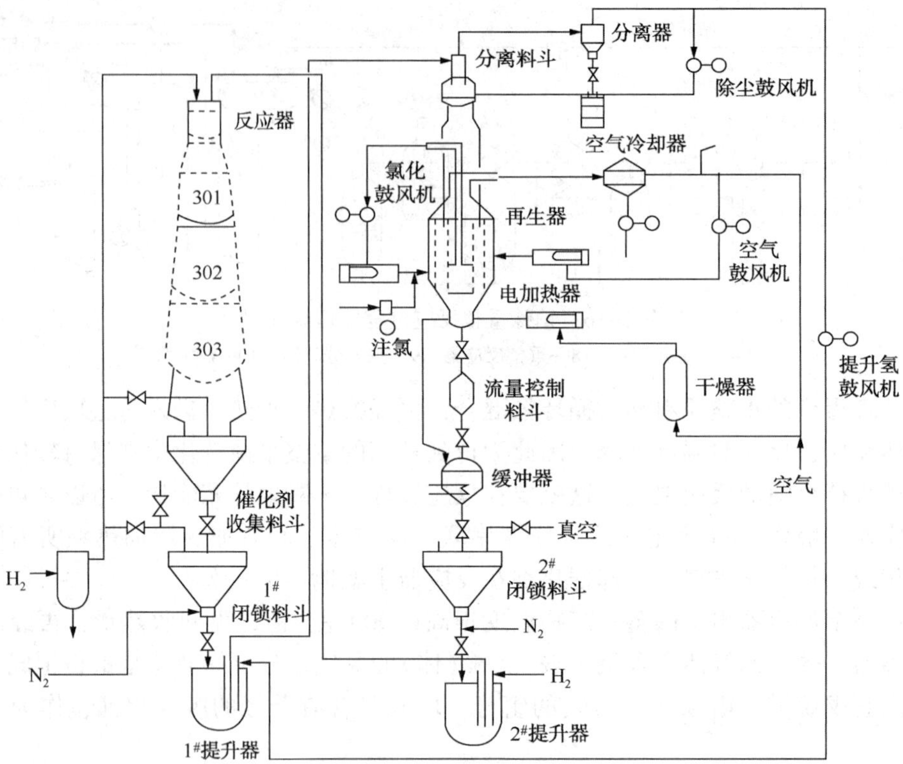

图 2-17　UOP 连续重整反应过程原则工艺流程图

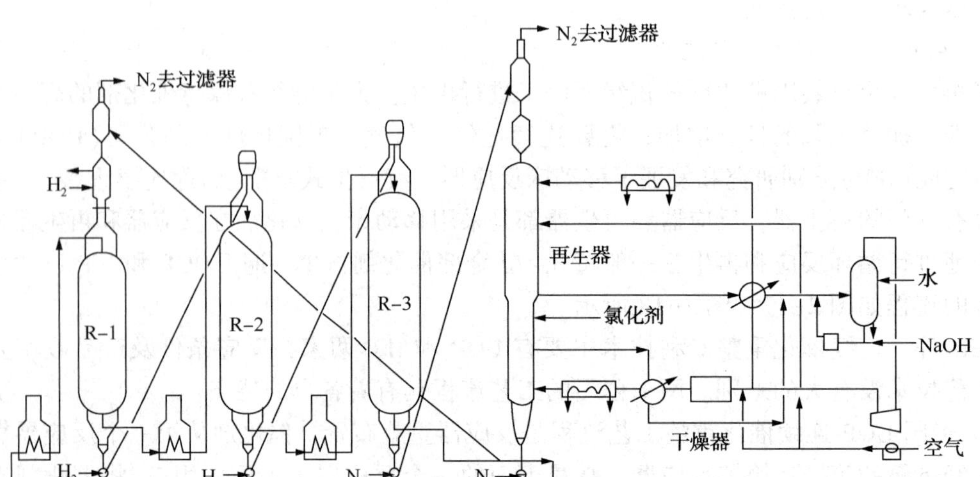

图 2-18　IFP 连续重整反应过程原则工艺流程图

2.4.6 芳烃抽提过程

催化重整生成油是芳烃与非芳烃的混合物，所以存在芳烃分离问题。重整生成油中组分复杂，很多芳烃和非芳烃的沸点相近，例如苯的沸点为 80.1℃，环己烷的的沸点为 80.74℃，3-甲基丁烷的沸点为 80.88℃，它们之间的沸点差很小，在工业上很难用精馏的方法从它们的混合物中分离出纯度很高的苯。此外，有些非芳烃组分和芳烃组分形成了共沸混合物，用一般的精馏方法就更难将它们分开，工业上应用广泛采用的是液相抽提的方法分离出其中的混合芳烃。

液相抽提就是利用某些有机溶剂对芳烃和非芳烃具有不同的溶解能力，即利用各组分在溶剂中溶解度的差异，经逆流连续抽提过程而使芳烃和非芳烃得以分离。在溶剂与重整生成油混合后生成的两相中，一个是溶剂和溶于溶剂的芳烃，称为提取液，另一个是在溶剂中具有极小溶解能力的非芳烃，称为提余液。将两相液层分开后，再用汽提的方法将溶剂和溶解在溶解中的芳烃分开，以获得芳烃混合物。

工业生产中因所用的溶剂不同，相对应的也有不同的工艺类型。例如：Udex 工艺以甘醇类为溶剂，有四塔流程和五塔流程两种工艺。甘醇类溶剂抽提工艺有二甘醇、三甘醇、四甘醇工艺，而四甘醇工艺无论从容积比、过程的能耗和溶剂的消耗上来看均优于二甘醇和三甘醇工艺。目前国内淘汰了二甘醇和三甘醇工艺。而使用中的四甘醇工艺也基本上采用五塔流程。Morphylane 工艺以 *N*-甲酰基吗啉(NFM)为溶剂，只生产苯时 Morphylane 工艺为首选。Sulfolane 工艺以环丁砜为溶剂，由于此工艺比较成熟，基本上装置可以实现国产化，国内的大多数装置均采用 Sulfolane 工艺。

Sulfolane 工艺流程图见图 2-19。Sulfolane 工艺包括 6 个部分，即抽提塔、抽余油水洗塔、抽提蒸馏塔、回收塔、水分馏塔、溶剂再生塔。

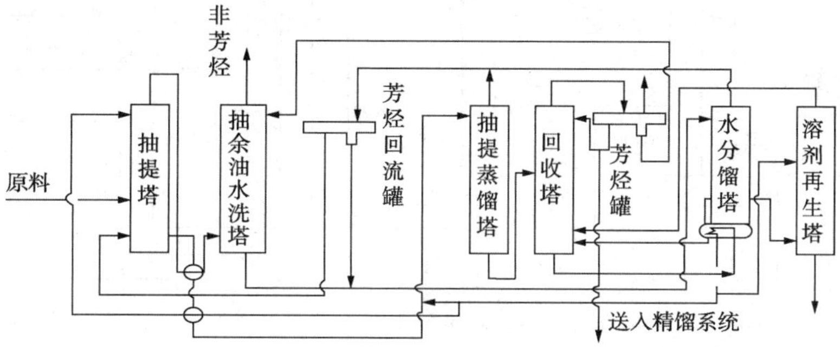

图 2-19 Sulfolane 工艺流程图

1)抽提塔：原料进入抽提塔下部，贫溶剂油、从塔顶进入，经过逆向接触后，塔顶出抽余油，塔底出富溶剂油或称第一富溶剂油。塔底有回流芳烃进入。

2) 抽余油水洗塔：从抽提塔顶采出的抽余油经换热后进入抽余油水洗塔的下部，同时芳烃罐油水分离后的水相进入塔顶，水洗后的水从塔底排出，塔顶采出非芳烃。

3) 抽提蒸馏塔：抽提塔底的富溶剂油与贫溶剂换热后抽提蒸馏塔顶，进行提馏操作，抽提蒸馏塔底为富含芳烃的第二溶剂油，而轻质烷烃和少量芳烃从塔顶排出，经过冷却后进入回流芳烃罐进行油水分离，油相作为回流芳烃回到抽提塔底，水相与抽余油水洗塔塔底的水一起进入水分馏塔。

4）回收塔：蒸馏塔底的第二溶剂油进入回收塔中部，进行减压将芳烃与溶剂分开。回收塔塔底的汽提介质为水分馏塔塔底含溶剂的水以及溶剂再生塔顶出来的溶剂蒸气或溶剂与水的蒸气。贫溶剂从塔底排出。塔顶馏出物经冷却后进入芳烃罐，进行油水分离，油相一部分作为回流回到回收塔顶，其余作为芳烃产品送入精馏系统。水相则为抽余油水洗塔的水洗水。

5）水分馏塔：抽余油水洗塔与回流芳烃罐中的水进入水分馏塔，以除去水中的微量非芳烃。塔顶馏出的水蒸气冷凝后进入回流芳烃罐。下部的水蒸气则进入溶剂再生塔。而分馏塔的热源为回收塔底的贫溶剂油。

6）溶剂再生塔：回收塔底的贫溶剂油换热一部分作为回流，另一部分进入溶剂再生塔，进行溶剂再生。溶剂再生后从塔顶排出，塔底排渣。

环丁砜抽提工艺芳烃回收率高，原料范围宽，可抽提 $C_6 \sim C_{11}$ 范围内的芳烃，对碳钢不腐蚀。国内可以生产环丁砜，使得生产成本降低。

2.4.7 芳烃精馏过程

由溶剂抽提所得的混合芳烃中含有苯、甲苯、二甲苯、乙苯及少量较重的芳烃，而有机合成工业所需的原料有很高的纯度要求，为此必须将混合芳烃通过精馏的方法分离成高纯度的单体芳烃。这一过程称为芳烃精馏。芳烃精馏部分的原理工艺流程如图 2-20 所示。

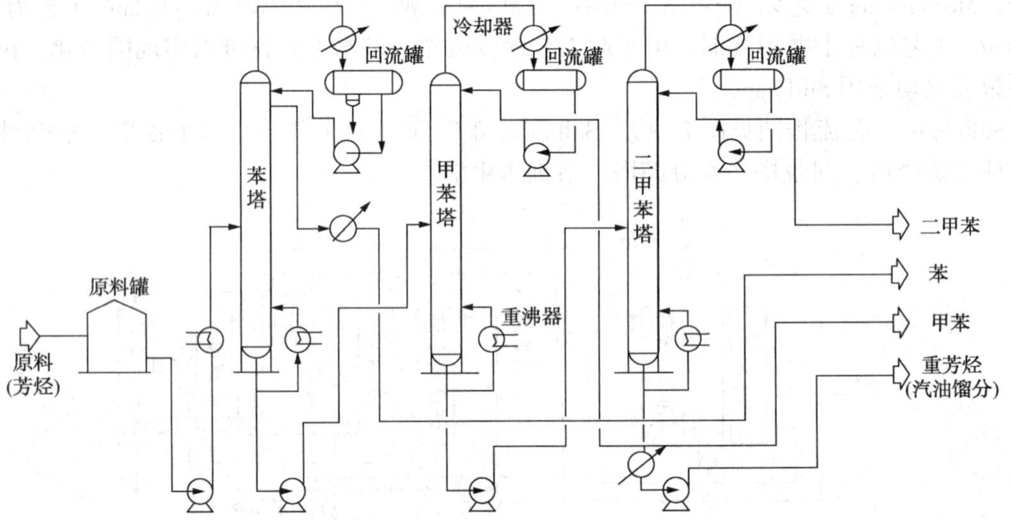

图 2-20　芳烃精馏原理工艺流程图(三塔流程)

混合芳烃依次送入苯塔、甲苯塔、二甲苯塔，分别通过精馏的方法进行切取，得到苯、甲苯、二甲苯及 C_9芳烃等单一组分。此法芳烃的纯度为：苯 99.9%、甲苯 99.0%、二甲苯 96%。二甲苯还是对二甲苯、邻二甲苯、间二甲苯和乙苯的混合物，所以要得到最需要的对二甲苯还需要进一步分离。

2.4.8 主要设备——反应器

采用固定床重整的反应器，工业上常用的有两种，一是轴向反应器，二是径向反应器。其结构如图 2-21、图 2-22 所示。

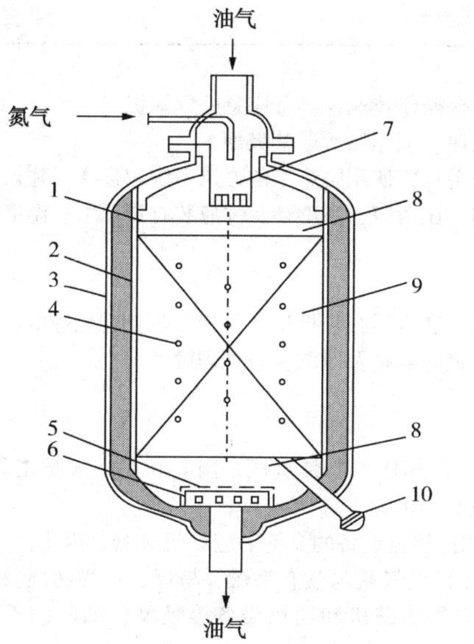

图 2-21　轴向反应器

1—合金钢衬；2—耐火水泥层；3—碳钢壳体；4—测温点；5—钢丝网；6—油气出口集合管；7—分配头；8—惰性小球；9—催化剂；10—催化剂卸出口

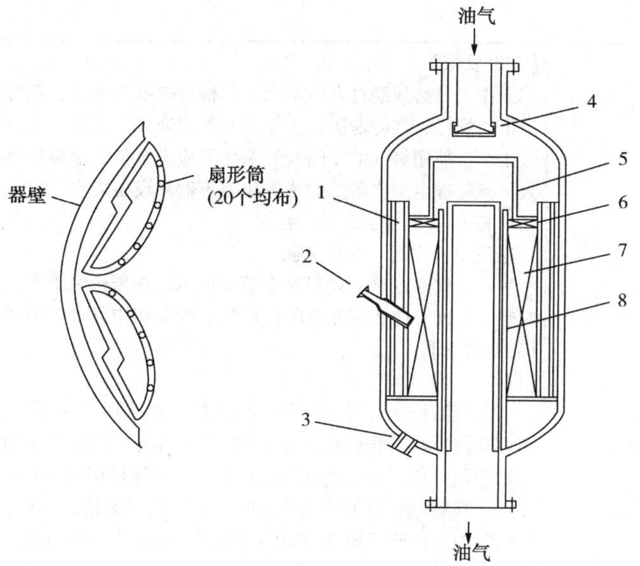

图 2-22　径向反应器

1—扇形筒；2—催化剂取样口；3—催化剂卸料口；4—分配器；5—中心管罩帽；6—瓷球；7—催化剂；8—中心管

与轴向反应器相比，径向反应器的主要特点是气流以较低的流速径向通过催化剂床层，床层压降较低，这一点对于连续重整装置尤为重要。因此连续重整装置的反应器都采用径向反应器，而且其再生器也采用径向式的。

2.4.9　催化重整操作安全技术

2.4.9.1　危险物质和危险源辨识

由于催化重整过程要临氢，过程所涉及的危险物质主要有氢气、石脑油、芳烃等甲类火灾危险性物质。部分物质的特性和火灾危险性见表 2-10~表 2-12。

表 2-10　氢气应急处置对策

特别警示	极易燃气体。
理化特性	无色、无臭的气体。很难液化。液态氢无色透明。极易扩散和渗透。微溶于水，不溶于乙醇、乙醚。相对分子质量 2.02，熔点-259.2℃，沸点-252.8℃，气体密度 0.0899g/L，相对密度(水=1)0.07(-252℃)，相对蒸气密度(空气=1)0.07，临界压力 1.30MPa，临界温度-240℃，饱和蒸气压 13.33kPa(-257.9℃)，爆炸极限 4%~75%(体积比)，自燃温度 500℃，最小点火能 0.019mJ，最大爆炸压力 0.720MPa。 主要用途：主要用于合成氨和甲醇等，石油精制，有机物氢化及作火箭燃料。
危害信息	【燃烧和爆炸危险性】 极易燃，与空气混合能形成爆炸性混合物，遇热或明火即发生爆炸。比空气轻，在室内使用和储存时，漏气上升滞留屋顶不易排出，遇火星会引起爆炸。在空气中燃烧时，火焰呈蓝色，不易被发现。 【活性反应】 与氟、氯、溴等卤素会剧烈反应。 【健康危害】 为单纯性窒息性气体，仅在高浓度时，由于空气中氧分压降低才引起缺氧性窒息。在很高的分压下，呈现出麻醉作用。

续表

安全措施	【一般要求】 操作人员必须经过专门培训，严格遵守操作规程，熟练掌握操作技能，具备应急处置知识。 密闭操作，严防泄漏，工作场所加强通风。远离火种、热源，工作场所严禁吸烟。 生产、使用氢气的车间及贮氢场所应设置氢气泄漏检测报警仪，使用防爆型的通风系统和设备。建议操作人员穿防静电工作服。储罐等压力容器和设备应设置安全阀、压力表、温度计，并应装有带压力、温度远传记录和报警功能的安全装置。 避免与氧化剂、卤素接触。 生产、储存区域应设置安全警示标志。在传送过程中，钢瓶和容器必须接地和跨接，防止产生静电。搬运时轻装轻卸，防止钢瓶及附件破损。配备相应品种和数量的消防器材及泄漏应急处理设备。 【特殊要求】 【操作安全】 1)氢气系统运行时，不准敲击，不准带压修理和紧固，不得超压，严禁负压。制氢和充灌人员工作时，不可穿戴易产生静电的服装及带钉的鞋作业，以免产生静电和撞击起火。 2)当氢气作焊接、切割、燃料和保护气等使用时，每台(组)用氢设备的支管上应设阻火器。因生产需要，必须在现场(室内)使用氢气瓶时，其数量不得超过 5 瓶，并且氢气瓶与盛有易燃、易爆、可燃物质及氧化性气体的容器或气瓶的间距不应小于 8m，与空调装置、空气压缩机和通风设备等吸风口的间距不应小于 20m。 3)管道、阀门和水封装置冻结时，只能用热水或蒸汽加热解冻，严禁使用明火烘烤。不准在室内排放氢气。吹洗置换，应立即切断气源，进行通风，不得进行可能发生火花的一切操作。 4)使用氢气瓶时注意以下事项： 必须使用专用的减压器，开启时，操作者应站在阀口的侧后方，动作要轻缓； 气瓶的阀门或减压器泄漏时，不得继续使用。阀门损坏时，严禁在瓶内有压力的情况下更换阀门； 气瓶禁止敲击、碰撞，不得靠近热源，夏季应防止曝晒； 瓶内气体严禁用尽，应留有 0.5MPa 的剩余压力。 【储存安全】 1)储存于阴凉、通风的易燃气体专用库房。远离火种、热源。库房温度不宜超过 30℃。 2)应与氧化剂、卤素分开存放，切忌混储。采用防爆型照明、通风设施。禁止使用易产生火花的机械设备和工具。储存区应备有泄漏应急处理设备。储存室内必须通风良好，保证空气中氢气最高含量不超过 1%(体积比)。储存室建筑物顶部或外墙的上部设气窗或排气孔。排气孔应朝向安全地带，室内换气次数每小时不得小于 3 次，事故通风每小时换气次数不得小于 7 次。 3)氢气瓶与盛有易燃、易爆、可燃物质及氧化性气体的容器或气瓶的间距不应小于 8m；与空调装置、空气压缩机或通风设备等吸风口的间距不应小于 20m；与明火或普通电气设备的间距不应小于 10m。 【运输安全】 1)运输车辆应有危险货物运输标志，安装具有行驶记录功能的卫星定位装置。未经公安机关批准，运输车辆不得进入危险化学品运输车辆限制通行的区域。 2)槽车运输时要用专用槽车。槽车安装的阻火器(火星熄灭器)必须完好。槽车和运输卡车要有导静电拖线；槽车上要备有 2 只以上干粉或二氧化碳灭火器和防爆工具；要有遮阳措施，防止阳光直射。 3)在使用汽车、手推车运输氢气瓶时，应轻装轻卸。严禁抛、滑、滚、碰。严禁用电磁起重机和链绳吊装搬运。装运时，应妥善固定。汽车装运时，氢气瓶头部应朝向同一方向，装车高度不得超过车厢高度，直立排放时，车厢高度不得低于瓶高的 2/3。不能和氧化剂、卤素等同车混运。夏季应早晚运输，防止日光曝晒。中途停留时应远离火种、热源。 4)氢气管道输送时，管道敷设应符合下列要求： 氢气管道宜采用架空敷设，其支架应为非燃烧体。架空管道不应与电缆、导电线敷设在同一支架上。 氢气管道与燃气管道、氧气管道平行敷设时，中间宜有不燃物料管道隔开，或净距不小于 250mm。分层敷设时，氢气管道应位于上方。氢气管道与建筑物、构筑物或其他管线的最小净距可参照有关规定执行。 室内管道不应敷设在地沟中或直接埋地，室外地沟敷设的管道，应有防止氢气泄漏、积聚或窜入其他沟道的措施。埋地敷设的管道埋深不宜小于 0.7m。含湿氢气的管道应敷设在冰冻层以下。 管道应避免穿过地沟、下水道及铁路汽车道路等，必须穿过时应设套管保护。 氢管道外壁颜色、标志应执行《工业管道的基本识别色、识别符号和安全标识》(GB 7231)的规定。

续表

应急处置原则	【急救措施】 吸入：迅速脱离现场至空气新鲜处。保持呼吸道通畅。如呼吸困难，给氧。如呼吸停止，立即进行人工呼吸。就医。 【灭火方法】 切断气源。若不能切断气源，则不允许熄灭泄漏处的火焰。喷水冷却容器，尽可能将容器从火场移至空旷处。 氢火焰肉眼不易察觉，消防人员应佩戴自给式呼吸器，穿防静电服进入现场，注意防止外露皮肤烧伤。 灭火剂：雾状水、泡沫、二氧化碳、干粉。 【泄漏应急处置】 消除所有点火源。根据气体的影响区域划定警戒区，无关人员从侧风、上风向撤离至安全区。建议应急处理人员戴正压自给式空气呼吸器，穿防静电服。作业时使用的所有设备应接地。尽可能切断泄漏源。喷雾状水抑制蒸气或改变蒸气云流向。防止气体通过下水道、通风系统和密闭性空间扩散。若泄漏发生在室内，宜采用吸风系统或将泄漏的钢瓶移至室外，以避免氢气四处扩散。隔离泄漏区直至气体散尽。 作为一项紧急预防措施，泄漏隔离距离至少为100m。如果为大量泄漏，下风向的初始疏散距离应至少为800m。

表 2-11　苯(含粗苯)应急处置对策

特别警示	确认人类致癌物；易燃液体，不得使用直流水扑救(闪点很低，用水灭火无效)。
理化特性	无色透明液体，有强烈芳香味。微溶于水，与乙醇、乙醚、丙酮、四氯化碳、二硫化碳和乙酸混溶。相对分子质量78.11，熔点5.51℃，沸点80.1℃，相对密度(水=1)0.88，相对蒸气密度(空气=1)2.77，临界压力4.92MPa，临界温度288.9℃，饱和蒸气压10kPa(20℃)，折射率1.4979(25℃)，闪点-11℃，爆炸极限1.2%~8.0%(体积比)，自燃温度560℃，最小点火能0.20mJ，最大爆炸压力0.880MPa。 主要用途：主要用作溶剂及用于合成苯的衍生物、香料、染料、塑料、医药、炸药、橡胶等。
危害信息	【燃烧和爆炸危险性】 高度易燃，蒸气与空气能形成爆炸性混合物，遇明火、高热能引起燃烧爆炸。蒸气比空气重，能在较低处扩散到相当远的地方，遇火源会着火回燃和爆炸。 【健康危害】 吸入高浓度苯对中枢神经系统有麻醉作用，引起急性中毒；长期接触苯对造血系统有损害，引起白细胞和血小板减少，重者导致再生障碍性贫血。可引起白血病。具有生殖毒性。皮肤损害有脱脂、干燥、皲裂、皮炎。 职业接触限值：PC-TWA(时间加权平均容许浓度)：6mg/m^3(皮)；PC-STEL(短时间接触容许浓度)：10mg/m^3(皮)。 IARC：确认人类致癌物。
安全措施	【一般要求】 操作人员必须经过专门培训，严格遵守操作规程，熟练掌握操作技能，具备应急处置知识。 密闭操作，防止泄漏，加强通风。远离火种、热源，工作场所严禁吸烟。生产、使用苯的车间及贮苯场所应设置泄漏检测报警仪，使用防爆型的通风系统和设备，配备两套以上重型防护服。戴化学安全防护眼镜，穿防静电工作服，戴橡胶手套，建议操作人员佩戴过滤式防毒面具(半面罩)。 储罐等容器和设备应设置液位计、温度计，并应装有带液位、温度远传记录和报警功能的安全装置，重点储罐等应设置紧急切断装置。 避免与氧化剂、酸类、碱金属接触。 生产、储存区域应设置安全警示标志。灌装时应控制流速，且有接地装置，防止静电积聚。配备相应品种和数量的消防器材及泄漏应急处理设备。 【特殊要求】 【操作安全】 1)一旦发生物品着火，应用干粉灭火器、二氧化碳灭火器、砂土灭火。

续表

安全措施	2)苯生产和使用过程中注意以下事项： 必须穿戴好劳动保护用品； 系统漏气时要站在上风口，同时佩戴好防毒面具进行作业； 接触高温设备时要防止烫伤； 设备的水压、油压保持正常，有关管线要畅通。 3)生产设备的清洗污水及生产车间内部地坪的冲洗水须收入应急池，经处理合格后才可排放。 4)充装时使用万向节管道充装系统，严防超装。 【储存安全】 1)储存于阴凉、通风良好的专用库房或储罐内，远离火种、热源。库房温度不宜超过37℃，保持容器密封。 2)应与氧化剂、酸类、碱金属等分开存放，切忌混储。采用防爆型照明、通风设施。禁止使用易产生火花的机械设备和工具。在苯储罐四周设置围堰，围堰的容积等于储罐的容积。储存区应备有泄漏应急处理设备和合适的收容材料。 3)注意防雷、防静电，厂(车间)内的储罐应按《建筑物防雷设计规范》(GB 50057)的规定设置防雷防静电设施。 4)每天不少于两次对各储罐进行巡检，并做好记录，发现跑、冒、滴、漏等隐患要及时联系处理，重大隐患要及时上报。 【运输安全】 1)运输车辆应有危险货物运输标志，安装具有行驶记录功能的卫星定位装置。未经公安机关批准，运输车辆不得进入危险化学品运输车辆限制通行的区域。 2)苯装于专用的槽车(船)内运输，槽车(船)应定期清理；用其他包装容器运输时，容器须用盖密封。槽车安装的阻火器(火星熄灭器)必须完好。槽车上要备有2只以上干粉或二氧化碳灭火器和防爆工具。禁止使用易产生火花的机械设备和工具装卸。运输车辆进入厂区，必须安装静电接地装置和阻火器，车速不超过5km/h。 3)严禁与氧化剂、酸类、碱金属等混装混运。运输时运输车辆应配备泄漏应急处理设备。不得在人口稠密区和有明火等场所停靠。高温季节应早晚运输，防止日光暴晒。运输苯容器时，应轻装轻卸。严禁抛、滑、滚、碰。严禁用电磁起重机和链绳吊装搬运。装运时，应妥善固定。 4)苯管道输送时，注意以下事项： 苯管道架空敷设时，苯管道应敷设在非燃烧体的支架或栈桥上。在已敷设的苯管道下面，不得修建与苯管道无关的建筑物和堆放易燃物品； 管道不应穿过非生产苯所使用的建筑物； 管道消除静电接地装置和防雷接地线，单独接地。防雷的接地电阻值不大于10Ω，防静电的接地电阻值不大于100Ω； 苯管道不应靠近热源敷设； 管道采用地上敷设时，应在人员活动较多和易遭车辆、外来物撞击的地段，采取保护措施并设置明显的警示标志； 苯管道外壁颜色、标志应执行《工业管道的基本识别色、识别符号和安全标识》(GB 7231)的规定； 室内管道不应敷设在地沟中或直接埋地，室外地沟敷设的管道，应有防止泄漏、积聚或窜入其他沟道的措施。
应急处置原则	【急救措施】 吸入：迅速脱离现场至空气新鲜处。保持呼吸道通畅。如呼吸困难，给氧。如呼吸停止，立即进行人工呼吸。就医。 食入：饮足量温水，催吐。就医。 皮肤接触：脱去污染的衣着，用肥皂水或清水彻底冲洗皮肤。

续表

应急处置原则	眼睛接触：提起眼睑，用流动清水或生理盐水冲洗。就医。 【灭火方法】 喷水冷却容器，尽可能将容器从火场移至空旷处。处在火场中的容器若已变色或从安全泄压装置中产生声音，必须马上撤离。 灭火剂：泡沫、干粉、二氧化碳、砂土。用水灭火无效。 【泄漏应急处置】 消除所有点火源。根据液体流动和蒸气扩散的影响区域划定警戒区，无关人员从侧风、上风向撤离至安全区。建议应急处理人员戴正压自给式空气呼吸器，穿防毒、防静电服。作业时使用的所有设备应接地。禁止接触或跨越泄漏物。尽可能切断泄漏源。防止泄漏物进入水体、下水道、地下室或密闭性空间。小量泄漏：用砂土或其他不燃材料吸收。使用洁净的无火花工具收集吸收材料。大量泄漏：构筑围堤或挖坑收容。用泡沫覆盖，减少蒸发。喷水雾能减少蒸发，但不能降低泄漏物在受限制空间内的易燃性。用防爆泵转移至槽车或专用收集器内。 作为一项紧急预防措施，泄漏隔离距离至少为 50m。如果为大量泄漏，下风向的初始疏散距离应至少为 300m。

表 2-12　甲苯应急处置对策

特别警示	高度易燃液体，用水灭火无效，不能使用直流水扑救。
理化特性	无色透明液体，有芳香气味。不溶于水，与乙醇、乙醚、丙酮、氯仿等混溶。相对分子质量 92. 14，熔点 -94. 9℃，沸点 110. 6℃，相对密度(水=1)0. 87，相对蒸气密度(空气=1)3. 14，临界压力 4. 11MPa，临界温度 318. 6℃，饱和蒸气压 3. 8kPa(25℃)，折射率 1. 4967，闪点 4℃，爆炸极限 1. 2%~7. 0%(体积比)，自燃温度 535℃，最小点火能 2. 5mJ，最大爆炸压力 0. 784MPa。 主要用途：主要用于掺和汽油组成及作为生产甲苯衍生物、炸药、染料中间体、药物等的主要原料。
危害信息	【燃烧和爆炸危险性】 高度易燃，蒸气与空气能形成爆炸性混合物，遇明火、高热能引起燃烧爆炸。蒸气比空气重，能在较低处扩散到相当远的地方，遇火源会着火回燃和爆炸。 【健康危害】 短时间内吸入较高浓度本品表现为麻醉作用，重症者可有躁动、抽搐、昏迷。对眼和呼吸道有刺激作用。直接吸入肺内可引起吸入性肺炎。可出现明显的心脏损害。 职业接触限值：PC-TWA(时间加权平均容许浓度)，50mg/m^3(皮)；PC-STEL(短时间接触容许浓度)，100mg/m^3(皮)。
安全措施	【一般要求】 操作人员必须经过专门培训，严格遵守操作规程。熟练掌握操作技能，具备应急处置知识。 操作应严加密闭。要求有局部排风设施和全面通风。 设置固定式可燃气体报警器，或配备便携式可燃气体报警器，宜增设有毒气体报警仪。采用防爆型的通风系统和设备。穿防静电工作服，戴橡胶防护手套。空气中浓度超标时，佩戴防毒面具。紧急事态抢救或撤离时，佩戴自给式呼吸器。选用无泄漏泵来输送本介质，如屏蔽泵或磁力泵输送。甲苯储罐采取人工脱水方式时，应增配检测有毒气体检测报警仪(固定式或便携式)。采样宜采用循环密闭采样系统。在作业现场应提供安全淋浴和洗眼设备。安全喷淋和洗眼器应在生产装置开车时进行校验。操作现场严禁吸烟。进入罐、限制性空间或其他高浓度区作业，须有人监护。 储罐等容器和设备应设置液位计、温度计，并应装有带液位、温度远传记录和报警功能的安全装置。 禁止与强氧化剂接触。 生产、储存区域应设置安全警示标志。在传送过程中，容器、管道必须接地和跨接，防止产生静电。输送过程中易产生静电积聚，相关防护知识应加强培训。

续表

安全措施	【特殊要求】 【操作安全】 1)选用无泄漏泵来输送本介质，如屏蔽泵或磁力泵输送。甲苯储罐采取人工脱水方式时，应增配检测有毒气体检测报警仪(固定式的或便携式的)。采样宜采用循环密闭采样系统。设置必要的安全联锁及紧急排放系统，通风设施应每年进行一次检查。 2)在生产企业设置 DCS 集散控制系统，同时设置安全联锁、紧急停车系统(ESD)以及正常及事故通风设施并独立设置。 3)装置内配备防毒面具等防护用品，操作人员在操作、取样、检维修时宜佩戴防毒面具。装置区所有设备、泵以及管线的放净均排放到密闭排放系统，保证职工健康不受损害。 4)介质为高温、有毒或强腐蚀性的设备及管线上的压力表与设备之间应有能隔离介质的装置或切断阀。另外，装置中的设备和管道应有惰性气体置换设施。 5)充装时使用万向节管道充装系统，严防超装。 【储存安全】 1)储存于阴凉、通风仓库内。远离火种、热源。库房温度不宜超过 30℃。防止阳光直射，保持容器密封。 2)应与氧化剂分开存放。储存间内的照明、通风等设施应采用防爆型。罐储时要有防火防爆技术措施。禁止使用易产生火花的机械设备和工具。灌装时应注意流速(不超过 3m/s)，且有接地装置，防止静电积聚。搬运时要轻装轻卸，防止包装及容器损坏。 3)储罐采用金属浮舱式的浮顶或内浮顶罐。储罐应设固定或移动式消防冷却水系统。 4)生产装置重要岗位如罐区设置工业电视监控。 5)介质为高温、有毒或强腐蚀性的设备及管线上的压力表与设备之间应有能隔离介质的装置或切断阀。另外，装置中的甲、乙类设备和管道应有惰性气体置换设施。 【运输安全】 1)运输车辆应有危险货物运输标志，安装具有行驶记录功能的卫星定位装置。未经公安机关批准，运输车辆不得进入危险化学品运输车辆限制通行的区域。 2)槽车和运输卡车要有导静电拖线；槽车上要备有 2 只以上干粉或二氧化碳灭火器和防爆工具；要有遮阳措施，防止阳光直射。 3)车辆运输钢瓶时，瓶口一律朝向车辆行驶方向的右方，堆放高度不得超过车辆的防护栏板，并用三角木垫卡牢，防止滚动。不准同车混装有抵触性质的物品和让无关人员搭车。运输途中远离火种，不准在有明火地点或人多地段停车，停车时要有人看管。发生泄漏或火灾要开到安全地方进行灭火或堵漏。
应急处置原则	【急救措施】 吸入：迅速脱离现场至空气新鲜处。保持呼吸道通畅。如呼吸困难，给氧。如呼吸停止，立即进行人工呼吸。就医。 食入：饮足量温水，催吐。就医。 皮肤接触：脱去污染的衣着，用肥皂水和清水彻底冲洗皮肤。 眼睛接触：提起眼睑，用流动清水或生理盐水冲洗。就医。 【灭火方法】 喷水冷却容器，尽可能将容器从火场移至空旷处。处在火场中的容器若已变色或从安全泄压装置中产生声音，必须马上撤离。 灭火剂：泡沫、干粉、二氧化碳、砂土。用水灭火无效。 【泄漏应急处置】 消除所有点火源。根据液体流动和蒸气扩散的影响区域划定警戒区，无关人员从侧风、上风向撤离至安全区。建议应急处理人员戴正压自给式空气呼吸器，穿防毒、防静电服。作业时使用的所有设备应接地。禁止接触或跨越泄漏物。尽可能切断泄漏源。防止泄漏物进入水体、下水道、地下室或密闭性空间。小量泄漏：用砂土或其他不燃材料吸收。使用洁净的无火花工具收集吸收材料。大量泄漏：构筑围堤或挖坑收容。用石灰粉吸收大量液体。用泡沫覆盖，减少蒸发。喷水雾能减少蒸发，但不能降低泄漏物在受限制空间内的易燃性。用防爆泵转移至槽车或专用收集器内。 作为一项紧急预防措施，泄漏隔离距离至少为 50m。如果为大量泄漏，下风向的初始疏散距离应至少为 300m。

由于生产规模大、危险物质的种类多，重整单元工艺复杂，集中了反应器、加热炉、氢气压缩机等重要设备，所以生产装置区域是重大危险源，应加强安全防范措施，确保安全生产。

2.4.9.2 催化重整过程安全生产措施

重整反应器、加热炉、氢气压缩机等重要设备是整个装置的核心部位，重整反应的深度直接影响最终产品的质量。而催化剂是重整过程中最主要的因素，重整单元操作中的关键是保护催化剂，无论是开停工或正常运行及事故状态下都应以此为前提。主要应防止催化剂中毒，防止催化剂迅速积炭，防止催化剂金属烧结和载体破碎，密切注意环境控制和原料性质变化，及时采取措施。

1. 重点设备安全措施

1）反应器。临氢、重整、加氢精制等反应都在反应器中进行。其操作温度、压力都比较高，而且充满易燃、易爆的烃类物质、氢气等。因此，操作时应经常注意反应器温度、压力的变化，定期对温度自保系统，自动报警装置进行校验。

2）高压分离器。反应流出物在此进行汽、油、水三相分离，同时又是反应系统压力控制点。当液面过高，会造成循环氢气带液损坏压缩机，液面过低，容易出现高压窜低压事故。因此应经常检查、定期校验高压分离器安全附件，如安全线、液位计、压力表、调节线等。

3）氢气压缩机。规模较小的半再生装置氢压机多采用往复式氢压机，规模较大的连续再生重整循环氢一般采用离心式压缩机，增压氢采用往复式压缩机。氢压机是重整的“心脏”，是装置的重要设备，如操作不当要引发停车，会造成催化剂严重积炭，为此必须加强检查，精心维护和操作，关键注意事项如下：

① 往复式压缩机在正常操作中压缩比不能超过额定值。

② 重整高分压力变化会造成氢压机入口压力波动，因此要确保重整高分罐压控阀灵敏可靠。

③ 在重整开停工或催化剂烧焦时，向重整系统补氢气时要缓慢补气，尽量做到连续补气，保持氢压机入口压力平稳。

④ 严格执行操作规程，开车前一定要检查压缩机入口分液罐液面，及时导油保持较低液位，以防氢气带油窜进汽缸，发生危险。

2. 催化重整过程中的职业危害与防护

催化重整装置主要职业病危害因素包括：硫化氢、溶剂汽油、液化石油气、烷烃类化合物、苯类化合物、1，2-二氯乙烷、噪声、高温等。

为了实现装置的HSE要求，装置采取密闭措施，使物料处于密闭的管道设备中；在可能泄漏、聚集硫化氢等有害气体的地方，设置硫化氢气体浓度监测报警器、固定式可燃气体报警器和氢气报警器，并集中在控制室指示、报警；同时可配备移动式可燃气体报警器，硫化氢报警器、氢气报警器和空气呼吸器、防毒面罩(其中防硫化氢滤毒罐、防氯化氢滤毒罐等)；压缩机采用隔声减振措施并设消声器；机泵、空冷器选用了低噪声电机；在加热炉燃烧器的入风口采取隔声措施，重整加热炉还设有密闭风道，既回收了烟气余热，又降低了噪声。

3. 职业病防治安全管理

催化重整装置车间所采取的职业卫生防护措施符合《中华人民共和国职业病防治法》及配套法律法规，《工业企业建设项目卫生预评价规范》《工业企业设计卫生标准》《工作场所有害因素职业接触限值》等规范、标准的要求，加强宣传教育和贯穿落实。

装置在设计、施工中须遵循国家关于建设项目职业病防护设施与主体工程同时设计、同时施工、同时投入生产和使用的原则，对于职业病危害因素监测、个体防护、职工健康监护、职业病防治方面，须建立企业职业卫生档案，将生产环境中存在的职业病危害因素、有害作业岗位、接害工人数作了记录。对接害职工进行了上岗前的职业健康检查以及职业病危害作业场所中硫化氢、苯类物质、液化石油气、噪声等职业病危害严格操作规程，督促其遵守职业病防治法律法规，预防职业病的发生。

1）在装置区存在有害物质的工作场所，须设置“戴防毒面具”“穿防护服”“当心中毒”“戴护耳器”等警示标识，并设立有毒物品作业岗位职业病危害告知卡（涉及硫化氢、二硫化碳等高危物品）。

2）编制并演练安全生产综合应急救援预案，设立气防站，主要担负有毒有害气体泄漏场所的防毒救护工作。

3）建立一套严格的职业病危害事故预案和应急救援队伍，补充完善职业病危害事故应急救援预案，内容要涉及该装置运行中存在的各种职业危害因素，定期对生产设备和防护设施进行维修与管理，确保卫生防护设施正常运行。

4）对产生职业病危害的作业岗位，补充完善警示标识的设置并注有警示说明，选择装置区醒目位置设置公告栏，公布有关职业病防治的规章制度、操作规程、职业病危害事故应急救援措施和职业病危害因素监测结果。

5）做好劳动者上岗前、在岗期间和离岗时的职业性健康检查。在上岗前的检查中如发现有不宜从事某一职业危害因素作业的职业禁忌症者，不得安排其从事所禁忌的作业；对在职业健康检查中发现有与所从事的职业相关的健康损害的劳动者，应将其调离原工作岗位，并妥善安置。

6）需要长时间进入高噪声区域作业的人员（如检修作业），应佩戴防噪声耳塞。

7）工作区域应按规定配备呼吸防护器（防尘防毒用的口罩、面罩、呼吸器）、防护服（防酸、碱、高温）、手套、鞋等，根据危害接触情况选用。紧急事态抢救或撤离时，建议配戴空气呼吸器，空气中硫化氢浓度超标时，配戴自吸式过滤式防毒面具（半面罩）。

8）加强对取样人员的个人防护，为取样人员配置专用防毒口罩以及防护手套。严格操作规程，做到规范正确使用密闭采样器，消除不科学的操作方式所带来的职业隐患。

9）生产中，重整催化剂正常补氯、补水使用二氯乙烷和工业乙醇，工人操作中要处在上风向并穿好个体防护用品。

10）加强检查维修的个体防护，规范操作、减少装置跑冒滴漏，重视进入有限空间的监测、监督、监护制度的贯彻落实。

11）开工时，装置系统使用二硫化碳、四氯化碳等有毒物质，在操作过程中要注重做好个体防护并进行现场有害因素监测；催化剂等在装填过程中，可能产生局部粉尘危害，要做好个体防护；其他辅助生产材料缓蚀剂、脱硫剂等，工人在使用过程中，应加强个人劳动防护，戴好劳动保护用品。

12）在清理污水地沟作业时，注重做好防硫化氢的危害，个体防护要符合要求。

2.5 催化加氢

催化加氢是指石油馏分在氢气存在下催化加氢过程的通称，目前炼油厂采用的加氢过程主要有两大类：加氢精制和加氢裂化。加氢精制主要用于油品精制，其目的是除掉油品中的硫、氮、氧杂原子及金属杂质，有时还对部分芳烃进行加氢，改善油品的使用性能。加氢精制的原料有重整原料、汽油、煤油、各种中间馏分油、重油及渣油。本节主要介绍加氢裂化。

加氢裂化是在较高压力下烃分子与氢气在催化剂表面进行裂解和加氢反应生成较小分子的转化过程。重油轻质化基本原理是改变油品的相对分子质量和氢碳比，而改变相对分子质量和氢碳比往往是同时进行的。改变油品的氢碳比有两条途径，一是脱碳，二是加氢。脱碳过程有焦化、催化裂化等，其缺点是产生一部分气体烃和氢碳比较小的缩合产物——焦炭和渣油，从而使脱碳过程的轻质油收率不会太高。加氢裂化属于加氢路线，是在催化剂存在下从外界补入氢气以提高油品的氢碳比。加氢裂化实质上是加氢和催化裂化过程的有机结合，一方面能使重质油品通过裂化反应转化为汽油、煤油和柴油等轻质油品，另一方面又可防止像催化裂化那样生成大量焦炭，而且还可将原料中的硫、氯、氧化合物杂质通过加氢除去，使烯烃饱和。

2.5.1 原料与产品

1. 原料

馏分油加氢裂化的原料主要有减压蜡油、焦化蜡油、裂化循环油及脱沥青油等。我国加氢裂化的原料以减压蜡油为主，有的掺入部分焦化蜡油。其目的产物是生产高质量的轻质油品如重整原料油、航煤和优质柴油等。渣油加氢裂化与馏分油加氢裂化有本质的区别，由于渣油中含有大量的硫化物、氮化物、胶质、沥青质大分子及金属化合物，使催化剂的作用大大降低，因此主要是发生热解反应。渣油加氢裂化的产品尚需进行加氢精制。

2. 产品

（1）气体产品

加氢裂化的气体产率很低，通常 $C_1 \sim C_4$ 只有4%~6%，C_1、C_2 更少，仅1%~2%。而催化裂化 $C_1 \sim C_4$ 通常达15%以上，其中 C_1、C_2 达3%~5%，延迟焦化的产气量较催化裂化略低一些，$C_1 \sim C_4$ 约6%~10%。

原料烃在催化加氢裂解过程中碳链的断裂依正碳离子反应机理进行，所生成的低分子气体烃大部分为 C_3H_8 和 C_4H_{10}，并且异构烷烃较多，而生成的 CH_4 和 C_2H_6 很少，异构烃含量一般高于正构烃的一倍以上。

（2）液体产品

加氢裂化的液体产率高，C_5 以上液体产率可达94%~95%以上，体积产率则超过110%而催化裂化液体产率只有75%~80%，延迟焦化只有65%~70%。

石脑油可以直接作为汽油组分或溶剂油等石油产品，也可作为中间产品经加工而生产石油化工原料或运输燃料，例如通过催化重整生产轻芳烃、高辛烷值汽油或通过蒸汽裂解装置生产乙烯等轻烯烃。由于加氢裂化具有深度加氢、异构能力强等功能，因此获得的石脑油有以下共同特点：一是异构烃含量多，通常为正构烃的2~3倍甚至更多；二是芳烃含量少，一般小于10%，基本没有不饱和烃；三是非烃含量较低。

中间馏分油主要指喷气燃料、轻柴油、取暖用油及灯用煤油等石油产品。加氢裂化喷气燃料烯烃含量低，芳烃含量少，结晶点(冰点)低，烟点高，是优质的喷气燃料。

加氢裂化柴油硫含量很低，小于0.01%，芳烃含量也较低，十六烷值>60，着火性能好，安定性高，能符合低硫柴油的要求。适合用来调和生产低硫车用柴油。

加氢裂化尾油与其他重油轻质化工艺不同的是，加氢裂化过程重尾油同样获得了很好的加氢改质，硫、氮等杂质极少，环状烃含量或环数减少，链烷烃含量增加。如果将这部分优质尾油加以利用，则不仅会使加氢裂化的加工费用降低(氢耗、能耗下降)，并可增加处理新鲜原料的能力，有较好的经济效益。如尾油因环状烃的减少，*BMCI* 值降低，适合作为裂解制乙烯的原料。

2.5.2　反应原理

1. 化学反应

加氢裂化过程采用双功能催化剂，因此烃类的加氢裂化反应是催化裂化与加氢反应的组合。所有在催化裂化过程中最初发生的反应在加氢裂化过程中也基本发生，不同的是某些二次反应由于氢气及具有加氢功能催化剂的存在而被大大抑制甚至停止了。

(1) 烷烃

1) 裂化反应，例如：

$$C_{16}H_{34} \rightarrow C_8H_{16} + C_8H_{18}$$
$$C_8H_{16} \xrightarrow{H_2} C_8H_{18}$$

2) 异构化反应：

异构化反应包括：加氢裂化原料分子的异构化及裂化产物分子的异构化两部分；反应中生成的烯烃先异构化，随即被加氢成异构烷烃。

3) 环化反应：

烷烃分子可在加氢活性中心上经脱氢而发生少量的环化作用。

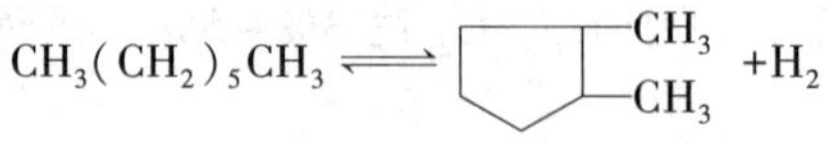

(2) 环烷烃

在加氢裂化过程中，环烷烃的主要反应是烷基侧链断裂，开环异构化及不明显的脱氢反应。环烷烃加氢裂化时反应方向因催化剂的加氢和酸性强弱的不同而有区别：

长侧链单环六元环烷烃在高酸性催化剂上进行加氢裂化时，主要发生断侧链反应；

短侧链单环六元环烷烃在高酸性催化剂上加氢裂化时，直接断环或断侧链的反应很少，主要是异构成五元环烷烃，再断侧链。

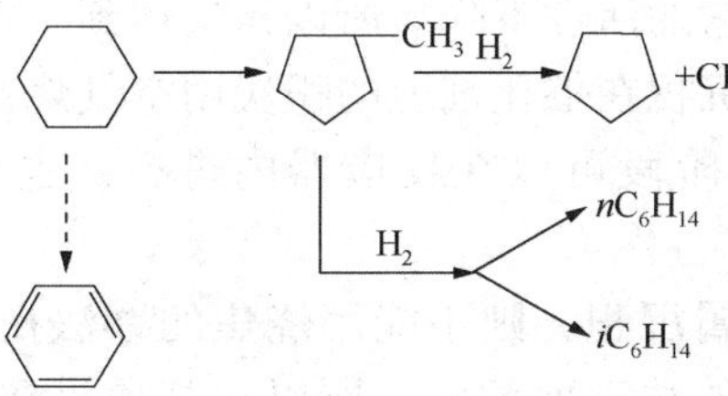

双环环烷烃是依次开环，首先有一个环断开，并进行异构化，生成环戊烷衍生物，当反应继续进行时，第二个环也发生断裂。

（3）芳香烃

苯加氢生成六元环烷烃，再异构化，五元环烷烃断环和侧链断开。

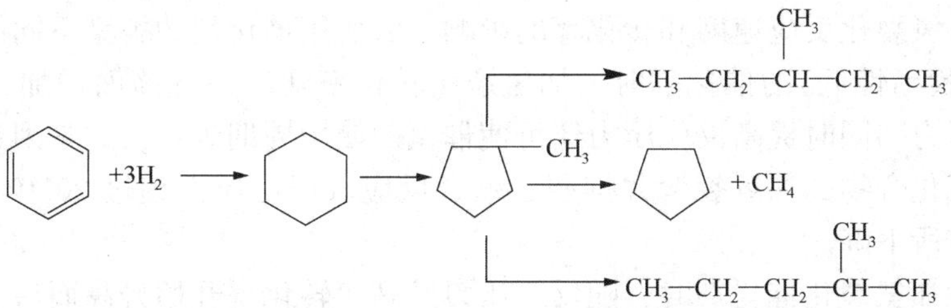

多环芳烃分步进行反应，先加氢成环烷芳烃，再开环成为单烷基芳烃，再按单芳烃加氢裂化过程进行反应。

多环芳烃的加氢裂化反应的最终产物可能主要是苯类及较小分子烷烃的混合物，而不像在催化裂化条件下主要是缩合生焦。这是两类裂化反应的本质区别，也是加氢裂化可以维持长周期运转，而催化裂化必须连续烧焦的主要原因。

2. 催化剂

加氢裂化催化剂由金属加氢组分和酸性载体组成的双功能催化剂。催化剂具有加氢活性以及裂解活性和异构活性。催化剂加氢组分主要是ⅥB族和Ⅷ元素(Mo、W、Ni、Co、Pd、Pt等)的氧化物或硫化物。研究表明，ⅥB族和Ⅷ金属组分之间相互组合比单独组分的加氢活性好，各种组合的加氢活性排列顺序为：

$$Ni-W>Ni-Mo>Co-Mo>Co-W$$

工业常用催化剂用前两种较多。对加氢脱氮、加氢脱金属、加氢异构化反应，上述次序不变，而在加氢脱硫时Co-Mo活性最高。

常用的载体有无定型硅酸铝、硅酸镁以及各种分子筛，近年来主要用各种分子筛。

一般认为，金属组分是加氢活性的主要来源，酸性载体保持催化剂具有裂化和异构化活性，也可以认为催化剂金属组分的主要功能是使容易结焦的物质迅速加氢而使酸性活性中心保持稳定。所以只有在加氢活性和酸性活性组合的最佳配比，才能得到优质的加氢裂化催化剂。

当催化剂加入反应器后，活性组分是以氧化物形态存在的。根据生产经验和理论研究，加氢催化剂的活性组分只有呈硫化物的形态，才有较高的活性。因此加氢催化剂使用之前必须进行预硫化。

预硫化就使其活性组分在一定温度下与H_2S作用，由氧化物转变为硫化物。

在加氢工业装置中，不管处理哪种原料，由于原料要部分地发生裂解和缩合反应，催化剂表面便逐渐被积炭覆盖，使它的活性下降。所以积炭达到一定程度时需要对催化剂进行再生操作。催化剂的再生就是把沉积在催化剂上的积炭用空气烧掉，再生后的催化剂活性基本可以恢复到原来的水平。再生阶段可以在反应器内进行，也可以采用在反应器外进行的办法。

如果催化剂失活是由于金属沉积，则不能用烧焦的办法把金属除掉并使催化剂完全恢复，操作周期将随金属沉积物的移动而缩短，所以在其前沿还没有达到催化剂床层底部之前，就需要更换催化剂。

2.5.3 催化加氢安全控制

1. *反应压力*

反应压力对氢裂化反应速度和转化率的影响，因所用催化剂的类型不同而有所不同。在使用加氢型(酸性活性低)的催化剂时，加氢裂化转化率随压力升高而增加，这种规律一直持续到很高的压力。同时提高反应压力还可使催化剂使用周期延长，这是因为反应压力的提高，促进了含氮化合物的加氢裂解并抑制了缩合反应。但是压力超过 20MPa 时，提高压力可使反应速度有所下降。

在使用酸性加氢裂化催化剂时，随反应压力升高，转化率开始升高而后又下降。

另外压力的选择还与原料有较大的关系。加氢裂化原料一般是较重的馏分油，其中含有较多的多环芳烃。因此在给定催化剂和反应温度下，选用的反应压力应当能保证环数最多的稠环芳烃有足够的平衡转化率。芳烃环数越多，其加氢平衡转化率越低。加氢裂化所用原料越重，需采用的反应压力越高。工业上加氢裂化采用的反应压力，根据原料组成不同，大体如下：直馏瓦斯油约 7MPa，减压馏分油和催化裂化循环油约 10~15MPa，而渣油则要用 20MPa。

在工业装置中，加氢裂化压力不仅是一个操作条件，同时还会大大影响装置的设备和能量消耗。所以压力的选择要综合考虑。

2. *反应温度*

提高反应温度会使加氢裂化反应速度加快，也就意味着转化率的提高。随着转化率的增加，二次裂解反应加剧，增加了气体和轻组分的产率，从而降低了中间馏分油的收率，总液收率也有所降低，这种过度的追求高的单程转化率是不经济的。当转化率高于 60%时，不仅目的产品的收率减少，同时过程化学氢耗也将增加，所以工业生产中控制单程转化率为 60%~70%，然后将未转化尾油进行循环裂化，以提高过程的转化率。也就是说，不必为了高转化率而选择过高的反应温度。

如果原料中氮化物存在会使催化剂的酸性活性降低，为了保持所需的反应深度，必须提高反应温度。在加氢裂化过程中由于有表面积炭生成，催化剂的活性要逐渐下降。为了保持反应速度，随失活程度的发展，需将反应温度逐步提高。

所以工业上根据催化剂的性能、原料性质和产品要求等条件来选择适宜的反应温度。一般加氢裂化所选用的温度范围较宽(260~400℃)。

3. *空速*

空速反映了装置的处理能力。工业上希望采用较高的空速，但是空速受到反应速度的制约。根据催化剂的活性、原料油性质和反应深度不同，空速在一较大范围内波动，为 0.5~

$10h^{-1}$之间。重质油料和二次加工中得到的油料在加氢处理时要采用较低的空速。在加氢裂化条件下，烃类的加氢裂化是一平行连串反应。提高空速时总转化率虽然降低不多，但反应产物中轻组分含量下降较多。因此在实际生产中改变空速也和改变反应温度一样，是调节产品分布的一种手段。

4. 氢油比

在加氢系统中需要维持较高的氢分压，因为高氢分压对加氢反应在热力学上有利，同时也能抑制生成积炭的缩合反应。维持较高的氢分压是通过大量氢循环来实现的，因此加氢过程所用的氢油比大大超过化学反应所需的数值。提高氢油比可以提高氢分压，这在许多方面对反应是有利的，但却增大了动力消耗，使操作费用增大，因此要根据具体条件选择最适宜的氢油比。此外，加氢过程是放热反应，大量的循环氢可以提高反应系统的热容量，从而减小反应温度变化的幅度。在加氢裂化过程中，热效应较大，氢耗量较大，气体生成量也较大，所以为了保证足够的氢分压，需要采用较高的氢油体积比，如一般用(1000~2000)：1。

加氢裂化操作条件因原料、催化剂性能、产品方案及收率不同可能有很大差别。大多数加氢裂化装置设计操作压力在10.5~19.5MPa之间，原料越重，压力越高；一般减压馏分油加氢裂化反应温度在370~440℃之间；空速为0.5~2.0h^{-1}；氢/油=(1000~2000)：1。

2.5.4 加氢裂化工艺安全与控制

1. 加氢裂化工艺装置的类别

1）按操作压力分类可分为：高压加氢裂化和中压加氢裂化，高压加氢裂化分离器的操作压力一般为16MPa左右，中压加氢裂化分离器的操作压力一般为9MPa左右。通过几代人的不懈努力，加氢裂化的操作压力已有明显的降低，在中压操作条件下，所能加工的原料油干点、种类、体积空速、转化深度或催化剂的运转周期的某一方面(但不是同时在所有方面)，已经接近高压加氢裂化水平，但在产品质量(尤其是喷气燃料的烟点，柴油的十六烷值、芳烃含量等)方面，与高压加氢裂化相比，仍存在较大的差距，还无法完全取代高压加氢裂化技术在炼油工业中的地位和作用。目前采用高压较多。

2）按工艺流程分类可分为：一段加氢裂化流程、二段加氢裂化流程、串联加氢裂化流程。

一段加氢裂化流程是指只有一个加氢反应器，原料的加氢精制和加氢裂化在一个反应器内进行。该流程的特点是：工艺流程简单，但对原料的适应性及产品的分布有一定限制。

二段加氢裂化流程是指有两个加氢反应器，第一个加氢反应器装加氢精制催化剂，第二个加氢反应器装加氢裂化催化剂，两段加氢形成两个独立的加氢体系，该流程的特点是：对原料的适应性强，操作灵活性较大，产品分布可调节性较大，但是，该工艺的流程复杂，投资及操作费用较高。

串联加氢裂化流程也是分为加氢精制和加氢裂化两个反应器，但两个反应器串联连接，为一套加氢系统。串联加氢裂化流程既具有二段加氢裂化流程比较灵活的特点，又具有一段加氢裂化流程比较简单的特点，该流程具有明显优势。

2. 加氢裂化工艺流程

(1) 一段加氢裂化工艺流程

如图2-23所示，原料油经泵升压到16MPa与新氢及循环氢混合后，再与420℃左右的加氢生成油换热到约 320~360℃进入加热炉。反应器进料温度为 370~450℃，原料在反应温度 380~440℃、空速 1.0h^{-1}、氢油比约为 2500：1 的条件下进行反应。为控制反应温度，向反应器分层注入冷氢。反应产物经与原料换热后温度降至 200℃，再经冷却，温度降到 30~40℃之后进入高压分离器。

反应产物进入空冷器之前注入软化水以溶解其中的 NH_3、H_2S 等，以防止水合物析出而堵塞管道。自高压分离器顶部分出循环气，经循环氢压缩机升压后，返回反应系统循环使用。自高压分离器底部分出生成油，经减压系统减压至 0.5MPa，进入低压分离器，在低压分离器中将水脱除，并释放出部分溶解气体，作为富气送出装置，可以作燃料气用。生成油经加热送入稳定塔，在 1.0~1.2MPa 下蒸出液化气，塔底液体经加热炉加热至 320℃后送入分馏塔，最后得到轻汽油、航空煤油、低凝柴油和塔底油（尾油）。尾油可一部分或全部作循环油，与原料混合再去反应。

一段加氢裂化可以用三种方案操作：原料一次通过（尾油不循环）、尾油部分循环和尾油全部循环。以某加氢裂化装置航空煤油收率为例，采用原料一次通过为 32.9%（质）、尾油部分循环为 34.1%（质），而尾油全部循环为 43.5%（质）。柴油收率也是同样的规律，所以采用尾油循环可以增产航空煤油和柴油。

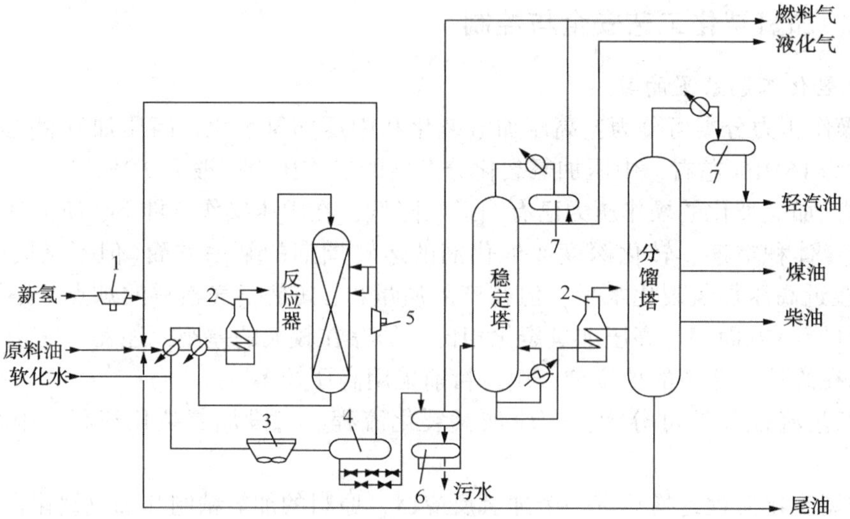

图 2-23　一段加氢裂化工艺流程

1—新氢压缩机；2—加热炉；3—风冷器；4—高压分离器；5—循环氢压缩机；6—油水分离器；7—塔顶分凝器

（2）两段加氢裂化工艺流程

如图 2-24 所示，原料油经高压油泵升压并与循环氢混合后，首先与生成油换热，再在加热炉中加热至反应温度，进入第一段加氢精制反应器，在加氢活性高的催化剂上进行脱硫、脱氮反应，原料中的微量金属也被脱除掉。反应生成物经换热、冷却后进入高压分离器，分出循环氢。生成油进入脱氨（硫）塔，用氢气吹掉溶解气、NH_3 和 H_2S，塔底油作为第二段加氢裂化反应器的进料。第二段进料与循环氢混合后，进入第二段加热炉，加热至反应温度，在装有高酸性催化剂的第二段加氢裂化反应器内进行裂化反应。反应生成物经换热、冷却、分离等，分出溶解气和循环氢后送至稳定分馏系统。

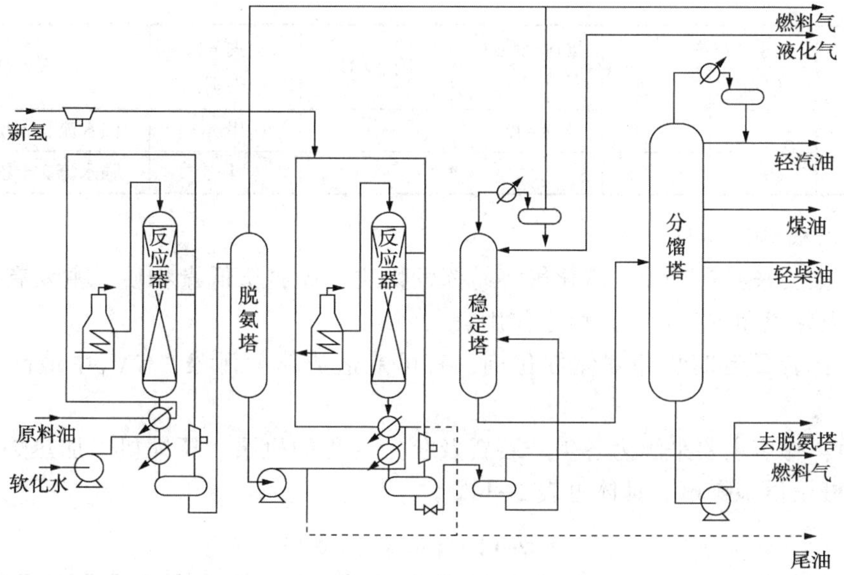

图 2-24　两段加氢裂化工艺流程

两段加氢裂化有两种操作方案：一是第一段精制、第二段加氢裂化；二是第一段除精制外，还进行部分裂化，第二段加氢裂化。第二种方案的特点是第一段生成油和第二段生成油一起进入稳定分馏系统，分出的尾油作第二段的进料，如图 2-24 中虚线所示。根据某装置的生产数据分析，采用第二种方案，汽油、煤油和柴油的收率都有所提高，而尾油明显降低，这主要是因为裂化深度较大的原因。

两段加氢工艺采用串联的两个反应器，在反应器中分别装入不同的催化剂：第一个反应器装入脱硫脱氮活性好的加氢催化剂，第二个反应器装入抗 NH_3 和 H_2S 的分子筛催化剂。除此之外，其他部分都与一段加氢裂化流程相同。

2.5.5　加氢裂化过程安全技术

1. 火灾爆炸的危险

加氢裂化装置火灾危险类别为甲类。在生产过程中从原料到产品基本上为可燃的物品，生产过程中所使用的氢气是火灾与爆炸的主要危险因素，本工程易燃易爆物料的火灾危险等级和爆炸特征见表 2-13。

表 2-13　加氢裂化装置主要物料的特性及火灾危险类别

物料名称	爆炸危险类别		爆炸极限/%(体)	闪点/℃	火灾危险类别	灭火剂种类
	组别	类别				
石脑油	T3	ⅡA	1.2~6.0	<-22	甲 B	泡沫、干粉、惰性气体、砂
汽油	T3	ⅡA	1.1~5.9	<-20	甲 B	泡沫、干粉、雾状水、石棉毯
氢气	T1	ⅡC	4.0~75	气体	甲	惰性气体、强水流
氨	T1	ⅡA	15.7~25.4	气体	乙	雾状水、二氧化碳
硫化氢	T3	ⅡB	4.3~45.5	气体	甲	雾状水、二氧化碳

续表

物料名称	爆炸危险类别		爆炸极限/%（体）	闪点/℃	火灾危险类别	灭火剂种类
	组别	类别				
液化气			3~13		甲 A	强水流、干粉、惰性气体
可燃气					甲	强水流、干粉、惰性气体

2. 毒性及腐蚀性物质危害

1）烃：主要来源是汽油、液化气等易挥发物质。烃属于低毒物质，主要有麻醉和刺激作用，对呼吸黏膜和皮肤有一定刺激作用。

2）粉尘：装置定期装卸固体催化剂，有可能造成粉尘污染，空气中最高允许浓度为 $10mg/m^3$。

3）噪声：噪声主要来源为各生产装置及公用工程的机泵、压缩机、加热炉及管线放空等设备、机械及设施噪声。具体见表 2-14。

表 2-14　噪声特征一览表

序号	噪声源名称	数量		噪声类型	治理措施	治理后声压级/dB(A)
		操作	备用			
1	空冷器	11		空气动力噪声、机械噪声	低噪声风机、电机	≤85
2	机泵	25	18	机械噪声	低噪声电机	≤90

3. 主要安全生产措施

（1）密闭系统和安全的设备

装置反应、分离系统和输送系统均设计为密闭系统，使易燃易爆物料置于密闭的管道和设备中，设备和管线的连接处采用可靠的密封措施。对设备的设计、制造、加工应按有关压力容器的法规、标准要求，以确保制造质量。

（2）防介质腐蚀

设备和管线的材质严格根据接触的腐蚀性介质浓度、操作条件，按相应的规范要求选取。

（3）安全泄放

生产中易于超温、超压的设备和容器均设置安全阀及压力安全泄压系统，并与火炬系统连接。安全阀起跳的排空气接入放空管网，并设有分液罐，液体部分回收。

（4）自动控制和安全仪表系统

为防止装置在开、停工和生产操作过程中可能出现重大事故导致重大人身伤害和经济损失，保护操作人员和装置的安全，本装置根据工艺过程和设备，设置必要的安全仪表系统（SIS）。

用于爆炸气氛场所的仪表必须符合相应的防爆标准，并取得国家有关防爆检验机构的相应防爆等级的防爆许可证。

爆炸区域安装的电子仪表结构为本安型或隔爆型，防爆等级一般不低于 ia(ib) Ⅱ BT4（本安型）和 d Ⅱ BT4（隔爆型）。在有 H_2 的区域选择防爆等级不低于 ia(ib) Ⅱ CT4（本安型）和 d Ⅱ CT4（隔爆型）。

分析仪表、部分流量计、电磁阀、开关类仪表，可采用符合相应防爆等级的隔爆型仪表。现场仪表的防护等级不低于 IP65。随机组等成套设备带的现场仪表接线盒、接线箱的防护等级不低于 IP65。

(5) 可燃气体及有毒气体检测报警

联合装置内主体设备、管线、机泵均露天布置，使其具有良好的通风条件。为防止建筑物内集聚可燃气体，在厂房内设置通风设施。在有可能积聚可燃气体场所，按照《石油化工企业可燃气体和有毒气体检测报警设计规范》设置可燃气体及有毒气体报警器，信号直接进入 DCS 中心控制室报警，部分场所设置的事故排风机与有毒气体或可燃气体报警器联锁。

(6) 火源安全控制

1) 装置内加热炉为明火设备，将其布置在装置的边缘，且位于可燃气体、甲 B 类液体设备的全年最小频率风向的下风侧。

2) 电气防爆。本联合装置内运行的主要危险介质有可能与空气混合形成爆炸性混合气体，故泵区、塔区、换热区、罐区等处，按《爆炸和火灾危险环境电力装置设计规范》的有关规定，划分为爆炸危险 2 区环境，地下的沟、坑、池等均划分为爆炸性气体环境 1 区。在爆炸危险区内的电气设备和仪表严格按所在区内的防爆等级选取。

装置内动力及电动机采用电缆配电，敷设方式主要为阻燃交联铠装电缆，沿电缆桥架架空敷设。从桥架至各用电设备采用桥架引下装置敷设，局部少量电缆采用直埋敷设。

3) 防雷防静电。为防止产生静电火花，工艺设备正常不带电的金属外壳及建筑物均按《建筑物防雷设计规范》和《工业与民用电力装置的接地设计规范》进行本工程范围内的接地和防雷设计。本工程设工作接地，过电压(内部及雷电)保护接地、防雷接地、防静电接地的共用接地网系统，其接地电阻按小于 4Ω 设计，接地系统安全可靠。工艺管线进出装置处设防静电接地，塔、容器的壁厚大于 4mm 可作为接闪器，只做防雷接地。爆炸危险区内建筑物按第二类防雷建筑物设防。

接地装置以水平接地线为主，局部地方打少量接地极。接地网尽量与建筑物基础内钢筋相连，以降低接地电阻值。

4) 装置区应采用不发火操作工具。

(7) 火灾自动报警系统

火灾报警控制器设在各生产装置及辅助生产设施的现场机柜室、配电室或值班室内。装置、罐区及其他辅助生产设施的火灾报警信号按照防火分区或就近原则接入相应的火灾报警控制器。

火灾自动报警系统与电视监视系统、扩音对讲系统和门禁系统联网。当火灾报警控制器接收到火警信号后，联动控制现场附近摄像机自动转向报警区域，及时确认火警情况。当值班人员确认火警后，通过扩音对讲系统发出语音或声响提示。

(8) 电气安全

为了将突然停电引发事故的危险降至最低，本工程供电系统采用双电源供电方式，每路电源安可供全装置 100%负荷设计，电源能满足重要电动机等自启动装置用电要求。当一炉电源故障断电时，另一路电源自动投入，可以单独承担全部 1、2 级负荷的用电。

装置内设 UPS 电源，UPS 供电的设备包括 DCS 控制系统、SIS 系统，UPS 电源可以保证事故状态下装置 DCS 电源的安全用电。

（9）防毒及防腐蚀性伤害

本工程为防止有毒及腐蚀性物质在使用过程中对人体造成伤害，对这些物料的加工、储存、输送、采样及污水的排放均以密闭的方式进行，使之不与人直接接触。有毒物料的常压容器和储罐设有氮封保护，减少有毒物料进入工作环境。建筑物内按规范要求设置通风设施，防止有害气体在建筑物内集聚。在装置区内含硫化氢、瓦斯等介质集中场所的醒目位置，设置警示标志和中文警示说明。在装置区高处设风向标，便于在事故情况下选择逃生的方向。

（10）防高温灼伤及低温冻伤

装置区及罐区内的高、低温设备、管线及较高温度的蒸汽管线，均设置了保温措施，并在管线、阀门的连接处采取安全的密封措施，防止物料的泄漏。高温设备均露天布置，不会形成高温操作环境，在操作人员经常经过或有可能接触到的部位，按《石油化工企业职业安全卫生设计规范》的要求，凡表面温度超过60℃的设备和管道及阀门、法兰，距地面或工作台高度2.1m以内，距操作平台周围0.75m以内设防烫伤隔热措施，在低温设备和储罐附近设有安全警示标志，可使操作人员免受伤害。

（11）防粉尘伤害

在加氢裂化催化剂的装填和卸出过程中，为了防止粉尘对操作人员的伤害，要求操作人员配戴防护面具及防护工作服进行操作。

（12）防噪声伤害

装置使用低噪声的空冷器及低噪声的压缩机，在施工中高噪声设备要严格按照要求进行安装，减少因振动引起的噪声。蒸汽放空配有消音器，同时采用局部加设隔声罩、内操人员在联合控制室内操作，外操岗位人员配有防噪音耳罩供工人巡检使用。采取以上措施可以保证工作人员8h接触噪声符合《工业企业噪声控制设计规范》要求。

（13）采光与照明

装置区和罐区、循环水场、消防水加压泵站需要各种操作和巡检的区域均设生产照明、事故照明。室内照明以荧光灯照明为主，就地控制。室外地面照明以防爆荧光灯照明为主。框架及塔区平台上照明以防爆金属卤化物灯为主，室外照明灯具在照明箱集中控制。在爆炸危险区域内选用防爆型灯具，其余建筑物采用一般灯具。

（14）安全标志及安全色

在各危险区、点、处，按《安全标志》（GB 2894—2008）的要求设置安全标志。按《安全色》（GB 2893—2008）的要求，在需要迅速发现并引起注意以防止事故发生的场所、部位涂刷安全色。

（15）防机械伤害、高空坠楼

各种机械设备的设计、选型执行《生产设备安全卫生设计总则》，转动设备加设防护罩。生产过程中需进行操作、维护、巡检的部位，均设置操作平台、梯子和各种保护栏杆、安全盖板等，同一区域相邻设备尽可能设置联合平台，以便在几个地方同时上下，一旦发生事故，可安全撤离。具体设计执行《固定式工业防护栏杆安全技术条件》《固定式钢斜梯安全技术条件》和《固定式工业防护栏杆安全技术条件》。

（16）防震和抗震措施

本地区的地震设防烈度为7度，本工程建构、筑物的抗震设计严格按《石油化工企业建筑抗震设防等级分类标准》的规定进行抗震设计。塔、炉子、罐、换热器等重要设备的主体结构、支座、基础固定方式、接管方式等均按有关的抗震规范进行设计。工艺、热力和给排水管线等非埋地管线按要求进行设防。电器设备、精密仪表和通讯设施按有关规定进行。

(17) 操作人员安全保护、安全距离、疏散、急救通道

为保证紧急事故下的安全撤离，装置区均按规范要求设置消防通道，可兼作安全疏散、急救通道，和外围的道路相通。各建筑物的安全疏散门向外开启，安全疏散距离按《建筑设计防火规范》进行设计。设备的框架、平台连通地面的梯子个数按规范设计，安全疏散通道间的距离不大于50m。相邻的框架、平台用走桥连通，增加安全疏散通道，方便事故发生时安全撤离。

高温导致的危险性：

石油炼制和油品加工过程大部分是吸热的工艺过程，如常减压蒸馏、催化裂化、加氢精制、催化重整过程。也有放热的过程，如在油品加工过程中催化剂表面形成的焦和炭，在催化剂再生过程中需要用空气、水蒸气等介质与积焦发生氧化燃烧反应，放出大量的热。

在吸热的工艺过程中由于使用了多台加热炉，并且将工艺物料温度升至500℃以上，这一温度超过了炼制所得油品的燃点，如果由于泄漏、误操作等原因导致可燃物与空气混合，如果处理不当，那么火灾事故就难以避免。

2.6 石油炼制过程的其他安全技术

2.6.1 化工生产过程中的控制安全保护

化工生产过程中存在的安全隐患很多，为了确保生产过程安全运行，本质安全化的控制方案尤其重要。通常化工生产的安保措施有两大类：一是硬保护，二是软保护。

1) 硬保护措施就是联锁保护控制系统。当生产过程工作状况超出一定控制范围时，联锁保护系统采取一系列相应的措施，如报警、由自动控制转接到手动控制、联锁动作等，使生产过程处于相对安全的状态。但这种硬保护措施经常会使运行中的设备停车或速度转缓，造成较大的经济损失。于是，人们在实践中探索出许多更为安全经济的软保护措施来减少停车造成的损失。

2) 所谓软保护措施，就是当生产工作状况超出一定控制范围时，不是消极地输入联锁保护甚至停车，而是自动地切换到一种新的控制系统中，这个新的控制系统取代了原来的控制系统对生产过程进行控制，当工作状况恢复正常时，又自动地切换到原来的控制系统中。由于要对工作状况是否正常进行判断，要在两个控制系统当中选择。因此，称为选择性控制系统，有时也称为取代控制或超驰控制。以下就油品炼制的各个环节作如下安全分析。

2.6.2 工业加热炉的劣化失效、安全隐患及安全指导

石油炼制过程中加热炉的使用很广泛，加热炉的安全操作在石油炼制和油品加工过程中是至关重要的。

管式工业炉在运行和停工时，都会受到各种因素的作用使其劣化和失效，现将其劣化和失效的主要形式和原因分述于后。

2.6.2.1 管式工业炉运行工况的影响

管式工业炉劣化的类型主要取决于它的运行工艺。不同用途的管式工业炉通常表现出不同的劣化特征。炉子的用途决定了炉子及原料的基本工况。正是这些因素决定了炉子的劣化类型。其中，尤以辐射管的损坏最为直接、最为常见。表 2-15 为石油化工厂主要管式工业炉常见的辐射管损坏形式。

表 2-15 石油化工主要管式工业炉辐射管损坏形式

装置及管式工业炉名称	辐射炉管材质	管内流体			主要损坏形式
		温度/℃	压力/MPa	主要成分	
常压蒸馏原油加热炉催化	碳钢 5Cr-0.5Mo	300~365		原料油(含 S)	石墨化 硫腐蚀等
减压蒸馏加热炉	碳钢 5Cr-0.5Mo	约 420 360~388	0.7~313mmHg (1mmHg=133.3224Pa)	原料油(含 S)	石墨化 硫腐蚀等
延迟焦化加热炉	5Cr-0.5Mo	380~500	0.4~4.0	原料油	氧化、渗碳 蠕变损伤
热裂化加热炉	5Cr-0.5Mo	385~505	2.1~4.8	原料油	氧化、渗碳 蠕变损伤
重整进料加热炉	5Cr-0.5Mo	500~550	1~5	原料油 $H_2\approx65\%$	蠕变损伤、异种钢接头的热疲劳损伤
加氢精制反应器进料加热炉 石脑油	1.25Cr-0.5Mo 5Cr-0.5Mo	260~350	0.7~7.0	原料油 $H_2\approx50\%$ H_2S	H_2S 腐蚀、 蠕变损伤、 σ 相、脆化、 应力腐蚀
加氢精制反应器进料加热炉 煤油	5Cr-0.5Mo 9Cr-1Mo	300~400	0.7~7.0		
加氢精制反应器进料加热炉 柴油	9Cr-1Mo 18Cr-8Ni-Ti	400~430	2~8		
加氢裂化反应器进料加热炉	18Cr-8Ni-Ti	300~450	7~20	原料油 $H_2\approx50\%$	
加氢裂化循氢加热炉	18Cr-8Ni-Ti 800H	455~487	17.3	循环氢 H_2S	
蒸汽转化炉	HK-40 HP-40	500~820	1.8~3.5	原料油气	蠕变、热疲劳损伤、应力腐蚀
乙烯裂解炉	HK-40 HP-40	600~850	0.1~0.4	柴油、石脑油、轻烃	渗碳、蠕变、热疲劳损伤、应力腐蚀

2.6.2.2 原料组分变化的影响

原料中的硫、氯、有机酸及固体物质的多少是决定损坏类型的又一主要因素。硫、氯、有机酸的含量很大程度上决定了炉管及弯头等管件内壁腐蚀的类型及其速率。

1. 硫的影响

为使炉管有尽可能长的使用寿命及运行周期，尽可能少的检修工作量，炉管的选材十分重要。原料中硫含量的多少是选材中首先要考虑的因素。在有氢存在的条件下，硫会以硫化氢化合物的形式明显地加速腐蚀速率。硫化氢在 270~550℃范围内，与炉管内壁金属反应形成比较均匀的硫化铁锈层。锈层不断剥落，其速率与时间成正比。高温硫化氢的腐蚀很难避免。但是，采取正确的选材及腐蚀余量，就能使炉管达到预计的使用寿命。

加热含氢气及硫化氢气体的加热炉，如加热炉用于加氢脱硫、加氢重整，加氢裂化时，炉管选材常常是奥氏体不锈钢。炉子的用途通常是加热要进行反应的原料或是反应过程中的循环气体。

1）这类炉子的介质中通常都存在硫化物，一旦硫化物（FeS）与水及氧接触，就会发生化学反应，形成连多硫酸（$H_2S_xO_6$，$x=3$，4，5）。对奥氏体不锈钢而言，尤其是其中的18-8型奥氏体不锈钢，在存在连多硫酸的环境下，对产生应力腐蚀开裂极为敏感。类似的情况是，凡是奥氏体不锈钢的炉管，如果介质内存在一定浓度的氯离子，那么在应力较集中的部位，应力腐蚀开裂的敏感同样存在。

为防止上述情况的发生，在装置停工期间，必须对这类炉管进行认真的置换清洗，或采用有效的充氮保护及其他隔离保护措施。

2）带隔热内衬材料的输气管、集气管的铁素体钢承压外壳（外层）在隔热材料受损或失效时，会受到各种损伤。带隔热内衬材料的输气管、集气管，由于有隔热材料阻挡，尽管内部介质的温度达800℃左右，但是外壳（外层）主要承受介质的压力作用，工作温度一般都在250℃以下。所以，选材一般为碳钢、碳钼钢或低铬钼钢。由于这类材料承受高温高压氢的能力有限，所以内衬的隔热耐火材料必须密实，以保证其良好的隔热作用。同时，耐火材料中的铁和硅的含量必须很低。以防止因这些元素与氢及一氧化碳发生反应而降低其基本的耐火性能。使用中一旦隔热耐火材料因某种原因损坏，引起铁素体钢承压外壳的超温，将会产生两方面的损害：一方面外壳温度超过了其对应的纳尔逊曲线（材料发生氢侵蚀）的温度极限，将使材料发生氢侵蚀。超温越严重，持续时间越长，氢的侵蚀越严重。宏观上反映在材料的机械性能下降，尤其是脆性明显增加，使炉子存在突然脆性失效的隐患；另一方面，如果温度超至承压所产生的应力所对应的材料的极限温度，承压外壳将鼓胀，甚至鼓破，造成严重的设备损坏及事故。

在炉子停炉过程中，如果降压速度太快，尤其是在紧急事故时，如果做紧急泄压处理，隔热耐火材料空间中的介质气体来不及渗出，使金属内衬及隔热耐火材料本身受到很大的压差，会造成金属内衬变形，隔热耐火材料破碎。

装置停工阶段，如果辐射管束内不能有效地防止湿气，碳钢外壳（外层）将会因此受到碳酸的腐蚀，也使炉子重新开工升温时带来许多困难。

2. 原油酸值的影响

原油的酸值对常减压装置加热炉辐射管的腐蚀作用影响很大。近些年来，我国重质原油产量不断增加，现已发现重质油田达20多个，分布在辽河、胜利、大港、新疆、河南、吉林等地区。我国重质原油的特点是酸值高，含硫高，含盐高。高的酸值对炉管，尤其是辐射管的出口处及弯头会产生严重的冲蚀。针对我国部分原油酸性高的情况，各炼油厂根据历年的经验及实践，制定了以下一些行之有效的措施：

1）更换材质。根据不同的原油特征，推荐采用的材料见表2-16。

表 2-16 加工高酸值原油炼油厂加热炉管推荐用材表

设备部位		推荐用材			
		胜利原油 含硫 0.8% 酸值 0.4~0.6 mgKOH/g	孤岛原油 含硫 1.18%~2.14% 酸值 1.32~2.92 mgKOH/g	鲁宁管输原油 含硫 0.7%~0.9% 酸值 1.2~2.0 mgKOH/g	辽河原油 含硫 0.36% 酸值 0.3~1.9 mgKOH/g
常压炉	对流管	碳钢或 Cr5-Mo	Cr5-Mo	Cr5-Mo	Cr5-Mo 1Cr18Ni9Ti
常压炉	辐射管	Cr5-Mo	Cr5-Mo	Cr5-Mo	316L
减压炉	对流管	Cr5-Mo	Cr5-Mo	Cr5-Mo	Cr5-Mo 1Cr18Ni9Ti
减压炉	辐射管	Cr5-Mo	Cr5-Mo	Cr5-Mo	316L

2）改变炉管及管件的结构。凡引起流体猛烈的搅动，流体方向突然改变或直接受流体垂直冲击的结构，都是高温高酸值原油容易引起剧烈腐蚀的部位。图 2-25 及图 2-26 分别表示为避免或减轻高温高酸值原油的冲蚀所采取的改进措施。

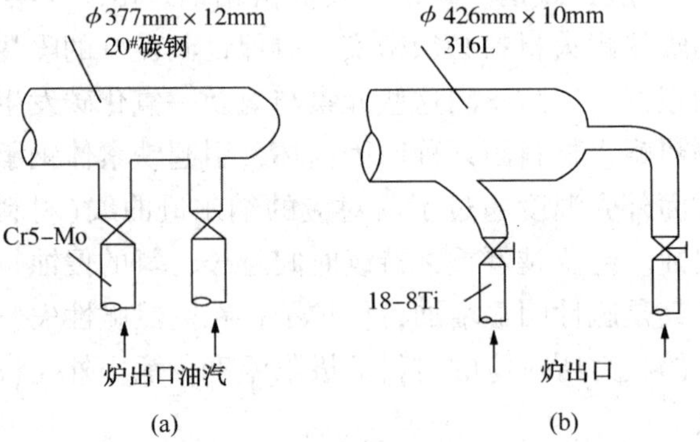

图 2-25 加热炉炉管的改进措施-1

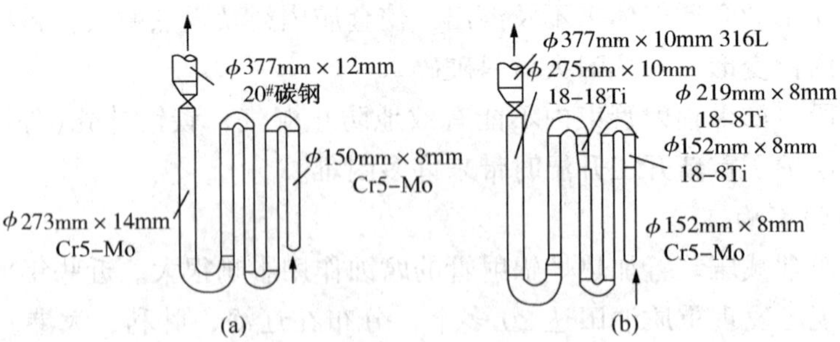

图 2-26 加热炉炉管的改进措施-2

3. 原料相对密度的影响

原料相对密度的增加对炉管产生的影响很大。当原料中的相对密度增大，即重组分增多，容易在炉管内壁产生积焦及有机盐的沉积。尽管这类沉积不会直接引起炉管的损坏，但是这种内壁沉积的出现会明显地恶化传热，使炉管材料因过热而损坏。因此，其次生的影响不容忽视。

4. 有害微量元素的影响

有害微量元素对内部装有触媒的炉管也有影响。转化炉、制氢炉辐射管内装有触媒，管内有强烈的吸热反应。当原料中含有使炉管内的触媒中毒而失去活性的有害元素时，也能因炉管吸热减弱或中止使炉管因此超温而受到损坏。

2.6.2.3　介质流速的影响

1. 流速高的影响

如果炉管内介质的流速超过了某一临界值，或是存在直接冲击时，就会对炉管及其弯头等管件产生严重的冲蚀或磨蚀。介质如果有腐蚀性，表现为冲蚀，内表面不平整。介质内含有固体颗粒，表现为磨蚀，内表面较光滑。通常，介质的流速的增加往往直接与炉子的处理量增加有关。加热炉的处理量增加过多，原料的流速加快，其结果是从炉管及管件内壁上冲蚀掉、磨蚀掉更多的金属。炼油厂在加工含较高的环烷酸的原油时，其加热炉受到的损伤就属于此类情况。

2. 流量小的影响

过小的流量也会对炉子的运行带来不利影响。过小的流量会使介质在炉管内分布不均，使流量小的某些炉管或管段过热。流量过小也可能使管内产生沉积、积垢。几乎所有的管式工业炉都有一个最小流量的极限值。其中，如前述的转化炉、制氢炉，其介质首先从一根总的入口集合管进入，然后依靠流速形成的压差分配成许多较小的流量进入各组及诸多的辐射管。这种结构的管式炉，对最低流量的要求大为敏感。

2.6.2.4　管束内介质压力的影响

1. 加速炉管蠕变

只要炉管管壁的温度低于其蠕变温度的范围，管束承受的预计的介质压力不会对炉管造成损伤。但是，当炉管的操作温度大于蠕变温度时，就会使炉管金属发生缓慢的拉伸。长时间地持续这种拉伸，就会引起材料的断裂。此时，如果管束内的压力过大，就会加速炉管的这种蠕变，甚至引起鼓胀、开裂。其结果是，在相对短的时间内使炉子失效。

2. 损坏集合管内衬

对于管式炉，其集合管内有耐火隔热层及金属内衬。当管内升压、泄压的速度过快时，隔热层内外、金属内衬的内外会因此产生过大的压差而损坏。

3. 加速炉管脆性破坏

对受时效影响较严重的炉管，在炉子升温阶段，在管壁温度没有达到规定的范围之前，过早地升压至操作压力，往往会造成炉管的脆性破坏。同样的道理，炉子在降温过程中，如果炉子的压力降得太慢，也会出现同类问题。

2.6.2.5　操作温度的影响

管式工业炉的加工工艺决定了炉子的操作温度，炉子的操作温度又基本决定了炉管及其管件的金属温度。该金属温度对炉管的损坏的类型及程度起了主要作用。对一台已确定了的炉子，如果其辐射管束组中的某一根或几根炉管，或某一根炉管的某个部位过热，其温度与预计的设计温度有很大的差别，最常见的原因是炉管堵塞或管内触媒失活，也有可能是燃烧器的燃烧状况不好。炉管的管壁温度过热会引起下述一些不良后果。

1. 炉管塌陷及下垂

炉管过热使管子及管束的结构刚度下降，导致常见的炉管塌陷；炉管的全部或某一根过热，还会引起辐射管的吊挂系统、支撑系统因炉管的过热引起超过设计预计的热膨胀量，使这些吊挂、支撑不能承受预计的炉管重量，甚至引起吊挂系统的断裂。

2. 炉管弯曲

炉管受热不均通常会引起炉管发生弯曲。燃烧器火焰偏斜，以及管内结焦等情况都能产生这种结果。炉管与静止部件(如管板、炉体)之间卡涩或是吊挂系统受载不合理，使炉管不能合理地膨胀与收缩时，都可能导致炉管弯曲。检修中，在更换某段管段时，如果其长度不正确，同样会造成膨胀收缩受阻使炉管弯曲。

3. 炉管外表面氧化并起层脱落

炉管的外表面被氧化并起层脱落，可以发生在某些炉管的局部部位，也可以包括整个炉内的全部管束。炉管外表层被氧化或起层脱落，通常是由于炉管的堵塞或过烧，使管壁温度高于炉管材质发生氧化反应的温度。有时，燃烧产物会沉积在炉管外表面，被误认为氧化皮。可采用磁性测量的办法将两者区分出来。炉管的氧化皮呈磁性，燃烧沉积物不呈磁性。

4. 鼓胀或蠕变引起开裂

材料的强度随温度的升高而下降；温度最高的炉管会因长期地同时承受高温及高应力作用而首先发生变形或蠕变。要防止炉管发生蠕变失效，应使炉管承受的应力与材料的对应的温度下的许用应力相一致。鼓胀主要是由于炉管的局部温度高出了当时所承受的应力所对应的温度。

5. 金相发生变化

炉管材料在高温下长期使用，材料组织是不稳定的，会产生老化，发生以下变化。

(1) 石墨化

碳钢及 0.5Mo 含量的钢种长期在高温下使用，钢中的渗碳体分解成铁与石墨使材料的强度降低，甚至产生裂纹。普通碳钢在 450℃以上，0.5Mo 钢在 485℃以上，即会发生石墨化。材料发生石墨化后可根据上述的蠕变损伤计算方法及取样做有损试验两方面对炉管进行剩余寿命的评定。

(2) σ 相脆化

含 Cr 在 16.5%以上的铁素体或奥氏体钢长期在 540~950℃时，会出现 σ 相。σ 相占 5%以下时，材料并不显示出大的脆性，危害不大。当大于 5%时，炉管在 450℃以下时显得很脆，易产生裂纹。

σ 相可以在奥氏体固熔化温度下消除。但受到 σ 相损伤后的材料，其强度难以恢复。因此，炉子的操作应避免在该材料最易形成 σ 相的温度下运行。

在诸多的奥氏体材料中，Incolloy800H 这类低碳的奥氏体钢不会产生 σ 相。这也是为什么在一些对变温、变载荷、大应变的部位往往采用 Incolloy800H 的主要原因。

(3) 回火脆化

加热炉常用的 Cr5-Mo 炉管，当其材质中的磷等有害元素总量大于 0.015%时，在炉内使用一个周期后，其材料会产生析出硬化的情况。这种变化实际上是材料的回火脆化，是由于材料在 300~600℃下经过相当长的一段时间后，在其晶粒与晶粒之间有元素析出，使其延伸率及缺口韧性下降所致，材料的脆性转变温度也会上升。

(4) 渗碳

炉管渗碳后，渗碳层的碳沿壁厚方向分布的示意图如图 2-27 所示。渗碳后材质变脆。

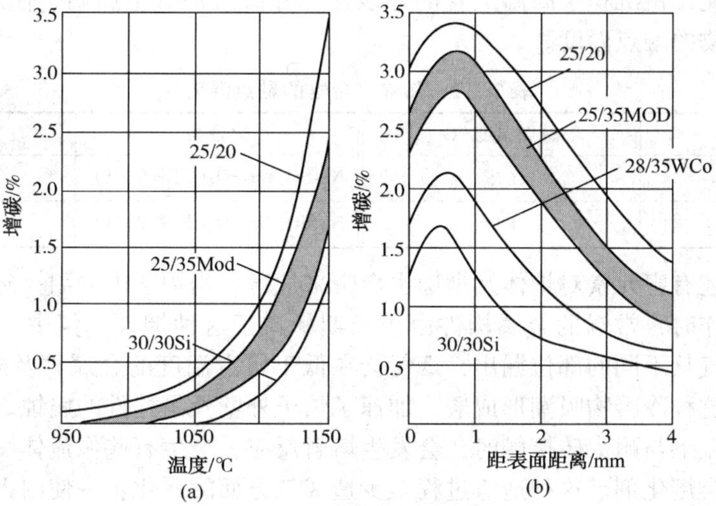

图 2-27 炉管渗碳图

6. 炉管吊挂及支承力发生变化

所有的金属在受热后都要膨胀，如果膨胀受阻就会产生很大的应力，并且很容易引起炉管及其管件的变形。如果辐射管束中的某一段、某一根的管壁温度因积焦、堵塞、火焰偏烧等原因，而超过了其设计的温度范围，相应增加的热膨胀量将引起管束的吊挂、支承件的受力发生变化，并涉及与之相联的邻近炉管也产生附加的应力。严重的话，会造成过热部分的炉管及其邻近的相联炉管的变形、支承及吊挂件的断裂。

7. 加速炉管的腐蚀

炉管内壁及外壁的腐蚀速率十分明显地受温度所影响。最典型的例子是炼油装置的常减压加热炉。在加工含酸较高的原油时，炉管沿长度及圆周方向的腐蚀速率是随其管壁温度不同而不同。温度高，腐蚀就会加剧。

8. 热疲劳

工作温度较高的炉管及管件，当其结构上存在壁厚较厚，有几何断面突变，有异种钢焊接时，在介质或烟气温度有较大的或较快的变化时，在上述部位会产生由局部热应力所引起的热疲劳损伤。这种疲劳作用属于大应力的低周疲劳。一般在炉子运行 5~6a 后会发生因此种热疲劳作用所引起的开裂。

9. 热冲击

工作温度越是高的炉子，在紧急开停炉时越容易对炉管及其管件产生热冲击。

2.6.2.6 燃烧产生的影响

管式工业炉因燃料燃烧所引起的腐蚀问题主要取决于燃料的特性。当燃料气或燃料油中的硫含量较高时，在辐射段炉管的外表面就会沉积一层硫酸盐。这层硫酸盐在炉子运行时并没有什么特别严重的害处。但是在炉子停工时，一旦这一层沉积物的温度下降时，就会显示出很强的吸水性能，从大气中吸收水分，形成硫酸，对与之接触的金属产生很强的腐蚀。硫含量高对对流段也会造成危害：当运行中的管子表面的温度达到露点温度时，管子的外表面会受到酸腐蚀。

当燃料中的钒含量很高时，炉管温度在 650~760℃ 范围时，会产生非常迅速的五氧化二钒的腐蚀。五氧化二钒沉积于高温炉管的外表面，并渗入炉管金属内，使之熔化。表2-17列出了几种化合物的融点温度。

表2-17 几种化合物的融点温度

化合物	融点温度/℃	化合物	融点温度/℃
Na_2SO	675	Na_2SO-Na_2SO_4(比率9：1)	655
Na_2SO_4	880	Na_2SO-Na_2SO_4(比率2：1)	580

燃料中的上述有害元素对炉体及烟囱也会带来危害。当炉子内的耐火砖或保温层失效或炉子处于正压操作时，常温的金属构件由于长期暴露于这种烟气气氛中，会受到烟气的侵蚀。如果这种烟气从不同的部位漏出，烟气会在低于露点温度的金属件及外壁上冷凝下来。当炉子停工时，这种冷凝物吸潮形成酸，加速了炉子外壁及吊挂件的腐蚀。当这种烟气灰尘在中等程度的高温下与耐火砖接触时，会发生熔解反应，产生有些像流体一样的渣。钒与钼的氧化物就是这类熔化剂。这种造渣过程至少造成三方面的恶化：一使耐火砖熔化；二使有害物质渗入耐火砖内；三使砖发生化学变化。这三方面的影响的最终结果是使耐火砖的有效厚度减薄，隔热性能降低，最终使钢结构及支撑件承受更高的温度。

含硫的烟气对烟囱、烟道的内壁会产生很严重的损坏作用。当烟气达到烟囱的某一高度，温度降至露点温度时，会产生冷凝液滴，燃烧产物与之结合形成弱硫酸及碳酸，对钢制烟囱产生非常严重的腐蚀作用。在炉子运行时，只是温度在露点以下的部分烟囱会受到腐蚀，而在炉子处于冷态时，则是整段烟囱及烟道都受到这种腐蚀。

2.6.2.7 清扫、置换引起的影响

炉管及管件的使用寿命会因采用各种各样的机械吹扫、清扫而受到影响。在清除内外积焦及其他沉积异物时，会受到各种机械损伤。在对炉子进行检修时，如果对炉管及管件进行不合理的打磨、清扫、敲击等，也都会引起这些部件的减薄、变形甚至断裂。

2.6.2.8 爆燃的影响

在辐射段未能燃烧的燃料进入烟道及烟囱后会引起爆燃。爆燃不仅对烟道、烟囱直接产生很大的气体冲击力，对流段的管束，甚至辐射段的炉墙也会因此承受冲击力。

2.6.2.9 振动的影响

如果炉子离大型往复运动设备太近，或炉子本身有强烈的振动，首先受到影响的是炉子的烟囱。此时应考虑烟囱的疲劳影响。

2.6.2.10 大气环境的影响

大气中的环境湿度、含盐量以及工业烟尘含量都会对炉子，尤其是炉子的本体的钢结构产生直接的危害。从地理位置角度看，某台炉子可能不会有湿度大引起的损坏问题。但是，如果炉子离凉水塔或冷却水太近，又处于其风向的下游时，同样会因环境因素受到腐蚀。

大气环境的恶劣，对裸露的钢结构会使之生锈。已刷了漆的，其表面会加速老化、腐蚀。水泥基础、水泥烟囱及保温材料会加速风化。炉子的外壳、外壁如果因这种侵蚀严重引起开口，雨水或其他水分就会从开口处进入炉子，引起炉内耐火材料、保温材料及金属件的损坏，尤其是在炉子停工时最为严重。

2.6.3 管式炉炉管破裂后的事故处理

加热炉就是利用明火火焰或热烟道气加热物料的设备，它能将物料加热到很高的温度

(最高达1000℃),是原油加工、石油产品加工的主要设备,在炼油,石化生产中得到广泛应用。然而,在处理可燃物料时,由于是明火直接加热,因此这种加热过程危险性很大,是炼油、石化企业生产过程中防火防爆的重点防护设备。

2.6.3.1 管式加热炉的常见事故

1. 超温引起火灾或爆炸

明火火焰和烟道气处理易燃易爆物料时,温度控制不当,极易造成超温及局部过热现象。超温易导致物料分解和设备增压爆炸等危险;局部过热,轻者可使炉管内壁结焦,严重者可造成炉管局部烧穿,导致物料泄漏起火。

2. 炉膛发生爆炸

燃气、燃油的管式加热炉,操作、控制不当极可能发生炉膛内爆炸。发生爆炸一般有以下情况:

1)发生在加热炉点火开工阶段,燃料管道的燃料或炉管内的可燃物料漏进炉膛,尤其是气体燃料(瓦斯、天然气使用比较多),可能与空气形成爆炸性混合物达到爆炸极限浓度;点火时违反操作规程(主要是未按规定用蒸汽吹扫炉膛,可燃气体没吹扫干净),气体燃料集聚形成爆炸性混合物。

2)燃烧器的火焰突然熄灭未及时发现,而燃料继续供应时与空气形成爆炸性混合物达到爆炸极限浓度发生爆炸。造成熄火的原因:

① 气体燃料管线中存水或气体燃料本身带水风门开度不当;

② 临时中断进料;

③ 熄火后,进入炉膛的燃料和空气可形成爆炸性混合物而发生爆炸。

3)气体燃料带油,燃油喷嘴严重漏油。

3. 烟道发生爆炸

当空气量不足,不能保证燃料完全燃烧,加热炉的烟道内可能发生爆炸。因为燃料不完全燃烧的产物含有的可燃气,与空气混合达到一定浓度能发生燃烧爆炸。

4. 加热炉附属设备泄漏发生火灾

管式加热炉炉管损坏,管内物料漏入炉膛发生火灾。炉管破裂的原因有:

1)管壁烧穿,管材腐蚀和磨损严重未及时维修;

2)高温氧化;

3)局部过热;

4)原料中断;

5)炉壁压力高于规定压力;

6)炉管质量差;

7)操作不当,超温超压等。

管壁常由于热交换面局部温度过高、材料的机械强度降低、金属出现屈服和不可恢复的变形、管壁变薄,导致管壁破裂或烧穿。炉管过热经常发生在有各种积垢(焦炭、盐类等)或集聚其他热差的外来杂质的管段。

炉管外表面受到空气中氧的作用和燃烧产物中硫化物的作用而腐蚀,且腐蚀速度随空气供给系数和管表面温度的升高而升高;炉管内表面受到高温物料及其杂质的腐蚀,还会受到流动物料的机械磨蚀。

管内结焦和盐的积垢，使系统流体阻力增加，导致物料压力增高。管式加热炉的回弯头由于它的特殊性极易发生泄漏。回弯头发生泄漏的情况有：

1）回弯头壳体有塞子脱落；

2）炉管和回弯头连接处焊接质量不过关，没焊透或有裂缝；

3）回弯头由于腐蚀、超温超压等导致破裂；

4）燃料管线由于法兰垫片损坏，阀门出现故障和管道破裂，泄漏出来的液体、气体或蒸气会被炉膛燃烧的火焰引燃而着火。

加热炉本身成为着火源：加热炉的明火、加热炉高温表面、高温炉膛、高温物料输送管线都可成为引火源。管式加热炉炉管冷却速度较慢，从1000℃冷却至250℃需3~6h，因此，即使燃烧器熄火之后，加热炉仍可能成为着火源。加热炉烟囱的火星、移出的灰烬，如果处置不当，可能引燃邻近区域的可燃物。

2.6.3.2　火灾危险性预防对策

1. 合理布置

按照《石油化工企业设计防火规范》(GB 50160—2008)规定，加热炉宜集中布置在装置的边缘，并且位于可燃气体、液体烃、甲B类易燃液体设备的全年最小频率风向的下风侧。加热炉和相邻设备(装置)之间要留有不小于规范要求的防火间距。在明火加热炉与露天布置的液化烃设备之间，设置非燃烧材料的实体墙时，其防火间距不得小于15m。实体墙的高度不宜小于3m，距加热炉不宜大于5m，并应能防止可燃气体窜入炉体。当液化烃设备的厂房或甲类气体压缩机房朝向明火加热炉一面为封闭墙时，加热炉与厂房的防火间距不得小于15m。

2. 严格岗位安全操作

司炉岗位要严格按照加热炉安全技术规程操作，尤其是严格控制操作温度、压力、流量等工艺参数，严禁超温、超压、超负荷运行。压力、温度与流量要尽量采用自动调节系统，安装高、低限自动报警系统，现场一次仪表与远程控制仪表相结合，要保证仪器、仪表灵敏好用。开、停工，检修时要制定安全施工方案，并且严格按照安全方案中的步骤执行。加热炉要制定完善的事故应急预案，如火灾、泄漏、停电等事故的紧急处理，岗位人员要人人熟知，并且定期进行模拟事故演练。

3. 严格进行巡回检查

巡回检查是企业工艺操作中的一项重要内容，对加热炉也不例外，检查内容主要有：

1）检查炉进料量、炉出口温度、炉膛温度、过热蒸汽温度及压力、燃料油温度及压力、瓦斯压力的变化情况。

2）炉管是否弯曲、变形、结焦。

3）火焰是否达到完全燃烧，烟囱冒烟情况；火焰是否偏斜，有无回火缩火现象。

4）炉内花墙、耐火层及炉顶有无裂痕、脱落、倒塌现象。

5）燃料气是否带水，喷嘴是否结焦、漏油。

4. 保证设备完好

加热炉的设计要合理，选材制造要严格，安装加热炉严格按照《管式炉安装工程施工及验收规范》(SH 3506—2007)、《石油化工管式炉碳钢和铬钼钢炉管焊接技术条件》(SH 3085—2016)、《石油化工管式炉燃烧器工程技术条件》(SH/T 3113—2016)、《石油化工管式炉急弯弯管技术标准》(SH/T 3065—2005)、《压力容器无损检测》(JB 4730—2005)进行施工。使用中要定期检测加热炉壁厚和耐压强度，并在加热炉和管道上加装压力表、温度计和放空阀，依据压力高低选择安装安全阀，确保加热炉安全附件完好，管式加热炉的回弯头塞子应按孔洞磨合好，炉管有过热、变形、鼓胀等管段时要及时更换。对炉管进行水压试验，发现有缺陷和故障及时修理，做好防腐蚀工作，及时巡检、维护，防止燃料管线泄漏。

5. 保证隔离措施到位

管式加热炉是明火高温加热，因此，加热炉的外部高温部件应用隔热材料保护，尤其是炉出口管线。应经常清除外部高温部位的污油，防止因高温表面引起火灾。为了防止相邻工艺装置发生事故时产生可燃气体或蒸气窜入加热炉，或加热炉发生事故物料蒸气窜入相邻工艺装置，应分别在炉外、相邻工艺装置相对加热炉的一面设置水蒸气幕，防止事故进一步扩大。

6. 避免结焦、结垢和及时清除

采取多火焰、齐火苗燃烧，防止火焰过长飘，避免火焰直接接触炉管，造成炉管局部过热引起结焦、结垢。管式加热炉操作中，要保证炉管内物料的合理流速(2~3m/s)；燃烧器要合理布置，选型要合适，避免过大、过小，以保证整个炉管均衡受热。在燃料消耗不变的情况下，出现温度过高现象，说明辐射管热交换情况由于结焦而恶化，应立即采取清管措施，炼油厂广泛采用的是蒸汽空气烧焦方法(蒸汽保持一定比例，通入空气自燃烧焦)进行清焦，此方法方便实用。

7. 防止炉膛爆炸

燃气的加热炉，在炉子点火前，应检查供气阀门的开关情况，用蒸汽吹扫炉膛(至少吹扫5min)，排除其中可能积存的爆炸性混合气体，以免点火时发生爆炸。先进的加热炉应设置自动安全点火控制装置。加强巡检，燃烧器的火焰突然熄灭能及时发现。燃料气严禁含水，燃料气应设置分液罐，切除凝析油和水，定期清洗喷嘴，保证燃料供应，防止燃料供应中断熄火。

8. 防止烟道爆炸

燃料燃烧时，要保持最佳的空气供给系数，注意砖砌墙的完整和严密性，不允许空气被吸进烟道。

9. 配备消防设施和安装安全装置

温度、压力、液位等报警和安全泄漏装置要齐全；加热炉燃料气调节阀前的管道压力小于0.4MPa且无低压自动保护仪表时应在每个管道燃料气调节阀与加热炉之间设置阻火器，以防回火；炉膛内设置长明灯或者设置可燃气体浓度报警装置，防止气体爆炸；设置火焰监测器监测火焰的燃烧情况；加热炉内安装蒸汽灭火系统，以便于直接控制和消除燃烧室内的火灾，加热炉附近另外备有蒸汽灭火管线及灭火器；加热炉的钢架应覆盖耐火层，耐火极限不应低于1.5h；为了防止燃烧室、加热炉发生爆炸或爆炸时设备遭到破坏，在炉壁上安装防爆门。

2.6.3.3　管式炉发生漏油着火事故时的处置措施

1）首先从燃料气自调阀门处的旁通阀门处切断燃气，降低火势，关燃气时要缓慢进行，以防回火爆炸。

2）从原料油一段换热器原料油出口阀门处关闭入管式炉的油品，阻止油品继续漏出，避免火势加剧。短期内加热炉需要保温和保压时，炉管物料可以切换蒸汽，并打开副线和旁路，并关闭管式炉入口处阀门，关闭出管式炉的油管出口阀门，使管式炉和其他管道隔断。

3）如出现大量漏油现象，用沙土围住漏出的油，阻止火势蔓延。

4）如果火势不大可以打开炉膛消防蒸汽阀门进行灭火。

5）火灾初期可以使用干粉灭火，如果火灾持续，可以从泡沫消防站用消防水龙带接出泡沫，对管式炉着火部位进行灭火。

习题与练习

一、填空题

1. 炼油厂主要由两大部分组成，即：__________和__________。从原油生产出各种石油产品一般须经过多个物理的及化学的炼油过程。

2. 一般常压炉出口温度为__________℃，若生产航空煤油，最高温度为__________℃。减压炉生产润滑油型为__________℃，燃料型为__________℃。

3. 环烷烃的分解反应有两种情况，一种是__________，另一种是__________。

4. 反应压力是指反应器内的__________分压。它的提高意味着反应的__________的提高，因而反应速度__________。

5. 催化裂化装置一般由三个部分组成：__________系统，__________系统，__________系统。

6. 工业上催化裂化装置有各种形式的再生器，大体上可分为三种类型：__________、__________、__________。

7. 从化学反应可知，催化重整反应主要有两大类：__________、__________。

8. Sulfolane 工艺包括 6 个部分，即__________，__________，__________，__________，__________，__________。

9. 催化加氢是指石油馏分在氢气存在下催化加氢过程的通称，目前炼油厂采用的加氢过程主要有两大类：__________和__________。

10. 按工艺流程分类加氢裂化可分为：__________流程、__________流程、__________流程。

11. 通常化工生产的安保措施有两大类：一是__________，二是__________。

二、选择题

1. 减压塔采用塔顶循环回流是为了(　　)。

A. 更好利用回流热　　B. 提高真空度　　C. 改善汽液相负荷　　D. 提高产品收率

2. 加氢精制最容易进行的反应是(　　)。

A. 脱硫　　B. 脱氮　　C. 脱氧　　D. 脱金属

3. 生产高辛烷值汽油的生产装置有(　　)。

A. 常减压蒸馏　　B. 催化裂化　　C. 烷基化　　D. 加氢裂化

4. 催化重整生产高辛烷值汽油的馏分范围是(　　)。

A. 80~180℃　　B. 60~145℃　　C. 60~85℃　　D. 85~110℃

5. 加氢催化剂失活的主要原因是(　　)。

A. 反应结焦　B. 氢气还原　C. 硫化物的中毒　D. 氮气的作用

6. 在催化重整中为了提高汽油的辛烷值(　　)。

A. 提高反应压力　B. 降低反应温度　C. 提高催化剂的活性　D. 提高反应温度

7. 使重整催化剂发生永久性中毒的化合物是(　　)。

A. 含硫化合物　B. 含氮化合物　C. 含砷化合物　D. 含氧化合物

8. 提升管反应器流化状态操作属于(　　)。

A. 鼓泡床　B. 固定床　C. 移动床　D. 流化床

9. 催化重整生产芳烃的原料馏分范围应为(　　)。

A. 80~180℃　B. 60~145℃　C. 60~85℃　D. 85~110℃

10. 在催化裂化反应中(　　)。

A. 分子越大越不易发生分解反应

B. 烯烃异构化反应结果是变为烷烃

C. 烯烃的分解反应速度比烷烃的分解反应速度快得多

D. 在相同条件下氢转移反应速度比分解反应快

三、判断题

1. 为了提高轻质油品收率，须将全部减压馏分油及渣油转化为轻质油，此任务由裂化反应过程来完成。(　　)

2. 燃料润滑油型生产装置主要生产除燃料之外，还在减压蒸馏塔生产润滑油基础油原料。(　　)

3. 根据我国原油性质，一般常、减压蒸馏的馏出率分别在25%~35%之间，原油的总拔出率在80%左右。(　　)

4. 烯烃很活泼，反应速度快。在催化裂化过程中，烯烃的主要反应也是分解反应，但还有一些其他重要的反应。(　　)

5. 目前应用于催化裂化的主要是X型分子筛。(　　)

6. 催化重整的原料主要是直馏汽油馏分，生产中也称石脑油。(　　)

7. 催化重整的主要反应如芳构化反应都是放热反应，所以从化学平衡的角度希望采用较低的反应温度。(　　)

8. 脱水塔实质就是一个蒸馏塔，塔顶产品是水和少量轻烃的混合物，经冷凝冷却后在油水分离品中油水分层，再分别引出，就达到了脱水的目的。(　　)

9. 重质油料和二次加工中得到的油料在加氢处理时要采用较低的空速。(　　)

10. 异构化反应包括：加氢裂化原料分子的异构化及裂化产物分子的异构化两部分。(　　)

四、名词解释

1. 常减压蒸馏

2. 催化裂化

3. 催化重整

4. 加氢裂化

五、简答题

1. 在常减压蒸馏过程中如何确定汽提水蒸气的用量？
2. 催化裂化条件下主要发生了哪些反应？
3. 分析反应压力对催化重整过程的影响。
4. 加氢裂化装置有哪些特点？
5. 石油炼制和油品加工过程中的危险物质有哪些？
6. 石油炼制过程中腐蚀是由哪些原因造成的？
7. 石油炼制过程中的防腐措施有哪些？
8. 工业加热炉劣化失效的原因有哪些？
9. 谈谈炉管内介质组成、流速、压力对加热炉操作的安全影响。
10. 操作温度对炉管造成哪些不良影响？
11. 烟气温度、组成对炉管造成哪些腐蚀？
12. 如何预防加热炉管的破裂事故？
13. 简述常减压装置的安全操作技术。
14. 简述催化裂化装置的安全操作技术。
15. 简述催化重整装置的安全操作技术。
16. 简述催化加氢装置的安全操作技术。

3 石油烃裂解、分离及安全技术

【单元导读】

- 了解国内外乙烯生产现状及主要生产方法；
- 掌握石油烃热裂解的原理、生产步骤及相关知识；
- 了解裂解气的组成及分离方法；
- 掌握深冷分离的原理及工序。

【能力要求】

- 根据化学反应规律，能够判断原料的优劣；
- 能够画出石油烃热裂解的工艺(原理)流程图；
- 能够分析压缩机制冷的原理。

3.1 烃类裂解技术

石油化工是石油化学工业的简称，指化学工业中以石油为原料生产化学品的领域，广义上也包括天然气化工。石油化工作为一个新兴工业，是20世纪20年代随石油炼制工业发展而形成。第二次世界大战后，石油化工的高速发展，使大量化学品的生产从传统的以煤及农林产品为原料，转移到以石油及天然气为原料的基础上来。石油化工已成为化学工业中的主要工业，在国民经济中占有极重要的地位。

以石油及天然气生产的化学品品种极多、范围极广。石油化工原料主要为来自石油炼制过程产生的各种石油馏分和炼油厂气，以及油田气、天然气等。石油馏分(主要是轻质油)通过烃类裂解、裂解气分离可制取乙烯、丙烯、丁二烯等烯烃和苯、甲苯、二甲苯等轻质芳烃，芳烃亦可来自石油轻馏分的催化重整。石油轻馏分和天然气经蒸汽转化、重油经部分氧化可制取合成气，进而生产合成氨、合成甲醇等。从烯烃出发，可生产各种醇、酮、醛、酸类及环氧化合物等。随着科学技术的发展，上述烯烃、芳烃经加工可生产包括合成树脂、合成橡胶、合成纤维等高分子产品及一系列制品，如表面活性剂等精细化学品，因此石油化工的范畴已扩大到高分子化工和精细化工的大部分领域。本章主要介绍石油馏分(主要是轻质油)通过烃类裂解、裂解气分离制取乙烯、丙烯、丁二烯等烯烃和苯、甲苯、二甲苯等轻质芳烃的生产过程，其他内容在相关章节进行介绍。

石油烃热裂解的主要目的是生产乙烯和丙烯，同时可得丁二烯以及苯、甲苯和二甲苯等产品。它们都是重要的基本有机原料，其中乙烯是石油化工中最重要的产品，目前约有75%的石油化工产品由乙烯生产，因而乙烯的生产能力的大小反映了一个国家石油化学工业的发展水平。

3.1.1 乙烯的生产方法

由于烯烃的化学性质很活泼，因此乙烯在自然界中独立存在的可能性很小。制取乙烯的方法很多，但以管式炉裂解技术最为成熟，其他技术还有催化裂解、合成气制乙烯等多种方法。

1. 管式炉裂解技术

反应器与加热炉融为一体，称为裂解炉。原料在辐射炉管内流过，管外通过燃料燃烧的高温火焰、产生的烟道气、炉墙辐射加热将热量经辐射管管壁传给管内物料，裂解反应在管内高温下进行，管内无催化剂，也称为石油烃热裂解。同时为降低烃分压，目前大多采用加入稀释蒸汽，故也称为蒸汽裂解技术。

2. 催化裂解技术

催化裂解制取低碳烯烃的研究始于20世纪60年代，到20世纪80年代仅有苏联半工业化生产试验的报道，以及2000年日本工业化报道。

我国中国石化石油化工科学研究院和洛阳石油化工工程公司炼制研究所从20世纪80年代开始相关的研究，也有了一定的进展。已工业化的技术有深度催化裂解(Deep Catalystic Cracking，简称DCC工艺)，以制取乙烯为主的催化热裂解技术(Catalytic Pyrolysis Process，简称CPP工艺)，重油直接裂解制乙烯工艺(Heavy-oil Contact Cracking Process，简称HCC工艺)。

3. 甲醇制烯烃技术(MTO)

甲醇制烯烃技术(Methanol to Olefins，简称MTO)，是以天然气或煤为主要原料，先生产合成气，合成气再转化为甲醇，然后由甲醇生产烯烃的路线，完全不依赖于石油。在石油日益短缺的21世纪有望成为生产烯烃的重要路线。

到目前为止，世界乙烯95%都是由管式炉蒸汽热裂解技术生产的，其他工艺路线由于经济性或者存在技术“瓶颈”等问题，都还没有形成与之抗衡的能力，所以本章主要介绍石油烃热裂解生产乙烯的技术。

3.1.2 石油烃热裂解的原料

目前我国的乙烯原料以石脑油为主，加氢裂化尾油、轻烃和轻柴油作为主要补充。近十年来，我国乙烯工业的石脑油用量呈上升趋势，现大致稳定在占乙烯原料总量的65%以上；加氢裂化尾油比例稳定在10%左右；轻柴油用量逐步下降，轻烃用量逐年增加。中国的乙烯原料逐步趋向轻质化，与世界乙烯原料的轻质化趋势相一致。

用于管式炉裂解的原料来源很广，主要有两个方面：一是来自油田的伴生气和来自气田的天然气，两者都属于天然气范畴。二是来自炼油厂的一次加工油品(如石脑油、煤油、柴油等)、二次加工油品(如加氢焦化汽油、加氢裂化尾油等)以及副产的炼油厂气。另外还有乙烯装置本身分离出来循环裂解的乙烷等。

1. 天然气

从化学组分来分类，天然气可分为干气和湿气。

(1) 干气

含甲烷在90%(质)以上，由于在常温下加压也不能使之液化，故称为干气。此类天然气不适宜作裂解原料。

(2) 湿气

含90%(质)以下甲烷，还含有一定量的乙烷、丙烷、丁烷等烷烃。由于乙烷以上的烃在常温下，加压可以使之液化，故称为湿气。此类天然气经分离后得到的乙烷以上的烷烃，是优质的裂解原料。

2. 来自炼油厂的裂解原料

来自炼油厂的各种原料所含烃类的组成不同，裂解性能有很大差异。在此对一些常用的裂解原料进行介绍。

(1) 炼油厂气

炼油厂气是原油在炼油厂加工过程中所得副产气的总称，它主要包括重整气、加氢裂化气、催化裂化气、焦化气等。炼油厂气含有丰富的丙烯和丁烯，可不经裂解由气体分离装置直接回收利用。分离出来的烷烃可作为裂解原料。

(2) 石脑油

初馏点~200℃的馏分称为全程石脑油，初馏点~130℃的馏分称为轻石脑油。按加工深度不同分为直馏石脑油和二次加工石脑油。直馏石脑油是原油经常压蒸馏分馏出的馏分，二次加工石脑油是指由炼油厂中焦化装置、加氢裂化装置等二次加工后得到的石脑油。

(3) 拔头油

由于重整装置需要的是60℃以上的馏分，因此石脑油进重整前，需将60℃以前的馏分拔掉，通常称这一部分被拔出的初馏点~60℃的馏分为拔头油。拔头油主要是C_3~C_6烃类，是较好的裂解原料。

(4) 重整抽余油

重整油经芳烃抽提装置抽提出芳烃后，剩下的馏分称为重整抽余油。其主要成分是C_6~C_8烷烃，是较好的裂解原料。

(5) 直馏柴油

原油常压蒸馏时所得馏程范围在200~400℃的馏分为直馏柴油。一般称200~350℃的馏分为轻柴油，称250~400℃的馏分为重柴油。由于柴油裂解性能比相应的石脑油差，故不是理想的裂解原料。

(6) 加氢裂化尾油

加氢裂化使重质原料脱硫、脱氮，使芳烃饱和、多环烷烃加氢开环，从而增加烷烃含量，使重油轻质化，将减压馏分油及渣油转化为汽油、中间馏分和加氢裂化尾油(一般大于350℃)。加氢裂化尾油是很好的裂解原料。

所以裂解原料的来源主要有两个方面：一是天然气加工厂的轻烃，如乙烷、丙烷、丁烷等，二是炼油厂的加工产品，如炼油厂气、石脑油、柴油、重油等，以及炼油厂二次加工油，如加氢焦化汽油、加氢裂化尾油等。

3.1.3 衡量原料裂解性能的指标

从裂解原料的来源可看出，裂解原料范围很广。原料性质对裂解结果有着决定性的影响，因此研究表征原料裂解的特性十分重要。表征原料裂解性能的指标很多，对于已知组成的烃类混合物，可用各组分的特性来表征，对于石油馏分，由于组分复杂，分析困难，则常用烃组成、族组成、馏程、密度、含氢量、平均相对分子质量、特性因素、关联指数（*BMCI*）、残炭、溴价等指标来衡量其裂解性能。在此介绍其中几个主要指标：

1. 族组成

裂解原料是由各种烃类组成的，按其结构可分为四大族，即烷烃族、烯烃族、环烷烃族和芳烃族。这四大族的族组成以PONA值来表示，其含义如下：

1）烷烃(P)：正构烷烃最利于裂解生成乙烯、丙烯等低分子烃，相对分子质量愈小则烯烃的收率愈高；异构烷烃的烯烃总收率低于同碳原子数的正构烷烃。随着相对分子质量增大，这种差别就减少。

2）烯烃(O)：大分子的烯烃能裂解为乙烯和丙烯等低级烯烃，烯烃脱氢生成二烯烃，能进一步反应生成芳烃和焦。

3）环烷烃(N)：通常情况下，环烷烃生成芳香烃的反应优于生成单烯烃的反应。环烷烃含量高的原料其丁二烯和芳烃收率较高，乙烯收率较低。

4）芳香烃(A)：无侧链的芳烃基本上不易于裂解为烯烃，有侧链的芳烃主要是侧链逐步断裂及脱氢。芳环倾向于脱氢缩合生成稠环芳烃，直至生焦。

测定裂解原料的PONA值，就能在一定程度上了解其裂解反应的性能。裂解原料中，烷烃含量特别是正构烷烃含量越高，三烯收率也越高。

2. 氢含量

裂解原料的氢含量是指烃分子中氢的质量百分比含量。原料的氢含量是衡量该原料裂解性能和乙烯潜在含量的重要特性。原料氢含量越高，裂解性能越好。从族组成看，烷烃氢含量最高，环烷烃次之，芳烃最低。从原料相对分子质量看，从乙烷到柴油，相对分子质量越大，氢含量依次降低，乙烯收率也依次降低。

3. 特性因数

特性因数是反映原油及其馏分的烃类组成特性的因数，用符号 *K* 表示。*K* 值以烷烃最高，环烷烃次之，芳烃最低。

从表3-1看出，*K* 值越高，烃类烷烃含量越高，表示烃类石蜡性越强；*K* 值越低表示烃的芳香性越强。因此 *K* 值越高，烃类裂解性能越好。

表3-1　烃类的特性因数

烃类	甲烷	乙烷	丙烷	丁烷	环戊烷	环己烷	甲苯	乙苯	苯
K	19.54	18.38	14.71	13.51	11.12	10.99	10.15	10.37	9.73

4. 关联指数 *BMCI*

石脑油中，环烷烃N和芳烃A大部分是单环的，而柴油中环烷烃N和芳烃A有相当部分是双环和多环的，这在PONA值中是反映不出来的。而关联指数 *BMCI* 则可表征这一特点。

由于正己烷的 *BMCI*=0，苯的 *BMCI*=100，故 *BMCI* 是一个芳烃性指标，其值愈大，芳烃性愈高。因此 *BMCI* 也可称为芳烃指数。直链烷烃的 *BMCI* 值接近于0，较多支链的烷烃 *BMCI* 值约为10~15。烃类化合物的芳香性愈强，则 *BMCI* 值愈大。烃类 *BMCI* 值与裂解性能的关系，*BMCI* 值愈小，乙烯收率愈高，反之，*BMCI* 值愈大，乙烯收率愈低。因此 *BMCI* 值较小的馏分油是较好的裂解原料。

3.1.4 裂解原料的选择

原料是影响乙烯生产成本的重要因素，以石脑油和柴油为原料的乙烯装置，原料在总成本中所占比例高达70%~75%。乙烯作为下游产品的原料，对下游产品生产成本的影响同样显著，例如在聚乙烯生产成本中其所占比重高达80%左右。因此，乙烯原料的选择和优化是降低乙烯生产成本、提高产品市场竞争力的关键。对能力相同的乙烯装置，好的乙烯原料的设备投资少，操作周期长，物耗能耗低，操作成本也低。所以必须重视乙烯原料的选择。选择乙烯原料的原则为：

1. 原料的轻质化

随着裂解原料由轻到重，乙烯产率下降，稀释蒸汽比增大，装置投资增加，生产成本增高。因此，原料轻质化是乙烯生产者的共识。但也必须看到，乙烷作原料时联产品和副产品较少。对于只需要乙烯，不需要丙烯、丁二烯、芳烃的工厂，乙烷是最理想的原料。对于既要乙烯又要其他烯烃和芳烃的工厂，需要根据对其他烯烃和芳烃需求选择适宜的原料。

2. 原料的优质化

同是石脑油或柴油，由于烃类组成不同，裂解性能有很大区别。大庆石脑油、长庆石脑油和阿曼石脑油是较优质的裂解原料，大庆柴油和长庆柴油也可以。而辽河石脑油、胜利石脑油和辽河柴油、胜利柴油都不是理想的裂解原料。一般对石脑油而言，应选择P(烷烃)>65，O(烯烃)<1，A(芳烃)<5 的石脑油作为裂解原料。对柴油以上的重组分而言，应选择 *BMCI* 值<15 的油品作为原料。

加氢裂化尾油也是一种优质的裂解原料。加氢尾油的 *BMCI* 值<15，乙烯收率>30%。因此，在有加氢裂化的工厂，应很好地利用尾油作为生产乙烯的原料。

3. 来源稳定，价格低廉

在选择裂解原料时，要从本国的资源出发，考虑地区资源优势，以保证得到价格低廉、来源稳定的原料。

选择以石油馏分还是以液化天然气为原料生产乙烯，各国、各地区根据自己国家的资源和市场情况会各有侧重。美国、加拿大及中东等地因为有丰富廉价的天然气资源，侧重以乙烷、丙烷为原料生产乙烯。西欧和东北亚地区由于天然气资源短缺，基本不用轻烃作裂解原料。中东主要石油生产国 2/3 的乙烯是以乙烷和丙烷作裂解原料。乙烷和丙烷主要是天然气的副产物。而中国乙烯生产以石脑油和轻柴油为裂解原料，它们主要是原油的副产物。而从全球看，天然气价格只相当于原油的 25%~60%。这直接导致了乙烯及衍生品的成本差距。据有关专家测算，中东地区的乙烯、聚乙烯、乙二醇生产成本仅为我国的 20%~30%。

综上所述，乙烯原料的优劣，直接影响乙烯生产的成本和竞争力。从提高竞争力和可持续发展的长远目标考虑，中国企业在建设乙烯工厂时，应先认真研究优化乙烯原料的切实可行方案，更多地使用优质石脑油、加氢裂化尾油和轻烃一类优质原料。对沿海加工进口原油并提供乙烯原料的炼油厂，在选择进口原油的品种时，可考虑进口来源稳定的中东原油，如卡塔尔、沙特、阿联酋、伊朗等国家产的轻质原油，这些产地的原油不但石脑油收率较高，是我国原油石脑油收率的 2~3 倍，而且石脑油中链烷烃含量也较高，是比较理想的乙烯原料。

3.1.5 石油烃热裂解的生产原理

在裂解原料中，主要烃类有烷烃、环烷烃和芳烃，二次加工的馏分油中还含有烯烃。尽管原料的来源和种类不同，但其主要成分是一致的，只是各种烃的比例有差异。烃类在高温下裂解，不仅原料发生多种反应，生成物也能继续反应，其中既有平行反应又有连串反应，包括脱氢、断链、异构化、脱氢环化、脱烷基、聚合、缩合、结焦等反应过程。因此，烃类裂解过程的化学变化是十分错综复杂的，生成的产物也多达数十种甚至上百种。

由图 3-1 可见，要全面描述这样一个十分复杂的反应过程是很困难的，所以人们根据反应的前后顺序，将它们简化归类分为一次反应和二次反应。

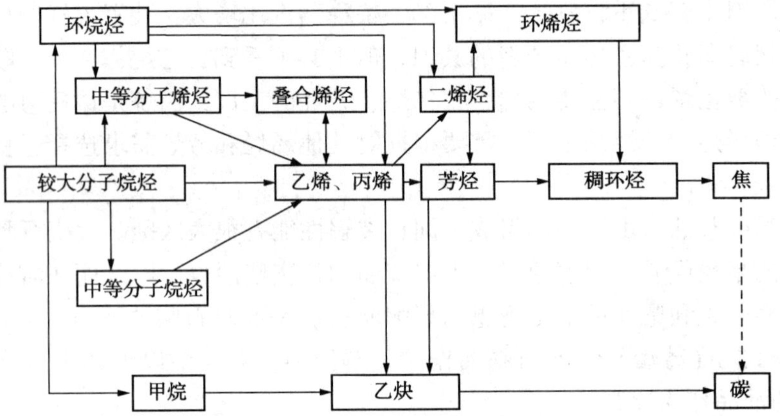

图 3-1 裂解过程中部分化学变化

3.1.5.1 烃类裂解的一次反应

所谓一次反应是指生成目的产物乙烯、丙烯等低级烯烃为主的反应。

1. 烷烃裂解的一次反应

(1) 断链反应

断链反应是 C—C 链断裂反应，反应后产物有两个，一个是烷烃，另一个是烯烃，其碳原子数都比原料烷烃减少。其通式为：

$$C_{(m+n)}H_{2(m+n)+2} = C_mH_{2m} + C_nH_{2n+2}$$

(2) 脱氢反应

脱氢反应是 C—H 链断裂的反应，生成的产物是碳原子数与原料烷烃相同的烯烃和氢气。其通式为：

$$C_nH_{2n+2} = C_nH_{2n} + H_2$$

(3) 烷烃反应的规律

脱氢反应是可逆的，断链反应是不可逆的；断链反应所需的能量比脱氢反应小，所以断链反应比脱氢反应容易进行，而且相对分子质量越大，断链反应更占优势，C_4 以上断链反应占绝大多数；分子两端的 C—C 键断裂优先于中央，但相对分子质量增大优势减弱；裂解较小分子烷烃需用较高的裂解温度；相同温度，大分子烷烃反应速度常数大；异构烷烃裂解所得乙烯、丙烯收率远较正构烷烃低。

2. 环烷烃的断链(开环)反应

环烷烃的热稳定性比相应的烷烃好。环烷烃热裂解时，可以发生 C—C 链的断裂(开环)

与脱氢反应，生成乙烯、丁烯和丁二烯等烃类。

以环己烷为例，断链反应：

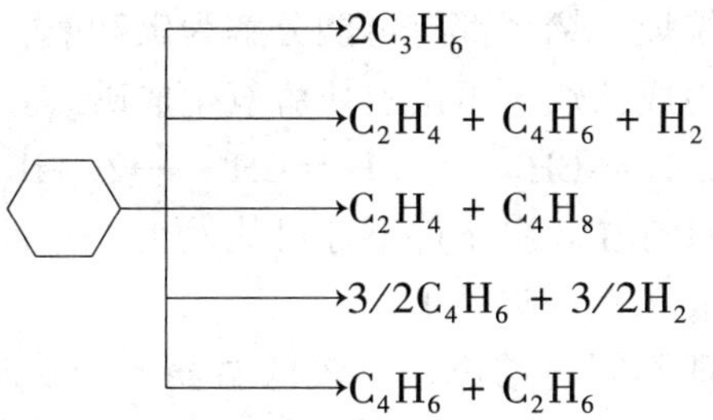

环烷烃的脱氢反应生成的是芳烃，芳烃缩合最后生成焦炭，所以不能生成低级烯烃，即不属于一次反应。

3. 芳烃的断侧链反应

芳烃的热稳定性很高，一般情况下，芳香烃不易发生断裂。所以由苯裂解生成乙烯的可能性极小。但烷基芳烃可以断侧链生成低级烷烃、烯烃和苯。

4. 烯烃的断链反应

常减压车间的直馏馏分中一般不含烯烃，但二次加工的馏分油中可能含有烯烃。大分子烯烃在热裂解温度下能发生断链反应，生成小分子的烯烃。

例如：$C_5H_{10} \longrightarrow C_3H_6 + C_2H_4$

3.1.5.2 烃类裂解的二次反应

所谓二次反应就是一次反应生成的乙烯、丙烯继续反应并转化为炔烃、二烯烃、芳烃直至生碳或结焦的反应。

烃类热裂解的二次反应比一次反应复杂。原料经过一次反应后，生成氢、甲烷和一些低相对分子质量的烯烃如乙烯、丙烯、丁二烯、异丁烯、戊烯等，氢和甲烷在裂解温度下很稳定，而烯烃则可以继续反应。主要的二次反应有：

1. 低分子烯烃脱氢反应

$$C_2H_4 \longrightarrow C_2H_2 + H_2$$
$$C_3H_6 \longrightarrow C_3H_4 + H_2$$
$$C_5H_8 \longrightarrow C_4H_6 + H_2$$

2. 二烯烃叠合芳构化反应

$$2C_2H_4 \longrightarrow C_4H_6 + H_2$$
$$C_2H_4 + C_4H_6 \longrightarrow C_6H_6 + 2H_2$$

3. 结焦反应

烃的生焦反应，要经过生成芳烃的中间阶段，芳烃在高温下发生脱氢缩合反应而形成多环芳烃，它们继续发生多阶段的脱氢缩合反应生成稠环芳烃，最后生成焦炭。

$$\text{烯烃} \xrightarrow{-H_2} \text{芳烃} \xrightarrow{-H_2} \text{多环芳烃} \xrightarrow{-H_2} \text{稠环芳烃} \xrightarrow{-H_2} \text{焦}$$

除烯烃外，环烷烃脱氢生成的芳烃和原料中含有的芳烃都可以脱氢发生结焦反应。

根据结焦机理，结焦主要由原料中的芳烃化合物以及裂解气二次反应生成物产生。原料中芳烃含量愈多，结焦速率愈快。轻烃裂解时的结焦母体主要是二次反应的生成物；而重质原料裂解时，原料中的芳烃是主要的结焦母体，特别是带侧链的芳烃同时裂解深度提高，结焦活性组分增加，二次反应加剧，结焦也加重。

4. 生碳反应

在较高温度下，低分子烷烃、烯烃都有可能分解为碳和氢，这一过程是随着温度升高而分步进行的。如乙烯脱氢先生成乙炔，再由乙炔脱氢生成碳。

$$CH_2 = CH_2 \longrightarrow CH \equiv CH \longrightarrow 2C + H_2$$

因此，实际上生碳反应只有在高温条件下才可能发生，并且乙炔生成的碳不是断链生成单个碳原子，而是脱氢稠合成几百个碳原子。

结焦和生碳过程二者机理不同，结焦是在较低温度下（<927℃）通过芳烃缩合而成，生碳是在较高温度下（>927℃），通过生成乙炔的中间阶段，脱氢为稠合的碳原子。

由此可以看出，一次反应是生产的目的，而二次反应既造成烯烃的损失，浪费原料又会生碳或结焦，致使设备或管道堵塞，影响正常生产，所以是不希望发生的。因此，无论在选取工艺条件或进行设计，都要尽力促进一次反应，千方百计地抑制二次反应。

从以上讨论，可以归纳各族烃类的热裂解反应的大致规律：

1）烷烃：正构烷烃最利于生成乙烯、丙烯，是生产乙烯的最理想原料。相对分子质量越小则烯烃的总收率越高。异构烷烃的烯烃总收率低于同碳原子数的正构烷烃。随着相对分子质量的增大，这种差别就减少。

2）环烷烃：在通常裂解条件下，环烷烃脱氢生成芳烃的反应优于断链（开环）生成单烯烃的反应。含环烷烃多的原料，其丁二烯、芳烃的收率较高，乙烯的收率较低。

3）芳烃：无侧链的芳烃基本上不易裂解为烯烃；有侧链的芳烃，主要是侧链逐步断链及脱氢。芳烃倾向于脱氢缩合生成稠环芳烃，直至结焦。所以芳烃不是裂解的合适原料。

4）烯烃：大分子的烯烃能裂解为乙烯和丙烯等低级烯烃，但烯烃会发生二次反应，最后生成焦和碳。所以含烯烃的原料如二次加工产品作为裂解原料不好。

所以，高含量的烷烃，低含量的芳烃和烯烃是理想的裂解原料。

3.1.6 石油烃热裂解的安全控制条件

石油烃裂解所得产品收率与裂解原料的性质密切相关。而对相同裂解原料而言，则裂解所得产品收率取决于裂解过程的工艺条件。只有选择合适的工艺条件，并在生产中平稳操作，才能达到理想的裂解产品收率分布，并保证合理的清焦周期。

3.1.6.1 裂解温度

1. 裂解温度对裂解反应的影响

（1）烃类裂解的化学键能分析

各种键能的比较见表3-2。

表3-2 各种键能比较

碳氢键	键能/（kJ/mol）	碳碳键	键能/（kJ/mol）
$H_3C—H$	426.8	$CH_3—CH_3$	346
$CH_3CH_2—H$	405.8	$CH_3—CH_2—CH_3$	343.1
$CH_3CH_2CH_2—H$	397.5	$CH_3CH_2—CH_2CH_3$	338.9
$(CH_3)_2CH—H$	384.9	$CH_3CH_2CH_2—CH_3$	341.8

续表

碳氢键	键能/(kJ/mol)	碳碳键	键能/(kJ/mol)
$CH_3CH_2CH_2CH_2—H$	393.2	CH_3 | $H_3C—C—CH_3$ | CH_3	314.6
$CH_3CH_2CH—H$ | CH_3	376.6	$CH_3CH_2CH_2—CH_2CH_2CH_3$	325.1
$(CH_3)_3C—H$	364	$CH_3CH(CH_3)—CH(CH_3)CH_3$	310.9
C—H(一般)	378.7		

裂解反应的脱氢和断链过程决定了这类反应是强吸热反应，脱氢反应需要更多的能量消耗。

(2) 烃类裂解热力学趋向性的判断

① 烷烃裂解的热力学趋向性：

表 3-3 是烷烃裂解时脱氢和断链反应的反应倾向和反应焓变。

根据热力学平衡常数的判据公式：

$\Delta G^{\ominus}=-RT\ln K_p$，$\Delta G^{\ominus}$越小，平衡常数 K_p 越大。

如对于已烷的断链反应：$C_6H_{14}=C_2H_4+C_4H_{10}$

$\Delta G^{\ominus}_{1000K}=-45.27kJ/mol$,

$$K_p=e^{\frac{\Delta G^{\ominus}}{RT}}=e^{\frac{-45270}{8.315\times1000}}=231.6$$

同时：$K_p=\dfrac{p_{C_2H_4}p_{C_4H_{10}}}{p_{C_6H_{14}}}=\dfrac{p^2x^2_{C_6H_{14}}}{p(1-x_{C_6H_{14}})}=231.6$

所以平衡转化率：

$x_{e,C_6H_{14}}=75.22\%$

表 3-3 正构烷烃在 1000K 温度下一次反应的 $\Delta G^{\ominus}$ 和 $\Delta H^{\ominus}$

	化学反应	$\Delta G^{\ominus}_{1000}$/(kJ/mol)	$\Delta H^{\ominus}_{1000}$/(kJ/mol)
脱氢	$C_nH_{2n+2}=C_nH_{2n}+H_2$		
	$C_2H_6=C_2H_4+H_2$	8.17	144.4
	$C_3H_8=C_3H_4+H_2$	-9.54	129.5
	$C_4H_{10}=C_4H_8+H_2$	-5.94	131.0
	$C_5H_{12}=C_5H_{10}+H_2$	-8.08	130.8
	$C_6H_{14}=C_6H_{12}+H_2$	-7.41	130.8
断链	$C_{(m+n)}H_{2(m+n)+2}=C_mH_{2m}+C_nH_{2n+2}$		
	$C_3H_8=C_2H_4+CH_4$	-53.89	78.3
	$C_4H_{10}=C_3H_6+CH_4$	-68.99	66.5
	$C_4H_{10}=C_2H_4+C_2H_6$	-42.34	88.6
	$C_5H_{12}=C_4H_8+CH_4$	-69.08	65.4
	$C_5H_{12}=C_3H_6+C_2H_6$	-61.13	75.2
	$C_5H_{12}=C_2H_4+C_3H_8$	-42.72	90.1
	$C_6H_{14}=C_5H_{10}+CH_4$	-70.08	66.6
	$C_6H_{14}=C_4H_8+C_2H_6$	-60.08	75.5
	$C_6H_{14}=C_3H_6+C_3H_8$	-60.38	77.0
	$C_6H_{14}=C_2H_4+C_4H_{10}$	-45.27	88.8

同理对于己烷的脱氢反应：$C_6H_{14}=C_6H_{12}+H_2$　　$\Delta G^{\ominus}_{1000K}=-7.41kJ/mol$

脱氢反应的平衡转化率：$x_{脱氢}=8.95\%$

从裂解反应的热力学趋向性判断，一次反应和二次反应具有不同的反应倾向。且断链反应比脱氢反应的热力学趋向性大，从 $\Delta H^{\ominus}_{1000}$ 的值也可以看出，脱氢反应需要更多的能量消耗。

以下我们直接用 $\Delta G^{\ominus}$ 的大小判断热力学趋向性的大小，即 $\Delta G^{\ominus}$ 值越小，反应的热力学趋势越大。

② 环烷烃裂解反应的热力学趋向性：

表 3-4 是环烷烃裂解的热力学趋向性，可以看出，环烷烃芳构化的热力学趋向性高于断链反应的热力学趋向性。

表 3-4　环烷烃裂解的主要反应及其 $\Delta G^{\ominus}_{1000}$

反应类型	反应实例	$\Delta G^{\ominus}_{1000}$/(kJ/mol)
断链	 →$2C_3H_6$ →$C_2H_4+C_4H_6+H_2$ →$C_2H_4+C_4H_8$ →$3/2C_4H_6+3/2H_2$ →$C_4H_6+C_2H_6$	-54.23 -57.24 -66.11 -44.98 -72.93
脱氢芳构化	C_6H_{12} ⟶  $+3H_2$	-175.82

③ 烯烃裂解反应的热力学趋向性：

表 3-5 是烯烃裂解的热力学数据，表明烯烃裂解反应生成芳烃的热力学趋向性大于其他反应。值得关注的是乙烯脱氢生成乙炔的热力学趋向性较小。

表 3-5　烯烃裂解的主要反应及其 $\Delta G^{\ominus}_{1000}$

反应方程	实　例	$\Delta G^{\ominus}_{1000}$/(kJ/mol)
断链	C_5H_{10} →$C_2H_4+C_3H_6$ C_5H_{10} →$C_4H_6+CH_4$	-44.19 -64.02
脱氢	$C_4H_8 \rightleftharpoons C_4H_6+H_2$ $C_2H_4 \rightleftharpoons C_2H_2+H_2$	-3.01 51.72
双烯合成	$C_4H_6+C_2H_4$ ⟶  $+2H_2$	-118.58
烯烃芳构化	C_8H_{12} ⟶  $+3H_2$	-165.40

④ 烃类生碳反应的热力学趋向性：

从表 3-6 的数据可以看出，烃类的生碳反应具有很大的热力学趋势，并且二次反应比一次反应有更大的热力学趋向性。

表 3-6　烃类完全分解生碳的反应及 $\Delta G_{1000}^{\ominus}$

烃　类	生碳反应	$\Delta G_{1000}^{\ominus}$/(kJ/mol)
烷烃	$CH_4 \longrightarrow C+2H_2$	-19.6
	$C_2H_6 \longrightarrow 2C+3H_2$	-109.33
	$C_3H_8 \longrightarrow 3C+4H_2$	-191.26
烯烃	$C_2H_4 \longrightarrow 2C+2H_2$	-118.20
	$C_3H_6 \longrightarrow 3C+3H_2$	-181.72
环烷烃	$C_6H_{12} \longrightarrow 6C+6H_2$	-436.37
烯烃芳构化	$C_6H_6 \longrightarrow 6C+3H_2$	-260.55

综上所述，从热力学分析，裂解是吸热反应，需要在高温下才能进行。温度越高对生成乙烯、丙烯越有利，但对烃类分解成碳和氢的副反应也越有利，即二次反应在热力学上占优势。

从动力学角度分析升高温度，石油烃裂解生成乙烯的反应速度的提高大于烃分解为碳和氢的反应速度，即提高反应温度，有利于提高一次反应对二次反应的相对速率，有利于乙烯收率的提高，所以一次反应在动力学上占优势。因此应选择一个最适宜的裂解温度，发挥一次反应在动力学上的优势，而克服二次反应在热力学上的优势，既可提高转化率也可得到较高的乙烯收率。

一般当温度低于 750℃时，生成乙烯的可能性较小，或者说乙烯收率较低；在 750℃以上生成乙烯可能性增大，温度越高，反应的可能性越大，乙烯的收率越高。但当反应温度太高，特别是超过 900℃时，甚至达到 1100℃时，对结焦和生碳反应极为有利，同时生成的乙烯又会经历乙炔中间阶段而生成碳，这样原料的转化率虽有增加，产品的收率却大大降低。表 3-7 温度对乙烷转化率及乙烯收率的影响正说明了这一点。

表 3-7　温度对乙烷转化率及乙烯收率的影响

温度/℃	832	871
停留时间/s	0.0278	0.0278
乙烷单程转化率/%	14.8	34.4
按分解乙烷计的乙烯产率/%	89.4	86.0

所以理论上烃类裂解制乙烯的最适宜温度一般在 750~900℃之间。而实际裂解温度的选择还与裂解原料、产品分布、裂解技术、停留时间等因素有关。

2. 实际裂解温度的选择

不同的裂解原料具有不同最适宜的裂解温度，较轻的裂解原料，裂解温度较高，较重的裂解原料，裂解温度较低。如某厂乙烷裂解炉的裂解温度是 850~870℃，石脑油裂解炉的裂解温度是 840~865℃，轻柴油裂解炉的裂解温度是 830~860℃；若改变反应温度，裂解反应进行的程度就不同，一次产物的分布也会改变，所以可以选择不同的裂解温度，达到调整一次产物分布的目的，如裂解目的产物是乙烯，则裂解温度可适当地提高，如果要多产丙烯，裂解温度可适当降低；提高裂解温度还受炉管合金的最高耐热温度的限制，也正是管材合金和加热炉设计方面的进展，使裂解温度可从最初的 750℃提高到 900℃以上，目前某些裂解炉管已允许壁温达到 1115~1150℃，但这不意味着裂解温度可选择 1100℃以上，它还受到停留时间的限制。

3. 横跨温度

横跨温度是指裂解原料经过对流段预热而进入辐射段前的温度，这个温度被选定为裂解原料开始进行裂解反应时的温度，在实际生产操作中，如果横跨温度高于设计值，裂解反应将在对流段内进行，因而会延长停留时间，促使二次反应的进行；低于设计值时，则辐射段将有一部分变成原料预热区，停留时间相对缩短，而使辐射段炉管不能充分发挥作用，达不到预期的裂解深度。横跨温度由裂解原料特性所决定，原料越重一般越容易裂解，如乙烷的标准横跨温度为679.5℃，石脑油是593℃，轻柴油则为538℃。一般横跨温度允许有±10℃的波动范围。对于已定型的裂解炉可通过调节进入裂解炉之前的物料预热温度、炉出口温度和炉膛烧嘴燃烧分布，尤其是上部烧嘴等手段来调节横跨温度。

4. 辐射段炉管出口温度

物料在辐射段炉管内迅速升温进行裂解反应，以控制辐射段炉管出口温度(COT)的方式控制裂解深度。不同的原料，其裂解的COT是不同的，表3-8为某装置裂解不同原料的COT设计值。

表3-8　某装置裂解不同原料的COT设计值

原　　料	COT设计值/℃	原　　料	COT设计值/℃
HGO/HVGO(重柴油/加氢尾油)	785	LNAP(轻石脑油)	840
AGO(柴油)	795	循环乙烷	861
NAP(石脑油)	835		

裂解炉的COT是通过调节每组炉管的烃进料量来控制的，并由裂解炉总的烃进料量来确定和调节底部燃料用量。假如采用100%底部供热，底部烧气时，燃料气在压力控制下进入炉子的底部烧嘴；底部烧油时，燃料油在流量控制下进入炉子的底部烧嘴。有的裂解炉还设有侧壁烧嘴，炉膛侧壁燃烧器组合优化了炉膛底部至拱顶的辐射热通量分布，确保炉内温度场分布均匀。

3.1.6.2　停留时间

停留时间是指裂解原料由进入裂解辐射管到离开裂解辐射管所经过的时间。即反应原料在反应管中停留的时间。停留时间一般用τ来表示，单位为s。

如果裂解原料在反应区停留时间太短，大部分原料还来不及反应就离开了反应区，原料的转化率很低，这样就增加了未反应原料的分离、回收的能量消耗；原料在反应区停留时间过长，对促进一次反应是有利的，故转化率较高，但二次反应更有时间充分进行，一次反应生成的乙烯大部分都发生二次反应而消失，乙烯收率反而下降。同时二次反应的进行，生成更多焦和炭，缩短了裂解炉管的运转周期，既浪费了原料，又影响正常的生产进行。表3-9停留时间对乙烷转化率和乙烯收率的影响可以说明这一问题。

表3-9　停留时间对乙烷转化率和乙烯收率的影响

温度/℃	832	832	乙烷单程转化率/%	14.8	60.2
停留时间/s	0.0278	0.0805	按分解乙烷计的乙烯收率/%	89.4	76.5

所以选择合适的停留时间，既可使一次反应充分进行，又能有效地抑制并减少二次反应。

停留时间的选择主要取决于裂解温度，当停留时间在适宜的范围内，乙烯的生成量较大，而乙烯的损失较小，即有一个最高的乙烯收率称为峰值收率。如图 3-2 中Ⅱ所示。不同的裂解温度，所对应的峰值收率不同，温度越高，乙烯的峰值收率越高，相对应的最适宜的停留时间越短，这是因为二次反应主要发生在转化率较高的裂解后期，如控制很短的停留时间，一次反应产物还没来得及发生二次反应就迅速离开了反应区，从而提高了乙烯的收率。

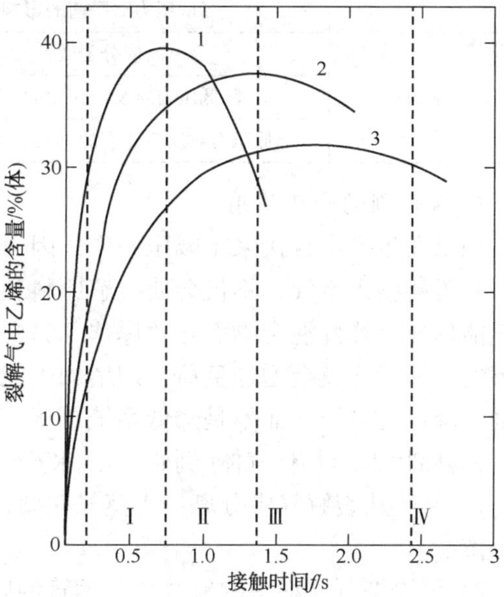

图 3-2 温度和停留时间对乙烷裂解反应的影响
1—843℃；2—816℃；3—782℃

停留时间的选择除与裂解温度有关外，也与裂解原料和裂解工艺技术等有关，在一定的反应温度下，每一种裂解原料，都有它最适宜的停留时间，如裂解原料较重，则停留时间应短一些，原料较轻则可选择稍长一些；20 世纪 50 年代由于受裂解技术限制，停留时间为 1.8~2.5s，目前一般为 0.15~0.25s(二程炉管)，单程炉管可达 0.1s 以下，即以 ms 计。

3.1.6.3 裂解反应的压力

1. 压力对平衡转化率的影响

烃类裂解的一次反应是分子数增加的反应，降低压力对反应平衡向正反应方向移动是有利的，但是高温条件下，断链反应的平衡常数很大，几乎接近全部转化，反应是不可逆的，因此改变压力对断链反应的平衡转化率影响不大。对于脱氢反应，它是一可逆过程，降低压力有利于提高转化率。二次反应中的聚合、脱氢缩合、结焦等二次反应，都是分子数减少的反应，因此降低压力不利于平衡向产物方向移动，可抑制此类反应的发生。所以从热力学分析可知，降低压力对一次反应有利，而对二次反应不利。

2. 压力对反应速度的影响

烃类裂解的一次反应，是单分子反应，其反应速度可表示为：$r_{裂}=k_{裂}C$

烃类聚合或缩合反应为多分子反应，其反应速度为：$r_{聚}=k_{聚}Cn$，$r_{缩}=k_{缩}C_AC_B$

压力不能改变速度常数 k 的大小，但能通过改变浓度 C 的大小来改变反应速度 r 的大小。降低压力会使气相的反应分子的浓度减少，也就减少了反应速度。由以上三式可见，浓度的改变虽对三个反应速度都有影响，但降低的程度不一样，浓度的降低使双分子和多分子反应速度的降低比单分子反应速度要大得多。

所以从动力学分析得出：降低压力可增大一次反应对于二次反应的相对速度。

故无论从热力学还是动力学分析，降低裂解压力对增产乙烯的一次反应有利，可抑制二次反应，从而减轻结焦的程度。表 3-10 说明了压力对裂解反应的影响。

表 3-10 压力对一次反应和二次反应的影响

影响		一次反应	二次反应
热力学因素	反应后体积的变化	增大	减少
	降低压力对平衡的影响	有利提高平衡转化率	不利提高平衡转化率
动力学因素	反应分子数	单分子反应	双分子或多分子反应
	降低压力对反应速度的影响	不利提高	更不利提高
	降低压力对反应速度的相对变化的影响	有利	不利

3. 稀释剂的降压作用

如果在生产中直接采用减压操作，因为裂解是在高温下进行的，当某些管件连接不严密时，有可能漏入空气，不仅会使裂解原料和产物部分氧化而造成损失，更严重的是空气与裂解气能形成爆炸性混合物而导致爆炸。另外如果在此处采用减压操作，而对后继分离部分的裂解气压缩操作就会增加负荷，即增加了能耗。工业上常用的办法是在裂解原料气中添加稀释剂以降低烃分压，而不是降低系统总压。

稀释剂可以是惰性气体(例如氮)或水蒸气。工业上都是用水蒸气作为稀释剂，其优点是：

1）易于从裂解气中分离：水蒸气在急冷时可以冷凝，很容易就实现了稀释剂与裂解气的分离。

2）可以抑制原料中的硫对合金钢管的腐蚀。

3）可脱除炉管的部分结焦：水蒸气在高温下能与裂解管中沉淀的焦炭发生如下反应：

$$C+H_2O \longrightarrow H_2+CO$$

使固体焦炭生成气体随裂解气离开，延长了炉管运转周期。

4）减轻了炉管中铁和镍对烃类气体分解生碳的催化作用：水蒸气对金属表面起一定的氧化作用，使金属表面的铁、镍形成氧化物薄膜，可抑制这些金属对烃类气体分解生碳反应的催化作用。

5）稳定炉管裂解温度：水蒸气的比热容大，水蒸气升温时耗热较多，稀释水蒸气的加入，可以起到稳定炉管裂解温度，防止过热，保护炉管的作用。

6）降低烃分压的作用明显：稀释蒸气可降低炉管内的烃分压，水的摩尔质量小，同样质量的水蒸气其分压较大，在总压相同时，烃分压可降低较多。

加入水蒸气的量，不是越多越好，增加稀释水蒸气量，将增大裂解炉的热负荷，增加燃料的消耗量，增加水蒸气的冷凝量，从而增加能量消耗，同时会降低裂解炉和后部系统设备的生产能力。水蒸气的加入量随裂解原料而异，一般地说，轻质原料裂解时，所需稀释蒸汽量可以降低，随着裂解原料变重，为减少结焦，所需稀释水蒸气量将增大。不同原料的稀释蒸汽比见表 3-11。

表 3-11 不同原料的稀释蒸汽比

裂解原料	稀释蒸汽比	裂解原料	稀释蒸汽比
乙烷	0.3~0.35	石脑油	0.5~0.6
丙烷	0.3~0.4	轻柴油	0.7~0.8
丁烷	0.3~0.4	减压柴油	0.85~1.0

综合本节讨论，石油烃热裂解的操作条件宜采用高温、短停留时间、低烃分压，如某裂解装置原料为石脑油时，采用的操作条件为：温度 845~850℃、稀释比 0.5、停留时间 0.213s。同时产生的裂解气要迅速离开反应区，因为裂解炉出口的高温裂解气在出口温度条件下将继续进行裂解反应，使二次反应增加，乙烯损失随之增加，故需将裂解炉出口的高温裂解气加以急冷，当温度降到 650℃以下时，裂解反应基本终止。

3.1.7 石油烃热裂解的工艺安全与控制

3.1.7.1 裂解工艺流程

以原料是轻柴油的裂解为例，裂解工艺流程包括原料供给和预热系统、裂解和高压水蒸气系统、急冷油和燃料油系统、急冷水和稀释水蒸气系统。图 3-3 所示是轻柴油裂解工艺流程。

1. 原料油供给和预热系统

原料油从贮罐(1)经换热器(3)和(4)与过热的急冷水和急冷油热交换后进入裂解炉的预热段。原料油供给必须保持连续、稳定，否则直接影响裂解操作的稳定性，甚至有损毁炉管的危险。因此原料油泵须有备用泵及自动切换装置。

2. 裂解和高压蒸汽系统

预热过的原料油进入对流段初步预热后与稀释蒸汽混合，再进入裂解炉的第二预热段预热到一定温度，然后进入裂解炉辐射段(5)进行裂解。炉管出口的高温裂解气迅速进入急冷换热器(6)中，使裂解反应很快终止。

急冷换热器的给水先在对流段预热并局部汽化后送入高压汽包(7)，靠自然对流流入急冷换热器(6)中，产生 11MPa 的高压水蒸气，水和蒸汽的混合物通过废热锅炉的上升管再返回到高压蒸汽汽包内，并在汽包中进行汽液相的分离。从汽包送出的高压水蒸气进入裂解炉预热段过热，过热至 470℃后供压缩机的蒸汽透平使用。裂解炉正常运转时，高压蒸汽的压力应在 10.0~10.5MPa，不能过低，因为如果蒸汽压力过低，废热锅炉水侧的饱和温度相应降低，金属管壁的温度亦低，裂解气中的重组分会在废热锅炉中冷凝，使废热锅炉快速结焦。

为了保证炉水水质，防止有害物质的积累，汽包设有连续排污和间断排污，连续排污经角阀控制排到高压蒸汽连续排污罐中，排污水在连续排污罐中减压闪蒸产生中压蒸汽，并入中压蒸汽管网(图中未画)。

3. 急冷油和燃料油系统

从急冷换热器(6)出来的裂解气再去油急冷器(8)中用急冷油直接喷淋冷却，然后与急冷油一起进入油洗塔(9)，塔顶出来的气体为氢、气态烃和裂解汽油以及稀释水蒸气和酸性气体。

裂解轻柴油从油洗塔(9)的侧线采出，经汽提塔(13)汽提其中的轻组分后，作为裂解轻柴油产品。裂解轻柴油含有大量的烷基萘，是制萘的好原料，常称为制萘馏分。塔釜采出重质燃料油。自油洗塔釜采出的重质燃料油，一部分经汽提塔(12)汽提出其中的轻组分后，作为重质燃料油产品送出，大部分则作为循环急冷油使用。循环急冷油分两股进行冷却，一股用来预热原料轻柴油之后，返回油洗塔作为塔的中段回流，另一股用来发生低压稀释蒸汽(31)，急冷油本身被冷却后循环送至急冷器作为急冷介质，对裂解气进行冷却。

急冷油系统常会出现结焦堵塞而危及装置的稳定运转，结焦产生原因有二：一是急冷油与裂解气接触后超过 300℃时不稳定，会逐步缩聚成易于结焦的聚合物，二是不可避免地由裂解管、急冷换热器带来的焦粒。因此在急冷油系统内设置6mm滤网的过滤器(10)，并在急冷器油喷嘴前设较大孔径的滤网和燃料油过滤器(16)。

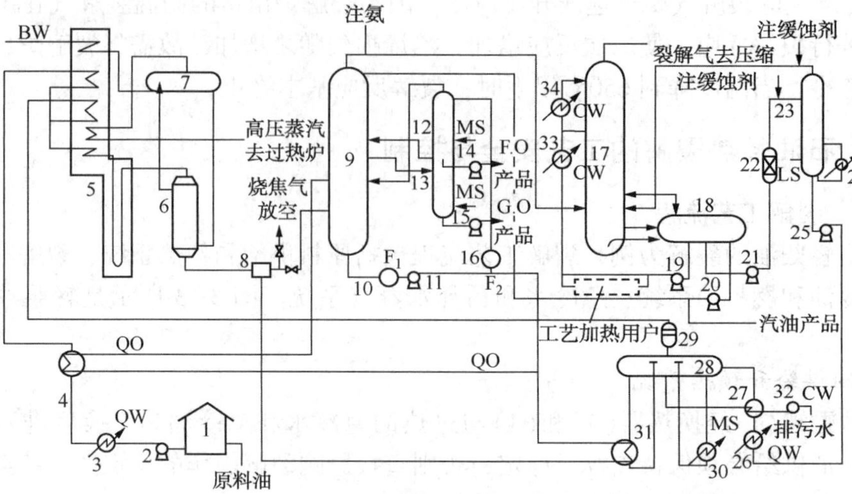

图3-3 轻柴油裂解工艺流程

1—原料油贮罐；2—原料油泵；3，4—原料油预热器；5—裂解炉；6—急冷换热器；7—气包；8—急冷器；9—油洗塔；10—急冷油过滤器；11—急冷油循环泵；12—燃料油汽提塔；13—裂解轻柴油汽提塔；14—燃料油输送泵；15—裂解轻柴油输送泵；16—燃料油过滤器；17—水洗塔；18—油水分离器；19—急冷水循环泵；20—汽油回流泵；21—工艺水泵；22—工艺水过滤器；23—工艺水汽提塔；24—再沸器；25—稀释蒸汽发生器给水泵；26，27—预热器；28—稀释蒸汽发生器汽包；29—分离器；30—中压蒸汽加热器；31—急冷油换热器；32—排污水冷却器；33，34—急冷水冷却器；QW—急冷水；CW—冷却水；MS—中压水蒸气；LS—低压水蒸气；QO—急冷油；BW—锅炉给水；GO—轻柴油；FO—燃料油

4. 急冷水和稀释水蒸气系统

裂解气在油洗塔(9)中脱除重质燃料油和裂解轻柴油后，由塔顶采出进入水洗塔(17)，此塔的塔顶和中段用急冷水喷淋，使裂解气冷却，其中一部分的稀释水蒸气和裂解汽油就冷凝下来。冷凝下来的油水混合物由塔釜引至油水分离器(18)，分离出的水一部分供工艺加热用，冷却后的水再经急冷水换热器(33)和(34)冷却后，分别作为水洗塔(17)的塔顶和中段回流，此部分的水称为急冷循环水，另一部分相当于稀释水蒸气的水量，由工艺水泵(21)经过滤器(22)送入汽提塔(23)，将工艺水中的轻烃汽提回水洗塔(17)，保证塔釜中含油少于100μg/g。此工艺水由稀释水蒸汽发生器给水泵(25)送入稀释水蒸气发生器汽包(28)，再分别由中压水蒸气加热器(30)和急冷油换热器(31)加热汽化产生稀释水蒸气，经气液分离器(29)分离后再送入裂解炉。这种稀释水蒸气循环使用系统，节约了新鲜的锅炉给水，也减少了污水的排放量。

油水分离槽(18)分离出的汽油，一部分由泵(20)送至油洗塔(9)作为塔顶回流而循环使用，另一部分从裂解中分离出的裂解汽油作为产品送出。经脱除绝大部分水蒸气和裂解汽油的裂解气，温度约为40℃送至裂解气压缩系统。

综上所述，石油烃裂解过程中有三个相态的“产物”，一是气相产物裂解气，其中含有目的产物乙烯和丙烯，但还需要将裂解气进行分离，才能得到聚合级的乙烯和丙烯；二是液相产物，主要有裂解汽油、裂解轻柴油和重质燃料油，其中裂解汽油可用来生产芳烃，裂解轻柴油除制萘外，可返回反应器循环使用，重质燃料油一部分作急冷油，也可作燃料使用；

三是固相产物即焦和炭，这是不希望发生的副反应产生的。

3.1.7.2 裂解气急冷

从裂解炉出来的裂解气富含烯烃的气体和大量的水蒸气，温度727~927℃，烯烃反应性很强，若任它们在高温下长时间停留，仍会发生二次反应，引起结焦、烯烃收率下降及生成经济价值不高的副产物，因此需要将裂解炉出口高温裂解气尽快冷却，以终止其裂解反应。当裂解气温度降至650℃以下时裂解反应基本终止。

1. 急冷的方式

1）间接急冷：裂解炉出来的高温裂解气温度在800~900℃左右，在急冷的降温过程中要释放出大量热，是一个可加利用的热源，为此可用换热器进行间接急冷，回收这部分热量发生蒸汽，以提高裂解炉的热效率，降低产品成本。用于此目的的换热器称为急冷换热器。急冷换热器与汽包所构成的发生蒸汽的系统称为急冷锅炉。也有将急冷换热器称为急冷锅炉或废热锅炉的，使用急冷锅炉有两个主要目的：一是终止裂解反应；二是回收废热，产生高压水蒸气作动力能源以驱动裂解气、乙烯、丙烯的压缩机、汽轮机发电及高压水泵等机械。

2）直接急冷：直接急冷的方法是在高温裂解气中直接喷入冷却介质，冷却介质被高温裂解气加热而部分汽化，由此吸收裂解气的热量，使高温裂解气迅速冷却。根据冷却介质的不同，直接急冷可分为水直接急冷和油直接急冷。

3）急冷方式的比较：直接急冷设备费少，操作简单，系统阻力小。由于是冷却介质直接与裂解气接触，传热效果较好。但形成大量含油污水，油水分离困难，且难以利用回收的热量。而间接急冷对能量利用较合理，可回收裂解气被急冷时所释放的热量，经济性较好，且无污水产生。生产中一般都先采用间接急冷，即裂解产物先进急冷换热器，取走热量，然后采用直接急冷，即油洗和水洗来降温。

裂解原料不同，急冷方式有所不同，如裂解原料为气体，则适合的急冷方式为“水急冷”，而裂解原料为液体时，适合的急冷方式为“先油后水”。

2. 急冷设备

裂解装置中的五大关键设备是裂解炉、急冷换热器、三机（裂解气压缩机、乙烯压缩机、丙烯压缩机）、冷箱和乙烯球罐。急冷换热器是裂解装置中五大关键设备之一，是间接急冷的关键设备。一般急冷换热器管内走高温裂解气，裂解气的压力约低于0.1MPa，温度高达800~900℃，进入急冷换热器后要在极短的时间（一般在0.1s以下）下降到350~600℃，传热强度约达418.7MJ/(m^2·h)左右。管外走高压热水，压力约为11~12MPa，在此产生高压水蒸气，出口温度为320~326℃。因此急冷换热器具有热强度高，操作条件极为苛刻，管内外必须同时承受较高的温度差和压力差的特点。同时在运行过程中还有结焦问题，所以生产中使用的不同类型的急冷锅炉都是考虑这些特点来研究和开发的，而与普通的换热器不同，具有以下特性：一是在工艺方面要尽量减少重质烃冷凝和焦化，以免堵塞换热管路；具有较长（不少于45d）的操作周期；尽可能多地回收高品位热能。二是在在结构方面，要能适应因高温差而形成的巨大应力并易于进行清焦。为解决这些问题，采用了高压水换热，产生8.5~14MPa的高压水蒸气，使热交换管具有较高的壁温，以降低传热温差，并针对不同的原料设计适应的管径和长度以保持高流率（停留时间约为0.015s）和较合适的出口温度，以减缓管壁重质烃冷凝和结焦现象。

裂解气急冷锅炉有两种设计方案：一是用加强支承结构强度的方法，来承受因限制高温裂解气的热管沿轴向膨胀而产生的应力，二是应用可适度变形的椭圆形结构的集流管来吸收高温裂解气的热管因高温膨胀产生的应力。第二种方案是大型乙烯生产装置所广泛采用的，典型代表为施米特型双套管式结构的急冷锅炉。这种结构与一般管壳式换热器不同，它用双套管代替单管。高温裂解气走内管，管径 2.5~5.0cm，管长为 3~6m；高压水和水蒸气走中心管与外套管内环隙间。套管端用椭圆形截面的集流管与中心管相连，组成管排结构代替一般管板。

3.1.7.3 结焦与清焦

1. 裂解炉和急冷锅炉的结焦

一般来说，裂解炉的辐射段、急冷锅炉是比较容易结焦的区域，在对流段，气体原料和轻质馏分油裂解时一般不会出现结焦，但随着裂解原料的重质化和二次加工油的加入，对流段的结焦问题也必须予以关注。

一般认为，对流段结焦一是由于重质原料（如减压柴油、加氢尾油）在对流段预热时由于在接近高温管壁区域没有完全气化，进料中就形成了高结焦趋势的中间体，进而形成结焦；二是由于重质原料本身就含有较多的不稳定芳烃化合物，在对流段加热时会逐渐缩合成大分子化合物粘在管壁上，逐渐脱氢成为焦。

为减缓对流段的结焦，通常采用二次注汽技术，使最终气化温度一般比原料露点温度高25℃。进料未气化前，要避免管内产生雾状流；进料未完全气化前，管壁温度要低于物料开始裂解的温度，即横跨温度。

在辐射段的结焦主要是通过乙炔途径，其过程如下式所示：

$$C_2H_2 \xrightarrow{-H} C_4H_3 \xrightarrow{-H} C_4H_2 \xrightarrow{-H} C_6H_2 \xrightarrow{-H} C_8H_2 \xrightarrow{-H} \text{焦}$$

1）影响辐射段炉管结焦的因素包括如下几点：

① 原料性质：烃类裂解过程中的结焦母体为原料中的芳烃化合物以及二次反应的生成物。轻质原料裂解时的结焦母体主要是二次反应的生成物，而重质原料裂解时除二次反应的生成物外，原料中的芳烃化合物更是主要结焦母体。柴油裂解时原料中带支链的芳烃是活性很高的结焦母体，其结焦反应的活性高于低裂解深度时所得产品的结焦活性。因此，在馏分油裂解时结焦速度将随原料中的芳烃含量增加而急剧增大。

② 裂解深度：轻烃裂解时，裂解产品中烯烃和炔烃等的结焦活性远大于原料烷烃的结焦活性，其结焦活性主要取决于裂解产物中的二次反应。故轻烃的结焦速度随裂解深度的提高而增加。

③ 温度：在裂解深度一定的情况下，结焦速度将随温度的升高而增加。在裂解深度和烃分压一定时，结焦母体的浓度取决于裂解原料的性质。

④ 烃分压：烃分压不仅影响裂解选择性，也将影响裂解过程的结焦速度。裂解选择性随烃分压的降低而提高，结焦速度随烃分压的降低而减小。故降低烃分压不仅有利于提高选择性，也有利于降低结焦速度。

⑤ 停留时间：从裂解反应的动力学分析，缩短停留时间可以减少二次反应的发生，有利于降低结焦反应速度，但在缩短停留时间的同时需要相应增大流速或减小管径。通常在高温裂解时结焦过程由传质过程控制，此时缩短停留时间既有减少结焦母体浓度而降低结焦速度的正面影响，也可能因提高流速或减小管径而有增加结焦速度的负面影响。

2）高温裂解气在废热锅炉内的结焦过程可分为三种机理：高温气相结焦、冷凝物结焦、反应结焦。

① 高温气相结焦：高温裂解气在废热锅炉中由于高温作用继续发生二次反应，反应析出的游离碳附着在管壁表面而积存为焦垢，这就是通常所说的高温气相结焦，结焦量与温度、停留时间有关，停留时间缩短有利于减少结焦。

轻质油裂解时，高温气相结焦是废热锅炉结焦的主要因素。同时由于高温气相结焦与温度和裂解温度有关，结焦在入口端更为明显，一方面是由于入口端温度高，另一方面是由于入口端存在涡流而导致裂解气停留时间增加。

② 冷凝物结焦：在废热锅炉中，管内为高温裂解气，管间为高温沸腾水，由于管外沸腾传热系数比管内对流传热系数高 10 倍以上，故锅炉管壁温度接近高压沸腾水的温度。这样裂解气中沸点高于废热锅炉管壁温度的重质馏分可能在管壁上冷凝，而冷凝物由于较长时间与高温裂解气接触而发生脱氢、缩聚等反应，结果形成为管壁上的焦垢，这种结焦机理称之为冷凝物结焦。

重质裂解原料裂解时，由于裂解气中的高沸点组分含量高，废热锅炉内的结焦主要由冷凝结焦所控制。

从冷凝结焦机理可以看出，废热锅炉终期出口温度与裂解气露点温度相适应，只有当废热锅炉出口温度高于裂解气露点温度时，其出口温度才趋于平稳，这就是说，裂解气露点温度大体上确定了废热锅炉终期的出口温度。

2. 裂解炉和急冷锅炉的清焦

当出现下列任一情况时，应进行清焦：

（1）裂解炉管管壁温度超过设计规定值

裂解过程中炉管内形成焦层的导热系数比金属要低得多，两者分别为：合金管 125~167kJ/(m·h·℃)，焦层 16.7~21kJ/(m·h·℃)，因此热阻值随焦层厚度增加的幅度相当可观。这样随焦层厚度的增加，在相同热强度下的管壁表面温度相应升高，当升高到材质最高允许温度时，就要停炉烧焦。

（2）裂解炉辐射段入口压力增加值超过设计值

随着焦层厚度的增加，实际管径随之缩小，炉管阻力降相应增大，当增大到一定程度时，管内的裂解过程就会因烃分压升高而明显恶化，此时就需要停炉清焦。所以，炉管阻力降或炉入口压力增加值是限制管式裂解炉清焦周期的又一重要因素。工业上管式裂解炉中一般限定管入口压力增加值不超过 70kPa。

（3）废热锅炉出口温度超过设计允许值，或废热锅炉进出口压差超过设计允许值

裂解气在废热锅炉中生成的焦垢，一方面由于热阻的增加而使废热锅炉裂解气出口温度增加，另一方面由于焦垢生成而使管内径减小导致废热锅炉阻力降增加。当出口温度或阻力降增长至一定程度后就需要停炉清焦。在实际生产中，通常是在废热锅炉阻力降超过 30kPa 或裂解炉入口压力增加 70kPa 时进行停炉清焦。

停炉清焦需 3~4d 时间，这样会减少全年的运转日数，设备生产能力不能充分发挥。不停炉清焦(也称在线清焦)是一个改进，就是不将裂解炉完全停车和拆开，与传统的烧焦方式相比，在线烧焦具有明显的优势。一是裂解炉没有升降温过程，可以延长炉管的使用寿命，并可节省裂解炉升降温过程中燃料与稀释蒸汽的消耗；二是由于在线烧焦，裂解炉离线

时间短，可以提高开工率，并可增加乙烯与超高压蒸汽的产量。

3.1.8 主要设备——裂解炉

烃类裂解的主要反应设备是裂解炉，也是裂解装置中的五大关键设备之一。它既是乙烯装置的核心，又是挖掘节能潜力的关键设备。

3.1.8.1 管式炉的基本结构

为了提高乙烯收率和降低原料和能量消耗，多年来管式炉技术取得了较大进展，并不断开发出各种新炉型。尽管管式炉有不同型式，但从结构上看，总是包括对流段(或称对流室)和辐射段(或称辐射室)组成的炉体、炉体内适当布置的由耐高温合金钢制成的炉管、燃料燃烧器等三个主要部分。管式炉的基本结构如图 3-4 所示。

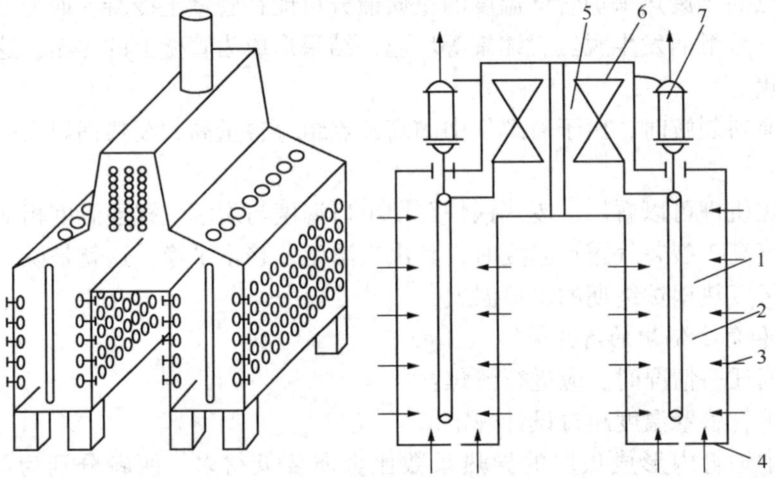

图 3-4 裂解炉基本结构

1—辐射段；2—垂直辐射管；3—侧壁燃烧器；4—底部燃烧器；5—对流段；6—对流管；7—急冷锅炉

1. 炉体

由两部分组成，即对流段和辐射段。对流段内设有数组水平放置的换热管用来预热原料、工艺稀释水蒸气、急冷锅炉进水和过热的高压蒸汽等；辐射段由耐火砖(里层)和隔热砖(外层)砌成，在辐射段炉墙或底部的一定部位安装有一定数量的燃烧器，所以辐射段又称为燃烧室或炉膛，裂解炉管垂直放置在辐射室中央。为放置炉管，还有一些附件如管架、吊钩等。

2. 炉管

炉管前一部分安置在对流段的称为对流管，对流管内物料被管外的高温烟道气以对流方式进行加热并气化，达到裂解反应温度后进入辐射管，故对流管又称为预热管。炉管后一部分安置在辐射段的称为辐射管，通过燃料燃烧的高温火焰、产生的烟道气、炉墙辐射加热将热量经辐射管管壁传给物料，裂解反应在该管内进行，故辐射管又称为反应管。

在管式炉运行时，裂解原料的流向是先进入对流管，再进入辐射管，反应后的裂解产物离开裂解炉经急冷段给于急冷。燃料在燃烧器燃烧后，则先在辐射段生成高温烟道气并向辐射管提供大部分反应所需热量。然后，烟道气再进入对流段，把余热提供给刚进入对流管内的物料，然后经烟道从烟囱排放。烟道气和物料是逆向流动的，这样热量利用更为合理。

3. 燃烧器

燃烧器又称为烧嘴，它是管式炉的重要部件之一。管式炉所需的热量是通过燃料在燃烧器中燃烧得到的。性能优良的烧嘴不仅对炉子的热效率、炉管热强度和加热均匀性起着十分重要的作用，而且使炉体外形尺寸缩小，结构紧凑，燃料消耗低，烟气中 NO_x 等有害气体含量低。烧嘴因其所安装的位置不同分为底部烧嘴和侧壁烧嘴。管式裂解炉的烧嘴设置方式可分为三种：一是全部由底部烧嘴供热；二是全部由侧壁烧嘴供热；三是由底部和侧壁烧嘴联合供热。世界各大公司为了降低建设和维护费用，减少燃烧器数目，以便与空气预热器或燃气轮机联用和大型裂解炉相配套，都在大力开发长火焰超大能力底部燃烧器。侧壁燃烧器则由多排逐渐变为一排，甚至采用 100% 底部供热。按所用燃料不同，又分为气体燃烧器、液体(油)燃烧器和气油联合燃烧器。

3.1.8.2　管式裂解炉的炉型

1. 鲁姆斯公司的 SRT 型裂解炉

SRT 型裂解炉即短停留时间炉，是美国鲁姆斯(Lummus)公司于 1963 年开发，1965 年工业化，以后又不断地改进了炉管的炉型及炉子的结构，先后推出了 SRT-Ⅰ~Ⅵ型裂解炉，该炉型的不断改进，是为了进一步缩短停留时间，改善裂解选择性，提高乙烯的收率，对不同的裂解原料有较大的灵活性。

SRT 型炉是目前世界上大型乙烯装置中应用最多的炉型。我国的燕山石化、扬子石化和齐鲁石化的乙烯生产装置均采用此种裂解炉。

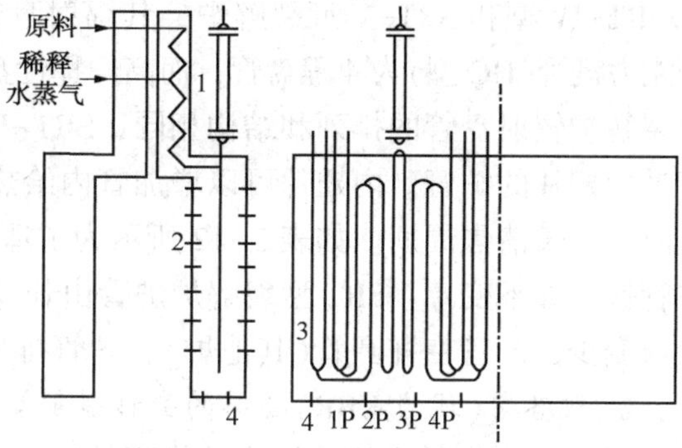

图 3-5　SRT-Ⅲ型裂解炉炉管排列图

1—急冷换热器；2—侧壁燃烧器；

3—辐射炉管；4—底部燃烧器

图 3-5 为 SRT-Ⅲ型裂解炉炉管排列图，左边为正视图，右边为侧视图，一个炉子有 4 组裂解管，4 程管按 4-2-1-1 排列。其他型的炉管排列见表 3-12。

表 3-12　SRT 型裂解炉辐射盘管

项　　目	SRT-Ⅰ	SRT-Ⅱ	SRT-Ⅲ
炉管排列	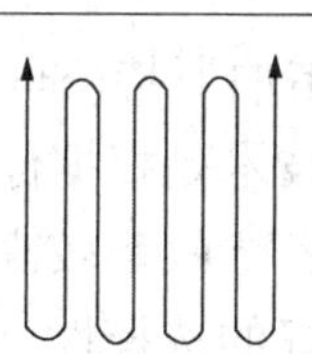	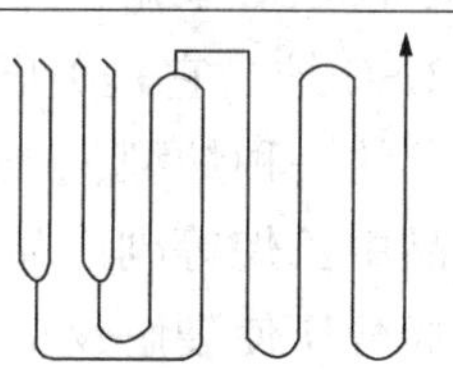	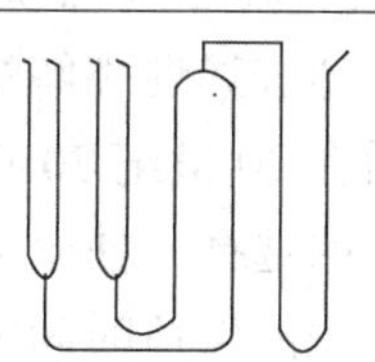
程数	8P	6P33	4P40
管长/m	80~90	60.6	51.8
管径/mm	75~133	64　96　152	64　89　146
		1 程　2 程　3~6 程	1 程　2 程　3~4 程
表观停留时间/s	0.6~0.7	0.47	0.38

续表

项　目	SRT-Ⅳ　SRT-Ⅴ	SRT-Ⅵ
炉管排列	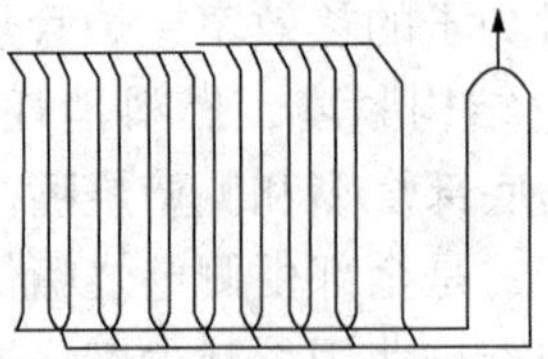	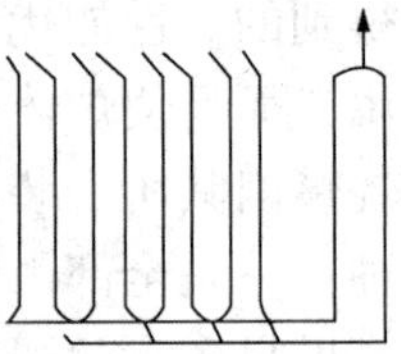
程数	2 程(16~2)	2 程(8~2)
管长/m	21.9	约 21
管径/mm	41.6　116	>50　>100
	1 程　2 程	1 程　2 程
表观停留时间/s	0.21~0.3	0.2~0.3

为进一步缩短停留时间并相应提高裂解温度，Lummus 公司在 20 世纪 80 年代相继开发了 SRT-IV 型和 SRT-V 型裂解炉，其辐射盘管为多分支变径管，管长进一步缩短。其高生产能力盘管(HC 型)为 4 程盘管，而高选择性盘管(HS 型)则为双程盘管。SRT-V 型与 SRT-Ⅳ型裂解炉辐射盘管的排列和结构相同，SRT-IV 型为光管，而 SRT-V 型裂解炉的辐射盘管则为带内翅片的炉管。内翅片可以增加管内给热系数，降低管内传热的热阻，由此相应降低管壁温度延长清焦周期。如表 3-12 所示为了适应高温-短停留时间，Lummus 的 SRT 裂解炉的炉管作了如下变革：SRT 型裂解炉炉管由长变短、分支变径、先细后粗(均管径变异管径)、程数变少、圆管变椭圆管(其他炉)、炉管排列变化、管材变化(耐温越来越高)等。

2. 凯洛格(现为 KBR)公司的毫秒裂解炉

图 3-6 为毫秒裂解炉炉管的排列情况，采用直径较小的单程直管，不设弯头以减少压降。管内径为 24~28mm，管长为 10~13m。原料烃和稀释蒸汽混合物在对流段预热至物料横跨温度后，通过横跨管(共 2 根)和猪尾管(起均布流体作用)由裂解炉底部送入辐射管，物料由下向上流动，由辐射室顶部出辐射管进入第一废热锅炉。

毫秒炉由于管径较小，所需炉管数量多，致使裂解炉结构复杂，投资相对较高。因裂解管是一程，没有弯头，阻力降小，烃分压低，因此乙烯收率比其他炉型高。

3. 斯通-韦伯斯特公司的 USC 裂解炉

超选择性裂解炉简称 USC 炉。它是美国斯通-韦伯斯特(Stone & Webster，简写为 S&W)公司在 20 世纪 70 年代开发的一种炉型，USC 裂解技术是根据停留时间、裂解温度和烃分压条件的选择，使生成的产品中乙烷等副产品较少，乙烯收率较高而命名的。

短的停留时间和低的烃分压使裂解反应具有良好的选择性。1996 年建成的茂名 0.3Mt/a 乙烯装置采用的是 S&W 公司技术，扬巴一体化乙烯装置也采用 S&W 公司乙烯技术，2011 年投产的抚顺石化 0.8Mt/a 乙烯装置也是采用的该裂解炉型。

S&W 公司认为，在低烃分压的条件下停留时间对裂解选择性的影响远比烃分压的影响更为显著。缩短停留时间最有效的途径就是缩短辐射盘管的长度。在给定的裂解深度和质量流速下，只有通过缩小辐射管直径，增加表面热强度才能达到此目的，辐射盘管直径缩小，在相同的生产能力下，意味着辐射盘管的数量要增加，辐射盘管有 U 形和 W 形两种，与

SRT 炉不同，它们均为不分支变径管，每台 USC 炉有 16、24 或 32 组管，每组 4 根，呈 W 形，4 程 4 次变径，依次为 63.5mm、69.9mm、76.2mm、82.9mm，管长 43.9m，停留时间 0.35s；U 形辐射盘管为 2 程 2 次变径，依次为 51mm、63.5mm，管长 26.9m，停留时间 0.2~0.25s。图 3-7 为 W 形炉管的排列方式。

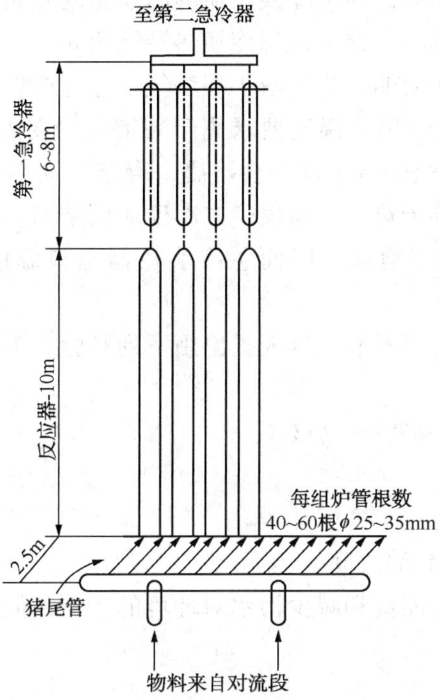

图 3-6　毫秒裂解炉炉管排列图

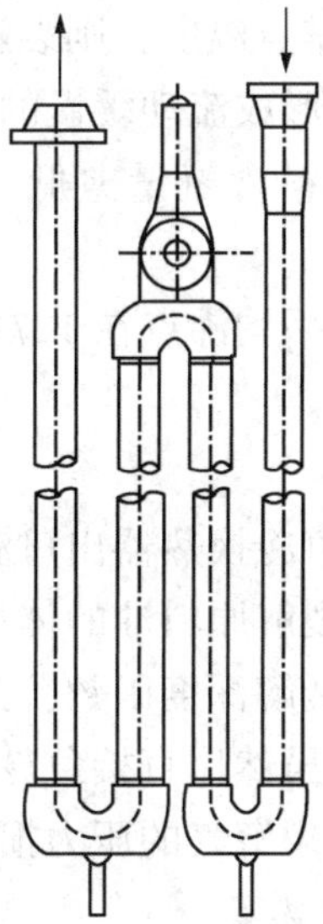

图 3-7　USC 裂解炉炉管图

目前，工业装置中所采用的管式炉裂解技术有十几种，除以上介绍的外，还有 KTI 公司的 GK 裂解炉，Linde 公司的 LSCC 型裂解炉等。

我国在 20 世纪 90 年代，北京化工研究院、中国石化工程建设公司、兰州化工机械研究院等单位对裂解炉技术进行深入研究和消化吸收，相继开发了多种具有同期世界先进水平的高选择性 CBL 裂解炉，并在辽阳石化、齐鲁石化、吉林化工、抚顺石化、燕山石化、天津乙烯和中原乙烯建成投产了 9 台 CBL-Ⅰ、CBL-Ⅱ、CBL-Ⅲ和 CBL-Ⅳ型炉，主要技术经济指标与同期国际水平相当。

3.1.8.3　裂解气急冷与急冷换热器

1. 裂解气急冷

从裂解管出来的裂解气含烯烃的气体和大量水蒸气，温度在 727~927℃，烯烃反应性很强，若在高温下长时间停留，会继续发生二次反应，产生高聚物或结焦，生成副产物，所以必须使裂解气急冷以终止反应。

急冷的方法有两种，一种是直接急冷，另一种是间接急冷。直接急冷的急冷剂用油或水，急冷下来的油水密度相差不大，分离困难，污水量大，不能回收高品位的热能。近代的裂解装置都是采用先间接急冷，后直接急冷，最后洗涤的办法。

采用间接急冷，回收热能，产生高压水蒸气以驱动裂解气压缩机、乙烯压缩机、丙烯压缩机、汽轮机发电及高压水泵等机械，同时终止二次反应。其关键设备是急冷换热器。急冷换热器与汽包所构成的水蒸气发生系统称为急冷废热锅炉。急冷系统由于温差大，相变安全和材料安全成为主要问题。

急冷换热器常遇到的问题是结焦，结焦后，使急冷换热器的出口温度升高，系统压力增大，影响炉子的正常运转。用重质原料裂解时，常常是急冷换热器结焦先于炉管，急冷换热器清焦周期的长短直接影响到裂解炉的操作周期。为了减小裂解气在急冷换热器内的结焦倾向，停留时间一般控制在 0.04s 以下，裂解气出口温度要求高于裂解气的露点(此处为油露点)。若低于露点温度，则裂解气中的较重组分有一部分会冷凝，凝结的油雾会黏附在急冷换热器管壁上形成流动缓慢的油膜，既影响传热，又易发生二次反应而结焦。在一般裂解条件下，裂解原料含氢量愈低，裂解气的露点愈高，因而急冷换热器出口温度也必须控制较高。

对于体积平均沸点在 127~447℃的裂解原料油，有人提出用下列经验式来决定急冷换热器的出口温度。

$$T=0.56T_v+\alpha-153$$

式中 T——急冷换热器出口温度，K；

T_v——裂解原料油的体积平均沸点，K；

α——裂解深度函数，其值在 337~447℃之间。

间接急冷虽然比直接急冷能回收高品位能量和减少污水对环境的污染，但急冷换热器技术要求较高，裂解气的压力损失也较大。

2. 急冷换热器

采用间接急冷，关键设备是急冷换热器，它是裂解装置中五大关键设备之一(五大关键设备：裂解炉、急冷换热器、三机、冷箱和乙烯球罐)。急冷换热器的结构必须满足裂解气急冷的特殊条件，急冷换热器管内通过高温裂解气，入口温度约 827℃，压力约 110kPa(表)，要求在极短时间内(一般在 0.1s 以下，如气体原料裂解为 0.03~0.07s，馏分油裂解为 0.02~0.05s)将温度降至 350~600℃(因裂解原料而异，重质原料下降温度小些)，传热的热强度高达 400×10^3kJ/(m^2·h)，管外走高压热水，温度约 320~330℃，压力 8~13MPa。

急冷换热器与一般换热器的不同在于高热强度，管内外必须承受很大的温度差和压力差，同时又要考虑急冷管内的结焦与清焦，操作条件极为苛刻。

1) 双套管式急冷换热器。施米特型双套管式急冷换热器，即 SHG 型。这种换热器的结构与一般管壳式换热器的不同之处在于用双套管列管式代替单管列管式，双套管管束焊接在椭圆形截面的直排集流管上，集流管及联结集流管的沟槽焊成管排结构，代替一般的平面管板。高温裂解气由下而上走中心管内，高压水和水蒸气也由下而上走中心管与外套管间的环隙，套管端用椭圆形的集流管与中心管相连。由于热交换在许多根小的取套管中进行，使环隙间压力高达 12MPa 以上并使管内外的温差高，管壁不厚的椭圆形结构能够吸收内外管的伸长变形，避免使用高压操作下较厚的钢质外壳。

2）USX急冷换热器。斯通-韦勃斯特公司的两级急冷技术中，USX是第一级急冷，TLX是第二级急冷。采用两级急冷的目的是可以较早地降温，以迅速停止二次反应；而采用单级急冷器时，裂解气降至相同的温度水平的停留时间比两级急冷降温技术停留时间长，结焦的可能性也就增加。图3-8所示为USX急冷换热器结构，入口为自由伸缩结构，内管为变径管，入口气流速高达280m/s，停留时间为0.0168s，温度由762℃降至577℃。在此操作条件下，即使急冷管后段略有结焦，但由于管径扩大了，裂解气的压差改变并不很大。终止二次反应后的裂解气进入二级急冷器，温度由577℃继续降至408℃，这样二级急冷器的结焦机会就小。国内某厂采用此种急冷装置时，柴油裂解的清焦周期为100d，使用其他较轻质原料时为240d，国外第二急冷器的清焦及检修周期在一年以上。

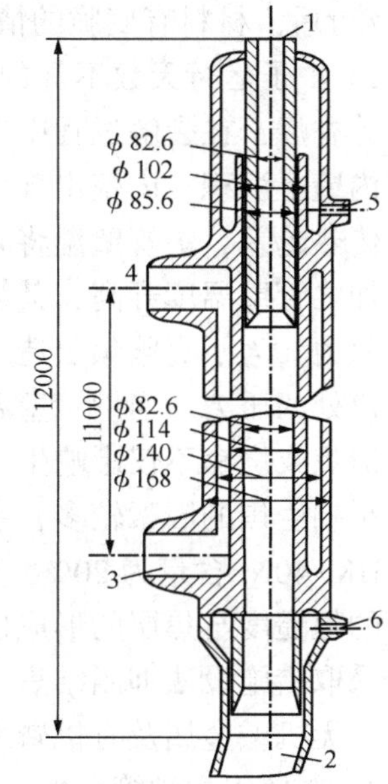

图3-8 USX急冷换热器
1—裂解气进口；2—裂解气出口；
3—水进口；4—气水混合物出口；
5，6—水蒸气进口

3.1.9 裂解过程安全技术

3.1.9.1 裂解过程危险物质辨识

裂解装置主要物料的特性及火灾危险类别见表3-13。

表3-13 裂解装置主要物料的特性及火灾危险类别

物料名称	爆炸危险类别		爆炸极限/%(体)	闪点/℃	火灾危险类别	灭火剂种类
	组别	类别				
石脑油	T3	ⅡA	1.2~6.0	<-22	甲B	泡沫、干粉、惰性气体、砂
汽油	T3	ⅡA	1.1~5.9	<-20	甲B	泡沫、干粉、雾状水、石棉毯
氢气	T1	ⅡC	4.0~75	气体	甲	惰性气体、强水流
氨	T1	ⅡA	15.7~25.4	气体	乙	雾状水、二氧化碳
硫化氢	T3	ⅡB	4.3~45.5	气体	甲	雾状水、二氧化碳
液化气			3~13		甲A	强水流、干粉、惰性气体
可燃气					甲	强水流、干粉、惰性气体

3.1.9.2 裂解炉安全技术与控制技术

1. 裂解炉失效原因分析

裂解炉是乙烯装置生产的核心设备。它对全装置的产品质量、产量、能耗、运转周期、投资规模、安全等方面，起着十分关键的作用。裂解炉的技术特性主要取决于其辐射盘管的结构。主要从管径、管组数以及管子长短诸方面进行综合考虑，以满足裂解反应的需要。

随着乙烯裂解工艺技术的发展，乙烯裂解炉发展的趋势是：提高裂解温度，缩短停留时间，以提高烯烃收率。这就要求提高炉管的传热强度和炉管的出口温度。

裂解炉失效有以下一些特点：

1）由于乙烯裂解炉管的工作温度高，其材料一般以HP型离心铸造管为主。在一些采用细长的炉管的设计中，为提高炉管的变形及应变能力，在冷态下仍有好的塑性，有的炉子采用了Incoloy800H一类的低碳高温轧制管。当采用HP型离心铸管时，经使用一段时间(比如一年)后，材料有变脆的情况。

2）炉子运行天数不等的一段时间后必须停炉清焦。用烃类裂解来生产烯烃、二烯烃，副产芳香烃，在裂解过程中遇到的一个很突出的问题是会伴随进行生焦反应。生成的焦会在炉管内壁上沉积。内壁出现焦层后会带来三方面的不利因素：一是焦的传热系数低，焦层越厚，传热越差，炉管壁温将升高；二是内壁生焦后，内壁表面的碳气氛增强，氧化气氛被隔断，加之管壁温度升高，其结果是加速炉管的渗碳；三是焦层会缩小管内流通面积，增加管束的阻力。为了克服焦层造成的传热及管内介质流动的阻力，必须不断地提高管壁温度和炉管入口处的压力。当炉管壁温度或入口压力达到一定的极限值时，就必须停炉清焦或烧焦。频繁清焦或烧焦不仅影响生产，增加能耗，还会以热疲劳的形式影响炉管的使用寿命。

影响生焦的因素较多，主要与原料组分的轻重有关。其次，炉管的 Ni 含量也是一个因素，HK-40Ni 含量为 20%，HP-40Ni 含量为 35%。Ni 本身就是生焦反应的催化剂。炉管内表面的粗糙度与焦层的形成也有关。内表面越光滑，焦层越不易沉积。近几年来国外也从工艺上采取措施设法抑制结焦：采用 K_2CO_3作催化剂对焦的气化反应起催化作用；用有机碱金属盐、无机碱金属及有机磷来抑制生焦；千方百计优化裂解原料等。

3）在使用中炉管会发生不同程度的渗碳。渗碳是乙烯裂解炉管最主要的材料组织损坏形式。它与炼油装置的延迟焦化、热裂化炉管产生的渗碳不同。在 1000℃的裂解原料气氛下，HP、HK 这类材料必然会产生渗碳，只是时间长短，程度不同而已。但是对炼油装置中的延迟焦化、热裂化的加热炉管，如果从原料成分、操作温度、选材等方面严格按规定做，渗碳是可以避免的。

渗碳是沿管壁厚度方向沿材料晶粒边界扩散形成粗大碳化物网络。渗碳首先发生在高温管段，即出口端等一段或某几根炉管。渗碳后的材料，其相对密度、膨胀系数都会发生变化。在 600℃以下，渗碳后的材料明显变脆。图 3-9 及图 3-10 分别是宏观渗碳层及未渗碳层的示意图。图中渗碳层的碳化物为 M_7C_3，未渗碳层的碳化物为 $M_{23}C_6$。

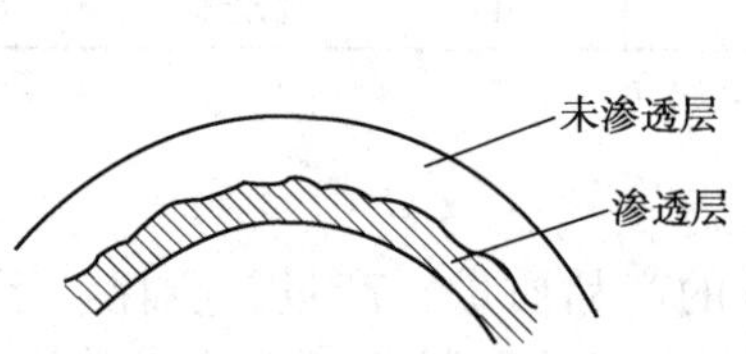

图 3-9　宏观渗碳层示意图

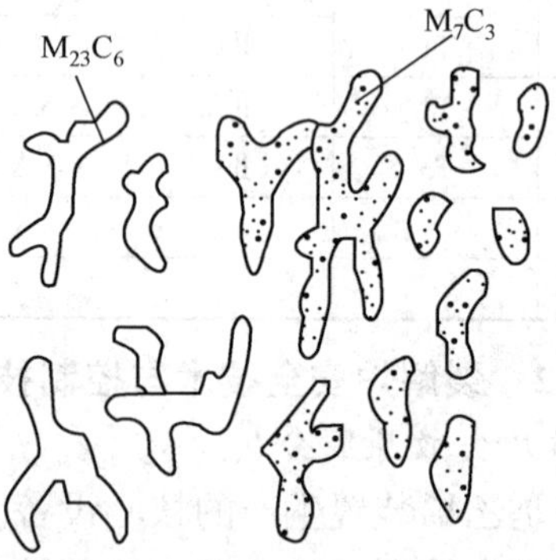

图 3-10　渗碳层与未渗碳层界线放大示意图

由于渗碳层的膨胀系数与未渗碳的不同，材料内部因此会产生很大的应力。炉管在内壁发生较严重的渗碳时，通常其剖面会由圆形变为椭圆形。根据国内国外实际的使用经验，炉管在渗碳层厚度不大于壁厚的 50%~60%时，仍能使用。但是，在 650℃以下，由于材料很脆，又有很大的内应力，在其内壁易产生裂纹，所以在升温及降温阶段，尤其是停炉检修时，应尽量减少炉管承受各种载荷。

目前能减缓炉管渗碳的主要方法是：对炉管内壁进行机械加工，车去内壁疏松层；在炉管材料中增加抗渗碳元素 Si 的含量；操作上及时清焦，尽可能降低炉管的壁温等。

乙烯裂解炉的工作压力较低，一般在0.2~0.4MPa之间。按其内压设计，壁厚仅为实际壁厚的一半左右。考虑留较大的裕量，除了结构上的考虑外，渗碳也是考虑因素之一。炉子在开停工及清焦过程中，炉管的温度要有大幅度的变化。这种变化对已发生渗碳的炉管，损伤很大。由于渗碳后的材料膨胀系数发生变化，脆性增加，使炉管在每次升降温时都会承受较大的热应力。这种热应力引起的开裂，实际是属于一种低周疲劳开裂。

4）乙烯裂解炉管的工作压力为0.20~0.40MPa，当炉管的裂纹裂透后，介质从乙烯裂解炉管的裂纹开口处泄漏情况较为缓和，裂口内外的压差与一般燃烧器的燃料压差接近，介质漏出后成为火苗不易被发现。发现泄漏后可以较为从容地按正常的停炉顺序进行处理。

5）管内介质流速高，对内壁冲刷严重。裂解工艺的特点要求反应的时间尽可能地短。随着裂解技术向更高的收率方向发展，介质在裂解管的停留时间也越来越短。一般在0.3~0.1s，最短的一种炉型停留时间为0.05s。介质在管内的流速达200m/s左右。加之介质内含有焦等固体颗粒，使介质对管内壁，尤其是对弯头的冲刷、磨蚀极为严重。为此，乙烯裂解炉的弯头一般为不等厚结构，受气流直接冲刷的部位壁厚达20~25mm左右，而非直接冲刷部位的壁厚与直管的相同。

6）操作温度的影响。管式工业炉的加工工艺决定了炉子的操作温度，炉子的操作温度又基本决定了炉管及其管件的金属温度。该金属温度对炉管的损坏的类型及程度起了主要作用。对一台已确定了的炉子，如果其辐射管束组中的某一根或几根炉管，或某一根炉管的某个部位过热，其温度与预计的设计温度有很大的差别，最常见的原因是炉管堵塞或管内触媒失活，也有可能是燃烧器的燃烧状况不好。炉管的管壁温度过热会引起下述一些不良后果。

① 炉管塌陷及下垂：炉管过热使管子及管束的结构刚度下降，导致常见的炉管塌陷；炉管的全部或某一根过热，还会引起辐射管的吊挂系统、支撑系统因炉管的过热引起超过设计预计的热膨胀量，使这些吊挂、支撑不能承受预计的炉管重量，甚至引起吊挂系统的断裂。

② 炉管弯曲：炉管受热不均；通常会引起炉管发生弯曲。燃烧器火焰偏斜，以及管内结焦等情况都能产生这种结果。炉管与静止部件(如管板，炉体)之间卡涩或是吊挂系统受载不合理，使炉管不能合理地膨胀与收缩时，都可能导致炉管弯曲。检修中，在更换某段管段时，如果其长度不正确，同样会造成膨胀收缩受阻使炉管弯曲。

③ 炉管外表面氧化并起层脱落：炉管的外表面被氧化并起层脱落，可以发生在某些炉管的局部部位，也可以包括整个炉内的全部管束。炉管外表层被氧化或起层脱落，通常是由于炉管的堵塞或过烧，使管壁温度高于炉管材质发生氧化反应的温度。有时，燃烧产物会沉积在炉管外表面，被误认为氧化皮。可采用磁性测量的办法将两者区分出来。炉管的氧化皮呈磁性，燃烧沉积物不呈磁性。

④ 鼓胀或蠕变引起开裂：材料的强度随温度的升高而下降；温度最高的炉管会因长期地同时承受高温及高应力作用而首先发生变形或蠕变。要防止炉管发生蠕变失效，应使炉管承受的应力与材料的对应的温度下的许用应力相一致。鼓胀主要是由于炉管的局部温度高出了当时所承受的应力所对应的温度。

7）金相发生变化。炉管材料在高温下长期使用，材料组织是不稳定的，会产生老化，发生以下变化。

① 石墨化：碳钢及 0.5Mo 含量的钢种长期在高温下使用，钢中的渗碳体分解成铁与石墨使材料的强度降低，甚至产生裂纹。普通碳钢在 450℃以上，0.5Mo 钢在 485℃以上，即会发生石墨化。材料发生石墨化后可根据上述的蠕变损伤计算方法及取样做有损试验两方面对炉管进行剩余寿命的评定。

② σ 相脆化：含 Cr 在 16.5%以上的铁素体或奥氏体钢长期在 540~950℃时，会出现 σ 相。σ 相占 5%以下时，材料并不显示出大的脆性，危害不大。当大于 5%时，炉管在 450℃以下时显得很脆，易产生裂纹。σ 相可以在奥氏体固熔化温度下消除。但受到 σ 相损伤后的材料，其强度难以恢复。因此，炉子的操作应避免在该材料最易形成 σ 相的温度下运行。在诸多的奥氏体材料中，Incolloy800H 这类低碳的奥氏体钢不会产生 σ 相。这也是为什么在一些对变温、变载荷、大应变的部位往往采用 Incolloy800H 的主要原因。

③ 回火脆化：加热炉常用的 Cr5-Mo 炉管，当其材质中的磷等有害元素总量大于 0.015%时，在炉内使用一个周期后，其材料会产生析出硬化的情况。这种变化实际上是材料的回火脆化，是由于材料在 300~600℃下经过相当长的一段时间后，在其晶粒与晶粒之间有元素析出，使其延伸率及缺口韧性下降所致，材料的脆性转变温度也会上升。

④ 渗碳：温度越高，渗碳渗速快；奥氏体中溶解的碳越多，越容易获得比较深的渗层。特别是普通渗碳由于不可避免的有氧的引入，容易引起晶间氧化或出现黑色组织，对炉管损害也较大。

8）炉管吊挂及支承力发生变化。所有的金属在受热后都要膨胀，如果膨胀受阻就会产生很大的应力，并且很容易引起炉管及其管件的变形。如果辐射管束中的某一段、某一根的管壁温度因积焦、堵塞、火焰偏烧等原因，而超过了其设计的温度范围，相应增加的热膨胀量将引起管束的吊挂、支承件的受力发生变化，并涉及与之相联的邻近炉管也产生附加的应力。严重的话，会造成过热部分的炉管及其邻近的相联炉管的变形、支承及吊挂件的断裂。

9）热疲劳。工作温度较高的炉管及管件，当其结构上存在壁厚较厚，有几何断面突变，有异种钢焊接时，在介质或烟气温度有较大的或较快的变化时，在上述部位会产生由局部热应力所引起的热疲劳损伤。这种疲劳作用属于大应力的低周疲劳。一般在炉子运行 5~6a 后会发生因此种热疲劳作用所引起的开裂。较突出的，最为典型的是转化炉、制氢炉及乙烯裂解炉。这些炉子的管壁操作温度在 900~1100℃。每次开停工，温差很大。辐射管与猪尾管、集合管与猪尾管、炉管与炉管、炉管与弯头，其壁厚相差较大，有的相差 4~8 倍。在每次的正常的开停工过程中，尤其是紧急降温过程中，在这些结合部位就会产生一次很大的热应力。乙烯裂解炉必须经常烧焦、清焦，升降温较频繁，加之其炉管弯头壁厚达 20~40mm，材质为导热性能相对较差的奥氏体钢，炉管内壁如果已渗碳，渗碳层与未渗碳层有不同的热膨胀系数，在每一次清焦烧焦过程中，在这些部位就会产生一次较大的热应力作用。这种高温炉管及管件因温差引起的热应力远大于炉管内压所产生的膜应力。

图 3-11(a)~(e)所示为常用的 HK-40 的转化炉管和制氢炉管的失效过程。这种厚壁的离心浇铸管在应力作用下的断裂失效与大多数普通管式工业炉的失效有一个很大的区别是由于前者的管壁厚度较厚，壁厚太厚所引起的热应力在促进其产生开裂方面起了显著的作用。从离心铸管浇铸时的凝固过程看，外壁首先开始凝固，当内壁也开始凝固时，内外同时相向靠近，最后会集于靠近内壁某处[见图 3-11(b)]。由于此处是最后才凝固，所以其杂质和低熔点的混合物最多，晶间强度最低。一般来说，裂纹从此处产生。这是因为在介质作用及

温差应力的综合作用下，内壁应力大于外壁应力，所以裂纹首先从近内壁处的材料的最薄弱处开裂。裂纹产生后首先向内壁扩展，当内壁裂透后再转向外扩展。向外扩展的速度较缓慢一些。大量的实例证明，此类材料及工况的炉管，裂纹深度达壁厚的一半时，仍能安全使用一年以上。

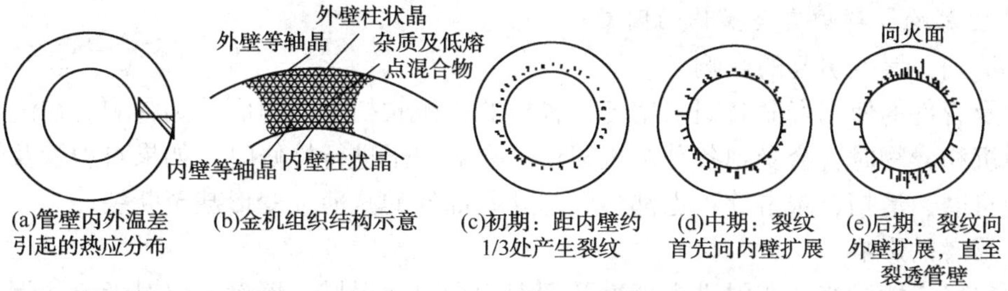

图 3-11　离心浇铸转化管失效示意图

10）热冲击。工作温度越是高的炉子，在紧急开停炉时越容易对炉管及其管件产生热冲击。最典型的例子是乙烯裂解炉的弯头。炉子的炉膛的工作温度约为 1100℃，炉管壁厚约 8~10mm，因考虑气体的冲刷作用，弯头的壁厚为 20~40mm 通常，裂解炉在紧急停炉时存在这样一种情况：停炉的联锁动作时，燃料及原料被切断，但是炉管内仍通入 200~300℃的冷却蒸汽，而全部辐射段炉膛及炉管仍为 1000℃左右，热容量仍很大。由此会对炉管及弯头的内外壁产生很大的温差。由于弯头的管壁最厚，热冲击产生的应力也最大。图 3-12 所表示的损坏例子正是由上述的热冲击所致。

11）燃烧产物的影响。管式工业炉因燃料燃烧所引起的腐蚀问题主要取决于燃料的特性。当燃料气或燃料油中的硫含量较高时，在辐射段炉管的外表面就会沉积一层硫酸盐。这层硫酸盐在炉子运行时并没有什么特别严重的害处。但是在炉子停工时，一旦这一层沉积物的温度下降时，就会显示出很强的吸水性能，从大气中吸收水分，形成硫酸，对与之接触的金属产生很强的腐蚀。硫含量高对对流段也会造成危害：当运行中的管子表面的温度达到露点温度时，管子的外表面会受到酸腐蚀。

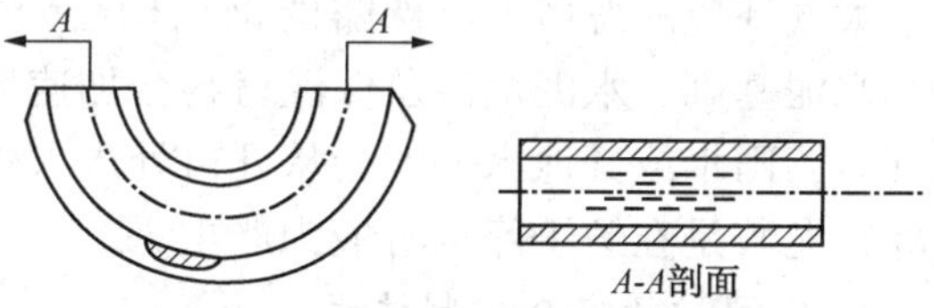

图 3-12　乙烯裂解炉弯头的热冲击内壁开裂示意图

当燃料中的钒含量很高时，炉管温度在 650~760℃范围时，会产生非常迅速的五氧化二钒的腐蚀。五氧化二钒沉积于高温炉管的外表面，并渗入炉管金属内，使之熔化。燃料中的上述有害元素对炉体及烟囱也会带来危害。当炉子内的耐火砖或保温层失效或炉子处于正压操作时，常温的金属构件由于长期暴露于这种烟气气氛中，会受到烟气的侵蚀。如果这种烟气从不同的部位漏出，烟气会在低于露点温度的金属件及外壁上冷凝下来。当炉子停工时，这种冷凝物吸潮形成酸，加速了炉子外壁及吊挂件的腐蚀。当这种烟气灰尘在中等程度的高温下与耐火砖接触时，会发生熔解反应，产生有些像流体一样的渣。钒与钼的氧化物就是这类熔化剂。这种造渣过程至少造成三方面的恶化：一使耐火砖熔化；二使有害物质渗入耐火砖内；三使砖发生化学反应。这三方面的影响的最终结果是使耐火砖的有效厚度减薄，隔热性能降低，最终使钢结构及支撑件承受更高的温度。

含硫的烟气对烟囱、烟道的内壁会产生很严重的损坏作用。当烟气达到烟囱的某一高度，温度降至露点温度时，会产生冷凝液滴，燃烧产物与之结合形成弱硫酸及碳酸，对钢制烟囱产生非常严重的腐蚀作用。在炉子运行时，只是温度在露点以下的部分烟囱会受到腐蚀，而在炉子处于冷态时，则是整段烟囱及烟道都受到这种腐蚀。

2. 其他影响裂解炉安全操作的因素

（1）清扫、置换引起的影响

炉管及管件的使用寿命会因采用各种各样的机械吹扫、清扫而受到影响。在清除内外积焦及其他沉积异物时，会受到各种机械损伤。在对炉子进行检修时，如果对炉管及管件进行不合理的打磨、清扫、敲击等，也都会引起这些部件的减薄、变形甚至断裂。

（2）爆燃的影响

在辐射段未能燃烧的燃料进入烟道及烟囱后会引起爆燃。爆燃不仅对烟道、烟囱直接产生很大的气体冲击力，对对流段的管束，甚至辐射段的炉墙也会因此承受冲击力。

（3）振动的影响

如果炉子离大型往复运动设备太近，或炉子本身有强烈的振动，首先受到影响的是炉子的烟囱。此时应考虑烟囱的疲劳影响。

（4）大气环境的影响

大气中的环境湿度、含盐量以及工业烟尘含量都会对炉子，尤其是炉子的本体的钢结构产生直接的危害。从地理位置角度看，某台炉子可能不会有湿度大引起的损坏问题。但是，如果炉子离凉水塔或冷却水太近，又处于其风向的下游时，同样会因环境因素受到腐蚀。

大气环境的恶劣，对裸露的钢结构会使之生锈。已刷了漆的，其表面会加速老化、冲蚀。水泥基础、水泥烟囱及保温材料会加速风化。炉子的外壳、外壁如果因这种侵蚀严重引起开口，雨水或其他水分就会从开口处进入炉子，引起炉内耐火材料、保温材料及金属件的损坏，尤其是在炉子停工时最为严重。

3. 裂解炉的安全控制技术

裂解炉生产乙烯过程是大型、连续、各工序密切相关的生产过程，要求工艺系统稳定操作，只靠一般的测量仪表、手动调节或单回路自动调节已不能满足生产的要求。为此，近代大型工厂都广泛采用计算机来控制生产。测量生产过程的参数，进行二次分析、综合、判断和数据处理，并按照预先给定的数学模型进行运算，根据运算结果，调整常规调节器的给定值，实现过程的闭环控制。

裂解炉的计算机控制方案是对反应温度、稀释蒸汽比、运转周期等进行控制。除了配备大量的工艺参数测温和报警联锁系统外，还必须设置有关的调节系统。其中有：①总原料油温度调节系统；②总稀释蒸汽压力调节系统；③总燃料气压力调节系统；④总燃料抽压力调节系统；⑤炉顶火嘴、侧壁火嘴用的燃料油压力调节系统；⑥炉顶火嘴、侧壁火嘴用的燃料油与雾化蒸汽间压差调节系统；⑦各组炉管进料流量调节系统；⑧各组炉管稀释蒸汽注入流量调节系统；⑨炉膛负压调节系统；⑩裂解炉出口温度凋节系统。

4. 裂解炉的结焦与清焦

管式裂解炉主要是由炉体和裂解管两部分组成，炉体由耐火材料及钢构件砌筑，分辐射和对流两室，在辐射室炉壁的一定部位安装有一定数量的烧嘴，裂解管布置在辐射室内。原料预热管安装在对流室内。石油烃类裂解过程由于聚合、缩合等二次反应的发生，不可避免地会结焦，积附在裂解炉管的内壁上，结焦程度随裂解深度的加深而加剧，且与烃分压、原料重质化等有关，有时结成坚硬的环状焦层，管子内径变小、阻力增大，使进料压力增加、管壁温度升高，严重时炉管烧穿，介质大量泄漏，易引起火灾或爆炸事故。炉管结焦后，由于焦层不易导热，使加热炉效率下降，炉管出现局部过热，甚至烧穿，这种事故应尽量避免。

炉管结焦的现象如下：

① 炉管投料量不变的情况下，进口压力增大，压差增大。

② 从观察孔可看到辐射室裂解管臂壁上某些地方因过热而出现光亮点。

③ 投料量不变及管出口温度不变但燃烧耗量增加，管壁及炉膛温度升高。

④ 裂解深度加深，裂解气中乙烯的含量下降。

随着裂解的进行，焦的积累量不断增加，会堵塞管道，影响安全生产，应及时进行清焦。清焦的方法有停炉清焦作业法和不停炉清焦法。停炉清焦法是将进料切断后，用惰性气体和水蒸气清扫管线，逐渐降低炉温，然后通入蒸汽、空气烧焦；停炉清焦法将进料及出口裂解气切断(离线)后，用惰性气体和水蒸气清扫管线，逐渐降低炉温，然后通入空气和水蒸气烧焦，反应式为：

$$C+O_2 \longrightarrow CO_2$$

$$C+H_2O \longrightarrow CO+H_2$$

$$CO+H_2O \longrightarrow CO_2+H_2$$

由于氧化(燃烧)反应是强放热反应，故需加入水蒸气以稀释空气中氧的浓度，以减慢燃烧速度。烧焦期间，不断检查出口尾气的二氧化碳含量，当二氧化碳浓度低至0.2%(干基)以下时，可以认为在此温度下烧焦结束。在烧焦过程中，裂解管出口温度必须严加控制，不能超过750℃，以防烧坏炉管。

坚硬的焦块有时需用机械方法除去，机械除焦法是打开管接头，用钻头刮除焦块，这种方法一般不用于炉管除焦，但可用于急冷换热器的直管除焦。机械除焦劳动强度较大。不停炉清焦法是一种改进。有交替裂解法和水蒸气、氢气清焦法等。交替裂解法是在使用重质原料(如轻柴油等)裂解一段时间后有较多的焦生成需要清焦时，切换轻质原料(如乙烷)去裂解，并加入大量水蒸气，这样可以起到裂解和清焦的作用。当压降减小后(焦已大部分被清除)，再切换为原来的裂解原料。水蒸气、氢气清焦法即定期将原料切换成水蒸气、氢气。

此外，近年研究抑制结焦添加剂，以抑制焦的生成。抑制结焦添加剂是某些含硫化合物，包括$(C_4H_9)_2SO_2$、$(CH_2)_2S_2$、噻吩、Na_2S水溶液、$(NH_4)_2S$、$Na_2S_2O_3$、$(NH_4)_2S_2O_8$、硫黄加水、KHS_2O_4、$(CH_3)_2SO$加水等。这些物质添加量很少，能起到抑制结焦的作用，但如添加量过大，则会腐蚀炉管。一般液体原料中加入0.05%~0.2%(质)的硫或含硫化合物。

但当裂解温度很高时(例如850℃)，温度对结焦的生成是主要的影响因素，抑制剂就不能起作用了。

清焦时备有蒸汽吹扫管线和灭火管线。设置紧急放空管和放空罐，防止因阀门不严或设备腐蚀漏气造成事故。如果停水和水压不足，或因误操作气体压力大于水压而冷却失效，会造成处于高温下的裂解气烧坏设备而引起火灾。应配备两路电源和两路水源。操作时，要保证水压大于气压，发现停水或气压大于水压时要紧急放空。

不停炉清焦法有交替裂解法和水蒸气、氢气清焦法。

3.2 裂解气的深冷分离技术

3.2.1 裂解气的分离过程

3.2.1.1 裂解气的组成及分离要求

以石油馏分油、天然气、油田气、炼油厂气等为原料进行裂解，其裂解气是很多组分的混合气体。石油烃裂解气的组成决定于原料组成、裂解方法、裂解条件。不同的原料组成，不同的裂解方法，不同的裂解条件，得到的裂解气组成是不一样的。即使是同一种原料组成，同一种裂解方法，裂解条件变化，得到的裂解气组成也是不同的。几种常用裂解原料所得的裂解气组成见表3-14。

表3-14 不同裂解原料得到的几种裂解气组成(裂解气压缩机进料)

裂解原料	乙烷	石脑油	轻柴油	减压柴油
转化率	65%	中深度	中深度	高深度
组分	百分组成/%(摩尔)			
H_2	34.00	14.09	13.18	12.75
$CO+CO_2+H_2S$	0.19	0.32	0.27	0.36
CH_4	4.39	26.78	21.24	20.89
C_2H_2	0.19	0.41	0.37	0.46
C_2H_4	31.51	26.10	29.35	29.62
C_2H_6	24.23	5.78	7.58	7.03
C_3H_4	0.08	0.48	0.54	0.48
C_3H_6	0.48	10.3	11.42	10.34
C_3H_8	0.30	0.34	0.36	0.22
C_4H_6	0.08	1.51	1.84	1.95
C_4H_8	0.06	3.03	3.05	3.06
C_4H_{10}	0.04	0.31	0.32	0.35
C_5	0.09	1.04	0.51	1.29
C_4~204℃馏分		4.53	4.58	5.05
H_2O	4.36	4.98	5.40	6.15
合计	100	100	100	100

裂解气分离的主要目的就是通过一定的分离手段，分离开裂解气中的主要组分，脱除有害杂质；特别是要获得高纯度的乙烯、丙烯、丁二烯，为基本有机化工、高分子化工、精细化工等行业提供符合质量要求的基本原料。

工业上对乙烯、丙烯、丁二烯有严格的纯度要求，见表3-15、表3-16。

表 3-15 聚合级乙烯的纯度规格

组　分	单位	A	B	C
C_2H_4	%(摩尔)	≥99.9	≥99.9	99.9
CH_4	$\times10^{-6}$	1000	500	<1000
C_2H_6	$\times10^{-6}$		500	
C_3H_6	$\times10^{-6}$	<250		<50
C_2H_2	$\times10^{-6}$	<10	<10	2
S	μg/g	<10	<4	<1
H_2O	μg/g	<10	<10	<1
O_2	μg/g	<5		<1
CO	$\times10^{-6}$	<10		<5
CO_2	$\times10^{-6}$	<10	<100	<5

表 3-16 聚合级丙烯的纯度规格

组　分	单位	A	B	C
C_3H_6	%(摩尔)	≥99.9	≥99.9	99
C_2H_4	$\times10^{-6}$	<50	<5000	
C_4H_6	$\times10^{-6}$	<20	<30	
C_3H_4	$\times10^{-6}$	<5	<10	<10
C_2H_6	$\times10^{-6}$		<100	
C_3H_8	$\times10^{-6}$	<5000	<5000	
S	$\times10^{-6}$	<1	<10	<5
CO	$\times10^{-6}$	<5	<10	<10
CO_2	$\times10^{-6}$	<5	<1000	<20
O_2	$\times10^{-6}$	<1	<5	
H_2	$\times10^{-6}$		<10	
H_2O	$\times10^{-6}$		<10	<10

3.2.1.2 裂解气的深冷分离

目前，工业上常采用的裂解气分离方法有油吸收分离法(技术经济指标与产品纯度均不如深冷分离法)和深冷分离法两种分离方法。这里重点介绍深冷分离法。

深冷分离法的原理是在-100℃左右的低温下将裂解气中除甲烷和氢以外的其他烃全部冷凝下来，然后利用裂解气中各种烃类的不同相对挥发度，用精馏方法在适当的条件下将各组分逐一分离开来。由于深冷分离法技术经济指标先进、产品收率高、质量好，尽管投资较大、流程较复杂、需大量耐低温合金钢材，仍被各国石油化工企业广泛采用。由表 3-13 可见，裂解气是很复杂的混合物，要从这样复杂的混合物中分离出高纯度的乙烯、丙烯等产品，需要进行一系列的净化和分离过程。图 3-13 是深冷分离流程的示意图，图中净化位置可以变动，精馏塔数多少及位置安排也是多方案的，但就其分离过程来说，可以概括为三大部分。

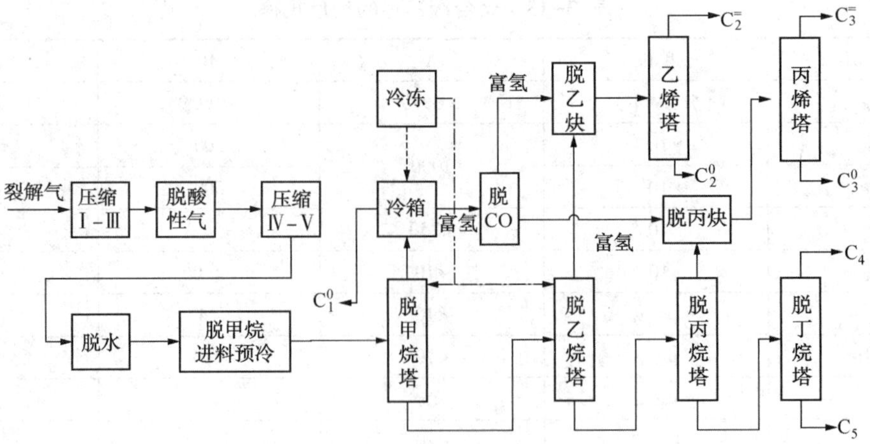

图 3-13　深冷分离流程示意图

1）裂解气净化系统：包括脱除酸性气体、脱水、脱炔和脱一氧化碳；

2）压缩和冷冻系统：裂解气加压降温，为裂解气分离创造条件；

3）精馏分离系统：包括一系列的精馏塔，以便分离开甲烷、乙烯、丙烯、碳四馏分及碳五馏分。

3.2.2　裂解气压缩过程与安全

裂解气在分离前都要进行预处理，其内容包括裂解气压缩、酸性气体脱除、脱水、脱炔烃和脱一氧化碳等。裂解气压缩是裂解气预处理的一个重要工序，也是首先要进行的工序。

3.2.2.1　裂解气压缩的目的

裂解气中的许多组分在常压下都是气体，其沸点都很低，见表 3-17。如果在常压下进行各组分的冷凝分离，则需很低的温度，需消耗大量的冷量。为了使分离温度不致太低，可以适当提高分离压力。

表 3-17　裂解气中主要组分的主要物理常数

名称	分子式	沸点/℃	临界温度/℃	临界压力/MPa	名称	分子式	沸点/℃	临界温度/℃	临界压力/MPa
氢气	H_2	-252.5	-239.8	1.307	异丁烷	$i\text{-}C_4H_{10}$	-11.7	135	3.696
一氧化碳	CO	-191.5	-140.2	3.496	异丁烯	$i\text{-}C_4H_8$	-6.9	144.7	4.002
甲烷	CH_4	-161.5	-82.3	4.641	1-丁烯	C_4H_8	-6.26	146	4.018
乙烯	C_2H_4	-103.8	9.7	5.132	1，3-丁二烯	C_4H_6	-4.4	152	4.356
乙烷	C_2H_6	-88.6	33.0	4.924	正丁烷	$n\text{-}C_4H_{10}$	-0.50	152.2	3.780
乙炔	C_2H_2	-83.6	35.7	6.254	顺-2-丁烯	C_4H_8	3.7	160	4.204
丙烯	C_3H_6	-47.7	91.4	4.600	反-2-丁烯	C_4H_8	0.9	155	4.102
丙烷	C_3H_8	-42.07	96.8	4.306					

压缩过程是通过对裂解气的压缩做功，提高压力使其裂解气各组分的沸点相应升高（不同压力下裂解气中某些组分的沸点见表 3-18）从而提高深冷分离的操作温度，节约低温能量和低温钢材。裂解气经压缩冷却后，会产生部分裂解气凝液，凝液主要是水分和重质烃。因此，裂

解气压缩能除去相当数量的水分和重质烃，为后续干燥和分离过程减少了负担。

表 3-18　不同压力下裂解气中某些组分的沸点　℃

组分	98.1MPa	981MPa	1471.5MPa	1962MPa	2452.5MPa	2943MPa
氢气	-263	-244	-239	-238	-237	-235
甲烷	-162	-129	-114	-107	-101	-95
乙烯	-104	-55	-39	-29	-20	-13
乙烷	-88	-33	-18	-7	3	11
丙烯	-47.7	9	29	37.1	43.8	47

工业生产中，裂解气的深冷分离温度与相应的压力有如下关系，见表 3-19。

表 3-19　裂解气的深冷分离温度与相应的压力对照

分离压力/MPa	分离温度/℃	分离压力/MPa	分离温度/℃	分离压力/MPa	分离温度/℃
3.0~4.0	-96	0.6~1.0	-130	0.15~0.3	-140

3.2.2.2　裂解气压缩的特点

裂解气压缩的特点主要表现在如下几个方面。

1）裂解气被压缩后，压力增高，温度也相应升高，裂解气中的烯烃和二烯烃等，在压缩升温后容易聚合、结焦。这些聚合物和结焦物积聚在压缩机的零部件上，造成压缩机的阀片堵塞、气缸磨损，使压缩机润滑油的黏度下降，从而破坏压缩机的正常运行。因此，裂解气压缩后的气体温度必须有一定限制。同时在每段压缩机入口喷入雾化油，使喷入量正好湿润压缩机通道，以防聚合物和焦油沉积。

2）为了节省能量，降低压缩消耗功，裂解气压缩采用多段压缩，段与段中间设置有中间冷却器和气液分离罐，一方面降低下一段压缩机入口温度，另一方面分离出液化的组分，防止液体进入压缩机。

3）裂解气压缩基本上属于一个绝热过程，压缩机出口温度可由气体绝热方程算出。

$$T_2 = T_1 \left(\frac{p_1}{p_2}\right)^{\frac{k-1}{k}}$$

式中　T_1，T_2——压缩机进出口温度；

p_1，p_2——压缩机进出口压力；

k——绝热指数，$k=c_p/c_v$，c_p 为恒压热容，J/(mol·K)；c_v 为恒容热，J/(mol·K)。

4）裂解气是易燃易爆的混合气体，与空气混合达到一定浓度范围时，遇火种或高温将引起爆炸。因此，必须采用采取严格的防爆措施。

5）裂解气对压缩机润滑油有一定的稀释能力，使润滑油的黏度和闪点下降，导致压缩机运转不正常和不安全。在生产操作过程中要定期对润滑油进行严格检查，对不合格的润滑油要及时更换。

3.2.2.3　压缩机的选用

压缩机是乙烯装置的心脏，通常说的三机是指裂解气压缩机、丙烯制冷压缩机和乙烯制冷压缩机。裂解气压缩机将裂解气压缩到2.94~3.92MPa的压力(表)，使裂解气易于液化以便分离。丙烯压缩机和乙烯压缩机分别以丙烯和乙烯为制冷剂，为分离系统提供降温所需冷量。

离心式压缩机又称透平压缩机，没有气阀、填料、活塞环等易损件，加工及制造成本较为经济；其转速通常在3500~12000r/min，最高可达15000r/min，可直接用同转速透平机驱动，无需变速装置。透平压缩机噪声较小、压力稳定，但流量小时会产生喘振。透平压缩机运行稳定可靠，维修期为1~3a，因此可单机运转，省去备用机组。透平压缩机吸入状态的最大流率可达3×10^5~$4.5\times10^5m^3/h$，排气压力可达29.23~49.04MPa。因此，大型乙烯装置的三机都采用离心式压缩机。

3.2.2.4 裂解气压缩工艺过程

工业上裂解气压缩机一般为4段或5段压缩。裂解气压缩流程的选择，取决于裂解气的组成和所选用的气体分离流程。图3-14为某大型乙烯装置中顺序分离流程的压缩工艺流程。

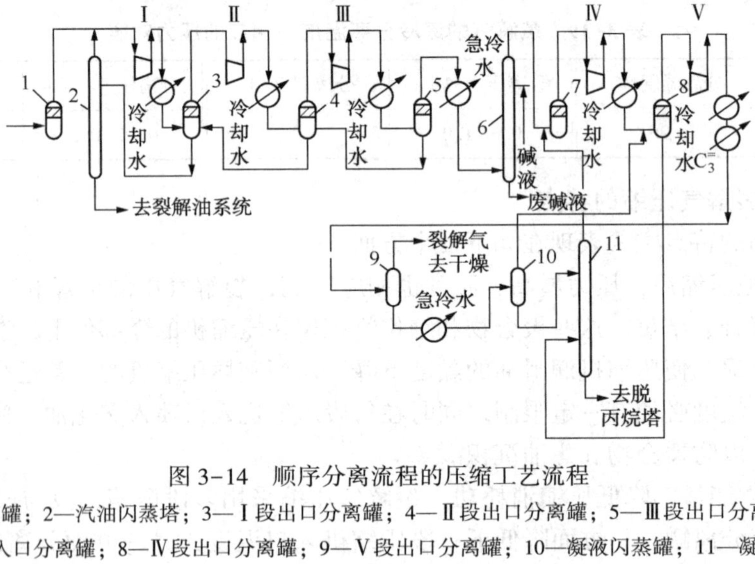

图3-14 顺序分离流程的压缩工艺流程

1—Ⅰ段入口分离罐；2—汽油闪蒸塔；3—Ⅰ段出口分离罐；4—Ⅱ段出口分离罐；5—Ⅲ段出口分离罐；6—碱洗塔；7—Ⅳ段入口分离罐；8—Ⅳ段出口分离罐；9—Ⅴ段出口分离罐；10—凝液闪蒸罐；11—凝液汽提塔

裂解气由Ⅰ段分离罐进入压缩机Ⅰ段，压缩后经Ⅰ段出口冷却器冷却至38℃，再经Ⅰ段出口分离罐分出冷凝液后进入压缩机Ⅱ段。Ⅱ段压缩后仍冷却到38℃，经Ⅱ段出口分离罐分出凝液后进入压缩机Ⅲ段。Ⅲ段压缩后再冷到38℃分出凝液，气体进碱洗塔脱除酸性气体。为了控制进入碱洗塔气体的温度，气体进塔前经过一换热器，用来自急冷水塔80℃的急冷水将裂解气加热到42℃。Ⅲ段出口分离罐的凝液送入Ⅱ段出口罐，闪蒸后连同Ⅱ段出口罐的凝液一起送Ⅰ段出口分离罐闪蒸，然后一并送往汽油闪蒸塔。闪蒸塔顶气体进入压缩机Ⅰ段，塔底重烃送裂解汽油系统。碱洗塔顶气体经Ⅳ段入口分离罐除去夹带的雾沫后，汇同来自凝液汽提塔顶气体进入压缩机Ⅳ段。压缩后经Ⅳ段冷却器后进入分离罐分出凝液，液体去凝液汽提塔，气体去压缩机Ⅴ段。Ⅴ段压缩后压力已达3.53MPa，气体先经水冷，再用丙烯冷却到15℃后，进入Ⅴ段出口分离罐。其气体送分离系统，凝液经换热器加热后送闪蒸罐闪蒸，罐顶气体返回压缩机Ⅴ段入口，液相送凝液汽提塔，釜液送往脱丙烷塔。

当选用前脱丙烷分离流程时，压缩工艺流程如图3-15所示。裂解气经三段压缩、碱洗塔、干燥塔后进入脱丙烷塔。脱丙烷塔釜液与汽油汽提塔釜液去脱丁烷塔分离出丁烷以上的重组分。脱丙烷塔顶丙烷以下的轻组分去Ⅳ段和Ⅴ段压缩后进入分离系统。

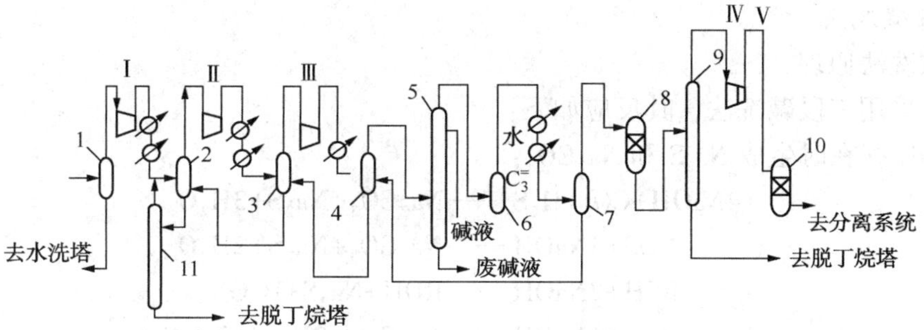

图 3-15　前脱丙烷分离流程时的压缩工艺流程图

1—Ⅰ段入口分离罐；2—Ⅱ段入口分离罐；3—Ⅲ段入口分离罐；4—Ⅲ段出口分离罐；5—碱洗塔；6—碱洗塔出口气体分离罐；7—低压干燥入口分离罐；8—低压分子筛干燥器；9—脱丙烷塔；10—高压分子筛干燥器；11—汽油汽提塔

3.2.3　裂解气的净化

3.2.3.1　酸性气体的脱除

裂解气中的酸性气体主要指 CO_2 和 H_2S，此外还有少量的有机硫化物如 CS_2、硫醇和硫醚(RSH 和 RSR′)、氧硫化碳(COS)、噻吩等。

裂解气中的 H_2S，一部分由裂解气原料带来，另一部分由裂解原料中所含的有机硫化物在高温裂解过程与氢发生氢解反应而生成的。如：

$$RSH+H_2 \longrightarrow RH+H_2S$$

裂解气中 CO_2 的来源有：

1）CS_2 和 COS 在高温下与稀释蒸汽发生水解反应：

$$CS_2+2H_2O \longrightarrow CO_2+2H_2S$$

$$COS+H_2O \longrightarrow CO_2+H_2S$$

2）裂解炉管中的焦炭与水蒸气作用：

$$C+2H_2O \longrightarrow CO_2+2H_2$$

3）烃与水蒸气作用：

$$CH_4+2H_2O \longrightarrow CO_2+4H_2$$

H_2S 对设备和管道会产生腐蚀，并可使干燥用的分子筛、加氢脱炔催化剂中毒失活，缩短其使用寿命。CO_2 不仅能使催化剂中毒，而且在深度冷冻时可形成干冰，堵塞设备和管道。因此，裂解气在分离前必须先脱除酸性气体。

工业上通常采用溶剂吸收方法除去裂解气中的酸性气体。选用的溶剂应对 CO_2 和 H_2S 等酸性气体的溶解度大、反应性能强，而对裂解气中的烃类溶解度小，不起化学反应，即选择性好。此外，还要求溶剂挥发度小、腐蚀性小、易分离回收、无毒、不易燃烧和爆炸、来源广、价格低廉等。工业上常用的溶剂有 NaOH 溶液、乙醇胺溶液和 *N*-甲基吡咯烷酮等。当裂解气中酸性物质含量不高时，用 NaOH 溶液作溶剂比较经济。当裂解气中酸性物质含量高时，可考虑采用乙醇胺溶液脱除含硫量的 90%~95%，残留的 5%~10%再用碱液脱除。采用乙醇胺溶液可减少新鲜碱液的消耗，减少废碱液排放，有利于保护环境，但必须增加一套胺洗和再生系统，增加设备投资和运行费用。

1. 三段碱洗法

(1) 碱洗法原理

碱洗常采用三段碱洗法，其反应如下：

当 NaOH 存在时生成 Na_2S 和 Na_2CO_3：

$$4NaOH+CO_2+H_2S \longrightarrow Na_2CO_3+Na_2S+3H_2O$$

$$COS+4NaOH \longrightarrow Na_2CO_3+Na_2S+2H_2O$$

$$RSH+2NaOH \longrightarrow ROH+Na_2S+H_2O$$

$$CS_2+6NaOH \longrightarrow Na_2CO_3+2Na_2S+3H_2O$$

当 NaOH 消耗后，Na_2S 和 CO_2、H_2S 进一步反应生成 Na_2CO_3和 NaHS：

$$3Na_2S+CO_2+H_2S+H_2O \longrightarrow Na_2CO_3+4NaHS$$

当 Na_2S 耗尽后，Na_2CO_3与 H_2S、CO_2可继续反应生成 $NaHCO_3$和 NaHS：

$$2Na_2CO_3+H_2S+CO_2+H_2O \longrightarrow 3NaHCO_3+NaHS$$

上述三段碱洗法即“长尾曹达法”，具有 NaOH 耗量少的特点。而且碱洗塔釜不存在 NaOH，从而减少了腐蚀。但此法操作必须十分小心，要严格控制最下一段废碱液中 $NaHCO_3$含量。因 $NaHCO_3$含量过高会结晶析出，造成设备和管道的堵塞。最后一段废碱液组成一般应为 $c_{NaHS}=20\%$，$c_{Na_2S}=1.3\%$，$c_{Na_2CO_3}=0.69\%$，$c_{Na_2S_2O_3}=0.25\%$，$c_{NaHCO_3}=1.5\%$，$c_{H_2O}=76.26\%$。

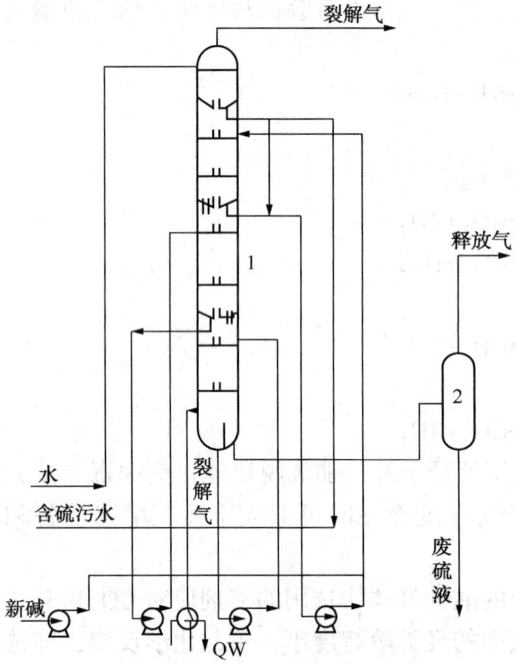

图 3-16 三段碱洗法工艺流程简图

1—碱洗塔；2—脱气罐；QW—急冷水

(2) 碱洗法流程

三段碱洗法工艺流程如图 3-16 所示。碱洗塔(1)分为 4 段，上段用水洗除去裂解气中夹带的碱液。下部三段为碱洗段。上碱洗段 NaOH 浓度为 20%左右，碱液浓度逐段下降，最下一段 NaOH 浓度为零。各段用泵打循环，新鲜碱液用补充碱液泵连续送入碱洗塔的最上段。自塔釜排出的废液进入脱气罐(2)，在减压下脱出溶解于废碱液中的烃类，废碱液送处理装置。经三段碱洗和一段水洗后的裂解气送压缩机继续压缩、脱水、脱重烃，再送干燥系统。温度低有利于碱液对酸性气体的吸收，但温度过低会使烃凝于碱液中，引起碱液乳化，影响吸收效果。因此裂解气体进入碱洗塔前要进行加热，使裂解气温度稍高于其露点温度。

(3) 碱洗法操作条件

碱洗法操作压力一般为 1.0~2.0MPa，若碱洗塔置于压缩机三段出口处，操作压力为 1.0MPa；若碱洗塔置于压缩机四段出口处，操作压力为 2.0MPa。从脱除酸性气体的要求来看，压力大是有利的，这样可以有效减小吸收塔的尺寸，提高吸收率，减小循环碱液量。

碱液温度一般为 30~40℃，温度低不仅脱除有机硫的效果差，且 C_4以上馏分会冷凝入碱液中。

2. 乙醇胺法

(1) 乙醇胺法原理

脱除酸性物质的反应如下：

$$2RNH_2+H_2S \rightleftharpoons (RNH_3)_2S$$
$$(RNH_3)_2S+H_2S \rightleftharpoons 2RNH_3HS$$
$$2RNH_2+CO_2+H_2O \rightleftharpoons (RNH_3)_2CO_3$$
$$(RNH_3)_2CO_3+CO_2+H_2O \rightleftharpoons 2RNH_3HCO_3$$
$$2RNH_2+CO_2 \rightleftharpoons RNHCOONH_3R$$

(2) 乙醇胺法工艺条件控制

1) 乙醇胺浓度：乙醇胺浓度一般控制在5%~10%。乙醇胺浓度低时，脱酸效果差，不利于气体的净化；采用过高的浓度(如>15%)，容易引起“发泡”现象，降低吸收效率。

2) 乙醇胺负荷：乙醇胺负荷是指每摩尔乙醇胺中所含酸性气体的多少。一般控制乙醇胺负荷不超过0.5mol酸性气体/mol胺，否则会产生过多的碳酸氢盐，从而产生游离的CO_2，降低溶液的pH值，加速对设备的腐蚀。对碳钢设备，乙醇胺负荷控制在0.33~0.35mol酸性气体/mol胺为宜。

3) 操作温度：吸收过程中一般采用35~45℃的操作温度，温度高对吸收过程不利；吸收剂再生温度控制在110~116℃，温度高时会造成设备的腐蚀。

4) 操作压力：高的压力有利于吸收，由于吸收塔置于压缩机某段(Ⅲ或Ⅳ段)出口，吸收过程的压力取决于某段(Ⅲ或Ⅳ段)压缩机出口压力，不作其他调整。低的压力有利于解吸，再生过程压力一般控制在137~140kPa(表)为宜。

(3) 胺洗工艺流程

胺洗、碱洗联合流程的胺洗部分如图3-17所示。乙醇胺加热至45℃后送入吸收塔的顶部。裂解气中的酸性气体大部分被乙醇胺溶液吸收后，送入碱洗塔进一步净化。吸收了CO_2和H_2S的富液由吸收塔釜采出，向富液中注入少量洗油以溶解富液中重质烃及聚合物。富液和洗油经分离器分离洗油后，泵入汽提塔解吸。汽提塔解吸出的酸性气体经塔顶冷却器冷却回收凝液后放空。解吸后的贫液返回吸收塔循环吸收。

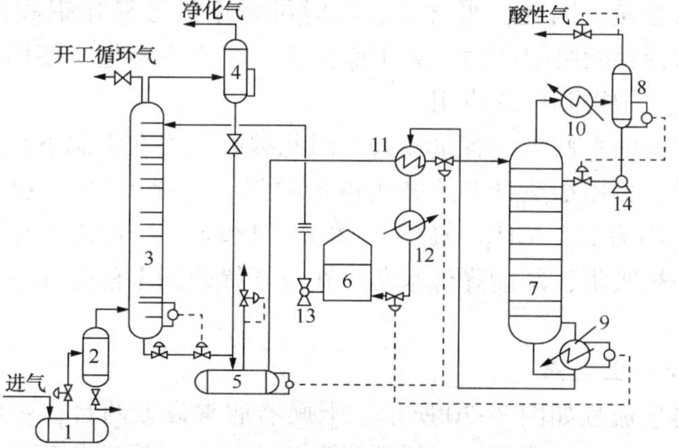

图3-17 乙醇胺脱除酸性气工艺流程

1—分离器；2—分液器；3—吸收塔；4—分离器；5—中间闪蒸罐；6—乙醇胺储槽；7—再生塔；8—回流槽；9—再沸器；10—冷凝器；11—热交换器；12—冷却器；13—循环泵；14—回流泵

3.2.3.2 裂解气脱水

1. 裂解气中水分的来源

在裂解过程中加入了大量的水蒸气作为稀释蒸汽，虽然在裂解气预分离和压缩过程中大量水分已被分离掉，但仍然有少量水分存在于裂解气中，碱洗过成中亦有部分水分进入裂解气。操作温度下饱和水分存在，一般质量分数为400~700μg/g。

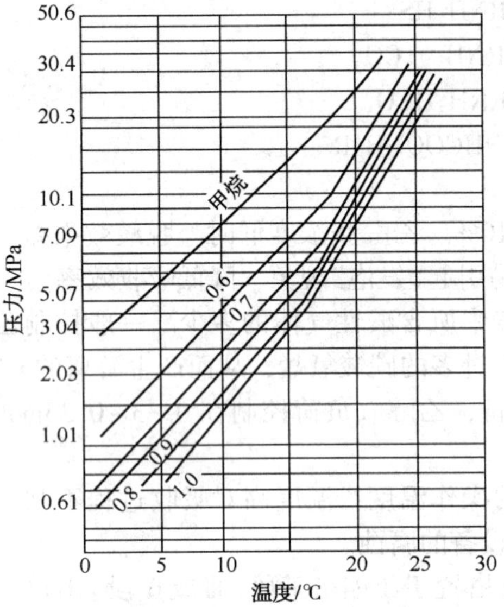

图 3-18 温度、压力对生成烃类水合物的影响

图中曲线为不同相对密度的天然气

2. 水分的危害

当深冷分离温度降到-100℃左右时，残留的水就会结冰堵塞管道，还可与烃类反应生成 $CH_4\cdot6H_2O$，$C_2H_6\cdot7H_2O$，$C_3H_8\cdot7H_2O$，$C_4H_{10}\cdot7H_2O$ 等水合物。这些水合物冻结在管道、器壁、塔板上，影响分离过程正常运行。另外，高纯度乙烯和丙烯产品对水含量有严格规定，因此必须对裂解气进行严格的干燥脱水才能满足生产要求。温度、压力对烃类水合物形成的影响如图3-18所示。图中，各平衡曲线以上区域为水合物结晶生成区，曲线以下则是水与烃类共存区。从图中可看出，气体相对密度越大、温度越低、压力越高，越容易生成水合物。为防止水合物的生成，必须使水蒸气的分压小于结晶水合物的蒸气压，同时气体干燥后的露点至少要比生产时的操作温度低5~7℃。裂解气深冷分离过程一般要求干燥后的露点在-70℃以下。

3. 裂解气脱水

在乙烯装置中，裂解气干燥都采用固体干燥剂吸附法。干燥剂主要是分子筛和活性氧化铝。图3-19绘出了2种不同干燥剂的吸附等温曲线和吸附等压曲线。由图可知，脱除气体中的微量水以分子筛的吸附容量最大。随着水含量的增多，活性氧化铝吸附水容量增加，且可超过分子筛的吸附容量。因此，水含量较高时可采用活性氧化铝和分子筛串联的脱水流程。分子筛具有高选择性的吸附能力、高干燥深度、大吸附容量、使用寿命长、操作方便等优点，所以在工业生产中得到广泛应用。

温度较低时分子筛的平衡吸附容量较大，因此裂解气可在常温下得到深度干燥。分子筛吸附水分达到饱和时，可用加热升温的办法进行脱附。为促进这一过程，可以用 N_2、CH_4、H_2 作再生载气，这是因为 N_2、CH_4、H_2 等气体分子比较小，可以进入分子筛的空穴内，又是非极性分子，不易被吸附，却能降低水蒸气在分子筛表面上的分压，起到携带水分子脱附的作用。

4. 分子筛脱水和再生流程

分子筛干燥和再生流程如图3-20所示。干燥器通常设置两台，一台进行干燥作业，另一台再生备用。裂解气自上而下通过干燥器进行脱水。当干燥器使用一段时间后，分子筛吸附量接近饱和，进口端先饱和，然后饱和线逐渐下移。吸附带移至一定高度时，就需对分子筛进行再生。再生气自上而下通过床层，缓慢升温至200~300℃，床层脱附也自上而下逐渐

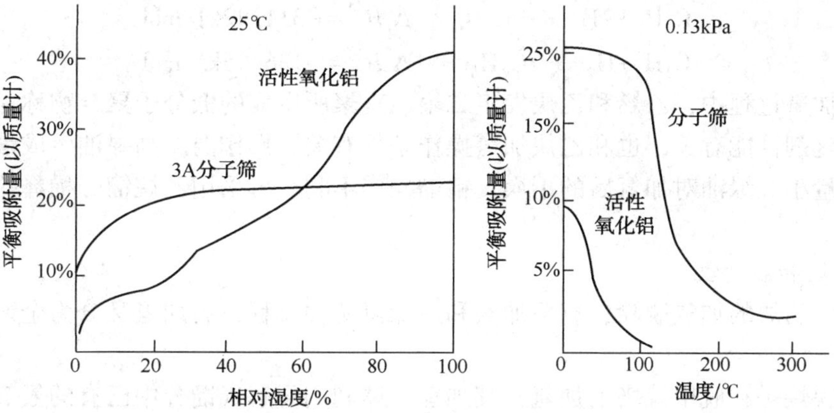

图 3-19　水的吸附等温曲线和吸附等压曲线

移动，吸附在分子筛外表面的少量烃类首先脱附，随着温度的升高，吸附水也逐渐脱附出来。用 3A 分子筛作干燥剂，干燥操作周期为 24h，再生周期小于 24h。

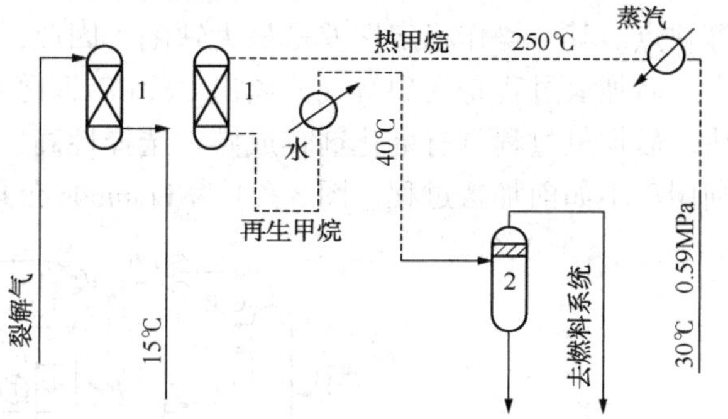

图 3-20　裂解气干燥及再生流程

1—干燥器；2—分离罐

分子筛的再生操作很重要，它关系到分子筛的活性和使用寿命。一方面，分子筛吸附水容量及其活性降低，主要是由于重质不饱和烃，尤其是二烯烃在分子筛表面积聚所致，故在分子筛干燥之前需将裂解气中重质烃脱除掉；另一方面在分子筛再生时，需将重质烃脱除彻底，为了排除吸附的重质烃，可进行增湿，用水蒸气排除吸附的烃类。

3.2.3.3　脱炔

裂解气中含有少量的乙炔、丙炔和丙二烯，一般乙炔含量为 2000～7000μL/L，丙炔含量在 1000～1500μL/L，丙二烯含量为 600～1000μL/L，它们都将严重影响产品质量。而且过多的乙炔积累可引起爆炸，因此必须在分离前将它脱除。工业上所采用的脱炔方法有选择加氢法和溶剂吸收法两种。不需要回收乙炔时，宜采用选择加氢法；需要回收乙炔时，则宜采用溶剂吸收法。

1. 催化加氢脱乙炔

裂解气中乙炔 C_2H_2 含量较少，但 C_2H_4 等含量较高，加氢脱炔一方面使 C_2H_2 加氢为 C_2H_4，另一方面，C_2H_4 也可能加氢为 C_2H_6，这样就要求使用选择性高的催化剂，使 C_2H_2 加氢为 C_2H_4，而限制 C_2H_4 加氢为 C_2H_6，以增加乙烯收率。

从化学平衡分析，C_2H_2 在热力学上是很有利的，几乎可以接近全部转化，使 C_2H_2 的浓度降低至 10^{-6} 级别。但同时要求选择性良好的催化剂，常用的是 $Pd/\alpha-Al_2O_3$ 催化剂，或是 $Ni-Co/\alpha-Al_2O_3$ 催化剂。

C_2H_2 在催化剂作用下可与 H_2 发生化学反应，使之变成 C_2H_4 或 C_2H_6，主要反应如下：

$$C_2H_2+H_2 \longrightarrow C_2H_4 \qquad \Delta_r H^{\ominus}=-174.47\text{kJ/mol}$$

$$C_2H_2+2H_2 \longrightarrow C_2H_6 \quad \Delta_r H^{\ominus}=-311.42\text{kJ/mol}$$

$$C_2H_4+H_2 \longrightarrow C_2H_6 \quad \Delta_r H^{\ominus}=-136.95\text{kJ/mol}$$

乙炔在加氢过程中，乙烯和乙炔发生二聚、三聚所生成的低分子聚合物称为绿油。绿油的生成与催化剂性能有关，也和乙炔加氢操作条件有关，操作温度高绿油生成量多，氢炔比大绿油生成量小。绿油对加氢后的干燥、精馏操作不利，可采用乙烷馏分稀释的办法减少绿油的生成。

2. 前加氢和后加氢

裂解气中乙炔的加氢脱除，有前加氢和后加氢两种流程，后加氢又分为全馏分加氢和产品加氢两种。

前加氢脱炔是在脱甲烷塔前加氢，其加氢气体利用裂解气馏分中已有的氢气，不需要外来补充，但乙烯损失量大。前加氢过程具有流程简单，投资省的优点。但也有操作不稳定，反应器体积大，丙烯、丁二烯加氢损失多，脱乙烷塔操作压力增加，以及催化剂生产周期短等缺点。其中操作稳定性差是最大缺陷。因此，目前工业上普遍采用后加氢工艺。

后加氢过程是在裂解气分离出 C_2和 C_3馏分后，再分别对馏分进行催化加氢，以脱除乙炔。后加氢过程具有催化剂较成熟、选择性高、使用寿命长，产品纯度较高等优点。但能量利用率不如前加氢过程。图 3-21 为 Lummus 公司开发的两段绝热床加氢工艺。

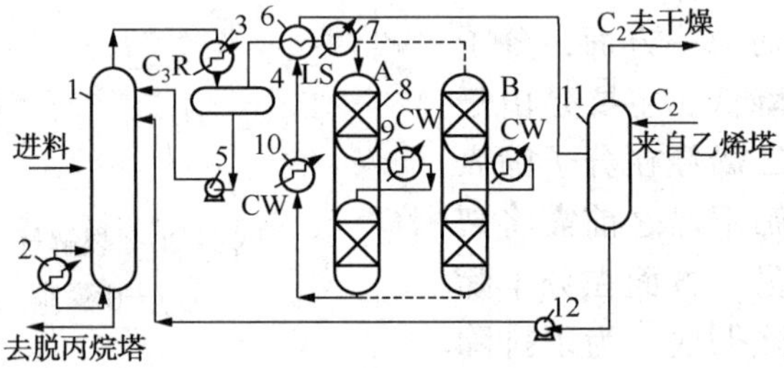

图 3-21　两段绝热床加氢工艺流程

1—脱乙烷塔；2—再沸器；3—冷凝器；4—回流罐；5—回流泵；6—换热器；7—加热器；8—加氢反应器；9—段间冷却器；10—冷却器；11—绿油吸收塔；12—绿油泵

来自脱乙烷塔的 C_2馏分含有 5000μL/L 的乙炔，和预热至一定温度的氢气相混合，进入一段加氢绝热反应器，有一段出来的气体再配入补充氢气，经过调解温度后，进入一段加氢绝热反应器。反应后气体经降温至-6℃左右，送去绿油洗涤塔，用乙烯塔侧线馏分洗涤气体中含有的绿油。脱除绿油的气体进行干燥，然后去乙烯精馏系统。

通常炔烃含量高时采用全馏分加氢，炔烃质量分数小于 1.5%(大多数裂解气小于 1%)时采用产品加氢。如果采用产品加氢而炔烃浓度高时，会因为加氢过程温升加大而出现超温现象，使绿油量增加，生产很不安全。Lummus 流程中将加氢反应分两段进行，段间设中间冷却器，可以保证生产安全稳定地进行。

C_3馏分中的丙炔和丙二烯是裂解过程中产生的，也可采用加氢法脱除。加氢的方法有气相加氢和液相加氢两种，已投产的大型乙烯装置多采用气相加氢，原理及方法和乙炔加氢工艺基本相同。

3. 后加氢流程工艺条件

1）反应温度：乙炔加氢反应器为绝热反应器。催化剂使用初期，其最佳选择性反应区域在较低温度范围。随着催化剂使用时间增长，催化剂活性下降，应该逐渐提高反应温度。当温度提高到一定值时，催化剂的活性、选择性明显下降，绿油生成量增加、乙烯损失增加、产品质量不稳定，此时必须对催化剂进行再生。通常反应器入口进料温度为27~93℃。

2）CO浓度：CO会使催化剂中毒，但由于CO吸附能力比乙烯强，可抑制乙烯在催化剂上吸附而加氢生成乙烷。所以其浓度并不要求太低，一般CO体积分数在1~10μL/L为宜。

3）氢炔比：当氢炔比过高，过剩的氢气会使乙烯加氢变成乙烷，降低乙烯的收率；如果氢量不足，会使乙炔加氢不完全，产生“漏炔”现象。适宜的氢炔比(摩尔比)一般为1.5~2.5，生产中以反应后的最终馏出物中剩余氢体积分数为500μL/L左右为控制指标。

4）飞温：如果反应器入口温度过高，或氢气加入量过多，将使乙烯加氢的反应增多，放出大量热而使反应床层温度急剧升高，这种现象称为“飞温”。为避免出现飞温，首先要调整好入口温度并控制氢气量。一旦出现飞温，应果断地切断氢气并停车处理，以免发生严重后果。

催化剂再生一般用蒸汽再生法，以蒸汽与催化剂质量之比1∶10的比例通入蒸汽，并以80℃/h的升温速度使床层温度达到370℃，吹除6~12h。然后以80℃/h的速度降温，使床层温度降为200℃，切断蒸汽，再进行干燥和冷却。

4. 溶剂吸收法脱乙炔

利用乙炔可溶于丙酮、二甲基甲酰胺、*N*-甲基吡咯烷酮、乙酸乙酯等溶剂的特性，以吸收方法进行脱炔。此法多用于乙炔含量很高，有回收利用价值的裂解气脱炔。

3.2.3.4 脱除一氧化碳

原料气中存在有少量CO，在深冷分离过程中留在氢气中。当氢气用于加氢除炔烃过程时，可提高催化剂的选择性，但CO含量过高时，对催化剂有毒害作用。脱除CO的方法是在Ni/Al_2O_3等催化剂存在下使CO加氢生成甲烷，称为甲烷化法。其反应为：

$$3H_2+CO \xrightarrow[3.0MPa]{260\sim300℃} CH_4+H_2O$$

3.2.4 制冷过程

深冷分离过程中所需的低温换热介质来自于何处？如何产生-100℃以下的低温？在烃类深冷分离过程中，采用的制冷方法有压缩循环制冷，节流膨胀制冷等方法。

3.2.4.1 压缩制冷循环

低温的产生来自于压缩制冷循环系统。压缩循环制冷的原理是利用制冷剂自液态汽化时，要从物料或中间物料吸收热量因而使物料温度降低的过程。所吸收的热量，在热值上等于它的汽化潜热。液体的汽化温度(即沸点)是随压力的变化而改变的，压力越低，相应的汽化温度也越低。

压缩制冷系统可由压缩、冷凝、膨胀、蒸发四个基本过程组成。如图3-22所示。

1）压缩：常温、常压下的氨气，通过压缩机压缩，使氨出口温度升高，利于提高传热温差，方便传热；出口压力升高，有利于后续膨胀过程降压。

2）冷凝：高压下的氨蒸气的冷凝点是比较高的。例如把氨蒸气加压到 1. 55MPa 时，其冷凝点是 40℃，此时，可由普通冷水作冷却剂，使氨蒸气在冷凝器中变为液氨。

3）膨胀：若液氨在 1. 55MPa 压力下汽化，沸点为 40℃，不能得到低温，为此，必须把高压下的液氨，通过节流阀降压到 0. 12MPa，若在此压力下汽化，温度可降到-30℃。节流膨胀后形成低压，低温的汽液混合物进入蒸发器。

4）蒸发：在低压下液氨的沸点很低，当压力为 0. 12MPa 时，沸点为-30℃。液氨在此条件下，在蒸发器中蒸发变成氨蒸气，同时被冷物料通入液氨蒸发器吸取冷量，产生制冷效果，使被冷物料冷却到接近-30℃。在此液氨又重新开始压缩过程，形成一个闭合循环操作过程。

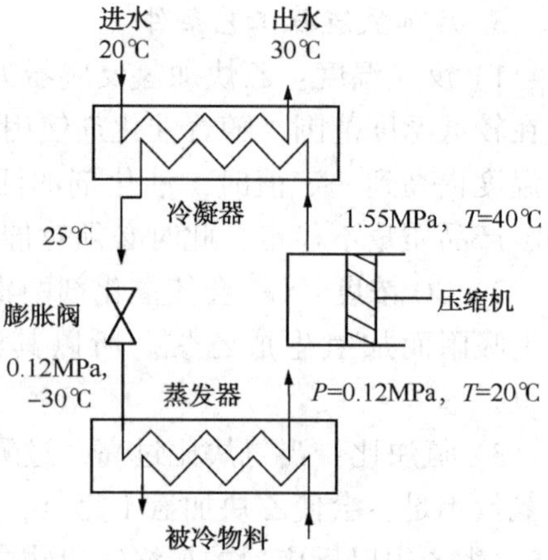

图 3-22　氨压缩制冷系统示意图

氨通过上述四个过程，构成了一个循环，称之为冷冻循环。这一循环，必须由外界向循环系统输入压缩功才能进行，因此，这一循环过程是消耗了机械功，换得了冷量。

氨是上述冷冻循环中完成转移热量的一种介质，工业上称为制冷剂或冷冻剂，冷冻剂本身物理化学性质决定了制冷温度的范围。如液氨降压到 0. 098MPa 时进行蒸发，其蒸发温度为-33. 4℃，如果降压到 0. 011MPa，其蒸发温度为-40℃，但是在负压下操作是不安全的。因此，用氨作制冷剂，不能获得-100℃的低温。所以要获得-100℃的低温，必须用沸点更低的气体作为制冷剂。

3. 2. 4. 2　冷冻剂的选择

深冷分离过程中除了裂解气的压缩需要能量外，还需要供应冷剂，原则上，沸点低的物质都可以用作制冷剂。实际选用时，则需选用可以降低制冷装置投资、运转效率高，来源容易、毒性小的制冷剂。对乙烯装置而言，乙烯和丙烯为本装置产品，已有贮存设施，且乙烯和丙烯已具有良好的热力学特性，因而均选用乙烯和丙烯作为制冷剂。

表 3-20 是常用制冷剂的性质。如果要保证正压系统，制冷循环所能达到的低温，也就是冷冻剂在常压下的沸点温度。

表 3-20　常用制冷剂的性质

冷剂	分子式	0. 101MPa 下沸点/℃	凝点/℃	蒸发潜热/(J/g)	临界温度/℃	临界压力/MPa	与空气的爆炸极限/%(体)	
							下限	上限
氨	NH_3	-33. 4	-77. 7	1373	132. 4	11. 298	15. 5	27
丙烷	C_3H_8	-42. 07	-187. 7	426	96. 81	4. 257	2. 1	9. 5
丙烯	C_3H_6	-47. 7	-185. 25	437. 9	91. 89	4. 600	2. 0	11. 1
乙烷	C_2H_6	-88. 6	-183. 3	490	32. 27	4. 883	3. 22	12. 45
乙烯	C_2H_4	-103. 7	-169. 15	482. 6	9. 5	5. 116	3. 05	28. 6
甲烷	CH_4	-161. 5	-182. 48	510	-82. 5	4. 641	5. 0	15. 0
氢	H_2	-252. 8	-259. 2	454	-239. 9	1. 297	4. 1	74. 2

实践证明，制冷温度越低，单位能量消耗越大。所以工程上将温度分出不同级位，这样在不同的冷冻场合使用不同温度级别的冷剂，合理匹配，节省能量。如果需要温度级别很低时，就需要多级制冷才能获得更低温度的冷剂。

3.2.4.3 复迭制冷

欲获得低温的冷量，而又不希望冷剂在负压下蒸发，则需要采用常压下沸点很低的物质为冷剂，但这类物质临界温度也很低，不可能在加压的情况下用水冷却使之冷凝，由表3-19可知，为了获得-100℃温度级位的冷量，需要以乙烯为冷剂，但乙烯的临界温度是9.5℃，低于冷却水的温度，因此不能用冷却水使乙烯冷凝，这样就不能构成乙烯压缩制冷循环。此时，需要另外一种冷剂氨或丙烯，其蒸发温度低于乙烯的临界温度，便于取出被压缩的乙烯热量，使乙烯冷凝，这样丙烯的压缩制冷与乙烯的制冷循环复迭起来，构成复迭制冷。可见，要获得低温冷源，复迭制冷是必须的。从原理上来看，丙烯-乙烯复迭制冷示意图如图3-23所示。

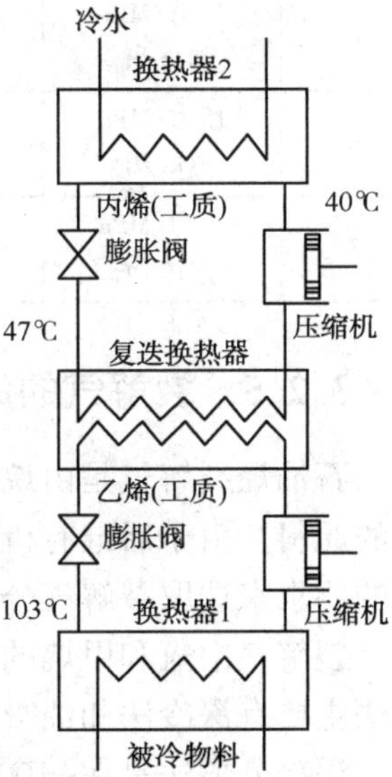

图3-23 乙烯-丙烯复迭制冷示意图

3.2.4.4 多级制冷

以上是丙烯-乙烯二元复迭制冷的情况，如果需要低于-100℃的低温冷源，同理则需要用甲烷为制冷剂，而甲烷的最高冷凝温度为其临界温度-82.5℃，这时就需要丙烯-乙烯-甲烷三元复迭制冷循环。深冷分离流程中除了-100℃的温度外，还需要-75℃、-55℃、-41℃、-24℃、3℃、18℃等温度级位的冷剂，所以复迭制冷能够提供多温度级位的冷剂，才能合理利用能量，否则只能用低温度级位的冷剂向较高温度级位提供冷量，这是“大马拉小车”，能量利用不合理。要获得不同温度级位冷剂，就丙烯-乙烯复迭制冷，尽可能组织热交换，作好热剂和冷剂的调配，如图3-24所示。根据表3-21所示的各个压缩机的出入口温度和出口温度调配不同温度级位的冷剂和热剂。

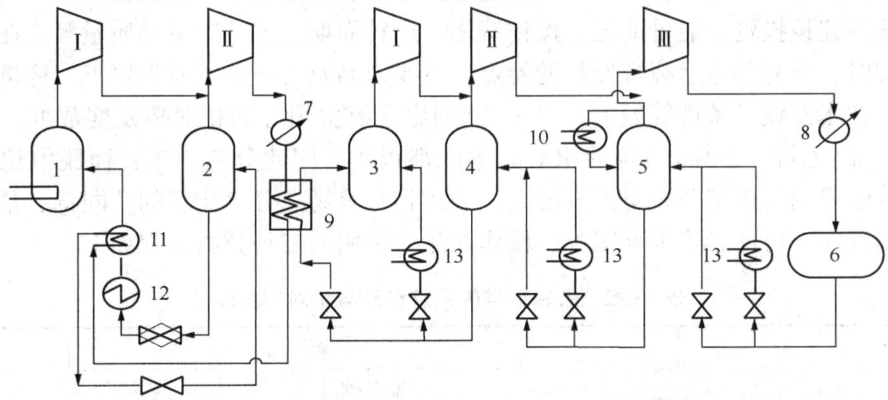

图3-24 丙烯-乙烯复迭制冷循环的冷剂与热剂分配流程图

1，3—吸入缺；2，4，5—闪蒸罐；6—丙烯罐；7—乙烯冷却器；8—丙烯冷却器；9—复迭换热器；10—丙烯冷凝器(热量用户)；11—乙烯过冷器；12—乙烯蒸发器(低温用户)；13—丙烯蒸发器(冷量用户)

表 3-21　丙烯-乙烯复迭制冷循环参数

装置	参数	丙烯压缩机			乙烯压缩机		
		Ⅰ段入口	Ⅱ段入口	Ⅲ段入口	Ⅰ段入口	Ⅱ段入口	Ⅲ段入口
L	压力/MPa	0.105	0.265	0.57	0.118	0.53	0.88
	温度/℃	-43	-21	0	-101	-70	-56
B	压力/MPa	0.13	0.26	0.65	0.11	0.426	0.91
	温度/℃	-41	-24	3	-101	-76	-55
S	压力/MPa	0.144	0.26	0.65	0.108	0.439	0.74
	温度/℃	-40	-23	2	-101	-75	-62

3.2.5　裂解气的深冷分离控制技术

石油烃裂解气是由烷烃、烯烃和氢等组成的混合物，只有经过分离才能作为有机合成工业的原料。由于后继有机产品不同，对原料的要求也不尽相同。因此，应根据后继产品对原料的要求来选取裂解气分离的工艺技术路线。

裂解气中氢和甲烷的沸点最低，氢和甲烷的分离是裂解气分离的关键步骤。裂解气分离方法主要有深冷法和油吸收法。

深冷分离法是在-100℃以下的低温下脱除氢和甲烷，将其余组分全部液化，然后利用各组分相对挥发度的不同，经各精馏塔逐个分离，所以又称深冷-精馏法。

油吸收法是利用 C_3 或 C_4 馏分作吸收剂，在 3.63~3.92MPa(表)的压力和-30℃温度下，利用吸收剂对裂解气中氢和甲烷吸收能力低的特性，将裂解气中除氢和甲烷以外的其他组分吸收下来，然后利用精馏法将被吸收的组分逐个分离。也称为吸收-精馏法或中冷法。此法流程简单、技术易于掌握、不需昂贵的低温钢、投资少、建设周期短，但能耗高、处理能力有限，只适用于小型裂解装置。大型化乙烯装置广泛采用深冷法。

其他分离方法，如分子筛吸附分离法和络合分离法，只用于低浓度乙烯气体的回收。

3.2.5.1　裂解气的深冷分离流程

深冷分离流程比较复杂，设备较多，能耗占整个装置总能耗的比例相当大。流程的选择关系到装置的建设投资、能量消耗、操作费用、运转周期、产品产量和质量等。在选择裂解气分离流程时，要充分考虑裂解原料的特点，主要产品及对产品的质量要求，冷量的提供及匹配方案，技术及设备条件等因素。表 3-22 列出了有关组分的相对挥发度数据，从表中可以看出，乙烯-乙烷、丙烯-丙烷的相对挥发度都很小，因此分离困难；而脱甲烷塔、脱乙烷塔、脱丙烷塔的关键组分相对挥发度大，分离相对容易。分离流程的共同特点是采用先易后难的分离程序，可使影响因素减少、操作简化。常用的三种分离流程如下：

表 3-22　各精馏塔的关键组分与相对挥发度

名称	关键组分		操作条件			平均相对挥发度
			温度/℃		压力/MPa	
	轻	重	塔顶	塔釜		
脱甲烷塔	CH_4	C_2H_4	-96	0	3.33	7.22
脱乙烷塔	C_2H_6	C_3H_6	-12	76	2.79	2.82

续表

名称	关键组分		操作条件			平均相对挥发度
			温度/℃		压力/MPa	
	轻	重	塔顶	塔釜		
脱丙烷塔	C_3H_8	i-C_4H_8	4	70	0.74	2.24
脱丁烷塔	C_4H_{10}	C_5H_{10}	8~9	72	0.18	3.12
乙烯精馏塔	C_2H_4	C_2H_6	-70	-49	0.56	1.74
丙烯精馏塔	C_3H_6	C_3H_8	26	35	1.23	1.09

1. 顺序分离流程

顺序分离流程如图 3-25 所示。裂解气经压缩机Ⅰ、Ⅱ、Ⅲ段压缩后，压力达到 0.98MPa 进入碱洗塔(1)。碱洗后的裂解气再经压缩机Ⅳ、Ⅴ段压缩，压力达 3.53MPa，冷却到 15℃后，送往干燥器(2)用 3A 分子筛脱水，使裂解气中含水量小于 1μL/L。干燥后的裂解气进入脱甲烷塔(8)进料冷却系统，裂解气冷却冷凝，未冷凝的氢气被脱除，得到富氢产品，此为前脱氢。富氢经甲烷化脱除 CO 后，作为加氢用氢气，经各级冷箱冷凝得到的液相混合组分，按温度高低分 4 股分别进入脱甲烷塔相应的塔板。脱甲烷塔顶馏出甲烷，塔釜液进入脱乙烷塔(10)。脱乙烷塔顶分离出乙烷馏分，塔釜为 C_3及 C_3以上馏分。

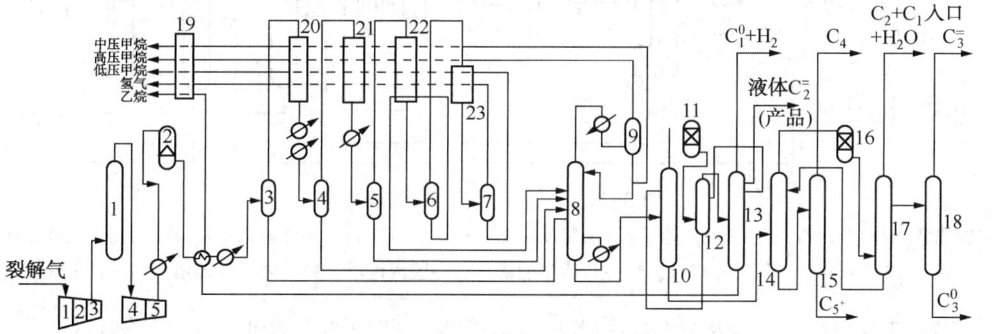

图 3-25 前脱氢后加氢顺序深冷分离流程简图

1—碱洗塔；2—干燥器；3~7—气液分离罐；8—脱甲烷塔；9—回流罐；10—脱乙烷塔；11—加氢脱炔反应器；12—绿油洗涤塔；13—乙烯精馏塔；14—脱丙烷塔；15—脱丁烷塔；16—加氢反应器；17—C_3绿油塔；18—丙烯精馏塔；19~23—板式换热器

脱乙烷塔顶分离出的 C_2馏分经气相加氢脱乙炔后，其气体进绿油洗涤塔(12)用乙烯精馏塔(13)侧线抽出的液相 C_2馏分洗涤，以除去加氢过程中生成的绿油。除去绿油的气体经干燥器干燥后进入乙烯精馏塔。乙烯精馏塔侧线抽出的乙烯产品纯度大于 99.95%，塔釜为乙烷馏分，返回乙烷裂解炉作裂解原料。乙烯精馏塔侧线采出板以上几块塔板用以脱除甲烷和氢，起第二脱甲烷塔的作用。脱乙烷塔釜液送入脱丙烷塔(14)，脱丙烷塔顶馏出物为 C_3馏分，塔釜液为 C_4及 C_4以上馏分。随分离操作的进行，由于轻组分被脱除而使二烯烃浓度增高，所以高温下容易发生聚合，故塔釜温度应尽量低。当温度超过 100℃时，聚合现象将明显加剧。脱丙烷塔一般有两个再沸器，其中一个供备用和切换。由脱丙烷塔来的 C_3馏分，经加氢脱丙炔和丙二烯后，进入绿油塔(17)脱除绿油和加氢时带入的氢和甲烷，然后进入丙烯精馏塔(18)。由于丙烷和丙烯的相对挥发度很小，使分离十分困难。所以，当要求丙烯纯度为99.6%时，需要塔板约140块；当要求丙烯纯度为99.95%时，塔板数增加到210块，用一个塔已无法实现，必须用两个塔串联才行。此时，为了减少塔板数，只能加大回流比，回流比达到14.5时，塔板数降至140块，塔高76m。

顺序流程技术成熟，各塔工艺条件稳定性高，但流程较长。由于裂解气全部进入深冷系统，低温位级冷量消耗较多，因此应尽量采取塔中加再沸器、应用热泵和冷量回收换热器、脱甲烷塔多股进料等节能措施来减少能耗。

2. 前脱乙烷(前加氢后脱氢)分离流程

前脱乙烷分离流程如图3-26所示。裂解气经压缩、碱洗、干燥等处理后，在约3.53MPa压力下进入脱乙烷塔(3)。塔顶馏出物为C_1，C_2，H_2馏分经加氢反应器(4)进行脱炔加氢处理后，进入脱甲烷塔(5)。脱甲烷塔顶为甲烷-氢馏分，经各级冷箱逐渐降温冷凝，最后得到富甲烷和富氢气体。塔釜出来的C_2馏分进入乙烯精馏塔(11)。脱乙烷塔的釜液依次经脱丙烷塔(12)、脱丁烷塔(14)、丙烯精馏塔(13)等，分离得到丙烯、丙烷、C_4馏分和C_5馏分。

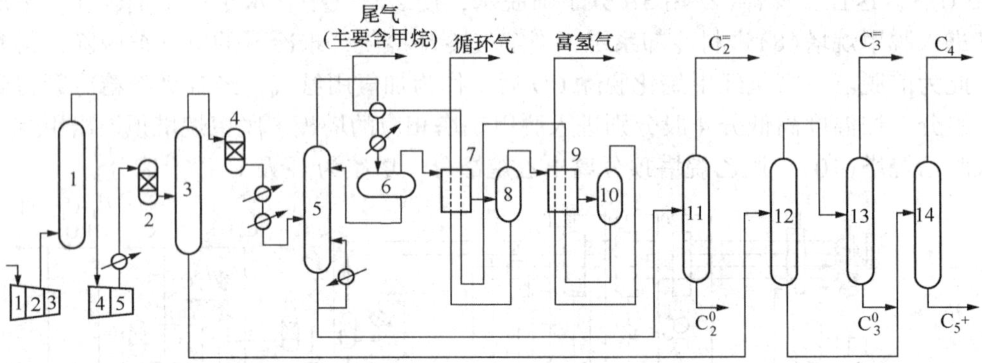

图3-26　前脱乙烷分离流程简图

1—碱洗塔；2—干燥器；3—脱乙烷塔；4—加氢反应器；5—脱甲烷塔；6—回流罐；7—冷箱；8—气液分离罐；9—第二冷箱；10—气液分离罐；11—乙烯精馏塔；12—脱丙烷塔；13—丙烯精馏塔；14—脱丁烷塔

此流程只有甲烷、氢和轻烃组分进入脱甲烷塔，所以塔负荷低，低温冷耗少。但由于脱乙烷塔操作压力高，塔釜温度高，高级烯烃易发生聚合。当采用炼油厂气等轻烃作裂解原料时，其高级烯烃含量低，适宜采用此流程。

3. 前脱丙烷分离流程

前脱丙烷分离流程(如图3-27所示)是以丙烷和丁烯为分离界限，首先将裂解气分成两部分，一部分是H_2，C_1，C_2，C_3馏分，另一部分是C_4，C_5及更重的馏分。然后再将这两部分各自进行分离。

裂解气经Ⅰ、Ⅱ、Ⅲ段压缩、冷凝、冷却分去凝液后，气体进碱洗塔(1)脱除硫和酸性气体，在干燥塔(2)干燥后再冷到-15℃进入脱丙烷塔(3)。脱丙烷塔釜液为碳四及碳四以上馏分，送脱丁烷塔(4)处理。脱丙烷塔顶气体为C_2、C_3馏分，经Ⅳ段压缩，再冷却，然后去加氢反应器(5)脱炔。加氢后的气体经冷却、分离，分出的液体经节流膨胀到0.86MPa，获得-34℃的低温气体混合物作为脱丙烷塔的回流液。脱丙烷塔顶气体经干燥至温度-65℃以下，进入冷箱(6)逐级冷凝。气体经冷凝、分离，逐级分出的凝液按其温度的高低分别进入脱甲烷塔(7)的不同位置，分离出的气体为富氢(含氢80%以上)，作为加氢的氢源。

脱甲烷塔顶凝液除一部分作回流外，另一部分经节流膨胀到0.29MPa，获得-146℃的

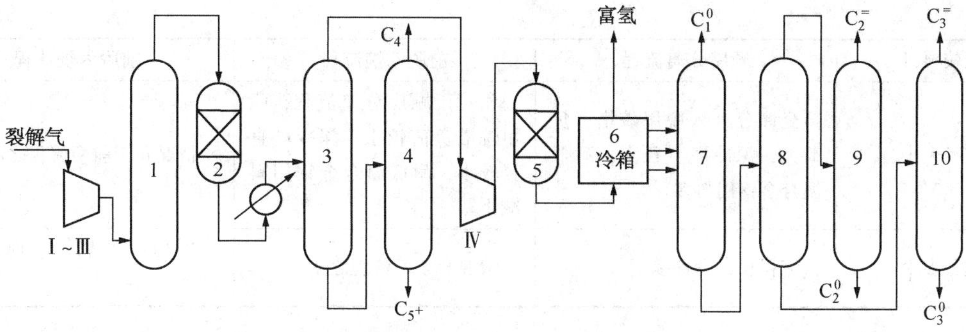

图 3-27 前脱丙烷深冷分离流程

1—碱洗塔；2—干燥器；3—脱丙烷塔；4—脱丁烷塔；5—加氢反应器；6—冷箱；
7—脱甲烷塔；8—脱乙烷塔；9—乙烯精馏塔；10—丙烯精馏塔

低温作为冷箱的冷源。脱甲烷塔釜液为 C_2，C_3馏分去脱乙烷塔(8)，脱乙烷塔顶碳二馏分去乙烯精馏塔(9)，该塔操作压力为 1.86MPa，塔顶粗乙烯作循环气，乙烯产品从侧线抽出，塔釜为乙烷馏分。

脱乙烷塔釜为碳三馏分去丙烯精馏塔(10)，塔顶得到聚合级丙烯，塔釜为丙烷。

4. 深冷分离流程比较

三种深冷分离流程，其经济合理性很大程度上取决于裂解气的组成情况。裂解原料不同，裂解气的组成就不同，深冷分离的流程也就不同，对于特定的原料选择哪种分离流程最合理，作以下分析，见表 3-23、表 3-24。

表 3-23 深冷分离三种流程技术经济比较

比较项目	顺序分离流程	前脱乙烷流程	前脱丙烷流程
装置性能	技术成熟可靠，产品质量能保证，有生产经验		
操作中的主要问题	全馏分制冷，冷量消耗大	脱乙烷塔居首，压力高，塔釜温度高，易造成二烯烃聚合，造成结焦，影响再沸器传热和流体流动，造成丁二烯损失	对乙烷等轻烃裂解产物能量消耗大
对原料的适应性	不论裂解气轻与重，都能适用	裂解产物中丁二烯含量高时不适用	可处理重质烃含量高的裂解气，特别是 C_4烃较多的裂解气
是否适用前加氢方案	裂解气含丁二烯较多时，不宜采用前加氢	常采用后加氢	常采用前加氢
冷量消耗	全馏分制冷，冷冻温度低，冷量消耗大	C_3、C_4馏分不进入冷箱，冷量利用合理	C_4馏分不进入冷箱，冷量利用较合理
机械功消耗	后加氢需设侧线出料的乙烯精馏塔，又返回压缩机的循环气，需多消耗压缩功	采用后加氢时，也有左述现象	采用前加氢方式，几乎无循环气，可节省压缩功
分子筛干燥负荷	干燥塔置于Ⅴ段压缩机之后，压力高，且脱除大部分重质烃和水，干燥负荷小	同左	干燥塔置于Ⅲ段压缩机之后，压力较低，重质烃和水脱除有限，干燥负荷大

续表

比较项目	顺序分离流程	前脱乙烷流程	前脱丙烷流程
塔径大小	全馏分进入脱甲烷塔，负荷大，深冷塔直径大，耐低温合金钢用料多	相对于顺序分离流程，脱甲烷塔负荷较小，深冷塔直径较小，耐低温合金钢用料减小	情况介于前两流程之间
设备多少	流程长，设备多	情况介于两流程之间	采用前加氢工艺时，设备较少

表 3-24　深冷分离三种流程主要消耗定额

比较项目	顺序分离流程	前脱乙烷流程	前脱丙烷流程
规格	300~375kt 乙烯/a	320~400kt 乙烯/a	450~578kt 乙烯/a
原料消耗	149.8t 轻柴油(175~360℃)，折合 4t 油/t 乙烯	石脑油(45~178℃)，折合 4.35t 油/t 乙烯	石脑油(38~177℃)，折合 4.1t 油/t 乙烯
冷却水消耗	19000m^3/h，折合 508m^3/t 乙烯	折合 320m^3/t 乙烯	23900m^3/h，折合 640m^3/t 乙烯
补充锅炉软水	176t/h，折合 4.71t/t 乙烯	折合 6t/t 乙烯	390t/h，折合 6.75t/t 乙烯
燃料消耗	折合 35.59GJ/t 乙烯	折合 41.03GJ/t 乙烯	折合 34.33GJ/t 乙烯
蒸汽供给	30.1t/h(11.5MPa)，折合 0.81t/t 乙烯	80t/h(4MPa)，折合 1.6t/t 乙烯	产销平衡
电力	65kW·h/t 乙烯	57kW·h/t 乙烯	85kW·h/t 乙烯
三机轴功率	880kW/t 乙烯	975kW/t 乙烯	877kW/t 乙烯

3.2.5.2 脱甲烷过程

脱甲烷过程是从裂解气中脱除 H_2和 CH_4的过程。脱甲烷过程的分离界限是甲烷和乙烯。它包括脱甲烷、乙烯回收和富氢提取三部分。脱甲烷过程操作涉及-100℃左右的多个冷级，低温的获得与冷箱的使用密切相关。

1. 冷箱

冷箱是在-100~-170℃低温下操作的换热设备。由于温度低冷量容易散失，因此把高效板式换热器、气液分离罐、节流膨胀阀都放在填满绝热材料(珠光砂)的方形容器内，习惯上称为冷箱。其作用是通过低温换热，使烃类液化制取高纯度富氢气体，并减少尾气中乙烯的含量。根据冷箱在工艺流程中的不同位置，脱甲烷过程可分为后冷(后脱氢)和前冷(前脱氢)两种不同的工艺过程。前冷工艺流程是指将冷箱放在脱甲烷塔之前处理被分离馏分，如图 3-30 所示。后冷工艺流程是将冷箱放在脱甲烷塔之后处理塔顶气体，如图 3-32 所示。

2. 脱甲烷

不论哪种分离流程，脱甲烷塔都是温度最低的塔，作用是将 H_2、CH_4、惰性气体与乙烯及乙烯以上重组分分离开来。为减少脱甲烷塔中乙烯的损失，该塔在-100℃以下的低温操作。为确保釜液中甲烷含量少，以利于下游精馏塔的正常操作，塔釜需要有较高的温度。因此，此塔是裂解气分离流程中技术最复杂、设备费用和操作费用最高的一部分。

(1) 影响脱甲烷塔的操作因素

① 原料气组成：裂解气中含比乙烯轻的组分主要是甲烷和氢。用丙烷以上的烃为裂解原料时，甲烷含量为27%~36%，氢含量为9%~16%，而甲烷与氢的摩尔比又直接影响脱甲烷塔顶气中乙烯含量的多少。表3-25是在不同工艺条件下甲烷和氢的比值，显然，甲烷与氢的比值对尾气中乙烯损失十分明显。这一点用露点方程分析非常明显。如果脱甲烷塔顶 C_3、C_4馏分的摩尔分数为0，塔顶只有 H_2、CH_4、$C_2^=$ 及 C_2^0(微量)，塔顶露点方程为：

$$\sum_{i=H_2}^{C_4}\frac{y_i}{k_i}=\frac{y_{H_2}}{k_{H_2}}+\frac{y_{CH_4}}{k_{CH_4}}+\frac{y_{C_2H_4}}{k_{C_2H_4}}+\frac{y_{C_2H_6}}{k_{C_2H_6}}=1$$

若 y_{H_2}/y_{CH_4}增加，则露点温度降低；如果塔顶温度维持一定，必然 $y_{C_2H_4}$和 $y_{C_2H_6}$增加。因此，在一定温度、压力下，必然有一部分乙烯损失掉以满足塔顶露点要求，原料气中甲烷和氢的比值越大，脱甲烷塔顶冷凝器尾气中乙烯的损失就越小。

表3-25　不同工艺条件下 y_{CH_4}/y_{H_2} 的比值对塔顶尾气中乙烯含量的影响

裂解用原料	y_{CH_4}/y_{H_2}	乙烯全部分出时，脱甲烷塔顶冷凝器出口温度/℃		-100℃下尾气中乙烯含量/%(体)	
		3MPa	4.5MPa	3MPa	4.5MPa
煤油	3.5 : 1	-101	-90	1	
丙烷	1 : 1	-114	-103	4	2
乙烷	1 : 4	-134	-126	19	11

② 操作压力：从表3-25可看出，提高操作压力，有利于减少尾气中的乙烯损失，但是压力增大，甲烷对乙烯的相对挥发度降低，如图3-28所示。这对组分的分离是不利的，要达到同样的分离要求，必须增加塔板数和回流量，从而加大了耐低温合金钢和冷量的消耗。

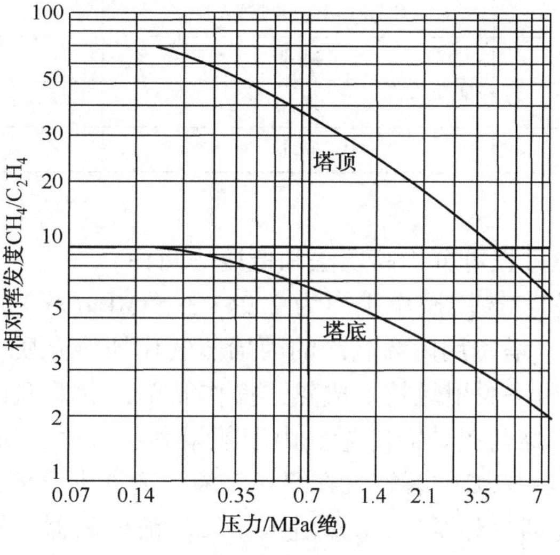

图3-28　甲烷对乙烯相对挥发度与压力的关系

③ 操作温度：降低塔的操作温度可以减少尾气中的乙烯损失。如图3-29所示，在塔压为3~3.5MPa范围内，塔顶温度越低，乙烯损失越小。实践经验表明，塔顶温度升到-75℃时，尾气中乙烯含量可高达12.6%(摩尔)。塔温降低可使甲烷对乙烯的相对挥发度增大，

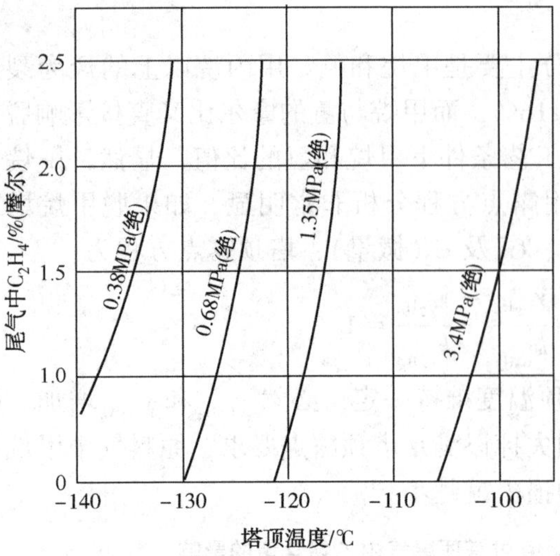

图 3-29 尾气中乙烯含量与温度的关系

对分离有利。但是，塔顶温度首先受到冷剂最低温度的限制。如用乙烯作冷剂，最低温度只能达到-95℃左右，脱甲烷塔顶温度一般为-90~-95℃，这时必然有一定量的乙烯损失。若要降低到更低温度，只有用甲烷或氢作冷剂，增加一级复叠制冷，设备费用和操作费用会增加。

综上所述，影响乙烯损失的因素有三个，即原料中甲烷与氢的比例大小、塔的操作压力与温度。这三者相互影响的规律，见表 3-26。从表可知甲烷与氢的摩尔比增大，相对挥发度则下降，尾气中乙烯含量亦降低；降低温度，既可使相对挥发度增大，又使尾气中乙烯含量降低；增大压力，可使尾气中乙烯含量降低，但造成甲烷对乙烯的相对挥发度减小。就温度和压力的相互关系而言，当甲烷与氢摩尔比一定、尾气中乙烯含量一定时，若不用太高的压力，温度就要更低，若不用太低的温度，压力就要高一些。显然，采用低温对操作是有利的，但需用甲烷-乙烯-丙烯三元复迭制冷系统，需用大量耐低温合金钢材。提高压力和降低温度都需要消耗能量，但采用过高压力时甲烷对乙烯的相对挥发度下降，特别是塔底甲烷对乙烯相当挥发度接近于 1，甲烧和乙烯就很难分离，塔釜出料中将带出大量甲烷，将在后续分离中直接影响乙烯的纯度。

表 3-26 温度、压力、CH_4与H_2摩尔比对塔顶尾气中乙烯含量的影响

参数变化	CH_4/C_2H_4相对挥发度	尾气中乙烯含量
CH_4与H_2摩尔比增加	减小	减小
温度降低	增加	减小
压力增加	减小	减小

(2) 脱甲烷流程

深冷法脱甲烷的工艺过程可分为高压法和低压法两种。

① 高压法脱甲烷工艺：选用操作压力为 2.94~3.53MPa(表)，利用-100℃的乙烯制冷剂控制塔顶温度为-96℃。塔釜用丙烯制冷的丙烯蒸气作加热介质，用热泵原理加热，釜温通常控制在 6~10℃。高压法脱甲烷技术成熟，操作简单，耐低温设备数量少，塔顶馏出的甲烷馏分可以通过膨胀机得到额外的冷量。由于能量利用合理，所以被广泛采用，如图 3-30 所示。经干燥并预冷至-37℃的裂解气在第一气液分离器中分离，凝液送入脱甲烷塔，未冷凝气体经冷箱和乙烯冷剂冷却至-72℃后进入第二气液分离器。第二分离器的冷凝液送入脱甲烷塔，未冷凝气经冷箱和乙烯冷剂冷却至-98℃后进入第三气液分离器。第三分离器的冷凝液经回热后进入脱甲烷塔，未冷凝气经冷箱冷却到-130℃后进入第四气液分离器。第四分离器中冷凝液经冷箱换热至-102℃进脱甲烷塔，未冷凝气是含氢约 70%、含乙烯仅 0.16%的富氢气体。富氢气再经冷箱冷却至-165℃后送入第五气液分离器。第五分离器冷凝液减压节流、冷量回收后作为装置的低压甲烷产品；未冷凝气为含氢 90%以上的富氢气体，

经冷量回收、甲烷化脱除 CO 作为富氢产品。

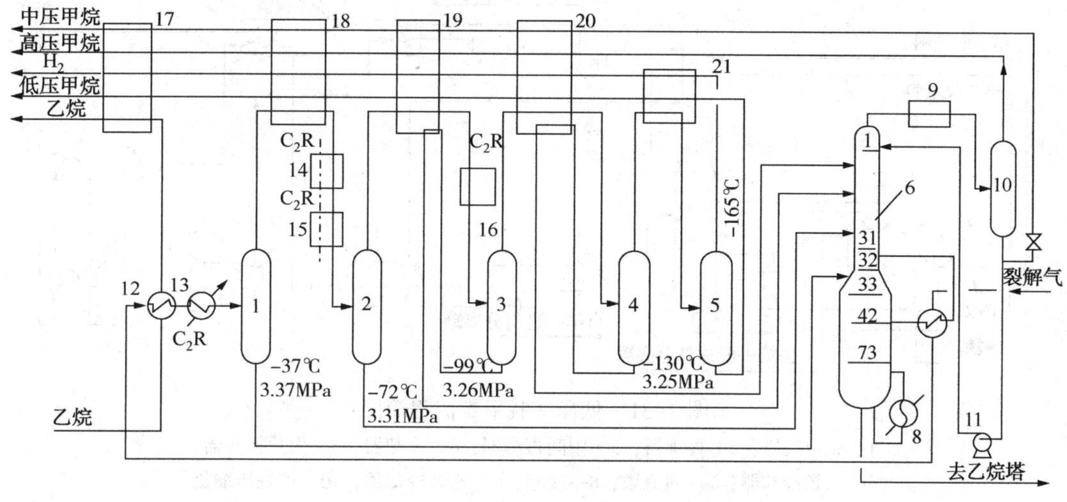

图 3-30 前脱氢高压脱甲烷分离工艺流程

1—第一气液分离器；2—第二气液分离器；3—第三气液分离器；4—第四气液分离器；5—第五气液分离器；6—脱甲烷塔；7—中间再沸器；8—再沸器；9—塔顶冷凝器；10—回流罐；11—回流泵；12—裂解气-乙烷换热器；13—丙烯冷却器；14~16—乙烯冷却器；17~21—冷箱

脱甲烷塔顶气体经塔顶冷凝器冷却至-98℃而部分冷凝，冷凝液部分回流，部分减压节流至0.41MPa，经回收冷量后作为装置的中压产品。未冷凝气则经回收冷量后作为高压甲烷产品。

②低压法脱甲烷工艺：选取操作压力为0.18~0.25MPa。由于压力低，有利于甲烷与乙烯的分离，虽然需要低温制冷剂，但因容易分离，低压法每吨乙烯的能量消耗仍比高压法低。因此，高压(3.53MPa)下脱氢，低压下脱甲烷的工艺仍被许多装置采用。

图 3-31 是以柴油为裂解原料的低压法脱甲烷流程。脱甲烷塔(1)前的进料冷却-冷凝和脱氢部分仍在 3.53MPa 压力下操作。裂解气在此逐级冷凝，并分别进入脱甲烷塔。末级冷箱以液态甲烷节流膨胀提供低温冷量(-170℃)，使氢气提纯到 95%(摩尔)以上。脱甲烷塔在 0.56MPa(表)压力下操作，其塔顶甲烷产品正好满足干燥器再生用甲烷的压力。脱甲烷塔顶温度(-135℃)的冷源由甲烷制冷系统提供，用裂解气加热塔釜，控制温度为-57.2℃。低压法脱甲烷的压力低，改善了甲烷与乙烯的分离性能，大大减少了塔顶的回流，乙烯损失也相应减少。由于塔釜采用了裂解气作为加热介质，充分利用了低温能量，较高压法节省低温冷量，但低温钢材使用较多。

3. 乙烯回收和富氢提取

为了减少乙烯损失，降低乙烯成本，保证乙烯产量，对损失掉的乙烯要尽量回收。当压力为 3.3MPa、温度为-100℃时，尾气中乙烯含量接近 1.5%(摩尔)，这个损失量是很可观的，一定要加以回收。回收的办法是将低温高压尾气在冷箱中降温，节流再降温，将其中乙烯冷凝下来。如再进一步降温，不但可回收更多的乙烯，而且还可将一部分甲烷也冷凝下来，这样尾气中氢的浓度提高了，即可得到富氢。富氢作为后加氢脱炔反应的配氢用，也可作裂解轻油加氢反应之配氢用。

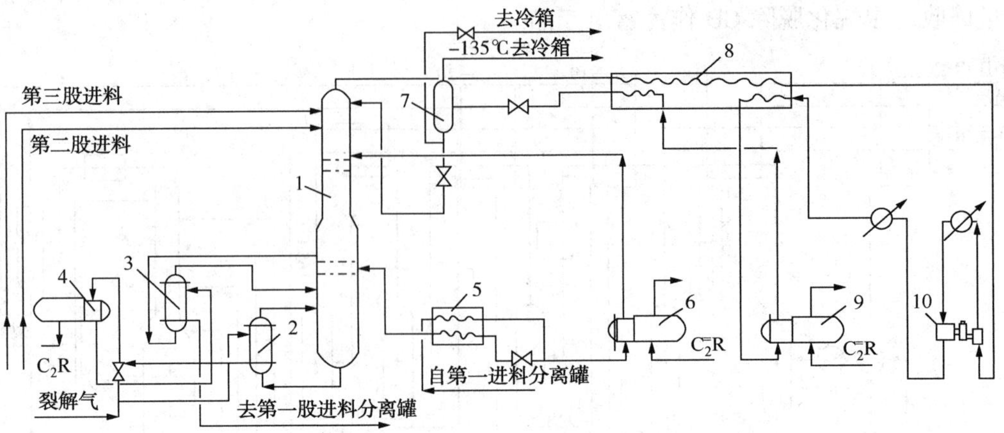

图 3-31　低压法脱甲烷流程简图

1—脱甲烷塔；2—再沸器；3—中间再沸器；4—冷却器；5—翅片换热器；
6—乙烯冷却器；7—回流罐；8—冷箱；9—乙烯冷却器；10—甲烷压缩机

富氢的提取是在冷箱中进行的。冷箱在深冷分离流程中的位置不是固定不变的。冷箱放在脱甲烷塔之前时，称为前脱氢（又称前冷），如图 3-30 所示。当冷箱放在脱甲烷塔之后时，称为后脱氢（又称后冷）。与之相应组成的工艺流程，称之为前脱氢工艺流程和后脱氢工艺流程。

（1）后脱氢生产工艺

主要包括尾气中乙烯回收和富氢提取两部分，工艺流程如图 3-32 所示。后脱氢工艺流程是由脱甲烷塔（主要是脱除甲烷-氢）、一级冷箱（主要是回收乙烯）与二级冷箱（主要是提取富氢）三个设备组成。其中回收乙烯和提取富氢就是通过闪蒸过程来完成的。

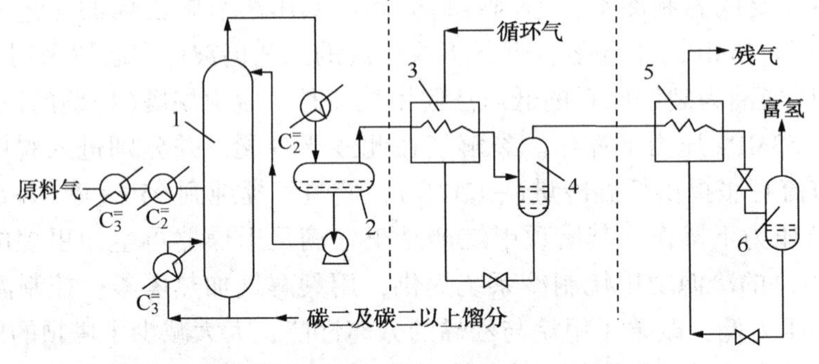

图 3-32　后脱氢工艺流程示意图

1—脱甲烷塔；2—回流分离罐；3，5—冷箱一、二级换热器；4，6—冷箱一、二级分离罐

来自脱甲烷塔的塔顶 CH_4-H_2 尾气经分凝器流入回流分离罐（2）（其中含有约 3%～4% 的乙烯），再进入冷箱一级换热器（3），降温后进入冷箱一级闪蒸罐（4）分离成气液两相，凝液主要是乙烯和甲烷，经换热后即为富含乙烯循环气回压缩机压缩回收乙烯；气相中主要是 CH_4-H_2，去冷箱二级换热器（5）经冷凝冷却进入闪蒸罐（6）仍然分裂成气液两相；气相为富氢（含氢 70% 左右）去提纯；液体节流降温到 -140℃左右，在冷箱二级换热器中换热后，得到富含甲烷的残气，去作燃料。

(2) 前脱氢(前冷)工艺前脱氢工艺流程

也是由乙烯回收与富氢提取两部分组成，工艺流程如图 3-31 所示。进料在冷箱中经逐级分凝，把重组分先冷凝下来，然后在低温下冷凝乙烯乙烷，最后在更低温度下将部分甲烷也冷凝下来，再分多股进入脱甲烷塔。大部分氢留在气体中作为富氢回收。由于进料中脱除了大部分氢，使进料中氢含量下降，提高了脱甲烷塔进料中 CH_4/H_2 摩尔比，尾气中乙烯含量下降。这样前脱氢工艺实际上起到了回收乙烯与提取富氢两个作用。

由于前脱氢进料中的重组分逐级被冷凝，比将气体全部送入脱甲烷塔节省了冷量。多放进料对脱甲烷塔的操作比单股进料好，重组分进塔的下部，轻组分进塔的上部，这等于进料前已作了预分离，减轻了脱甲塔的分离负担。此外，由于温度可降至-170℃左右，所以富氢的浓度可高达 90%~95%，这些优点都优于后脱氢工艺流程，不过它的操作控制比较复杂和困难。

(3) 富氢提纯

从冷箱出来的富氢馏分中主要含有氢，另一部分是甲烷和少量一氧化碳(约 0.55%)、有机硫等杂质。这些杂质的存在不但影响乙烯产品质量，也会使脱炔催化剂中毒，影响脱炔反应。为此，必须将富氢馏分提纯后才能作为加氢脱炔的氢气用。

在富氢馏分中有机硫含量很少，可用氧化锌除去。一般是将富氢气体预热到 150℃左右通过氧化锌固定床反应器，这样有机硫可达到 1μL/L 以下。

将脱硫后的富氢加热至 200~220℃，通过 $Ni/\alpha-Al_2O_3$ 催化剂层，发生甲烷化反应脱除 CO，便可作为加氢脱炔的氢源。

脱甲烷过程的高压法和低压法各有优缺点，工业上也都有采用。表 3-27 列出了两个脱甲烷塔的操作条件，二者都是前冷工艺，有四股进料，但塔 1 采用中间再沸器和小回流比。

表 3-27 脱甲烷塔的操作条件

序号	塔径/mm	实际塔板数			塔压/MPa	温度/℃		回流比
		精馏段	提馏段	合计		塔顶	塔釜	
1	1400/2200	32	40	72	3.1	-91	6	0.87
2	1100/1600	33	29	62	3.1	-96	7	1.08

3.2.5.3 乙烯精馏过程

进入乙烯精馏塔的馏分是 C_2 馏分，除含有乙烯、乙烷外，还含有少量甲烷，微量的丙烯、丙烷，如果是后加氢馏分，还含有少量的氢气。乙烯精馏塔的任务是将 C_2 馏分中的乙烯从其他组分中提取出来。乙烯精馏过程包括二次脱甲烷和乙烯精馏。

1. 二次脱甲烷与乙烯精馏

二次脱甲烷是将后加氢脱炔带入 C_2 馏分的 H_2 和 CH_4 脱除，或将前加氢流程中未彻底脱除的 CH_4 予以脱除。这一过程通常用第二脱甲烷塔完成，但近年来的做法都是将第二脱甲烷塔与乙烯精馏塔合并，设计出侧线液相采出合格乙烯产品的复杂精馏塔，侧线以上相对于第二脱甲烷塔，侧线以下相当于乙烯精馏塔，两塔合一塔，减少了第二脱甲烷塔，简化了流程，节省了冷量。

2. 影响乙烯回收率的因素分析

乙烯生产物料平衡：乙烯回收率的高低对工厂的经济性有很大的影响，它是评价乙烯分离

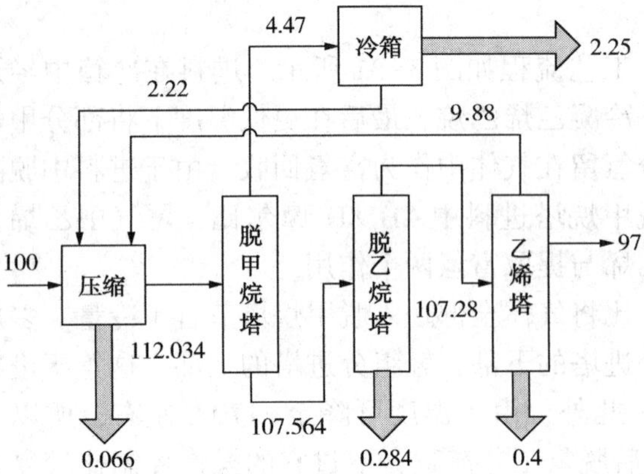

图 3-33　乙烯物料平衡

装置是否先进的一个重要指标。现代乙烯工厂的乙烯物料平衡如图 3-33 所示。由图可见，乙烯回收率为97%，乙烯损失有四处：

1）冷箱尾气中(CH_4-H_2)带出损失，占乙烯总量的2.25%。

2）乙烯塔釜液乙烷中带出的损失，占乙烯总量的0.40%。

3）脱乙烷釜液 C_{3+}中带出的损失，占乙烯总量的0.284%。

4）压缩机段间凝液带出损失，占乙烯总量的0.066%。

正常操作 B、C、D 项损失是很难免的，而且损失量也较小，所以影响乙烯回收率的关键是尾气中的乙烯损失，影响尾气中乙烯损失的的主要因素有原料气中CH_4/H_2的摩尔比，操作压力和操作温度。

① 原料组成的影响：原料气中惰性介质、氢气等含量对尾气中乙烯含量影响很大，尾气中毕竟惰性介质、乙烯等含量相对较低，主要组分是CH_4、H_2，且 $\sum y_i = 1$，如果 y_{H_2}增加，则 y_{CH_4}减小，由露点方程可知，露点温度降低，冷箱温度没调下来(高于露点)之前，尾气中乙烯含量升高，损失增加。

② 压力：由图 3-35 可以看出，压力升高，各组分间相对挥发度减小，为达到乙烯纯度和回收率，需增加塔板数和回流比，对乙烯分离的经济性不利。但压力减小，塔顶温度降低，塔顶冷凝器的温度也下降，从而提高冷量能级，这就需要较低温度级的冷剂，对钢材的耐低温要求也增加。乙烯精馏塔的操作有高压法(压力 2.0MPa 左右)和低压法(0.57MPa 左右)两种。

③ 温度：由图 3-34 可以看出，压力一定时，降低温度，乙烯对乙烷的相对挥发度增大，对乙烯乙烷分离有利，但塔顶温度降低，使低温钢材耗量和总能耗增加。

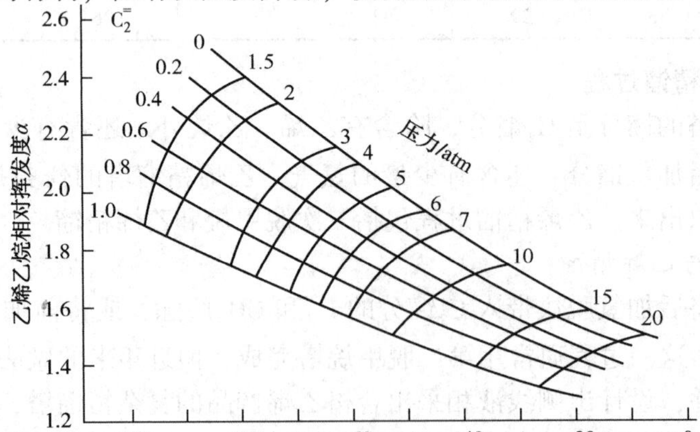

图 3-34　乙烯乙烷的相对挥发度与温度压力和乙烯浓度的关系

(注：1atm = 101325Pa)

综上所述，乙烯产品纯度要求99.9%，随着越接近于塔顶，乙烯浓度增加，乙烯对乙烷的相对挥发度减小，分离难度增加，需要加大的操作回流比保证乙烯产品的合格。

当操作压力为0.6MPa和1.9MPa时，相应的塔顶温度分别为-67℃和-29℃。一般情况下以丙烯为冷剂使塔顶气体冷凝较为方便经济，所以多采用高压法(1.96MPa)，使塔顶温度不很低，且利用自身压力可将乙烯产品送出，不需输送泵。表3-28是某些乙烯装置的乙烯精馏塔的实际操作数据。从表中还可看出，乙烯精馏塔精馏段塔板数比提馏段多，说明乙烯浓度在精馏段变化很慢。因此精馏段保持较大的回流比十分必要。但对提馏段就没有必要了。采用中间再沸器也是克服这一矛盾的有效方法。例如，操作压力为1.9602MPa，塔底温度为-5℃时，可在接近进料板处提馏段设置中间再沸器引出物料的温度为-23℃，将它用于冷却分离某些物料，相当于回收了部分-23℃温度级的冷量。

表3-28　乙烯塔的操作条件

厂别	塔径/mm	实际塔板数			塔压/MPa	温度/℃		回流比
		精馏段	提馏段	合计		塔顶	塔釜	
L	1300	41	29	70	0.57	-70	-49	2.4
B	3400	90	29	119	1.9	-32	-8	4.5
S	2300	79	30	109	2.0	-29	-5	4.7
Y	1800	84	32	116	1.9	-30	-7	4.65

3. 侧线采出的乙烯精馏工艺

来自后加氢反应器的C_2馏分(前加氢时来自脱乙烷塔顶的C_2馏分)从第79块塔板进入乙烯精馏塔(如图3-35所示)，由第8块塔板侧线抽出液态乙烯产品进入乙烯产品罐，部分由回流泵打回乙烯塔作回流，部分作为制冷剂然后采出。塔顶气体经-40℃冷剂冷凝器冷凝后进入塔顶分离罐分离，液态部分回流，不凝气用-62℃乙烯冷剂冷却回收其中的乙烯，尾气返回循环压缩机回收乙烯。从86块塔板采出液相成分进中间再沸器回收-23℃的冷量后气相返回87块塔板。全塔109块塔板，塔釜采出乙烷，釜温-5℃。

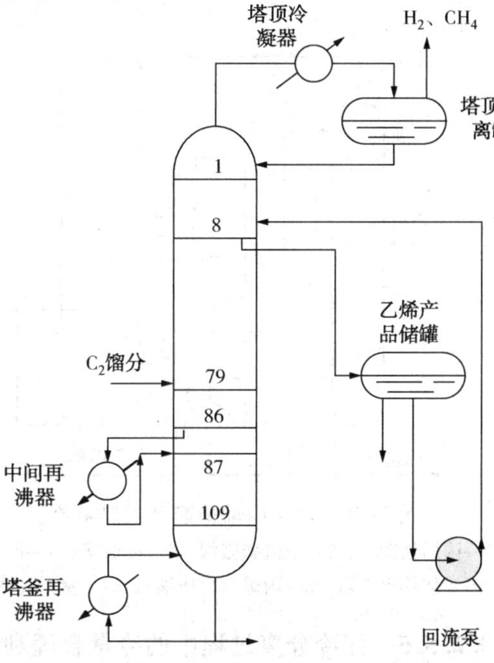

图3-35　侧线采出乙烯精馏塔

3.2.5.4　丙烯精馏过程

丙烯精馏塔就是分离丙烯-丙烷的塔，塔顶得到丙烯，塔底得到丙烷。由于丙烯-丙烷的相对挥发度很小，彼此不易分离，要达到分离目的，就得增加塔板数、加大回流比，所以，丙烯塔是分离系统中塔板数最多、回流比最大的一个塔，也是运转费和投资费较多的一个塔。在生产聚合级丙烯产品时，丙烯精馏塔的实际塔板数大多在200~240块之间，相应的塔高一般在85~90m以上。因此，一些工厂采用双塔丙烯精馏工艺流程以降低单塔高度。同时可在较小回流比之下获得较高纯度的丙烯产品。

丙烯精馏塔的操作也有高压法和低压法两种。

① 低压法：压力在0.68~1.27MPa，塔顶温度约23℃，塔釜温度约25℃，相对挥发度增加了一点，可以采用开式热泵系统给塔顶制冷，同时给塔釜加热。低压法的操作压力低，有利于提高物料的相对挥发度，从而塔板数和回流比就可减少。由于此时塔顶温度低于环境温度，故塔顶蒸气不能用工业水来冷凝，必须采用制冷剂才能达到凝液回流的目的。工业上往往采用热泵系统。如图3-36所示，丙烯冷剂与产品丙烯混合在一起。压缩机出口丙烯作为再沸器加热介质，同时在此冷凝。冷凝的丙烯减压节流后送入回流罐，回流罐中的丙烯液体一部分作为产品输出，一部分作为塔顶回流。回流罐中闪蒸的气态丙烯和塔顶气态丙烯均进入丙烯压缩机进行压缩。

② 高压法：压力在1.8MPa左右，塔顶温度约41℃，可以用冷却水冷凝，塔釜温度约50℃，可用低压蒸汽加热，回流比大，塔板数多。高压法的的塔顶蒸汽冷凝温度高于环境温度，因此，可以用工业水进行冷凝，产生凝液回流。塔釜用急冷水(目前较多的是利用水洗塔出来的约85℃以上温度的急冷水作加热介质)或低压蒸汽进行加热，这样设备简单，易于操作。缺点是回流比大，塔板数多。如图3-37所示，塔顶为水冷却，塔釜为急冷水加热。仅就丙烯精馏过程而言，高压精馏所需塔釜供热量和塔顶冷凝热负荷比低压精馏时高。但对馏分油裂解装置而言，急冷水尚需在循环过程用冷却水冷却，而用急冷水加热丙烯塔再沸器，无论从塔釜加热和塔顶冷却来看，并不增加全装置和冷却水负荷。而高压精馏的电耗比低压精馏低得多，相应高压精馏的运转费用明显低于低压精馏。因此在有急冷水可供利用时，低压精馏的热泵流程基本上均被急冷水加热的高压精馏流程所取代。

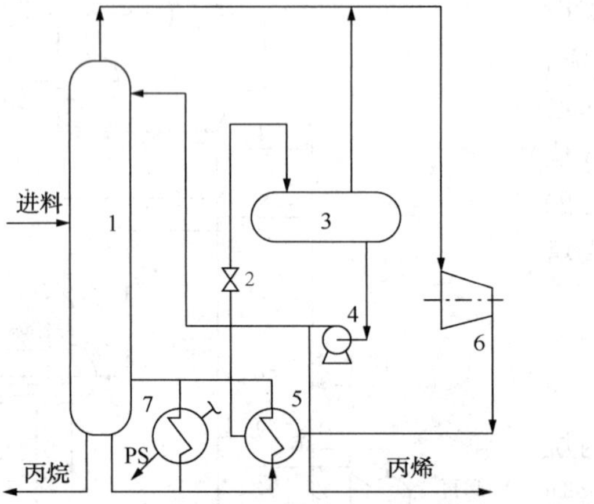

图3-36 低压丙烯精馏开式热泵流程

1—丙烯精馏塔；2—节流膨胀阀；3—回流罐；4—回流泵；5—丙烯加热再沸器；6—丙烯制冷压缩机；7—蒸汽加热再沸器

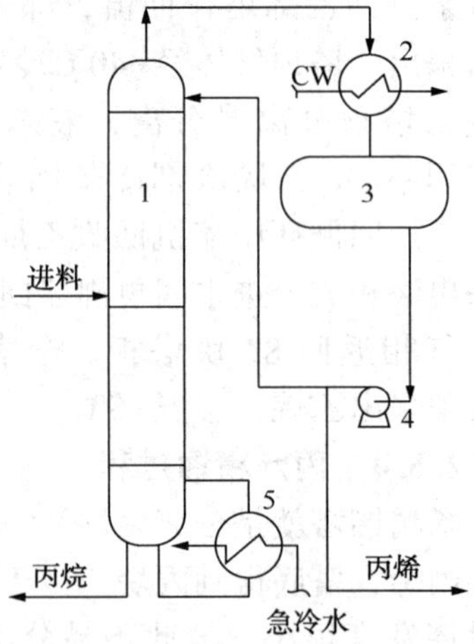

图3-37 高压丙烯精馏工艺流程

1—丙烯精馏塔；2—塔顶冷凝器；3—回流罐；4—回流泵；5—急冷水加热再沸器

3.2.5.5 深冷分离过程中的冷量合理利用

能量的回收及利用是化工厂的重要问题，能耗的增加直接导致产品成本增加。能量的回收和及时利用，体现了工艺流程及技术的先进水平。深冷分离过程中能级大部分表现为冷量。冷量的合理利用主要表现在以下四个方面：

1. 脱甲烷塔采用逐渐冷凝多股进料

在脱甲烷前冷流程中，经压缩后的裂解气，先后经水、0℃级丙烯、-20℃级丙烯、-43℃级乙烯冷却至-37℃进行分凝。凝液作为脱甲烷塔的第一股进料；不凝气经过-75℃、-101℃乙烯冷剂冷凝冷却，然后又用甲烷制冷和节流膨胀制冷，最后分成-75.8℃、-98.5℃、-115.6℃、-135.6℃四股进料进入脱甲烷塔。进入脱甲烷塔的物料采用逐渐分凝措施，不仅减小了低温冷剂使用量，降低了能量消耗，而且每股物料的温度依次降低，与脱甲烷塔板自下而上的温度轻组分浓度降低相适应，相对于在塔外对裂解气进行了预分离，减小了塔的分离负荷，节省了能量费用和设备费用。

2. 采用中间冷凝器和中间再沸器

对于塔顶塔釜温差较大的精馏塔，如果在精馏段中间设置冷凝器，则可以用冷冻温度级比塔顶回流冷凝器稍高的廉价的冷剂做冷源，来代替一部分原来要用低温冷剂提供的冷量，从而节省了能量消耗。同理在提馏段设置中间再沸器，可以用温度比塔釜再沸器稍低的廉价热剂作为热源。脱甲烷塔和乙烯精馏塔的塔釜温度均低于环境温度，如果在提馏段设置中间再沸器，就可以回收比塔釜温度更低的冷量。

由于脱甲烷塔顶塔釜温度较大，设置中间再沸器能明显地节省能量，估计能省27%左右，如图3-38所示。

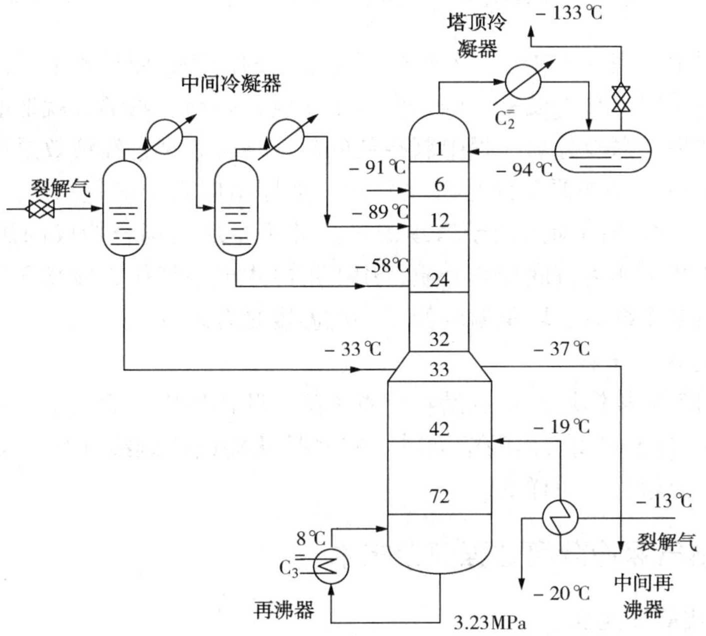

图3-38　设置中间冷凝器和中间再沸器的脱甲烷塔

中间再沸器和中间冷凝器负荷大时，塔顶冷凝器和塔釜再沸器的负荷减低，会导致精馏段回流比与提馏段的蒸气比减小，故要相应地增加塔板数，从而使投资费用增加。

总之，要根据工艺要求和具体情况，对比各因素的相互影响进行权衡，来选择中间再沸器和中间冷凝器的适当位置，一般靠近加料口附近。

3. 采用热泵系统

热泵是指将压缩制冷循环与精馏塔的操作结合起来，利用同一种工质既给精馏塔顶供冷，又给塔釜供热的系统。

热泵有三种，即闭式热泵，A 型开式热泵，B 型开式热泵，如图 3-39 所示。

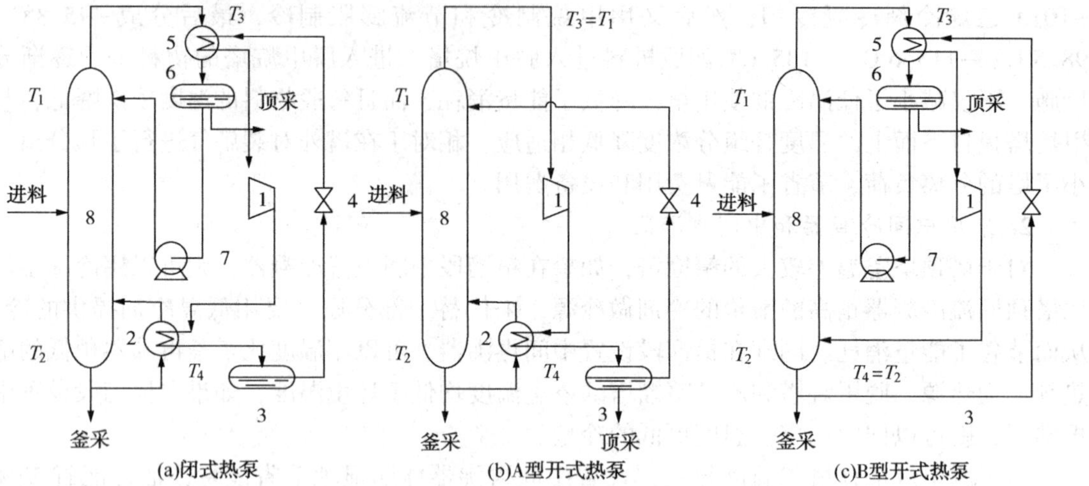

图 3-39　精馏塔与热泵系统

1—压缩机；2—再沸器；3—工质储罐；4—节流阀；5—塔顶冷凝器；6—回流罐；7—回流泵；8—精馏塔

深冷分离过程中使用开式热泵，不仅降低了能量的消耗，而且省去了昂贵的耐低温换热器、回流罐，有时是回流泵等设备。因为换热工质就是丙烯、乙烯，就地取材，更节约了购买工质的费用。如果和深冷分离过程中制冷剂的制取结合起来，经济效果更好。

构成 A 型开式热泵的必要条件是塔顶介质的临界温度高于塔釜温度。构成 B 型开式热泵的必要条件是塔底介质的沸点低于塔顶温度。并不是所有场合构成的热泵系统都是经济的，如可用工厂废热水作为打底加热介质，用工厂冷水或空气作为冷却介质时，在经济上更为合理。要构成热泵系统对于塔釜温度低于环境温度是合理的。

4. 乙烯精馏塔侧线出料

采用侧线采出乙烯精馏塔的优点是：节省了第二脱乙烷塔，简化了流程，又节省了能量消耗，见图 3-35。对于侧线采出的精馏塔，有时是从提馏段侧线气相采出某组分，效果和精馏段侧线液相采出组分是一样的。

3.2.6　裂解气深冷分离过程安全技术

3.2.6.1　物质的安全性

裂解气深冷分离过程所涉及的物质主要是氢气和相关烃类、CO_2、H_2S，还有一些碱，这些物质的危险性在其他章节已作了介绍，这里不再重复。或参见本书附录。

3.2.6.2　压缩过程安全技术

裂解气中许多组分都为低级烃类，在常压下都是气体，其沸点都很低，低级烃类的主要物理常数见表 3-29。如果在常压下进行各组分的冷凝分离，则分离温度很低，需要大量冷量。为了使分离温度不太低，可以适当提高分离压力。裂解气的深冷分离温度与相应的压力见表3-30。

表3-29 低级烃类的主要物理常数

名称	分子式	沸点/℃	临界温度/℃	临界压力/MPa	名称	分子式	沸点/℃	临界温度/℃	临界压力/MPa
氢气	H_2	-252.5	-239.8	1.307	异丁烷	i-C_4H_{10}	-11.7	135	3.696
一氧化碳	CO	-191.5	-140.2	3.496	异丁烯	i-C_4H_8	-6.9	144.7	4.002
甲烷	CH_4	-161.5	-82.3	4.641	丁烯	C_4H_8	-6.26	146	4.018
乙烯	C_2H_4	-103.8	9.7	5.132	1，3-丁二烯	C_4H_6	-4.4	152	4.356
乙烷	C_2H_6	-88.6	33.0	4.924	正丁烷	n-C_4H_{10}	-0.50	152.2	3.780
乙炔	C_2H_2	-83.6	35.7	6.242	顺-2-丁烯	C_4H_8	3.7	160	4.204
丙烯	C_3H_6	-47.7	91.4	4.600	反-2-丁烯	C_4H_8	0.9	155	4.102
丙烷	C_3H_8	-42.07	96.8	4.306					

表3-30 裂解气的深冷分离温度与相应的压力

分离压力/MPa	分离温度/℃	分离压力/MPa	分离温度/℃
3.0~4.0	-96	0.6~1.0	-130
0.15~0.3	-140		

由表3-29可见分离压力高时，则分离温度也高；压力高时，使精馏塔塔釜温度升高，易引起重组分聚合，增加分离难度。低压下，塔釜温度低，不易发生聚合；相对挥发度大，分离较容易。

气体压缩是采用多段压缩，段与段间设置中间冷却器。经过压缩，裂解气的压力提高，温度上升，重组分中的二烯烃能发生聚合，生成的聚合物或焦油沉积在离心式压缩机的扩压器内，严重地危及操作的正常进行。因此在压缩机的每段入口处常喷入雾状油，使喷入量正好能湿润压缩机通道，以防聚合物和焦油的沉积。二烯烃的聚合速度与温度有关，温度愈高，聚合速度愈快。为了避免聚合现象发生，必须控制每段压缩后气体温度不高于100℃。这就要求每段的压缩比在2左右，共设4~5个压缩段。表3-31是五段压缩的参数。

表3-31 裂解气压缩机的温度压力操作运行参数

段次	温度/℃		压缩/MPa		压缩比	段次	温度/℃		压缩/MPa		压缩比
	吸入	排出	吸入	排出			吸入	排出	吸入	排出	
Ⅰ	35	93	0.105	0.22	2.1	Ⅳ	20	93	0.855	1.9	2.22
Ⅱ	20	90	0.18	0.436	2.42	Ⅴ	20	93	1.8	3.66	2.04
Ⅲ	20	92	0.396	0.895	2.26						

3.2.6.3 压缩机、风机、透平机、泵等设备劣化和失效的主要形式及原因

烃类裂解和分离过程所涉及的机泵类设备是很多的，这类设备的安全状况对生产过程影响很大。机泵类设备出现故障的原因主要用以下几种形式。

1. 机械磨损

机械磨损所引起的某些零件损伤，在机泵设备劣化形式中所占的比例最大。无论是回转式还是往复式，屏闭式还是非屏闭式，都存在着程度不同、种类不同的磨损。磨损主要存在

于机泵的动静零部件互相接触的部位。譬如，轴颈与轴承、啮合的螺杆或齿轮之间、螺杆或齿轮与压缩机或泵的缸体之间、机械密封的动环与静压之间、压缩机缸内的迷宫密封齿与转子的轴套及叶轮之间、泵内部的叶轮与口环及耐磨套之间、往复压缩机或泵的活塞杆与填料之间等，都存在着因为零部件之间相互接触，又有相对位移而产生的磨损。接触部位的材料耐磨性能越好，相互间的作用力越小，润滑条件越好，相对位移的速度越小，则磨损越轻。反之，则磨损越严重。

动静零部件之间的相对运动的方式不同，结构形状不同；受力不同，其磨损后的形态也不同。譬如，作回转运动的零件及与之相接触的静止件的磨损，其磨损方向为圆周方向，如果接触面上的受力是均匀的，那么其磨损的结果是均匀磨损。做往复运动的零件及与之相接触的静止件的磨损均沿轴向分布。离心泵、离心式压缩机、鼓风机、通风机以及轴流压缩机、风机、各种回转泵的轴颈与轴承，转子与缸内的级间密封以及轴端的各种密封部位，都是产生圆周方向的均匀的或不均匀的磨损，其结果往往表现为内外圆变大或变小、产生椭圆、有锥度、出现圆周向沟槽等。往复式机泵的轴颈与轴承、轴封部位的磨损也沿圆周方向呈均匀地或不均匀地分布，但是其活塞、活塞杆、柱塞以及相应的缸套、填料函的磨损是轴向磨损，通常表现为表面有轴向沟槽，而活塞环则为沿径向的磨损不均匀等。对齿轮泵、螺杆泵、螺杆式压缩机，齿面及螺纹面的磨损主要沿相互作用力的方向发展，表现为齿厚减薄、啮合间隙增大等。还有一种磨损称作微动磨损，存在于联轴节的啮合齿齿面、联接弹性圈以及某些松配合的推力盘与轴的配合面等部位。

2. 由介质产生的腐蚀、冲蚀、汽蚀和磨蚀

当介质带有腐蚀性时(相对于机泵的材料而言)，会对机泵的壳体、叶轮、轴套、隔板等零部件产生程度不同、性质不同的腐蚀作用。由于介质在机泵内的流速明显高于在一般静止设备中的流速，使下述的一些工况存在时，介质对机泵的腐蚀、冲蚀、汽蚀和磨蚀作用明显强于静止设备：

1) 介质为气固两相(如烟气轮机，烟气中有催化剂粉尘)。

2) 介质为固液两相(如炼油厂焦化装置中的原料泵，渣油中含有焦炭颗粒；催化裂化装置中的油浆泵，油中含有催化剂；水处理厂的泥浆泵，水中含有泥沙)。

3) 介质为气液两相(如凝汽式蒸汽透平，末级的蒸汽中含水分；凉水塔的循环水泵及冷凝液泵，在叶轮入口因流速提高而使水存在汽化现象；气体压缩机段间冷却后的入口，空气或工艺气中因冷却而产生的冷凝液滴)。

以上三种情况，都是由于在金属表面不能很好地形成起保护作用的氧化膜而使腐蚀的速度明显加快。对某些腐蚀性介质，如环烷酸含量较高的减压塔，常压塔的塔底出料泵，由于介质中的环烷酸的腐蚀性本身与介质流速高低关系很密切，对于这类泵，介质既使是单相，也会因介质流速高而使叶轮、壳体等主要部件受到严重的腐蚀。

介质对机泵的汽蚀、冲蚀、磨蚀作用的结果是使机泵的某些主要部件，如叶轮、轴套、壳体的有效厚度减薄，强度下降。但是，某些介质，如硫化氢等，对机泵的损伤并不使零部件减薄，而是使零部件产生氢鼓泡或表面产生应力腐蚀疲劳开裂等现象，其结果同样使零部件的强度下降。

3. 操作不当引起的损伤

各种各样的操作不当或误操作都可能对机泵产生各种形式的程度不同的损伤。

1）机泵的超速，会明显地增加叶轮、叶片由离心力所产生的应力，严重时会引起叶根的断裂及轮盘的变形或破裂。

2）润滑不良、油压不足或油温过高过低，都会引起轴承及轴颈的严重磨损。

3）过高的入口气体温度会改变机泵的内部间隙，并可能增加动、静零部件之间的磨擦及受力部件的变形。

4）压缩机的喘振及在临界转速下长期运转，都可能使转子因振动加剧而受到巨大的冲击载荷及动载荷而发生疲劳断裂。

4. 过大的接管安装应力引起壳体变形

大型高转速的离心泵、离心压缩机、轴流压缩机及蒸汽透平等，均属高速轻载机械，在设计时，其缸体、支座的强度均按无配管安装应力或很低的安装应力来考虑。如果与这些大型高速轻载机泵的连接管道的设计不合理，安装不正确，就可能使这些机泵的壳体及支撑因受到了超过设计允许的配管应力而变形或开裂。缸体的变形及位移最容易影响这类机泵的转子与转子之间的对中，不良的对中将引起轴系的严重振动。严重的缸体变形还可能引起缸内动、静零部件产生不应有的摩擦，使缸体的接管处甚至可能产生开裂。

5. 基础受到的损伤

机泵设备在运行中产生的各种形式的振动，尤其是往复式机泵的不平衡力载荷、大气及周围环境的腐蚀作用等，都会对机泵的基础及底板产生损伤。往复式机泵的基础周期地受到机泵所产生的不平衡力，尤其当机泵的润滑油沿着基础的地面部分渗入到基础的地下部分时，整个基础容易因受大的疲劳载荷作用而发生沉陷、开裂等损伤。当机泵运行时长期处于强烈振动的状况时，其地脚螺栓也容易因疲劳而断裂。

习题与练习

一、填空题

1. 石油系原料包括________、________、________、________、________等，它们都由烃类化合物组成。

2. 石油烃热裂解的主要目的是生产________________，通过进一步的分离还可以得到________以及________、________和________等产品，它们都是重要的基本有机原料，所以石油烃热裂解是有机化学工业获取基本有机原料的主要手段。

3. 结焦和生碳过程二者机理不同，结焦是在________温度下通过________而成，生碳是在________温度下，通过生成________的中间阶段，脱氢为稠合的碳原子。

4. 高含量的________，低含量的________和________是理想的裂解原料。

5. 不同的裂解温度，所对应的乙烯峰值收率不同，温度越高，乙烯的峰值收率______，相对应的最适宜的停留时间________。

6. 工业上常用在裂解原料气中添加稀释剂来________，常用的稀释剂为________。

7. 从结构上看，管式炉一般包括________、________和________三大部分。

8. 裂解原料的来源主要有两个方面，一是________的轻烃，如________、________、________等，二是________产品，如________、________、________、重油等，以及炼油厂二次加工油。

9. 裂解气组成中少量杂质有________、________、________、________等。

10. 深冷分离过程主要由________、________和________三大系统组成。

11. 氨压缩制冷系统可由四个基本过程组成，分别是________、________、________和________。

12. 目前具有代表性三种裂解气分离流程是：________流程，________流程和________流程。

13. 脱甲烷塔分离的轻关键组分是________，重关键组分为________。对于脱甲烷塔，希望塔釜中________的含量应该尽可能低，以利于提高乙烯的______。塔顶尾气中________的含量应尽可能少，以利于提高乙烯的______。

二、选择题

1. (　　)的产量往往标志着的一个国家基本有机化学工业的发展水平。

A. 甲烷　　B. 乙烯　　C. 苯　　D. 丁二烯

2. 到目为止，世界乙烯95%都是由(　　)技术生产的。

A、催化裂解　　B. MTO　　C. 管式炉裂解　　D. MTP

3. 我国兰州石化公司采用(　　)炉型。

A、USRT　　B. USC　　C. CBL　　D. SRT

4. 下列哪项不属于烃类裂解的二次反应(　　)。

A、结焦　　B. 烯烃的断链　　C. 低分子烯烃脱氢　　D. 二烯烃叠合芳构化

5. 理论上烃类裂解制乙烯的最适宜温度一般为(　　)。

A、850~870℃　　B. 750~850℃　　C. 700~900℃　　D. 750~900℃

6. 烃类裂解反应在管式炉的(　　)中进行。

A、辐射管　　B. 对流管　　C. 燃烧器　　D. 烟囱

7. 下列哪个反应不属于烃类裂解的一次反应(　　)。

A、烷烃的断链反应　　B. 环烷烃的开环反应链

C. 芳烃的开环反应　　D. 烯烃的断链反应

8. 石油烃热裂解宜采用(　　)的操作条件。

A、高温、高烃分压、短停留时间　　B. 高温、低烃分压、短停留时间

C. 高温、低烃分压、长停留时间　　D. 低温、低烃分压、短停留时间

9. (　　)是生产乙烯最理想的原料。

A、烯烃　　B. 环烷烃　　C. 芳烃　　D. 正构烷烃

10. 裂解原料为气体时，合适的急冷方式为(　　)。

A、水急冷　　B. 油急冷　　C. 先油后水　　D. 间接急冷

11. 裂解气是一个多组分的气体混合物，其中含有很多低级烃类，还含有(　　)和少量杂质。

A、CO　　B. H_2　　C. CO_2　　D. N_2

12. 温度等于或低于(　　)称为深度冷冻，简称深冷。

A、-50℃　　B. -80℃　　C. -96℃　　D. -100℃

13. 要想获得-130℃的低温条件，应采用(　　)制冷系统。

A、氨　　B. 丙烯　　C. 乙烯-丙烯　　D. 甲烷-乙烯-丙烯

14. 在生产中低压乙烯精馏塔常采用(　　)热泵系统。

A、闭式　　B. 开式A型　　C. 开式B型　　D. 无

15. 深冷分离的任务就是根据裂解气中各低碳烃相对挥发度的不同，用(　　)方法逐一进行分离，最后获得纯度符合要求的乙烯和丙烯产品。

A、吸收　　B. 精馏　　C. 萃取　　D. 碱洗

三、判断题

1. 由于烯烃带有双键，结构比较不稳定，自然界中也有大量烯烃，所以用烯烃来直接生产乙烯也是合理、经济的方法。(　　)

2. MTO合成路线是以天然气或煤为主要原料，生产合成气，合成气再转化成甲醇然后甲醇生产烯烃的路线，完全不依赖于石油。(　　)

3. 升温有利于加快石油烃裂解生成乙烯的反应速率，所以温度越高越好。(　　)

4. 乙烯精馏塔是出成品的塔，作用相当关键，所以塔板数最多。(　　)

5. 尽量的增加水蒸气的量，不仅可以降低烃分压而且可以及时的清焦。(　　)

6. 对于丙烯精馏来说，当采用高压操作时，由于操作温度提高，冷凝器可以用冷却水作制冷剂，故不需用热泵。(　　)

7. 裂解气中的酸性气体是由裂解原料在高温裂解过程中发生反应而生成的。(　　)

8. 丙烯精馏塔采用高压法操作时，往往采用热泵系统。(　　)

9. 冷冻循环制冷的原理是利用制冷剂自液态汽化时，要从物料或中间物料吸收热量因而使物料温度降低的过程。(　　)

10. 开式B型热泵直接以塔釜出料为制冷剂，无需塔釜再沸器。(　　)

四、名词解释

1. 石油烃热裂解
2. 一次反应和二次反应
3. 直接急冷和间接急冷
4. 深冷分离

五、简答题

1. 烃类裂解的原料主要有哪些？选择原料应考虑哪些方面？
2. 不同烃类热裂解的反应规律是什么？
3. 裂解过程中为何加入水蒸气？水蒸气的加入原则是什么？
4. 深冷分离主要由哪几个系统组成？各系统的作用分别是什么？
5. 裂解气为什么要进行压缩？
6. 简述复迭制冷的原理，它与一般的制冷有何区别？
7. 裂解气深冷分离为何采用多段压缩技术。
8. 裂解气分离的目的是什么？工业上采用哪些分离方法？
9. 烃类裂解和裂解气分离过程应注意哪些安全隐患？

4 催化氧化反应及安全技术

【单元导读】

- 掌握催化氧化反应的类型和特点；
- 掌握催化氧化的共同特点和安全技术要求；
- 掌握氧化反应器的形式特点和安全操作要点；
- 掌握乙烯环氧原理及工艺；
- 掌握丙烯氨氧化生产丙烯腈的原理及工艺。

【能力要求】

- 培养对氧化反应的认识和危险处理能力；
- 能够画出乙烯生产环氧乙烷的工艺(原理)流程图；
- 能够画出丙烯氨氧化生产丙烯腈的工艺(原理)流程图。

4.1 催化氧化反应概述

4.1.1 催化氧化反应在化学工业中的重要性

烃类催化氧化技术是有机化工反应中的一大类重要反应。通过这类反应主要合成如表4-1所列出的氧化产品。这些物质是重要的化工原料或中间产品，在化工生产中应用极其广泛。

表4-1 催化氧化反应的重要产品

醇类	醛类	酮类	酸类	酸酐和酯	环氧化合物	有机过氧化合物	有机腈	二烯烃
乙二醇	甲醛	丙酮	醋酸	醋酐	环氧乙烷	过氧化氢异丙苯	丙烯腈	丁二烯
高级醇	乙醛	甲乙酮	丙烯酸	苯酐	环氧丙烷	过氧化氢乙苯	苯二腈	
环己醇	丙烯醛	环己酮	甲基丙烯酸	顺酐		过氧化氢异丁烷	甲基丙烯腈	
			己二酸	均苯四酸二酐			苯二腈	
			对苯二甲酸	醋酸乙酯				
			高级脂肪酸	丙烯酸酯				

4.1.2 氧化反应的类型

氧化反应按反应产物的类型分类，分为完全氧化反应，即反应物中的碳原子与氧化合生

成 CO_2，氢原子与氧结合生成水的反应过程；以及部分氧化，又称选择性氧化，即指烃类及其衍生物中少量氢原子(有时还有少量碳原子)与氧化剂(通常是氧)发生作用，而其他氢和碳原子不与氧化剂反应的过程。

按反应相态分类，分为均相催化氧化反应和非均相催化氧化反应。均相催化氧化又包括催化自氧化、络合催化氧化、液相环氧化等。非均相催化氧化气固固定床、流化床催化氧化过程。催化自氧化反应的重要产品和生产条件见表 4-2。

表 4-2　催化自氧化反应的重要产品和生产条件

原料	主要氧化产品	催化剂	反应条件
丁烷	醋酸和甲乙酮	醋酸钴	167℃左右，6MPa，醋酸作溶剂
轻油	醋酸	醋酸钴或环烷酸钴	147~177℃左右，5MPa
高级烷烃	高级脂肪酸	高锰酸钾	117℃左右
高级烷烃	高级醇	硼酸	167℃左右
环己烷	环己醇和环己酮	环烷酸钴	147~157℃左右
环己烷	己二酸	环烷酸钴，促进剂乙醛	90℃，醋酸作溶剂
甲苯	苯甲酸	环烷酸钴	147~157℃，303kPa
对二甲苯	对苯二甲酸	醋酸钴、促进剂乙醛	117℃左右，3MPa，醋酸作溶剂
乙苯	过氧化氢乙苯		147℃左右
异丙苯	过氧化氢异丙苯		107℃左右
乙醛	醋酸、醋酸酐		45~67℃，152~505kPa，醋酸乙酯作溶剂
异丁烷	过氧化氢异丁烷		107~127℃，0.5~3MPa

4.1.2.1　均相催化氧化反应

1. 自催化氧化反应

催化氧化是指在一定压力和温度条件下，烃类物质被氧化后，产生一种自由基，这种自由基的存在越多，氧化反应加速越甚。

(1) 催化自氧化反应机理

链的引发：

$$RH+O_2 \xrightarrow{k_i} R\cdot + \cdot HO_2$$

链的传递：

$$R\cdot + O_2 \xrightarrow{k_1} ROO\cdot$$

$$ROO\cdot + RH \xrightarrow{k_2} R\cdot + ROOH$$

链的终止：

$$R\cdot + R\cdot \xrightarrow{k_3} R—R$$

上述三个步骤，决定性步骤是链的引发过程，需要克服很大的活化能。

(2) 催化剂和氧化促进剂

常使用的催化剂是过渡金属的水溶性或油溶性的有机盐，常用的是醋酸钴、丁酸钴、环烷酸钴、醋酸锰等。一般钴盐的催化效率较好。从实践效果看，这类催化剂的作用是：

1) 加速链的引发，缩短或消除反应的诱导期。

2) 加速 ROOH 的分解，促进氧化产物醇、醛、酮、酸的生成。

催化剂的加入方式通常是先将二价钴盐(或锰盐)转化为有机盐(醋酸盐、丁酸盐、环烷酸盐)，并溶于溶剂(通常是醋酸)中，然后加入反应系统。催化剂用量一般小于1%。

有些烃类或有机物的自氧化反应在上述催化剂作用下，反应诱导期仍然很长，例如环己烷氧化制己二酸时，如果仅用醋酸钴作为催化剂，当反应温度90℃时，诱导期需7h左右。

在上述情况下，为了缩短反应诱导期，或加快某一步的氧化反应速率，就需同时加入氧化促进剂。工业上常用的氧化促进剂有两类，一类是有机含氧化合物，如三聚乙醛、乙醛或甲乙酮等。在催化剂和氧化促进剂同时使用时，反应可在较低温度下顺利进行，而获得高收率的目的氧化产物。如：

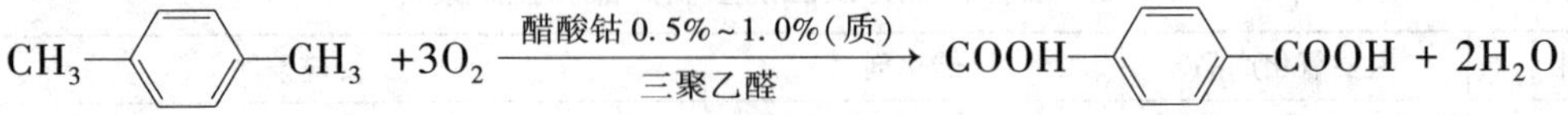

反应条件：120~125℃，3MPa，溶剂为醋酸，对苯二甲酸收率大于99%。

三聚乙醛是比乙醛或甲乙酮更有效的促进剂。氧化促进剂的加入量视具体反应而定。例如环己烷氧化制己二酸时，只需加入少量乙醛，就能有效缩短反应诱导期，而二甲苯氧化时三聚乙醛的加入量与原料的摩尔比接近于1(以乙醛计)。

另一类氧化促进剂是溴化物，常用的有溴化铵、四溴乙烷、四溴化碳等。溴自由基有强烈的吸氢作用而引发自由基的生成。但用溴化物作促进剂往往需要较高的反应温度和压力，对设备的腐蚀性较严重，产物精制也较困难。同时要注意在大多数的情况下，原料中的水和硫化物能消耗自由基，是反应的阻化剂。

2. 络合催化氧化

络合催化氧化所使用的催化剂是过渡金属的络合物，最主要的是Pd络合物。络合催化氧化过程中，催化剂的过渡金属中心原子与反应物分子构成配位键使其活化，并在配位上进行反应。例如乙烯在$PdCl_2$-$CuCl_2$-HCl水溶液中，直接氧化制乙醛的反应。

① 乙烯与氯化钯在水溶液中反应：

$$C_2H_4+PdCl_2+H_2O \longrightarrow CH_3CHO+Pd\downarrow+2HCl$$

② $CuCl_2$或$FeCl_3$将Pd氧化为Pd^{2+}，反应速率很快。

$$2CuCl_2+Pd \longrightarrow PdCl_2+2CuCl$$

③ CuCl在酸性溶液中被氧气氧化为$CuCl_2$。

$$2CuCl+2HCl+0.5O_2 \longrightarrow 2CuCl_2+H_2O$$

该反应在1959年实现了工业化，称为瓦克(Wacker)法。该方法以$PdCl_2$-$CuCl_2$-HCl水溶液为催化剂，具有很高的选择性，总反应式为：

$$C_2H_4+0.5O_2 \xrightarrow[\text{水溶液}]{PdCl_2-CuCl_2-HCl} CH_3CHO$$

烯烃在钯盐存在下的络合催化氧化，不仅能在水溶液中进行，也可在非水溶液体系中进行。例如：

① 乙烯和醋酸在钯盐催化下，乙酰氧基化生产醋酸乙烯。

$$CH_2{=}CH_2+CH_3COOH+0.5O_2 \xrightarrow[110\sim130℃,\ 3\sim4MPa]{PdCl_2-CuCl_2-LiOAc} CH_2{=}CHOCOCH_3+H_2O$$

② 乙烯在$PdCl_2$-$LiNO_3$-$LiCl_2$催化剂作用下，在醋酸溶液中氧化生产乙二醇单酯，水解可得乙二醇。

$$CH_2{=}CH_2+CH_3COOH+0.5O_2 \xrightarrow[80℃,\ 3MPa]{PdCl_2-LiNO_3-LiCl_2} HOCH_2CH_2OCOCH_3$$

$$HOCH_2CH_2OCOCH_3+H_2O \longrightarrow HOCH_2CH_2OH+CH_3COOH$$

③ 乙烯在 $PdCl_2-CuCl_2-LiCl-LiOAc$ 催化剂存在下，进行羰化氧化合成丙烯酸。

$$CH_2=CH_2+CO+0.5O_2 \xrightarrow[140℃，7.5MPa，醋酸]{PdCl_2-CuCl_2-LiCl-LiOAc} CH_2=CHCOOH$$

④ 以 $PdCl_2$为催化剂，在高极性溶剂中，乙烯直接进行氧氯化反应一步合成氯乙烯。

$$CH_2=CH_2+PdCl_2 \xrightarrow[100℃，2.1MPa]{高极性溶剂} CH_2=CHCl+Pd\downarrow+2HCl$$

析出的金属钯用氧化剂再氧化循环使用。

⑤ 乙烯和苯在 $Pd(OAc)_2-Cu(OAc)_2-NaOAc$ 催化剂下，在醋酸介质中氧化偶联生产苯乙烯。

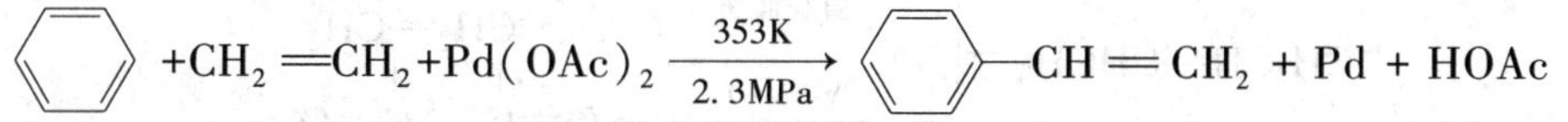

4.1.2.2 气固相催化氧化

气固相催化氧化是烃类和氧气在固体催化剂表面进行化学反应的过程，这类反应可在固定床或流化床反应器中完成。重要的气固相催化氧化反应有 6 种。

1. 烷烃的催化氧化

正丁烷气相催化氧化生产顺丁烯二酸酐：

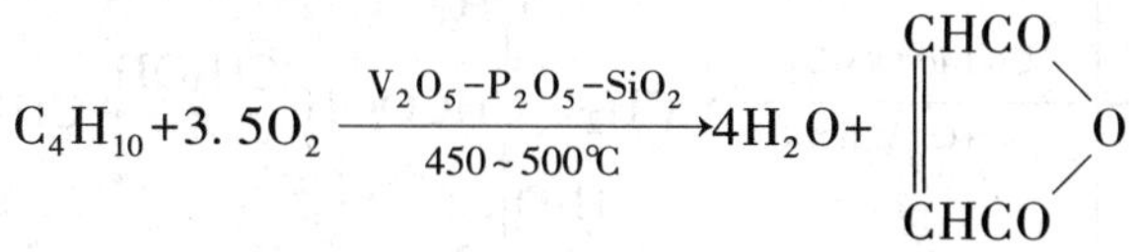

主要副反应是深度氧化生产 CO_2和 CO。

顺丁烯二酸酐主要用于生产不饱和聚酯、1,4-丁二醇、四氢呋喃、增塑剂和杀虫剂等。

2. 烯烃的直接环氧化

乙烯环氧化制取环氧乙烷：

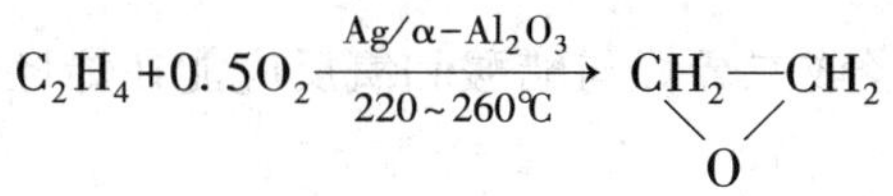

3. 丙烯基氧化反应

含有三个碳原子以上的单烯烃，如丙烯、正丁烯等，α-碳原子上的 C—H 间的解离能比一般 C—H 的小，具有高的反应活性。这类烯烃在特定的催化剂上，有氧存在时，易发生 α-C—H 的断裂从而在 α-碳上达到选择性氧化的目的。由于这类氧化反应，都经历烯丙基 [$CH_2=CH^+=CH_2$] 的中间状态，所以通常烯丙基氧化反应由于原料的种类和催化剂的不同，可生产不同的氧化产物：α-β 不饱和醛，α-β 不饱和酮，α-β 不饱和酸和酸酐，α-β 不饱和腈化物和二烯烃等。这类氧化物仍保留着双键结构，而且就有共轭体系的特性，易聚合，也能与其他不饱和化合物共聚，而生产多种重要的高分子化合物(合成纤维、塑料、合成橡胶、涂料等)，在有机化工的单体生产中占有重要的地位，其主要的工业应用，简单表示如下：

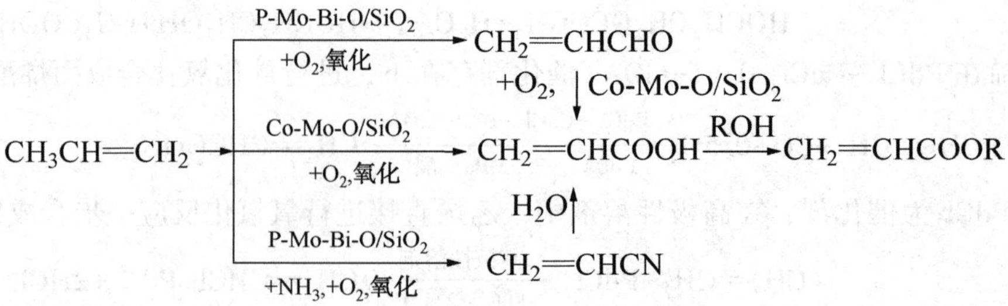

丙烯醛主要用于生产丙烯酸，也可作为合成甘油和药物的中间体；丙烯酸酯化可以获得丙烯酸酯，广泛用于涂料、织物、皮革上光剂等。

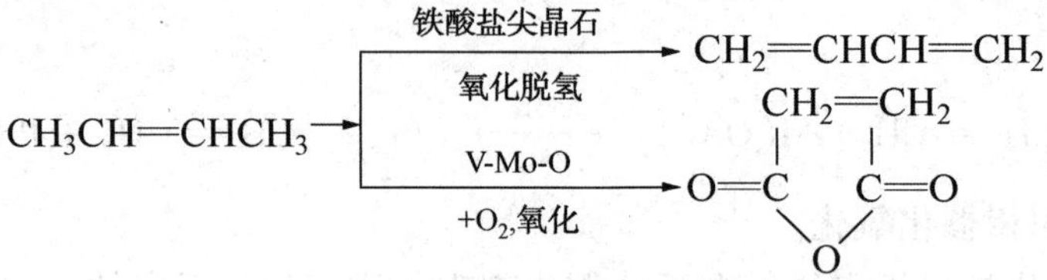

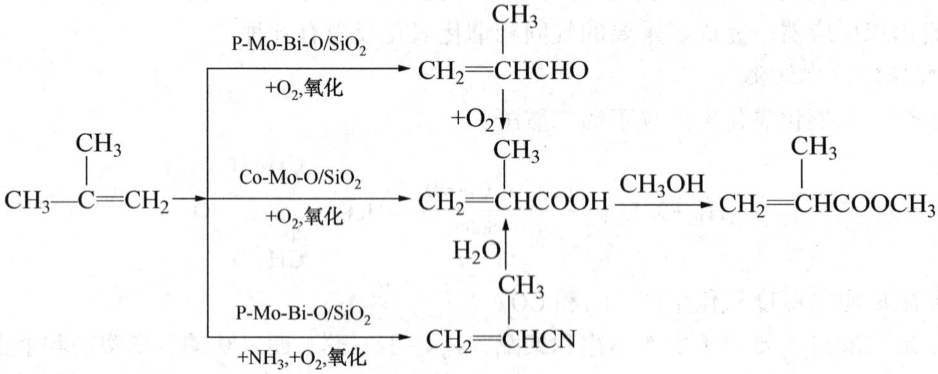

α-甲基丙烯酸甲酯是有机玻璃的单体。

4. 烯烃的乙酰基氧化反应

在钯催化剂存在下，烯烃或二烯烃与醋酸和氧反应能在烯烃分子中直接引进一个乙酰氧基 $—O—\overset{\overset{O}{\|}}{C}—CH_3$ ，而生产不饱和的醋酸酯。例如：

$$CH_2{=}CH_2+CH_3COOH+0.5O_2 \xrightarrow[160\sim180℃，0.6\sim0.8MPa]{Pd-Au-KOAc} CH_2{=}CH—O—\overset{\overset{O}{\|}}{C}—CH_3+H_2O$$

$$CH_3CH_2{=}CH_2+CH_3COOH+0.5O_2 \xrightarrow{Pd催化剂} CH_3CH_2{=}CH—O—\overset{\overset{O}{\|}}{C}—CH_3+H_2O$$

$$CH_2{=}CHCH{=}CH_2+CH_3COOH+0.5O_2 \xrightarrow{Pd催化剂} CH_3\overset{\overset{O}{\|}}{C}OCH_2CH{=}CHCH_2O\overset{\overset{O}{\|}}{C}CH_3$$

这类反应主要用于乙烯乙酰氧基化制备醋酸乙烯。聚醋酸乙烯被广泛应用作水溶性涂料和黏结剂，它对金属、瓷器、木材、纸张等有优良的黏结力。醋酸乙烯也是合成纤维维尼龙的重要单体。醋酸乙烯与氯乙烯、乙烯等的共聚物有特殊性能，可作涂料和防腐剂。

5. 芳烃的催化氧化

在适宜催化剂作用下，常见的芳烃的催化氧化有如下几种：

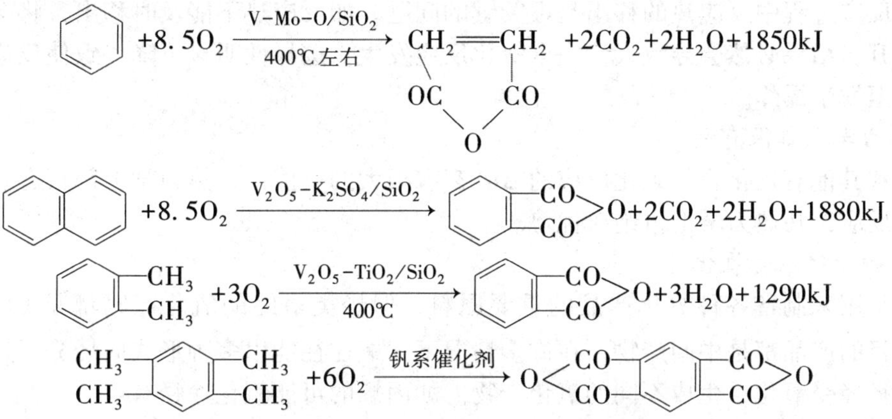

均苯四酸二酐

芳烃氧化所生产的产物虽都是结晶固体，但都具有较高的挥发性，能升华，故可用气固相固定床反应器。邻苯二甲酸酐是增塑剂的重要原料，也广泛应用于制造醇酸树脂、聚酯树脂，又是染料工业的重要中间体。

均苯四酸二酐是生产高绝缘性能漆的重要原料。

6. 醇的氧化

醇氧化可应用于生产相应的醛和酮，其中最重要的是甲醇氧化制甲醛。

$$CH_3OH+O_2 \xrightarrow[600\sim630℃]{\text{电解银}} HCHO+H_2O+H_2$$

或：

$$CH_3OH+O_2 \xrightarrow[450℃左右]{\text{Fe-Mo-O}} HCHO+H_2O+H_2$$

甲醛是热固性酚醛树脂的重要单体，又可用于合成聚甲醛、季戊四醇、环六四甲基四胺等产品的原料。

乙醇氧化可得乙醛：

$$CH_3\ CH_2OH+O_2 \xrightarrow[450℃左右]{\text{银催化剂}} CH_3CHO+H_2O+H_2$$

4.1.3 氧化反应的一些共同特点

1. 氧化剂

要在烃类或其他有机化合物分子中引入氧，可采用的氧化剂有多种，在化学工业中大量化工产品生产中，应用最大的氧化剂是气态氧，可以是空气或纯氧。以气态氧作氧化剂，其来源丰富，无腐蚀性，但氧化能力较弱。故以气态氧为氧化剂时，一般必须使用催化剂。有些反应同时还必须使用高温。以空气为氧化剂的优点是容易获得，但动力消耗较大，排放废气量大。用纯氧为氧化剂，优点是排放废气量少，反应设备体积也较小，但需要空分装置。

以气态氧为氧化剂，“物料-氧”或“物料-空气”所组成的系统在很广的浓度范围内形成爆炸混合物，故在生产上或工艺条件的选择和控制方面必须注意安全，必须注意爆炸极限的问题。

2. 强放热反应

氧化反应是强放热反应，尤其是完全氧化反应，释放的热量比部分氧化反应大 8～10 倍，故在反应过程中反应热的移出是很关键的问题。如反应热不能及时移出，将会使反应温度迅速上升，结果必然会导致大量完全氧化反应发生，选择性明显下降，致使反应温度无法控制，甚至发生爆炸。

3. 热力学上都很有利

烃类和其他有机化合物氧化反应的 $\Delta G°$ 都有很大的负值，在热力学上都很有利。尤其是完全氧化反应，在热力学上占绝对优势。

4. 多种途径经受氧化

烃类是用来制备各种氧化产品的重要原料，但烃类最终的氧化产物都是 CO_2 和 H_2O，而所需的目的产品都是中间产物。在许多情况下，氧往往能以多种形式向烃分子进攻，使其以不同途径经受氧化，生成不同的氧化产物。如丙烯的可能氧化途径有：

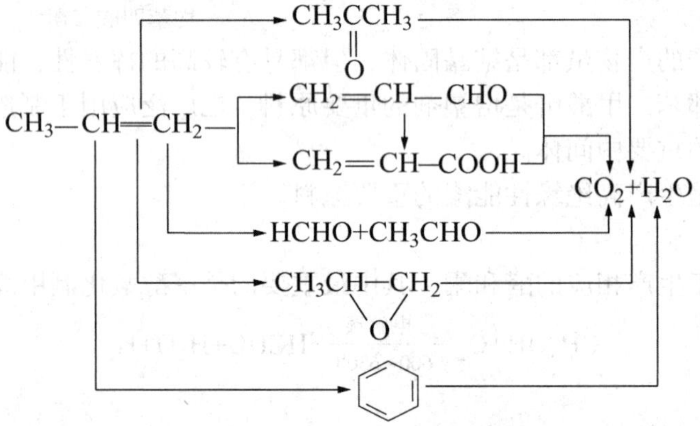

对于这样一个存在着平行和连串反应相互竞争的复杂反应系统，要使反应尽可能朝着所要求的方向进行，获得所需的目的产物，必须选择合适的催化剂和工艺条件，而关键是催化剂。

4.1.4 催化氧化反应的安全操作技术

催化氧化过程不论是气液相反应体系还是气固相反应体系，都是以空气或纯氧作为氧化剂，可燃的烃或其他有机物与空气或氧气混合形成气态混合物在一定的温度范围内引燃(明火、高温或静电火花等)就会发生分支连锁反应，火焰迅速传布，在短时间内温度急剧升高，压力也会剧增，而引起爆炸。此浓度范围称为爆炸极限，一般以体积浓度表示，是由试验方法求得。部分烃类和可燃有机物的与氧或空气气态混合物的爆炸极限可在有关手册上查到。但要注意，爆炸极限浓度是与试验条件(温度、压力、引燃方式)等有关，与气体混合物的组成也有关。特别是惰性介质的加入能提高氧的极限浓度，有利于安全生产。

4.1.5 催化氧化的反应设备

4.1.5.1 气液相反应器

液相自氧化反应具有如下特征：是气液相反应，氧的传递过程对氧化反应速率起着重要的作用；反应时有大量热量放出；介质往往具有强腐蚀性；原料、中间产物，甚至产物与空气或氧形成爆炸混合物，具有爆炸危险。故采用的反应器必须是能提供充分的氧接触表面；能有效地移走反应热；设备材料必须耐腐蚀；并需有安全装置，同时返混程度要满足具体的反应要求。

工业上常用的是鼓泡塔式反应器，气体分布装置一般采用多孔分布板或多孔管。去除反应热的方式可以在反应器内设置冷却盘管或采用外循环冷却器。图 4-1(a)和(b)是常见的两种鼓泡塔反应器。反应器的安全装置采用防爆膜或安全阀。反应器材料需用 Mo2Ti 钢。

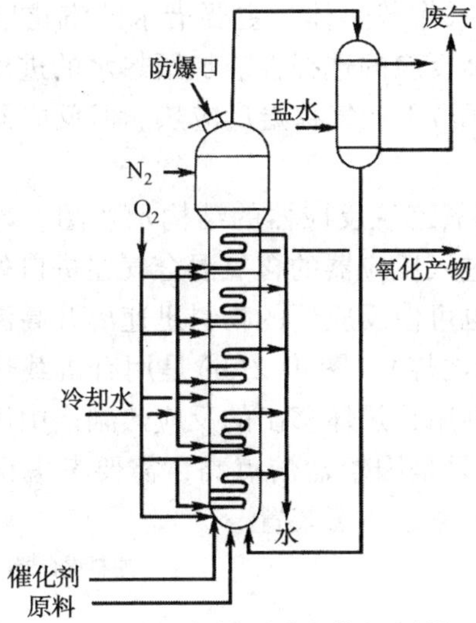

(a)内冷却式分段鼓泡反应器

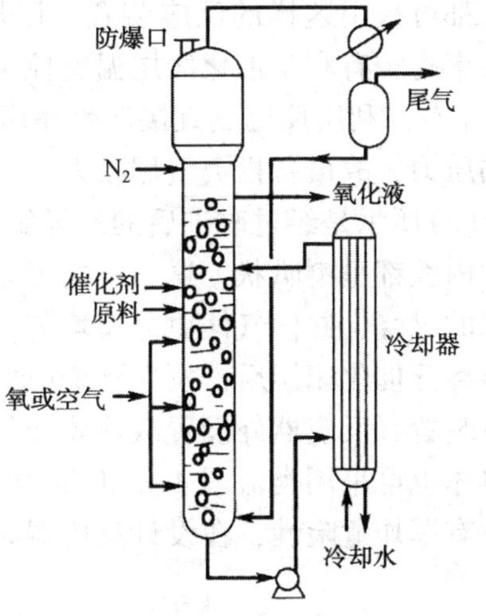

(b)具有外循环冷却器的鼓泡反应器

图 4-1　鼓泡塔式反应器

4.1.5.2　气固相反应器

气固相催化氧化反应都是强放热反应，而且都伴随着完全氧化副反应的发生，温度高，完全氧化反应有不同程度加速，放热更为剧烈，故采用的氧化反应器型式必须能及时移走反应热和控制适宜反应温度，避免局部过热。工业上常用的有两种：列管式固定床反应器和流化床反应器。

1. 列管式固定床反应器

(1) 列管式固定床反应器的结构

列管式固定床反应器的外壳为钢制圆筒，考虑到受热膨胀，常设有膨胀圈。反应管按正三角形排列，管数需视生产能力而定，可自数百根至万根以上。管内填装催化剂，管间走载热体。为了减少管中催化床层的径向温差，一般采用小管径，常用的为 ϕ25～30mm 的无缝钢管，但采用小管径，管子数目要相应增多，使反应器造价昂贵。近年来倾向于采用较大管径(ϕ38～42mm)，同时相应增加管的长度，以增大气体流速，强化传热效率。但反应管长度增加，气体通过催化床层的阻力增大，动力消耗增加，为了降低床层阻力，常采用球形催化剂。反应温度用插在反应管中的热电偶来测量。为了能测到不同截面和高度的温度，需选择不同位置的管子数根，将热电偶插在不同高度。反应器的上下部都设有分布板，使气流分布均匀。

载热体在管间流动或汽化以移走反应热。对于这类强放热反应，合理的选择载热体和载热体的温度控制方案，是保持氧化反应能稳定进行的关键。载热体的温度与反应温度的温差宜小，但又必须移走反应过程释放出的大量热量，这就要求有大的传热面和大的传热系数。反应温度不同，所用载热体也不同。一般反应温度在240℃以下宜采用加压热水作载热体。反应温度在250～300℃可采用挥发性低的矿物油或联苯-联苯醚混合物等有机载热体。反应温度在300℃以上则需用熔盐作载热体。熔盐的组成(质量分数，熔点142℃)为$KNO_3$53%，$NaNO_3$7%，$NaNO_2$40%。

图4-2(a)为以加压热水作载热体的反应装置。乙烯氧化制环氧乙烷，乙烯乙酰氧基化制醋酸乙烯都可采用这样的反应装置。以加压热水作载热体，主要借水的汽化以移走反应热，传热效率高，有利于催化床层温度控制，提高反应的选择性。加压热水的进出口温差一般只有2℃左右，利用反应热直接产生高压(或中压)水蒸气移走反应热。但反应器的外壳要承受较高的压力，故设备投资费用较大。

图4-2(a)所示是经过改进后的乙烯氧化制环氧乙烷反应器的结构示意图。该反应器在上下封头的内腔都呈喇叭状，这一结构可以减少进入反应器的含氧混合气在进口处的返混从而造成乙烯的燃烧，并使气体更分布均匀。同时也可使反应后的物料迅速离开高温区，以避免反应物料离开催化床层后，发生燃烧(通常称为尾烧)。图4-2(b)是用有机载热体带走反应热的反应装置，反应器外设置载热体冷却器，利用载热体移出的反应热副产中压蒸汽。以熔盐作载热体也可采用类似图4-2的反应装置，只是因熔盐熔点高，需要考虑保温。由于氧化反应具有爆炸危险性，在设计反应器时，必须考虑防爆装置。

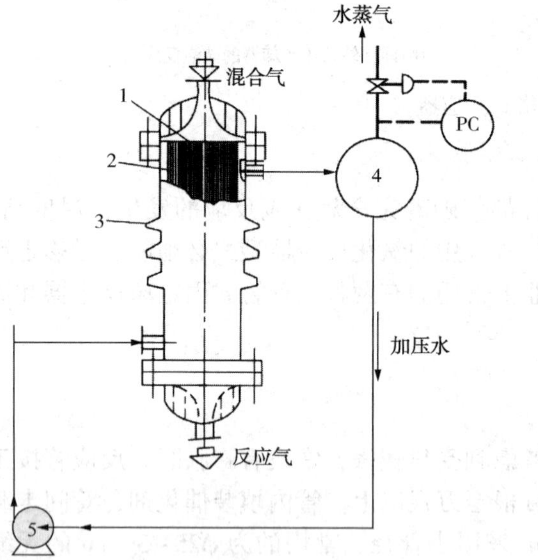

图4-2(a) 以加压热水为载热体的反应装置示意图

1—列管上花板；2—反应列管；3—膨胀圈；4—气水分离器；5—加压热水泵

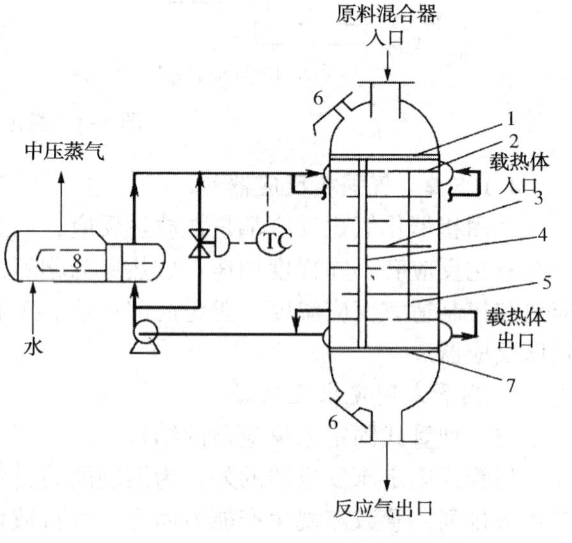

图4-2(b) 以矿物油或联苯-联苯醚为载热体的反应装置示意图

1—列管上花板；2、3—折流板；4—反应列管；5—折流板固定棒；6—人孔；7—列管下花板；8—载热体冷却器

(2) 固定床反应器的温度分布和热稳定性

对于强放热的氧化反应，固定床反应器径向和轴向都有温差，如果催化剂的导热性能良好，而气体流速又较快，则径向温度可较小。轴向温度分布取决于管内的放热速率和管外的

移热速率沿轴向的数值大小的改变。实践表明，放热反应过程中，固定床反应器在轴向存在一个“热点”温度，热点温度之前，放热速率大于移热速率；“热点”温度之后，放热速率小于移热速率。如果放热速率大于移热速率较大，还会导致“飞温”现象，烧毁催化剂和反应器，或导致反应爆炸。

要消除“热点”或“飞温”现象，工业上采取的措施有：

① 在原料中添加少量抑制剂，使催化剂活性降低。

② 在原料气入口的反应管上部装填已老化的催化剂，或在催化剂中混装惰性载体以稀释催化剂，从而降低放热的速率。

③ 采取分段冷却法，改变除热速率，达到放热速率和移热速率的平衡。

(3) 列管式固定床反应器的优缺点

列管式固定床反应器的优点是催化剂磨损少，流体在管内接近活塞流，推动力大，催化剂的生产能力较高。故有的氧化反应是采用固定床反应器。例如苯氧化制顺酐，邻二甲苯氧化制邻苯二甲酸酐等。乙烯环氧化制环氧乙烷用的是银催化剂，由于受到催化剂性能的限制，也只能采用这类反应器。这类反应器也有缺点：①反应器结构复杂，合金钢材消耗大；②传热差，需要大的传热面，反应温度不易控制，热稳定性较差；③沿轴向温差较大，且有热点出现，径向也有温差；④催化剂装卸很不方便，在装催化剂时每根管子催化剂层的阻力要相同，很费工时。如阻力不同就会造成各管间气体流量分布不均匀，致使停留时间不一样，影响反应质量；⑤原料气必须充分混合后再进入反应器，故原料气的组成严格受到爆炸极限的限制，且对混合过程的要求也高，尤其是以纯氧为氧化剂的反应过程。有时为了安全需加入水蒸气作稀释剂。

2. 流化床反应器

(1) 流化床反应的结构

图4-3(a)和图4-3(b)是两种流化床反应器结构示意图，用于丙烯氨氧化生产丙烯腈或其他气固相催化氧化过程，例如萘氧化制邻苯二甲酸酐，正丁烷或正丁烯氧化制顺丁烯二酸酐等。

采用流化床反应器，氧化剂空气和原料气可以分别进料[如图4-3(a)所示]，也可以混合后进料[如图4-3(b)所示]。分别进料较安全，原料混合气的配比可不受爆炸极限的限制，例如丁烯氧化制顺丁烯二酸酐，丁烯与空气混合物的爆炸下限为1.6%(体)，如混合后进料，考虑到安全，丁烯的浓度只能控制在低于1.5%。如采用分别进料方式，丁烯的浓度就可以高于爆炸下限。又如丙烯氨氧化制丙烯腈，选用图4-3(a)所示流化床反应器，空气和丙烯-氨分别进料，不仅比较安全，且因不需要用水蒸气作稀释，对催化剂，对后处理过程减少含氧污水的排放量都有好处。现工业上都采用这种形式的反应器。空气经分布板自床的底部进入催化床层使催化剂流态化，并把吸附在催化剂表面的还原性物质解吸下来，使催化剂保持高的氧化状态。丙烯和氨的混合气经过分配管，在离空气分布板一定距离处进入床层，在床层中与空气会合发生氨氧化反应。

流化床的中部是反应段，是关键部分，内放一定粒度的催化剂，并设置有一定传热面的U形或直形冷却管。在反应段可以除冷却管外不设置任何破碎气泡的构件[如图4-3(a)所示]，也可以设置一定数量的导向挡板或挡网[如图4-3(b)所示]。设置这些构件有利于破碎大气泡，改善气固相之间的接触，减少返混，从而改善流化质量。

但设置内部构件也带来了下列这些缺点：

① 限制了催化剂的轴向混合，使床层温差增大；

② 使反应器的结构复杂；

③ 由于催化剂不断与挡板或挡网碰撞，磨损率增加。

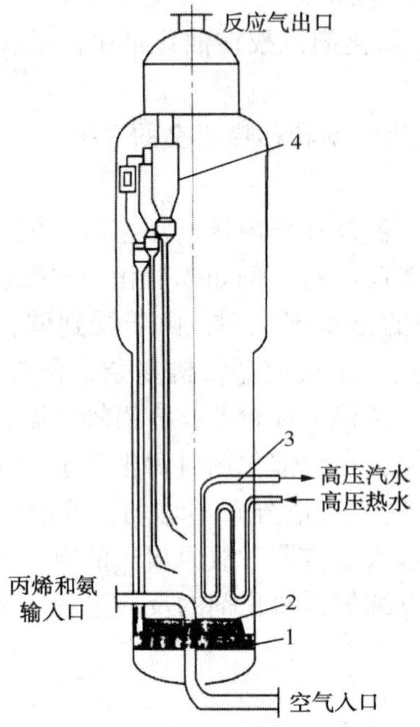

图 4-3(a)　流化床反应器

1—空气分配板；2—原料气分配管；3—U 形冷却管；4—旋风分离器

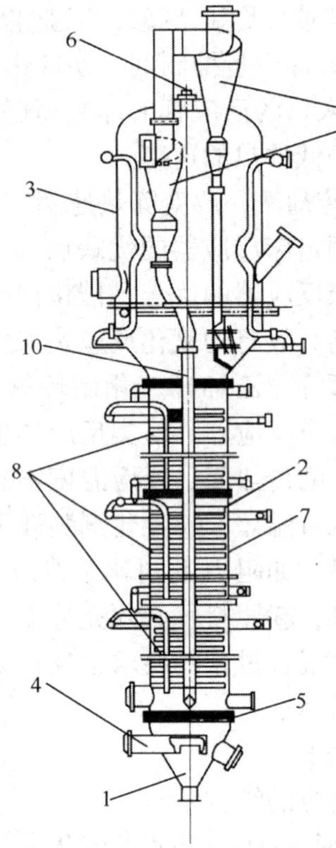

图 4-3(b)　流体床反应器

1—锥形体；2—反应段；3—扩大段；4—进料管；5—分布板；6—防爆孔；7—导向挡板；8—冷却管；9—旋风分离器；10—料腿

图 4-3(a)所示为内部无构件的流化床反应器，垂直的冷却管也可起到破裂大气泡改善流化质量的作用。使用这种类型的反应器，一般是采用细粒度催化剂和较低操作线速，以获得较好的流化质量。催化剂中必定要有一定比例的对改善流化质量很有影响的良好粒度。例如丙烯氨氧化制丙烯腈，采用这种类型流化床反应器，其催化剂的粒度分布大致如下：

0~44μm 占 25%~45%(质)，44~88μm 占 30%~60%(质)，88μm 以上占 15%~30%(质)。小于 44μm 的催化剂颗粒对改善流化质量很有影响，称为良好组分。如果在反应过程中这些细颗粒催化剂被反应气流带走，使催化剂的粒度分布发生变化，导致流化质量下降，故在反应器内需设置有破碎催化剂的喷嘴，必要时可使用。

反应器上部是扩大段，在扩大段由于床径扩大，气体流速减慢，有利于为气流夹带的催化剂的沉降。为了进一步回收催化剂，设置有二至三级旋风分离器一组或数组(也可设置催化剂过滤管)。由旋风分离装置捕集回收的催化剂，通过下降管回至反应器。在扩大段一般不设置冷却器，如氧化反应在此继续进行，就会发生超温燃烧现象，故反应气体产物中氧的残余浓度不宜过高。

（2）流化床反应器的优缺点

流化床反应器的优点有：①固体催化剂颗粒与气体之间接触面大，且因为气流强烈搅动，气固间传热速率快，床层温度分布比较均匀，反应温度也易控制，不会发生飞温事故，操作稳定性较好。②催化剂床层与冷却管壁面间传热系数大，一般要比固定大10倍左右，所需传热面比固定床小得多，而且冷却管的管壁温度可以与反应温度有较大差别。故虽丙烯氨氧化的反应温度为440℃，而冷却管中载热体可采用加压热水，借加压热水的汽化移走反应热，同时产生一定压力的水蒸气。③操作比较安全。④合金钢材消耗少。⑤催化剂装卸方便。

但流化床反应器也有缺点：

① 催化剂易磨损，损耗较多。为了减少磨损率，催化剂必须具有强度高耐磨性能好等良好机械性能，旋风分离器的效率也要高。

② 在流化床内，由于催化剂颗粒剧烈的轴向混合，引起部分气体的返混，使反应推动力减小，影响反应速度，使转化率降低，必须相应增加接触时间，才能达到所需转化率。返混也会使连串副反应加快，选择性下降。

③ 当气体通过催化剂床层时，可能会有大气泡产生，使原料气与催化剂颗粒之间接触不良，传质恶化，从而转化率下降。

虽然流化床反应器有上述这些缺点，但其总的经济效果是有利的，尤其对于温度敏感的氧化反应。采用流化床反应器，可以有效地控制反应温度，消除局部过热现象，避免飞温事故。

4.2 环氧乙烷生产技术

4.2.1 环氧乙烷的性质与用途

环氧乙烷为无色易挥发的具有醚类香味的液体，能与水、醇、醚及其他有机溶剂以任意比例互溶。沸点10.5℃，熔点-111.3℃，燃点429℃。环氧乙烷能与空气形成爆炸性混合物，其爆炸范围为3.6%~80%(体)。

环氧乙烷非常活泼，其环易于破坏，发生开环加成、异构化、氧化、还原和聚合反应。

环氧乙烷是一种有毒的致癌物质，以前被用来制造杀菌剂。环氧乙烷易燃易爆，不易长途运输，因此有强烈的地域性。被广泛地应用于洗涤，制药，印染等行业。在化工相关产业可作为清洁剂的起始剂。

环氧乙烷有杀菌作用，对金属不腐蚀，无残留气味，可杀灭细菌(及其内孢子)、霉菌及真菌，因此可用于消毒一些不能耐受高温消毒的物品以及材料的气体杀菌剂。美国化学家LloydHall在1938年取得以环氧乙烷消毒法保存香料的专利，该方法直到今天仍有人使用。环氧乙烷也被广泛用于消毒医疗用品诸如绷带、缝线及手术器具。

主要用于制造其他各种溶剂(如溶纤剂等)，稀释剂，非离子型表面活性剂，合成洗涤剂、抗冻剂、消毒剂、增韧剂和增塑剂等。与纤维素发生羟乙基化可合成得水溶性树脂(其环氧乙烷含量约75%)。还可用作熏蒸剂、涂料增稠剂、乳化剂、胶黏剂和纸张上浆剂等。

通常采用环氧乙烷-二氧化碳(两者之比为90∶10)或环氧乙烷-二氯二氟甲烷的混合物，主要用于医用和精密仪器的消毒。环氧乙烷用作熏蒸剂常用于粮食、食物的保藏。例如，干蛋粉的贮藏中常因受细菌的作用而分解，用环氧乙烷熏蒸处理，可防止变质，而蛋粉的化学成分，包括氨基酸等都不受影响。

环氧乙烷易与酸作用，因此可作为抗酸剂添加于某些物质中，从而降低这些物质的酸度或者使用其长期不产生酸性。例如，在生产氯化丁基橡胶时，异丁烯与异戊二烯共聚物的溶液在氯化前如果加入环氧乙烷，则成品即可完全不用碱洗和水洗。

由于环氧乙烷易燃及在空气中有广阔的爆炸浓度范围，它有时被用作燃料气化爆弹的燃料成分。

环氧乙烷自动分解时能产生巨大能量，可以作为火箭和喷气推进器的动力，一般是采用硝基甲烷和环氧乙烷的混合物(60∶40~95∶5)。这种混合燃料燃烧性能好，凝点低，性质比较稳定，不易引爆。总的来说，环氧乙烷的上述这些直接用途消费量很少，环氧乙烷作为乙烯工业衍生物仅次于聚乙烯，为第二位的重要产品。其重要性主要是以其为原料生产的系列产品。由环氧乙烷衍生的下游产品的种类远比各种乙烯衍生物多。环氧乙烷的毒性为乙二醇的27倍，与氨的毒性相仿。在体内形成甲醛、乙二醇和乙二酸，对中枢神经系统起麻醉作用，对黏膜有刺激作用，对细胞原浆有毒害作用。

环氧乙烷主要用于制造乙二醇(制涤纶纤维原料)、合成洗涤剂、非离子表面活性剂、抗冻剂、乳化剂以及缩乙二醇类产品，也用于生产增塑剂、润滑剂、橡胶和塑料等。广泛应用于洗染、电子、医药、农药、纺织、造纸、汽车、石油开采与炼制等众多领域。其次还用于生产乙氧基化合物、乙醇胺、乙二醇醚、亚乙基胺、二甘醇、三甘醇、多甘醇、羟乙基纤维素、氯化胆碱、乙二醛、乙烯碳酸酯等下游产品。

4.2.2 乙烯的环氧化反应

在不同的金属或金属化合物上发生有氧参与的催化反应能够生成不同的物质。在银催化剂上乙烯用空气或纯氧氧化，得到的产物除环氧乙烷外，主要副产物是二氧化碳和水，并有少量甲醛和乙醛生成。其反应的动力学图式可表示为：

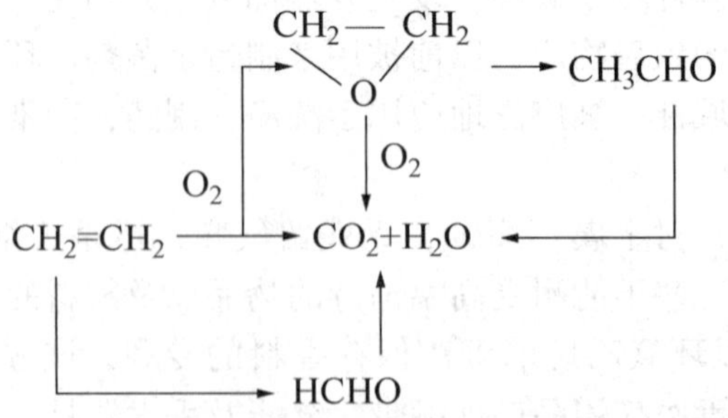

用示踪原子研究表明完全氧化反应产物主要是由乙烯直接氧化生成，反应选择性主要取决于平行副反应的竞争。由环氧乙烷生成二氧化碳和水的连串副反应也有发生，但是次要的。乙醛是由环氧乙烷异构化的产物，甲醛是乙烯的降解氧化副产物。

主反应：

$$C_2H_4+O_2 \longrightarrow C_2H_4O-103.4kJ$$

平行副反应：

$$C_2H_4+O_2 \longrightarrow 2HCHO$$

$$C_2H_4+3O_2 \longrightarrow 2CO_2+2H_2O(g)-1324.6kJ$$

连串副反应：

$$C_2H_4O+2O_2 \longrightarrow 2CO_2+3H_2O(g)-240.9kJ$$

以上反应热是 ΔH°_{298K}，故完全氧化反应的发生，不仅使环氧乙烷的选择性降低，且对反应热效应也有很大的影响，表 4-3 是反应选择性与热效应的关系，当选择性下降时，热效应明显增加，故在反应过程中，选择性的控制十分重要。如选择性下降，移热速率若不相应加快，反应温度就会迅速上升，甚至发生飞温现象。

表 4-3　反应选择性与热效应的关系

选择性/%	70	60	50	40
反应放出的总热量/(kJ/mol 转化的乙烯)	472.2	593.9	715.0	837.2

4.2.3　催化剂与反应机理

4.2.3.1　催化剂

1. 主催化剂

活性组分银，能选择性的使乙烯氧化成为环氧乙烷，通常银含量在 10%～20%时选择性好。

2. 载体

载体的主要功能是分散活性组分银和防止银微晶的半熔和烧结，使其活性保持稳定。载体的表面结构和孔结构及其导热性能对反应的选择性及催化剂颗粒内部稳定的分布有显著的影响。载体的比表面积大，则活性比表面积大，催化剂活性高，但也有利于乙烯完全氧化反应的发生，甚至生成的环氧乙烷很少。载体如有细孔隙，由于反应物在细孔隙中的扩散速度慢，产物环氧乙烷在空隙中的浓度比主流体中高，有利于连串反应的进行。工业上为了控制反应速率和选择性，均采用低表面积无空隙率或粗孔型惰性物质作为载体，并要求有较好的导热性能和较高的热稳定性，保证在使用过程中不发生孔结构的变化，为此，所用载体必须先经过高温处理，以消除细孔结构和增加其稳定性。常用的载体有碳化硅、α-氧化铝和含有少量二氧化硅的α-氧化铝。一般比表面积<$1m^2/g$，孔隙率 50%左右，平均孔径 4.4μm，也有采用更大孔径的。

3. 助催化剂

所使用的助催化剂有碱金属盐类、碱土金属盐类和稀土金属化合物等，他们的作用不尽相同。碱土金属中用的最广的是钡盐。在银催化剂中加入钡盐，可增加催化剂的抗熔结能力，有利于提高催化剂的稳定性，延长其寿命，可提高其活性，但催化剂的选择性可能有所下降。添加碱金属盐可提高催化剂的选择性，尤其是添加了铯的银催化剂，但其添加量要适宜，超过适宜值，催化剂的性能反而受到影响。据研究，两种或两种以上碱金属，碱土金属的添加所起的协同作用，比单一金属添加的效果更为显著。例如银催化剂中只添加钾助催化剂，环氧乙烷的选择性为77%，若同时添加钾和铯，则环氧乙烷的选择性可提高到81%，添加稀土元素化合物，也可提高选择性。

4. 抑制剂

在催化剂中加入少量的硒、碲、氯、溴等对抑制二氧化碳的生成，提高环氧乙烷的选择性有较好的效果，但催化剂的活性却降低。这类物质称调节剂，也称抑制剂。在原料气中添加这类物质也能起到同样的效果。工业生产中常在原料气中添加微量的有机氯，如二氯乙烷，以提高催化剂的选择性，调节反应温度。氯化物的用量一般为1～3μg/g，用量过多，催化剂的活性会显著下降。但这种类型的失活不是永久性的，停止通入氯化物后，活性会逐渐恢复。

5. 催化剂的制备方法

早期，银催化剂的制备是用黏结法制得。现在普遍采用浸渍法，即将载体浸入有机银(例如乳酸银或银-有机铵络合物等)和催化剂溶液中，然后进行干燥和热分解。用浸渍法制得的催化剂，活性组分银可获得较高的分散度，银晶粒可获得较高的分散度，银晶粒可较均匀地分布在孔壁上，与载体结构较牢固，能承受高空速。催化剂的形状，一般都采用中空圆柱体，银含量为9%～15%。

环氧乙烷的生产有空气法和氧气法两种。一般空气法因为要排放系统中多余的氮气，所以乙烯损失率较高，乙烯转化率控制在35%左右，选择性为70%左右。而氧气法，因受到爆炸极限的限制，转化率一般控制在12%～15%，选择性为71%～74%，但明显需要配备空分装置。随着对催化剂研究的深入，新型的银催化剂，用氧气氧化法，选择性可达80%～82%。

4.2.3.2 反应机理

关于乙烯在银催化剂上直接氧化为环氧乙烷的反应机理已进行了许多研究，但到目前为止，还尚未有完全一致的认识。以下介绍用红外吸收光谱和同体素交换等研究方法对氧在银催化剂表面的吸附、乙烯和吸附氧的作用，以及乙烯选择性氧化为环氧乙烷的反应机理提出的看法。氧在银催化剂表面可能发生两种形式的化学吸附。

① 一种是氧的解离吸附，生成O^{2-}，这种吸附在任何温度吸附速度都很快，吸附活化能很低(12.54kJ/mol)，但必须有相邻的银原子金属簇存在。

$$O_2+4Ag(\text{相邻})\longrightarrow 2O^{2-}(\text{吸附})+4Ag^+$$

乙烯和解离氧O^{2-}作用，唯一产物是二氧化碳和水，当有二氯乙烷等抑制剂存在时，由于覆盖了部分银表面，使这种解离吸附受到阻抑，从而使完全氧化反应减少。如银表面的1/4为氯所覆盖，这类氧的吸附则完全被抑制。但在温度较高时，经过吸附位的迁移在不相邻的银原子上也能发生氧的解离吸附。

$$O_2+4Ag(\text{不相邻})\longrightarrow 2O^{2-}+4Ag^+(\text{相邻})$$

但这种解离吸附活化能很高，较不易发生。

② 另一种吸附是活化能<33kJ/mol的不解离吸附，发生于当在催化剂表面上没有4个相邻的银原子簇可被利用时，这种化学吸附生成离子化的分子氧吸附态。

$$O_2+Ag\longrightarrow Ag\text{-}O_2^-(\text{吸附})$$

乙烯与吸附的离子化分子态氧反应，能有选择性地氧化为环氧乙烷并同时产生一个吸附的原子态氧。

$$O_2^-(\text{吸附})+CH_2=CH_2 \longrightarrow \underset{\diagdown\ O\ \diagup}{CH_2-CH_2}\ +O(\text{吸附})$$

乙烯与 $Ag-O^-$(吸附)反应，则氧化为二氧化碳和水。

$$6O(\text{吸附})+CH_2=CH_2 \longrightarrow 2CO_2+2H_2O$$

反应总式为：$7C_2H_4+6Ag-O^{2-}(\text{吸附态}) \longrightarrow 6C_2H_4O+2CO_2+6Ag+2H_2O$

根据此机理，如氧的解离吸附完全被抑制，而产物环氧乙烷不再继续氧化，那么乙烯环氧化反应的最大选择性为 6/7，即 85.7%。要达到此最高选择性，催化剂表面必须设有 4 个相邻的银原于簇存在，这与下列诸因素有关：催化剂的组成，催化剂的制备条件，抑制剂的用量，反应温度的控制等。

4.2.4 环氧乙烷生产工艺条件安全控制

4.2.4.1 反应温度和空速

在乙烯环氧化的过程中有完全氧化平行副反应的激烈竞争，而影响竞争的主要外界因素是反应温度。从动力学研究得到的结果是环氧化反应的活化能小于完全氧化反应的活化能，故升高温度，完全氧化反应的速率增长更快，因此选择性必然随温度的升高而下降。当反应温度为 100℃时，环氧乙烷的选择性几乎是 100%，但反应速率很慢，转化率很小，工业意义不大。随着温度升高，反应速度加快，转化率增加，选择性下降，放出的热量也越大，如不能及时移走反应热，就会导致温度难以控制，产生飞温现象。此外，反应温度过高，也会引起催化剂的活性衰退。适宜的反应温度与催化剂的活性有关，一般控制在 220~260℃。

影响反应转化率和选择性的另一个因素是空速，与反应温度相比，此因素是次要的。因为在乙烯环氧过程中，主要竞争反应是平行副反应，产物环氧乙烷的深度氧化居于次要，但空速减小，转化率增加，选择性也要下降。例如在以空气为氧化剂时，当转化率控制在 35%左右，选择性达 70%左右，若空速减小一半左右，转化率可提高至 60%~75%，而选择性降低到 55%~60%，反应温度升高 20℃左右。空速高有利于迅速移走大量的反应热，但空速过高，虽提高了生产能力，循环气体量也增大，分离工序的负荷和动力费用增大。工业上，氧气氧化法空速一般采用 4000 ~6000h^{-1}，此时乙烯单程转化率约为 9%~12%。空气氧化法的空速为 7000h^{-1}左右，乙烯单程转化率为 30%~35%，反应选择性可达 70%~75%。

4.2.4.2 反应压力

增加反应压力，对反应的选择性无显著影响，但加压操作，能提高乙烯和氧的分压从而加快反应速度，也可提高反应器的生产能力，也有利于从反应气体产物中回收环氧乙烷。压力太高，对设备耐压要求提高，投资费用增大，可能产生环氧乙烷聚合及催化剂表面结炭，影响催化剂使用寿命。目前工业生产中，氧气氧化法的操作压力为 1.0~3.03MPa。

4.2.4.3 原料纯度和配比

1. 原料气中杂质的影响

原料气中的杂质可能带来的影响：

1) 使催化剂中毒而且活性下降。例如乙炔和硫化物等能使银催化剂永久中毒，乙炔能与银生成乙炔银，受热会发生爆炸性分解。

2) 使选择性下降。如原料气中带有铁离子，会加速环氧乙烷异构化为乙醛的副反应，从而使反应选择性下降。

3）使反应热效应增大，如 H_2、C_3以上烷烃和烯烃，因为它们都能发生完全氧化反应而放出大量的热量。

4）影响爆炸极限。例如氩是惰性气体，但氩的存在会使氧的爆炸极限浓度降低而增加爆炸的危险性，氢也有同等的效应。

故原料气中上述各类有害物质的含量必须严格控制，在原料乙烯中要求乙炔<5μL/L，C_3以上烃<10μL/L，硫化物<1μL/L，H_2<5μL/L。

2. 致稳剂对氧化反应的影响

乙烯空气氧化法制环氧乙烷，从反应器的入口原料气组成、乙烯的转化率和反应的选择性可以看出，原料气中乙烯含量低时，乙烯转化率低，再加上大量氮气的循环，使反应器单位体积环氧乙烷的产率很低。如果提高原料气中乙烯的含量，即使转化率下降，由于进料中的乙烯浓度高，仍可保持设备的生产能力。因此，在空气氧化法的基础上发展了氧气氧化法。但是，应当指出氧气氧化法中原料气所含乙烯的浓度也不能任意提高，要受到原料混合物乙烯爆炸浓度范围的限制，而且乙烯与氧以外的气体组分也将影响混合物的爆炸浓度范围。为了提高乙烯和氧的浓度，可以采用加入致稳气的办法来改变乙烯的爆炸浓度范围。

致稳气必须具备以下特点：

1）加入1~2个惰性组分来改变循环混合气的组成，缩小混合气的爆炸极限范围，增加体系安全性。

2）加入的惰性组分须具有较高的比热容，能够有效地移走部分反应热，增加体系稳定性。

氮气是曾被工业上广泛运用的致稳气，近年来用的致稳气为甲烷。甲烷致稳早年出自美国 shell 公司的专利。甲烷致稳的作用如下。

（1）增加安全性

乙烯-氧-甲烷三元混合气在250℃、2.23MPa 操作条件下，其最高允许氧浓度较之氮气致稳有较大的提高，通过温度-压力校正曲线计算，氮气致稳时环氧乙烷反应器入口最高允许氧浓度(体)为7.92%，出口为7.1%；甲烷致稳时进口氧浓度为8.84%，出口为8.0%。两者相比允许氧浓度上升了近1个百分点。氧浓度的上升说明了混合气体爆炸极限相对地缩小了，增加了体系安全性。

（2）增加了体系的稳定性

据计算，乙烯氧化反应群放的热量，1/3由循环气带出，在操作条件下，甲烷比热容是氮气比热容的1.35倍。在甲烷、氮气致稳条件下，循环气的平均比热容分别为2174kJ/(m^3·℃)和1623kJ/(m^3·℃)。循环气自身热容增大，对于反应器移出热，避免乙烯氧化反应中可能产生的“热点”或“飞温”极为有利，增加了体系的稳定性。

（3）提高选择性

甲烷致稳选择性比氮气致稳约高1%。根据北京燕山石油化工股份有限公司 EO 装置甲烷致稳和氮气致稳的实际生产数据对比表明，氧浓度有所提高，而且乙烯浓度也有较大幅度提高。这说明爆炸极限缩小了，由于原料浓度的增加，反应推动力加大，化学反应速率加快，可以在较低的反应温度(约低2~3℃)下达到相同的生产负荷，提高了选择性，降低了原料的消耗定额，并延长了催化剂使用寿命，增加了过程的经济效益。

3. 抑制剂的影响

在反应的原料气中添加微量的1,2-二氯乙烷能有效地抑制副反应，提高乙烯环氧化的选择性。原料气中添加微量的1,2-二氯乙烷后，其选择性比无1,2-二氯乙烷时提高11%~16%。

4. 进反应器的混合气体的组成的影响

对于具有循环的乙烯氧化过程，进入反应器的混合气是由循环气和新鲜原料气混合而成，它的组成不仅影响经济效益，也关系到安全生产，氧的含量必须低于爆炸极限浓度，乙烯浓度也必须控制，它不仅影响氧的极限浓度，也影响催化剂的生产能力。尤其像乙烯环氧化这类强放热的气固相催化反应，必须要考虑到反应器的热稳定性。乙烯和氧的浓度高，反应速度快，催化剂生产能力大，但单位时间释放的热量也大，反应器的热负荷增大，如放热和移热不能平衡，就会造成飞温。故氧和乙烯的浓度都有一个适宜值。由于所用氧化剂不同，进反应器的混合气的组成要求也不同。用空气作氧化剂，空气中有大量惰性气体氮存在，乙烯的浓度以5%左右为宜，氧的浓度以6%为宜。当以纯氧为氧化剂时，为使反应不至太剧烈，仍需加入稀释剂，一般以氮作为稀释剂，进反应器的混合气中，乙烯的浓度可达15%~20%，氧的浓度为8%左右，近年来有些工业生产装置已改用CH_4作稀释剂，CH_4不仅导热性能好，且在CH_4存在下，氧的爆炸极限浓度提高，对安全生产能力有利。采用CH_4作稀释剂乙烯的浓度可采用更高。

二氧化碳对环氧化反应有抑制作用，但含量适当对提高反应的选择性有好处，且可提高氧的爆炸极限浓度，故在循环气中允许含有一定量的二氧化碳。循环气中若含有环氧乙烷对环氧化反应也有抑制作用，并会造成氧化损失，故在循环气中的环氧乙烷应尽可能除去。

4.2.5 防止反应气“尾烧”及异构化反应

“尾烧”是指生成的环氧乙烷在反应器的下部进一步深度氧化为二氧化碳，并放出大量反应热。环氧乙烷在高温及固体酸存在下容易异构为乙醛，而乙醛易氧化为二氧化碳和水，一方面降低环氧乙烷选择性和放出大量热，另一方面反应气中存在微量乙醛，对环氧乙烷分离提纯带来很大困难，大大提高了环氧乙烷分离提纯的费用。因此如何防止反应器出口气体“尾烧”及环氧乙烷异构为乙醛的反应，是安全生产及保持环氧乙烷高选择性的重要问题。

美国科学设计公司(SD)慎重指出：在反应器出口气体与进反应器气体进行热交换的情况下，若反应器出口处有催化剂粉末带出，反应器出口气体温度会迅速从260℃升至460℃，产生“尾烧”现象。同时进反应器气体温度可升至280℃，达到自燃温度，十分危险。因此，需在反应器出口处增加一台冷却器，防止“尾烧”现象。这一安全技术改造方案已应用于工业化装置中。

壳牌公司(Shell)在反应器结构上采用了新型设计，将氧化反应器下封头设计为锥形，减少了脱落的催化剂粉末在下封头的积累，把“尾烧”的可能性降至最小。

Shell公司和日本触媒公司曾透露，将反应器出口气体通过充填着颗粒物料的冷却区段，使用含碱金属或碱土金属的颗粒料，可以进一步抑制环氧乙烷的异构化反应。

改进反应器结构，将反应器上、下封头内腔设计制造成喇叭状。下封头喇叭使反应气迅速离开高温区，以避免“尾烧”。另一改进是在反应器下增设一段急冷段，并在此段的列管内充填载有微量氯化铂的三氧化二铝球，管外通冷却水降温。这样以期防止EO的异构化反应，消除气体爆炸的可能性，并可相应地提高原料气中的含氧量，提高反应效率。

环氧乙烷和乙二醇车间是易燃易爆车间，根据安全生产的需要，采取以下防爆措施。

1）控制配料使可燃气体与空气或氧气混合物在爆炸极限之外。

2）严格控制反应温度，避免在氧化反应器中产生“飞温”和“尾烧”。

3）设备接地线，消除产生的静电。

4）压力设备上要有防爆膜和安全阀。

5）防止环氧乙烷贮存时聚合爆炸，液体环氧乙烷虽不容易分解，但很容易聚合。酸、碱以及许多金属的氯化物和氧化物都是环氧乙烷聚合催化剂，聚合时产生大量聚合热(约96kJ/mol)，易引起爆炸。为此，环氧乙烷贮罐应远离火源，避免阳光直射，贮罐内部一定要清洁，绝不可混入其他杂质. 并在贮槽气相中充氮或其他惰性气体，防止环氧乙烷在贮存时聚合。该贮存工艺是采用外循环冷却工艺，循环泵采用屏蔽电功泵，循环冷却效果较好，可确保贮存温度在-6~0℃。为了确保安全，贮存环氧乙烷的贮罐还应配备氮气和冷冻系统。为避免使用氯化钠盐水泄漏至EO中引发聚合反应，贮运过程中的冷冻剂需采用乙二醇水溶液。环氧乙烷槽车在卸料过程中各条管线阀门都需用氮气置换吹扫，卸料时需用氮气保护，并保证贮罐氮封压力大于0.3MPa，若发生泄漏应及时采取有效措施。

4.2.6 乙烯氧气氧化法生产环氧乙烷工艺安全与操作

乙烯在$Ag/\alpha-Al_2O_3$催化剂存在下直接氧化生产环氧乙烷的工艺，由于所采用的氧化剂不同，有空气氧化法和氧气氧化法两种。两者所用催化剂和工艺条件的控制不同，工艺流程的组织也有差异。氧气氧化法虽然安全性不如空气氧化法好，但氧气氧化法选择性较高，乙烯单耗较低，催化剂的生产能力较大，据评价生产规模在$(1\sim20)\times10^4$t/a范围内，总的投资费用比空气氧化法低，故大部分新建规模大的工厂多采用氧气氧化法，只有生产规模小时，才采用空气法。

氧气氧化法生产环氧乙烷的工艺流程主要分为两部分：反应部分和环氧乙烷的回收和精制部分。

4.2.6.1 反应部分工艺流程

乙烯环氧化生产环氧乙烷是一强放热反应，温度对反应选择性的影响很敏感，对于这种反应最好使用流化床反应器，但因细颗粒的银催化剂易结块也易磨损，流化质量很快恶化，催化剂效率急速下降，故工业上普遍采用的是列管式固定床反应器。管内置催化剂，管间走冷却介质(有机载热体或加压热水)。新鲜原料乙烯、氧气与循环气在混合器(1)中混合后，经过热交换器预热至220℃左右，从反应器(2)上部进入催化床层。在配制混合气时，由于纯氧加入到乙烯和循环气的混合气中，所以必须使氧和循环气迅速混合达到安全组成，如混合不好，很可能形成局部氧浓度超过极限浓度，进入换热器时易引发爆炸危险。为此，混合气的设计极为重要，工业上是借多孔喷射器对着混合气流的下游将氧高速喷射入乙烯和循环气的混合气中使它们迅速进行均匀混合，以减少乙烯和循环气的混合气返混入分布器的可能性。这一部分是氧气氧化法安全生产的关键部分。为了确保安全，需要用自动分析仪监视，并配置自动报警联锁切断系统，热交换器上安装有安全阀、爆破片等防爆措施。

自反应器流出的产物气中环氧乙烷的含量仅1%~2%，经热交换器利用其热量并进行冷却后，进入环氧乙烷吸收塔(4)。由于环氧乙烷能以任何比例与水混合，故采用水作吸收剂以吸收产物气中的环氧乙烷。从吸收塔顶排出的气体，含有未转化的乙烯和氧，二氧化碳和惰性气体。虽然原料乙烯和原料氧纯度很高，带入反应系统的惰性杂质很少，但反应过程中有副产二氧化碳生成，如将从吸收塔排出的气体全部循环入反应器，必然会造成循环气中二氧化碳的积累。因此从吸收塔排出的气体，大部分（约 90%）循环使用，其余部分送二氧化碳吸收装置，用热碳酸钾溶液脱出其中的二氧化碳。脱碳后的乙烯和氧气仍然返回到原料预混合器中。

热碳酸钾吸收二氧化碳的原理是：

$$K_2CO_3+CO_2+H_2O \rightleftharpoons 2KHCO_3$$

该装置由二氧化碳吸收塔（5）和吸收液再生塔（6）组成。送二氧化碳吸收装置的那一小部分气体在吸收塔（5）中与来自于再生塔（6）的热的 $KHCO_3-K_2CO_3$ 贫液逆流接触。在 100℃、2.2MPa 压力下，K_2CO_3 质量分数约为 30%，将二氧化碳吸收，使二氧化碳体积分数降至 3.5% 以下。二氧化碳吸收塔釜液进入碳酸钾再生塔，再生塔在 0.2MPa 压力下操作，把碳酸钾溶液中的二氧化碳用蒸汽汽提出来，大量富含 CO_2 的气体在塔顶放空排放。再生后的碳酸钾溶液泵回二氧化碳吸收塔，循环使用。

碳酸钾溶液中常含有铁、油和乙二醇等物质，在加热过程中这些物质易产生发泡现象，使塔设备压差增大，故生产中常加入消泡剂。

4.2.6.2 环氧乙烷的回收和精制部分的流程

氧化法乙烯直接氧化生产环氧乙烷工艺流程如图 4-4 所示。从环氧乙烷吸收塔（4）底部流出的环氧乙烷水溶液进入环氧乙烷解吸塔（7），目的是将产物环氧乙烷通过汽提从水溶液中解吸出来。解吸出来的环氧乙烷、水蒸气及轻组分进入该塔冷凝器。大部分水及重组分冷凝后返回环氧乙烷解吸塔（7），未冷凝气体与乙二醇原料解吸塔（9）顶气，以及环氧乙烷精制塔（10）顶馏出液汇合后，进入环氧乙烷再吸收塔（8）。环氧乙烷解吸塔（7）釜液作为环氧乙烷吸收塔（4）的吸收液。解吸后的环氧乙烷在再吸收塔用冷的工艺水再吸收，将二氧化碳与其他不凝气体从塔顶放空。再吸收塔（8）釜液环氧乙烷质量分数约 8.8%，在乙二醇原料解吸塔（9）中，用蒸汽加热进一步汽提除去水溶液中的二氧化碳和致稳气，即可作为生产乙二醇原料或再精制为高纯度的环氧乙烷产品。

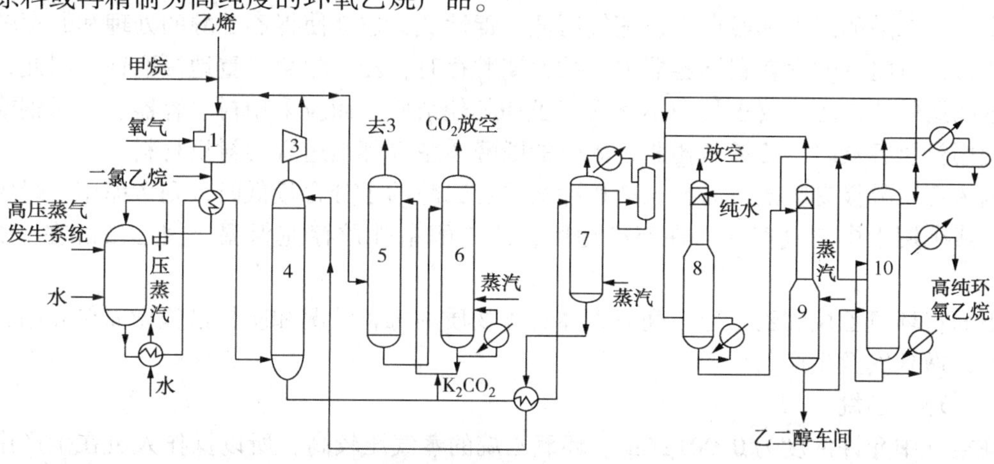

图 4-4　氧化法乙烯直接氧化生产环氧乙烷工艺流程

1—原料混合器；2—反应器；3—循环压缩机；4—环氧乙烷吸收塔；5—二氧化碳吸收塔；6—碳酸钾再生塔；7—环氧乙烷解吸塔；8—环氧乙烷再吸收塔；9—乙二醇原料解吸塔；10—环氧乙烷精制塔

环氧乙烷精制塔(10)以直接蒸汽加热，该塔共95块塔板，上部塔板用于脱甲醛，中部用于脱乙醛，下部用于脱水。靠近塔顶第87块板侧线抽出质量分数>99.99%的高纯度环氧乙烷，中部侧线采出含少量乙二醇的环氧乙烷(返回乙二醇原料解吸塔)，塔釜液返回精制塔中部，塔顶馏出含有甲醛的环氧乙烷返回乙二醇原料解吸塔，回收环氧乙烷。

环氧乙烷易自聚，尤其在铁、酸、碱、醛等杂质存在和高温情况下更易自聚。自聚时有热量放出，引起温度和压力上升。其至引起爆炸事故，因此存放环氧乙烷的贮槽必须清洁，并保持在0℃以下。

4.2.7 环氧乙烷生产过程危害及控制技术

4.2.7.1 火灾爆炸事故控制

环氧乙烷生产过程中所涉及的乙烯、甲烷、环氧乙烷都是易燃、易爆、有毒的气体，且处于氧气环境中发生氧化反应，反应属于放热反应，火灾爆炸的三要素同时满足，所以极具危险性。对这类氧化反应的控制要点是：

1) 控制反应混合物的浓度在爆炸范围之外，即物料组成在安全区操作。

2) 控制适宜的转化率和反应选择性，维持放热速率和移热速率的均衡，保持反应器的热稳定性。

4.2.7.2 职业卫生安全技术

环氧乙烷和乙二醇车间对人体有毒害的物质主要有乙烯、环氧乙烷、乙二醇、二氯乙烷等。一般说来，毒物是通过呼吸器官、皮肤和消化道给人带来伤害的。为此国家规定了工厂厂房内空气中毒物的最高允许浓度，见表4-4。

表4-4 空气中毒物的最高允许浓度

有毒物质	空气中最高允许浓度/(g/m^3)	有毒物质	空气中最高允许浓度/(g/m^3)
环氧乙烷 二氯乙烷	0.001 5	乙烯	0.05

由于乙二醇的闪点和燃点高、蒸气压低、毒性低，这就使得乙二醇的处理和贮存较为简单。通常，可将其贮存在碳钢容器中，欲长期贮存时，乙二醇会严重地摄取铁，因此，作为生产聚酯用的乙二醇，要求其中不含铁离子和其他杂质，而应采用衬里容器、不锈钢或铝设备。使用衬里容器时，乙烯基树脂、固化的酚醛树脂等都是适宜的衬里材料。

因为乙二醇极易吸潮，需要长期贮存又要乙二醇的水分含量低时，则考虑用干燥脱湿件氮封，或采用干燥空气气封。在寒冷地区，乙二醇室外贮存应保温，因乙二醇在-12℃会凝固。

下面将环氧乙烷和乙二醇车间对人体有害物质的毒害情况和防护措施做简单介绍，以引起注意，做到安全生产。

(1) 环氧乙烷

在空气中允许浓度为0.001g/m^3。环氧乙烷的蒸气压较高，所以操作人员在生产中很容易接触环氧乙烷蒸气。它虽具有特殊气味，但长时间接触低浓度环氧乙烷蒸气会麻痹嗅觉，因此即使它的浓度已经达到了有害的程度，也不易察觉，须特别注意。环氧乙烷具有麻醉作用，停留于含有环氧乙烷蒸气的空气中10min，就会引起剧烈的头痛、眩晕、步态不稳，口中有甜味，呼吸困难、心脏活动障碍，可延续数周，肝肾也会受损。尿中胆碱素含量增多。低浓度环氧乙烷引起滞后性呕吐和不舒服感，接触高浓度环氧乙烷气体对眼，呼吸通和肺有强烈的刺激作用，甚至引起肺水肿。环氧乙烷在空气中的浓度达到 0.08%~0.15%(体积)，长时间接触就会威胁人的生命。

液态环氧乙烷接触到皮肤立即用水冲洗，否则会引起灼伤，尤其 40%~80%的环氧乙烷水溶液较低浓度或高浓度的环氧乙烷水溶液能更快地引起严重灼伤。眼睛溅到环氧乙烷应该立即用大量水冲洗，再到眼科治疗。环氧乙烷不是积累性毒物，一次小毒后对第二次中毒不发生任何影响，但是连续接触后会降低一个人所能承受的一次容量。为防止环氧乙烷中毒，在环氧乙烷生产中要保证设备密封，严格控制环氧乙烷在空气中的最高浓度不得超过 0.001g/m^3。在处理环氧乙烷时，操作人员应该配戴防护眼镜、橡皮手套、围裙及橡胶靴。中毒患者要立即脱离现场，污染的衣服立即更换，并立即用温水清洗皮肤。

(2) 乙二醇

在常温下是无色透明黏稠液体，通过口腔侵入人体时，有明显的中毒作用，误饮 30~50mL 会引起轻微中毒，50~200mL 引起急性中毒，200~400mL 可以致死。长期慢性中毒会引起眼球震颤、食欲减退、嗜唾，以及反复发作性神志模糊。为防止乙二醇中毒，在生产中要消灭跑、冒、滴、漏。进入塔或容器中检修前，必须倒空乙二醇物料，用氮气和空气置换合格后，方可入内，必要时戴好防毒面具工作，在出料时要戴防护手套，不要使皮肤长期与之接触。严禁品尝或饮用乙二醇及其水溶液。

(3) 1,2-二氯乙烷

麻醉剂，主要侵害内脏和神经系统，也能通过皮肤接触中毒。对人致死量为 100g 左右，15~40g 可能引起急性中毒。急性中毒表现为颈与头痛、嗜睡、恶心、呕吐。眼、鼻、咽喉黏膜轻度刺激，面部发红。严重者全身无力、眩晕、剧烈呕吐，上腹部疼痛，肝脏常肿大，心悸，血压增高，极度严重者可以谵妄，全身震频，甚至昏迷而死亡。慢性中毒表现为持续性头痛、疲乏、恶心、腹泻，胃肠及呼吸道易出血。一般还有肝脏的病状。皮肤长期接触，则产生皮炎，甚至坏死。为防止二氯乙烷中毒，设备应密封好，室内通风良好，二氯乙烷设备检修时，需用氮气置换合格后方可作业。万一发生二氯乙烷中毒，要迅速将患者送至空气新鲜处，换去被二氯乙烷污染的衣服，用水冲洗皮肤。若误饮二氯乙烷，让患者喝盐水或肥皂水解毒，眼睛溅入二氯乙烷，应立即用大量清水冲洗。

(4) 乙烯

有毒物质，空气中最高允许浓度为 0.05g/m^3。低浓度有刺激作用，高浓度有麻醉作用。吸入 80%~90%的乙烯与氧的混合物，即迅速引起麻醉窒息。乙烯浓度 25%~45%时，有痛觉消失的现象，但通常意识仍保持清醒。为防止乙烯中毒，在生产中严禁乙烯外逸，厂房内加强通风。当乙烯浓度低时，个人防护可用过滤式防毒面具；浓度高时，用隔离式防毒面具。当发生急性中毒时，抢救人员应戴上氧呼吸器，将中毒患者移到空气新鲜的地方，进行人工呼吸，并立即就医。

(5) 烧碱

具有强烈的腐蚀性。主要是对人体皮肤的腐蚀作用。

综上所述，环氧乙烷、乙二醇车间是防火、防爆、防毒车间，对车间工作人员要求操作谨慎、勤检查，及时消除隐患。若生产中稍有疏忽，就可能有中毒、燃烧、爆炸等事故发生。

4.2.8 氧化反应器安全控制

非均相催化氧化反应都是强放热反应，而且都伴随着完全氧化副反应的发生，温度高使完全氧化反应有不同程度加速，放热更为剧烈，故采用的氧化反应器形式必须能及时移走反应热和控制适宜反应温度，避免局部过热。工业上常用的氧化反应器有列管式固定床反应器和流化床反应器两种。这些知识在4.1节中已作了详细的阐述。

4.2.8.1 列管式反应器的温度分布和热稳定性

对于强放热的氧化反应，径向和轴向都有温差，如催化剂的导热性能良好，而气体流速又较快，则径向温差可较小。轴向的温度分布主要决定于沿轴向各点的放热速率和管外载热体的除热效率。列管式固定床反应器的温度分布如图4-5所示。一般沿轴向温度分布都有一最高温度称为热点，在热点以前放热速率大于移热速率，因此出现轴向床层温度升高，热点以后恰好相反，故沿床层温度就逐渐降低。控制热点温度是使氧化反应能顺利进行的关键。热点温度过高，使反应选择性降低，催化剂变劣，甚至使反应失去稳定性而产生飞温。热点出现的位置和高度与反应条件的控制及传热情况有关，也与催化剂的活性有关。随着催化剂的逐渐老化，热点温度逐渐降低，其高度也逐渐降低。热点温度的出现，使整个催化剂床层只有一小部分催化刑是在所要求的温度条件下操作，影响了催化剂效率的充分发挥。

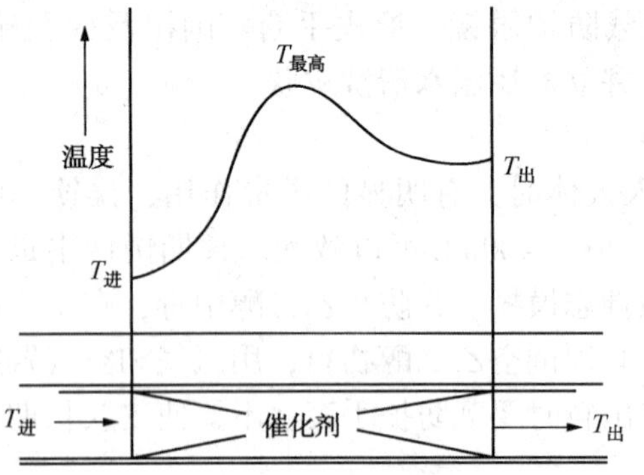

图4-5 列管式反应器的温度分布

为了降低热点温度减少轴向温差，使沿轴向大部分催化刑床层能在适宜的温度范围内操作，工业生产上所采取的措施如下：

1）原料气中带入微量抑制剂，使催化剂部分毒化。

2）在原料气入口附近的反应管上层放一定高度的惰性载体稀释的催化剂或放一定高度已部分老化的催化剂。这是降低入口附近的反应速率，以降低放热速率，使之与移热速率尽可能平衡。

3）采用分段冷却法，改变移热速率，使之与放热速率尽可能平衡等。

4.2.8.2 固定床反应器的参数热敏感性

对于进行强放热氧化反应的管式反应器，其热点温度对过程参数如原料气入口温度、浓度、壁温等的少量变化十分敏感，如控制不小心，就会造成飞温。因此在操作这类氧化反应器时，必须要考虑各操作参数的敏感区。由于氧化过程比较复杂，存在着平行和连串副反应，下面仅以简单的不可逆放热反应为例进行讨论(图中所列数据，均是相对数据)。

1）原料气入口温度对轴向温度分布的影响。在一定的温度范围内，原料气进床层温度的变化，对轴向温度分布和热点温度有影响，但不显著。当超过某一温度时，即使只提高1~2℃，热点温度就显著升高，发生飞温，使反应器不能稳定操作。温度发生显著变化的这个区称为参数敏感区。故原料气的入口温度有一临界温度，高于此临界温度就进入敏感区。为了使反应器能稳定操作，入口温度必须低于此临界温度。但原料气入口温度也不能低于氧化起始温度，不然反应就不能进行。

2）换热器壁温度和原料气起始浓度（以分压表示）对轴向温度分布的影响。图4-6所示为壁温和原料气起始浓度对床层轴向温度的影响，由图中可看出，有一参数敏感区。当壁温高于一定值时，热点温度就显著升高，当然壁温过低，氧化反应也不能进行。故虽增加载热体与催化剂床层气相的温差对强化传热是有利的，但由于受到氧化起始温度的影响，载热体的温度不宜太低，一般载热体的温度与催化剂床层最高温度的温差不大于10℃。原料的起始浓度也有一敏感区，在敏感区，浓度的稍微变化会使热点显著增高，甚至造成飞温。在操作列管式固定床氧化反应器时，各操作参数的选择，不仅要考虑反应的转化率和选择性，还必须考虑参数的敏感区（当然最好能知道各参数的临界值）。如果反应器在敏感区附近操作，则由于某一参数的微小变化，就会使温度分布发生显著变化，从而使反应质量严重恶化。

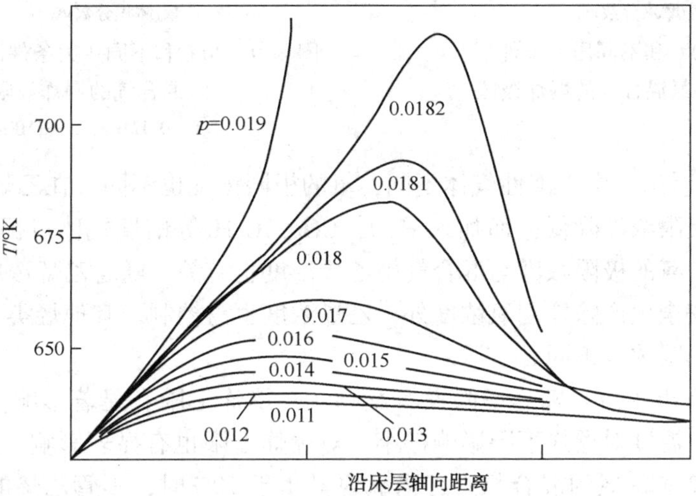

图4-6 壁温和原料气起始温度对床层轴向温度的影响

4.2.9 氧化过程爆炸事故分析及控制技术

在基本有机化学工业中进行的催化氧化过程无论是均相的或是非均相的，都是以空气或纯氧为氧化剂，可燃的烃或其他有机物与空气或氧的气态混合物在一定的浓度范围内引燃（明火、高温或静电火花等）就会发生分支连锁反应，火焰迅速传播，在很短时间内，温度急速增高，压力也会剧增，而引起爆炸。此浓度范围称为爆炸极限。烃类和其他可燃有机物与空气或氧的气态混合物的爆炸极限的浓度范围可在有关手册上查到。但要注意，爆炸极限的浓度范围是与试验条件（温度、压力、引燃方式等）有关，与气体混合物的组成也有关。

图4-7～图4-9分别为乙烯-空气-氮、乙烯-氧-氮混合气在不同压力、不同温度下的爆炸极限。可见乙烯的爆炸极限不仅与温度、压力有关，也与混合气的组成有关。

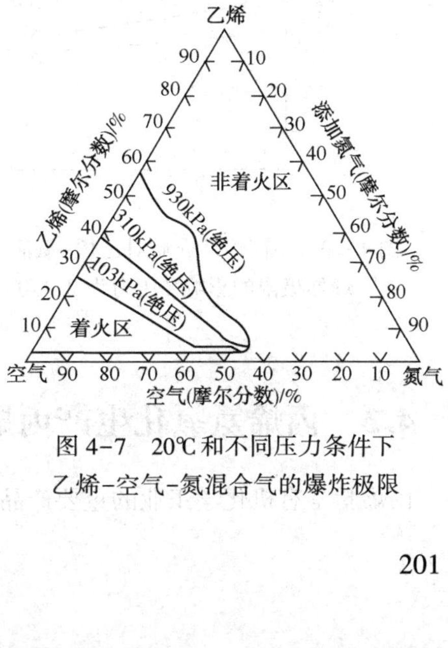

图4-7 20℃和不同压力条件下乙烯-空气-氮混合气的爆炸极限

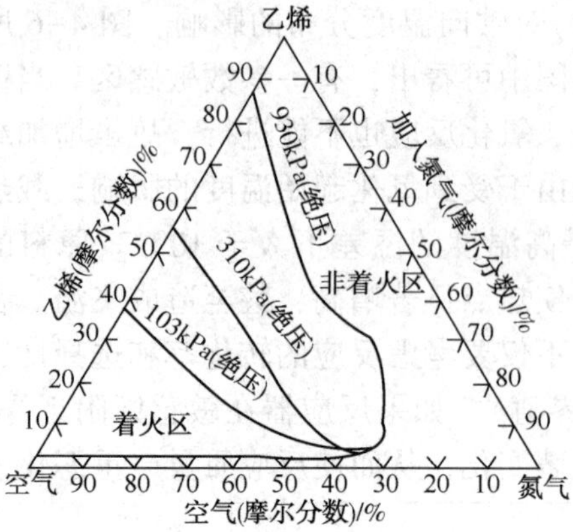

图 4-8　200℃和不同压力条件下乙烯-空气-氮混合气的爆炸极限

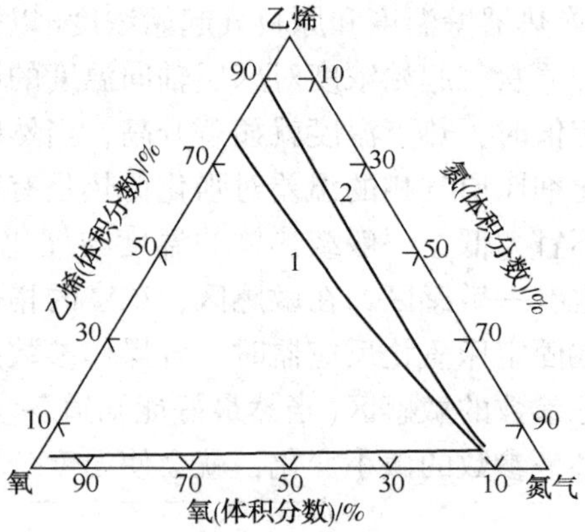

图 4-9　20℃和不同压力条件下乙烯-氧-氮混合气的爆炸极限

1—0.1MPa，2—1MPa

由图 4-10 可看出，由于惰性气体不同，氧的极限浓度也不同。在乙烯-氧-氮混合气中氩的存在使氧的极限浓度降低，而加入 H_2O，CO_2，C_2H_6等惰性气体可提高氧的极限浓度，有利于安全生产。氧的极限浓度与混合气中乙烯浓度也有关。随着乙烯浓度增高，氧的极限浓度下降。为了安全生产除控制氧浓度外，乙烯浓度也需控制。其他烃类与氧的混合气也有相似规律，只是极限浓度不同。

由图 4-7 可看出压力对爆炸下限没有影响，对爆炸上限有显著影响。压力增高，爆炸上限也随之增高。温度对爆炸下限影响甚小，对爆炸上限也有显著影响。由图 4-8 可看出，在室温时，在乙烯-氧-氮的混合物中，当氧含量小于 10%时，不管乙烯的浓度多大也不会发生爆炸。随着温度和压力的升高，氧的极限浓度会下降(见图 4-10，图 4-11)。

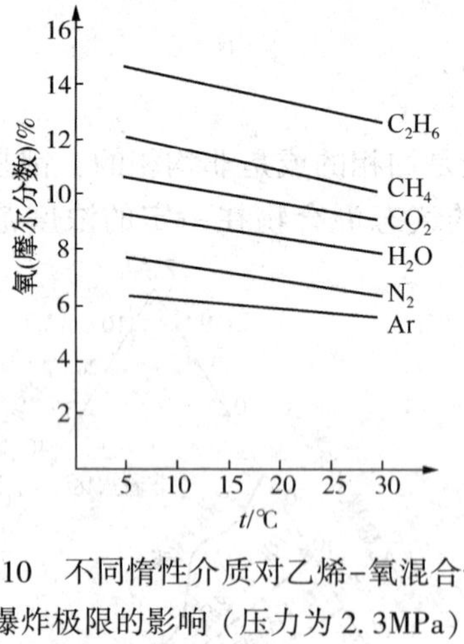

图 4-10　不同惰性介质对乙烯-氧混合气的爆炸极限的影响（压力为 2.3MPa）

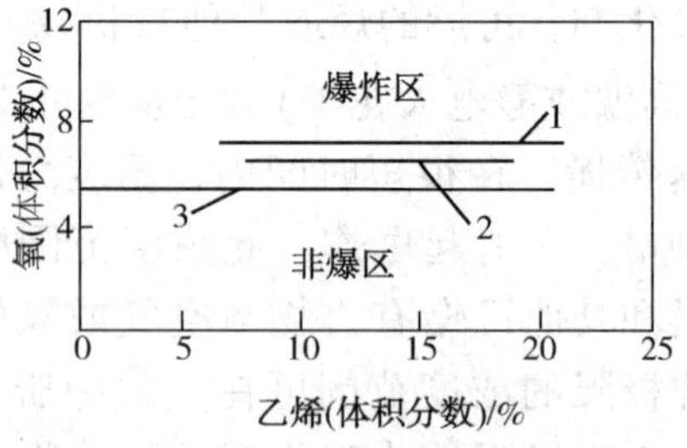

图 4-11　2.6MPa 时，温度对乙烯-氧-氮混合气的爆炸极限的影响

1—200℃；2—280℃；3—300℃

4.3　丙烯氨氧化生产丙烯腈

丙烯腈是有机化学工业的重要产品。相对分子质量 53.6，沸点 77.3℃，凝点-83.6℃，闪

点0℃，自燃点481℃，相对密度 d_4^{20} 为0.806。丙烯腈在室温和常压下，是具有刺激性臭味的无色液体，有毒，在空气中的爆炸极限为3.05%~17.0%。能溶于许多有机溶剂，与水部分互溶，丙烯腈在水中溶解度为7.3%(质)，水在丙烯腈中溶解度3.1%(质)，与水形成最低共沸物，沸点71℃。在丙烯腈分子中有双键和氰基存在，性质活泼、易聚合，也易与其他不饱和化合物共聚，是三大合成材料的重要单体。其用途如图4-12所示。

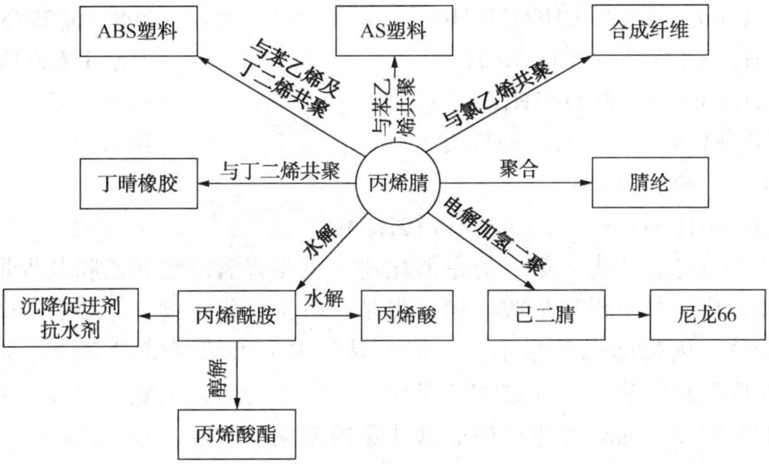

图4-12 丙烯腈的主要用途

丙烯腈主要用于生产聚丙烯腈纤维、ABS树脂等工程塑料和丁腈橡胶。经过二聚、加氢制得的己二腈是聚酰胺单体己二胺的原料。丙烯腈用途分配为：合成纤维约占40%~60%，树脂和橡胶约占15%~28%。

生产丙烯腈的方法有环氧乙烷法、乙炔氢氰酸法和丙烯氨氧化法。由于环氧乙烷法和乙炔氢氰酸法在技术经济上落后于丙烯氨氧化法，所以目前丙烯氨氧化法是丙烯腈生产的主要路线。该法以丙烯、氨和空气为原料在流化床反应器中反应生成丙烯腈，并副产乙腈和氢氰酸。近年催化剂的新进展已使丙烯腈产率提高了20%。BP、旭化成、首诺和杜邦公司均拥有该技术专利权。BOC公司开发了生产丙烯腈的Petrox工艺，该工艺可提高产率20%，减少 CO_2 排放50%，降低投资费用20%，减少操作费用10%~20%。现正开发的丙烷氨氧化新工艺可比丙烯路线生产成本降低30%。BP公司已在美国得州绿湖建有验证装置。日本三菱化学和B℃公司也在日本水岛试验丙烷氨氧化工艺。日本旭化成公司开发的丙烷制丙烯腈工艺，将丙烷、氨和氧气在装填专用催化剂的管式反应器中反应，其催化剂在二氧化硅上负载20%~60%的Mo、V、Nb或Sn金属，反应中采用惰性气体进行稀释，温度415℃，压力0.1MPa。当丙烷转化率为90%时，丙烯腈选择性为70%，丙烯腈总收率约为60%。

4.3.1 丙烯氨氧化生产丙烯腈原理

4.3.1.1 丙烯氨氧化生产丙烯腈的主副反应

丙烯氨氧化生产丙烯腈的主副反应如下(反应温度为460℃)。

主反应：	$\Delta_r G_{700K}/(kJ/mol)$	$\Delta_r H_{298K}/(kJ/mol)$
$CH_2{=}CHCH_3+NH_3+1.5O_2 \longrightarrow CH_2{=}CHCN+3H_2O$	−569.67	−514.8

副反应：

$CH_2{=}CHCH_3+1.5NH_3+1.5O_2 \longrightarrow 1.5CH_3CN+3H_2O$	−595.71	−543.8
$CH_2{=}CHCH_3+3NH_3+3O_2 \longrightarrow 3HCN+6H_2O$	−1144.78	−942.0
$CH_2{=}CHCH_3+O_2 \longrightarrow CH_2{=}CHCHO+H_2O$	−338.71	−353.3
$CH_2{=}CHCH_3+1.5O_2 \longrightarrow CH_2{=}CHCOOH+H_2O$	−550.12	−613.4
$CH_2{=}CHCH_3+O_2 \longrightarrow CH_3CHO+HCHO$	−298.46(298K)	−294.1
$CH_2{=}CHCH_3+0.5O_2 \longrightarrow CH_3COCH_3$	−215.66(298K)	−237.3
$CH_2{=}CHCH_3+3O_2 \longrightarrow 3CO+3H_2O$	−1276.52	−1077.3
$CH_2{=}CHCH_3+4.5O_2 \longrightarrow 3CO_2+3H_2O$	−1491.71	−1920.9
$2NH_3+1.5O_2 \longrightarrow N_2+3H_2O$		
$CH_2{=}CHCH_3+NH_3+O_2 \longrightarrow CH_3CH_2CN+2H_2O$		

副反应的产物可分为3类：第一类是氰化物，主要有氢氰酸和乙腈及少量丙腈，其中乙腈和氢氰酸用途较广，故应设法回收。第二类是有机含氧化合物，主要有丙烯醛及少量丙酮和其他含氧化合物。丙烯醛虽然量不多，但不易除去，给精制带来不少麻烦，应该尽量减少。第三类是深度氧化产物一氧化碳和二氧化碳。由于丙烯完全氧化生成二氧化碳和水的反应热是主反应的3倍多，所以在生产中必须注意控制反应温度以避免这类副反应的发生。

4.3.1.2　催化剂

丙烯氨氧化生产丙烯腈所用催化剂主要有Mo-Bi-O系和Sb-O系催化剂。钼系催化剂的结构为$[RO_4(H_2XO_4)_n(H_2O)_n]$。R为P、Mn、As、Si、Th、Ti、Cr、La、Ce等；X为Mo、W、Mn、V等。其代表性的催化剂为美国Sohio公司的C-41，C-49及我国的MB-82、MB-86。其中C-49催化剂组分为P0.5、Mo12、Bil、Fe3、Ni2.5、Co4.5、K0.1。一般认为Mo、Bi为催化剂的活性组分，其余为助催化剂。P_2O_5是较典型的助催化剂，加入微量后可使催化剂的活性提高。催化剂中加入钾可降低催化剂表面酸度，从而提高催化剂活性及选择性。其他组分的引入与氧化催化剂的性能相似。锑系催化剂的活性组分为Sb、Fe，为克服催化剂易还原劣化的缺点可向催化剂中添加V、Mo、W等元素。为提高催化剂的选择性，可添加电负性大的元素，如B、P、Te等元素。为消除催化剂表面的Sb_2O_4不均匀的白晶粒，可添加Mg、Al等元素。典型锑系催化剂的组分为Sb25、Fe10、Te19、Si30。

各类催化剂载体与反应器形式有关，使用流化床时对催化剂强度及耐磨性能要求甚高，一般用粗孔微球形硅胶载体。采用固定床时，载体的导热性能显得很重要，一般采用低比表面积没有微孔结构的惰性物质作载体，如刚玉、碳化硅等。

丙烯氨氧化的动力学方程为：　　$r=kc_A$

式中　r——丙烯氨氧化的反应速度；

c_A——丙烯浓度；

k——反应速度常数，其值为$2\times10^5\exp(-1600/RT)$，当催化剂磷的质量分数为0.5%时为$8\times10^5\exp(-18500/RT)$。

4.3.2　丙烯腈生产安全控制

4.3.2.1　原料配比控制

1）丙烯与氨配比：由于丙烯既可以氧化生产丙烯醛，也可以氨氧化成丙烯腈，两者都属于烯丙基氧化反应。故氨比的控制对这两个产物的生成有直接影响。若氨用量过少，则有较多的丙烯醛生成；但用量过多，既增加氨的消耗，又要增加中和用硫酸的消耗。根据催化剂的性能不同，一般控制氨比为 1∶（1.05~1.1），氨略为过量。

2）丙烯与空气配比：丙烯氨氧化以空气作氧化剂，理论用量是 $n_{丙烯}:n_{空气}=1:7.3$，实际生产过程中要求空气适当过量。一是因为副反应要消耗氧，二是由于尾气中要有过量氧存在以防止催化剂被还原失去活性。但空气太多也会带来如下问题：丙烯浓度下降，降低了反应器的生产能力；反应产物离开床层后继续深度氧化，选择性下降；增加动力消耗；产物浓度下降，增加回收困难，故空气用量也有一适宜值。另外，空气用量也与催化剂性能有关，一般控制在 $n_{丙烯}:n_{空气}=1:(9.5\sim12)$。

4.3.2.2 反应温度控制

反应温度是丙烯氨氧化合成丙烯腈的重要指标。它对反应产物的收率，催化剂的选择性及寿命、安全生产均有影响。选择适宜的反应温度，可达到理想的反应效果，否则会降低丙烯腈收率及选择性，使副产物增加。图 4-13 为丙烯在 Mo-Bi-O 系催化剂上氨氧化温度对主副反应产物收率的影响。可以看出，图上有一极大值。在此，丙烯腈的适宜合成温度在 450℃，一般控制在 470℃。而 C-41 活性较高，适宜温度为 440℃左右。

4.3.2.3 反应压力控制

加压操作使反应物浓度增加，反应速度加快；同时还能提供反应器的生产能力。但实验结果表明，反应压力增加，选择性下降，丙烯腈的收率降低。因此，生产中一般不采用加压操作，反应器中的压力只是为了克服后续设备的阻力，所以通常压力为 55kPa(表)。

4.3.2.4 接触时间控制

丙烯氨氧化过程的主要副反应均为平行副反应，接触时间对丙烯转化率和丙烯腈收率的影响见图 4-14。由图可知，丙烯腈收率随接触时间增长而增加，而主要副产物增加不大，这对生产是有利的。因此，可以适当利用增加接触时间的方法提高丙烯腈收率。但过长的接触时间会导致原料气的投入量下降，影响反应器的生产能力。另外，反应物、产物长时间处在高温下，容易发生热分解及深度氧化生成二氧化碳。目前，生产装置控制接触时间在 5~7s 范围内。

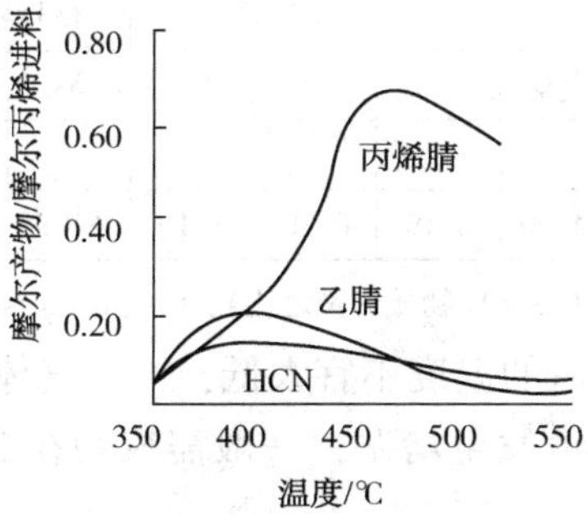

图 4-13 反应温度与个产物收率的关系

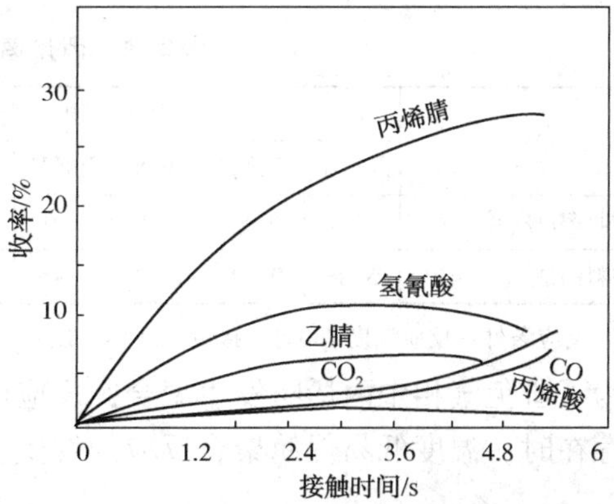

图 4-14 接触时间对主副反应收率的影响

4.3.3 丙烯腈生产工艺安全技术

丙烯氨氧化生产丙烯腈的工艺过程可简单表示为：

丙烯氨氧化法生产丙烯腈的流程(见图 4-15)主要由反应、回收及精制三部分组成。

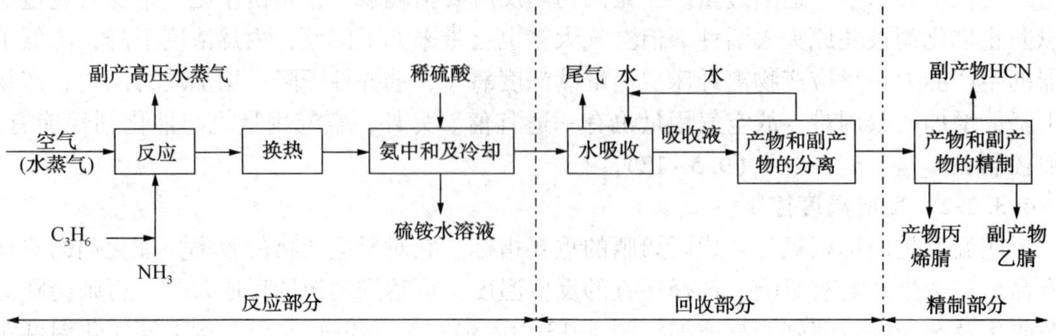

4.3.3.1 反应部分

液态丙烯经蒸发和过热后成为 66℃的气态过热丙烯，与蒸发、过热到相同温度的气态氨以 1∶1.15(物质的量之比)混合后，通过丙烯、氨分布器进入流化床反应器(1)，并与空气接触。空气经空气过滤器除去灰尘和杂质后，用透平压缩机加压至 150kPa(表)，经换热器预热至 300℃，从流化床底部经空气分布板进入流化床反应器，与丙烯、氨相混合，在催化剂作用下进行氧化反应。反应器温度约为 400～510℃，压力为 64kPa(表)。反应生成的气体进入流化床反应器内的四组三级旋风分离器，分离出的催化剂返回床层。反应放出的热量由垂直安装在反应器内的 U 形冷却管中的水移出，并副产 4.36MPa 的高压过热蒸汽。

由反应器出来的气体经冷却器降温后送入急冷塔 2 的下段，将其温度骤冷至 81℃。急冷塔釜废水送入废催化剂沉降槽，反应气经下段通过升气管升至上段，与稀硫酸逆流接触，中和其中未反应的氨，并除去大部分高沸物及吹出的催化剂。

反应器出口物料的组成因催化剂、反应条件的不同而不同，见表 4-5。

表 4-5 丙烯氨氧化反应结果举例

	反应产物和副产物							未反应物质			惰性物质	
	丙烯腈	乙腈	HCN	丙烯醛	CO_2	CO	H_2O	C_3H_6	NH_3	O_2	N_2	C_3H_8
各物收率/%(摩尔)	73.1	1.8	7.2	1.9	8.4	5.2						
反应物料组成/%(摩尔)	5.85	0.22	1.73	0.15	2.01	1.25	24.90	0.19	0.20	1.10	61.8	0.6

注：反应条件：反应温度 440℃，接触时间 7s，C_3H_6∶空气∶NH_3=1∶9.8∶1(物质的量之比)，线速 0.5m/s。

为了避免气相中丙烯腈发生聚合，反应产物经热交换后的温度不宜太低，因为气体中有 NH_3 存在时，温度低易促使聚合反应的发生，致使设备管道发生堵塞，一般需控制在 250℃左右。

除去 NH_3的方法，是用浓度为 1.5%(质)的稀硫酸中和，中和过程也是反应物料的冷却过程，故氨中和塔也称急冷塔。稀硫酸具有强烈的腐蚀性，在急冷塔中循环的液体 pH 值控制在 5.5～6.0，pH 值太小，酸腐蚀严重，pH 值太大，会引起聚合和加成反应。

4.3.3.2 回收部分

急冷塔底液送至废水塔(3)回收其中的丙烯腈、乙腈和氢氰酸。急冷塔上段料液送至吸收塔(4)底部。

反应气体离开急冷塔后进入吸收塔(4)底部，在塔中用水逆流吸收，回收丙烯腈和其他有机反应产物。在吸收塔中，CO、CO_2、N_2及未反应的O_2和烃类由塔顶排入大气。

吸收液进入萃取塔(5)，水作为萃取剂，采用萃取精馏的方法将粗丙烯腈与乙腈分离。萃取塔顶丙烯腈、氢氰酸、水蒸气进入塔冷凝器冷凝冷却至40℃，之后进入回收塔分层器中分成有机层和水层，有机层送去精制，水层返回萃取塔。含有乙腈、水及少量氢氰酸的气相由萃取塔侧线抽出，送入乙腈解吸塔(6)塔釜。在乙腈解吸塔中，乙腈水及氢氰酸从塔顶采出，经塔顶冷凝器冷至41℃。冷却后部分作为塔顶回流，其余送至乙腈精制系统。从乙腈解吸塔第十块塔板放出的水加纯碱中和后，送吸收塔作为吸收水用。分离槽出来的油层进入脱氰塔(7)进行脱水和脱氢氰酸，塔顶蒸出高浓度氢氰酸，经冷却后送至氢氰酸精馏塔。主副产物的有关物料性质见表4-6。

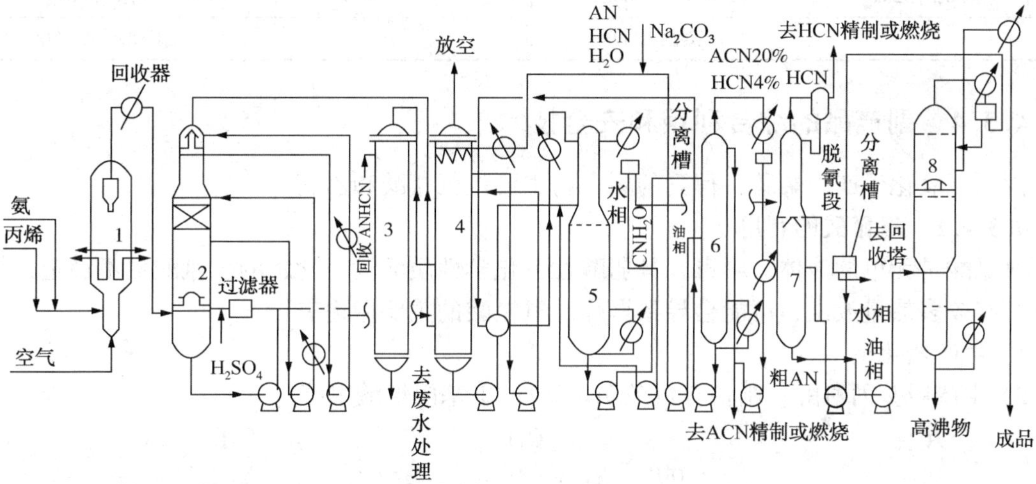

图4-15 丙烯氨氧化生产丙烯腈工艺流程图

1—流化床反应器；2—急冷塔；3—废水塔；4—吸收塔；5—萃取塔，6—乙腈解吸塔；7—脱氰塔；8—成品塔

表4-6 主副产物的有关物料性质

	丙烯腈	乙腈	氢氰酸	丙烯醛
沸点/℃	77.3	81.6	25.7	52.7
熔点/℃	-83.6	-41	-13.2	-8.7
共沸组成(质量比)	丙烯腈/水=88/12	乙腈/水=84/16		丙烯醛/水=97.4/2.6
共沸点/℃	71	76		52.4
在水中的溶解度/%(质)	7.35(25℃)	互溶	互溶	20.8
水中该物中的溶解度/%(质)	3.1(25℃)	互溶	互溶	6.8

4.3.3.3 精制部分

由脱氰塔釜出来的丙烯腈含丙烯腈90%左右，送至成品塔(8)精制，从塔顶蒸出丙酮等轻组分，塔釜为含有丙烯腈的高沸物。产品丙烯腈从第25块塔板气相出料，冷凝后去成品中间槽。该工艺特点是单程转化率高，不需要未反应原料的分离和循环。催化剂采用第三代

改进剂 C-41。丙烯腈收率高于 85%，生产 1t 丙烯腈可回收 0.1t 以上的 HCN 副产物。

成品丙烯腈的纯度为含丙烯腈>99.5%(质)，水分约 0.25%~0.45%，乙腈含量低于 300μg/g，丙酮含量低于 100μg/g，丙烯醛小于 15μg/g，氢氰酸小于 5μg/g。

回收和精制部分所处理的物料丙烯腈、氢氰酸、丙烯醛等都易自聚，故处理这些物料时必须加入少量阻聚剂，防止气相 HCN 聚合的阻聚剂是 SO_2，液相阻聚剂是醋酸。防止丙烯腈聚合的阻聚剂是苯二酚等。在氢氰酸的贮槽中可加入少量磷酸作稳定剂。由于氢氰酸、乙腈、丙烯腈的毒性很大，故在生产过程中必须做好安全防护。

4.3.3.4 主要经济技术指标

在 C-41 催化剂上的主要经济技术指标见表 4-7。

表 4-7 氨氧化法生产丙烯腈的主要经济技术指标

原料单耗/1000kg 丙烯腈	公用工程/1000kg 丙烯腈	原料单耗/1000kg 丙烯腈	公用工程/1000kg 丙烯腈
丙烯(100%)1180kg	电 600kW·h	硫酸 52kg	循环冷却水 765~880m^3
液氨(100%)520kg	高压蒸汽 3200kg		纯水 3300kg
	中压蒸汽 1800kg		工业水 17~30t

4.3.4 副产品的综合利用和安全技术

丙烯氨氧化生产丙烯腈，得到的副产物主要是氢氰酸和乙腈。

4.3.4.1 氢氰酸的利用

氢氰酸是无色的液体，剧毒，具弱酸性，化学性质活泼。含水的氢氰酸更不稳定，易聚合，并有较多热量放出，可能会导致爆炸。氢氰酸的主要用途有：

1）生产氰化钠；

2）生产甲基丙氰醇，制备有机玻璃单体 α-甲基丙烯酸甲酯；

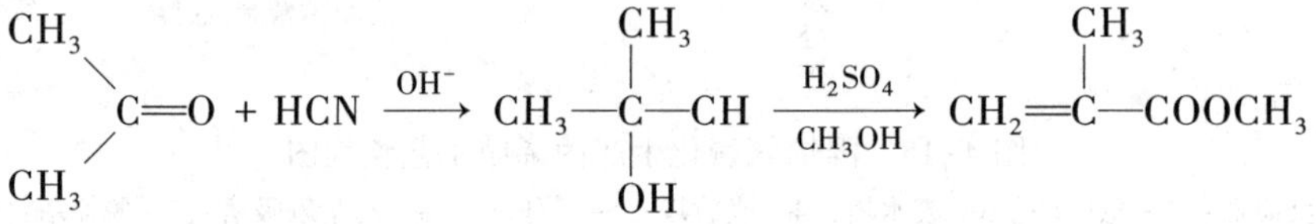

3）制备硫氰酸钠，与丁二烯反应生产己二腈(生产尼龙 66 的中间体)。

4.3.4.2 乙腈的利用

乙腈主要用于萃取剂，从 C_4 馏分中提取丁二烯。乙腈加氢可得乙胺，作为农药、医药等原料。

4.3.4.3 含氰废气和废水的处理

由于氰化物剧毒，故含氧废气和废水都需经过处理，才能排放，以防污染环境。

在丙烯腈生产装置中，吸收塔含氰废气排出，在急冷塔和乙腈解吸塔有含氰废水排放，均需处理。

1. 废气处理

催化燃烧法是近年来对含有低浓度可燃性有毒有机物的废气的重要处理方法。该法是将需处理的废气和空气通过负载型金属催化剂，使废气中含有的可燃有毒有机物在较低温度下发生完全氧化反应转化为 CO_2、H_2O、N_2 等无毒物质而排出。由于燃烧后的气体温度升高，可将此高温气体送入废气透平，利用其热能使转变为电能，作为动力使用。该法在丙烯腈生产装置中已有采用。

2. 含氰废水处理

1）水量少而HCN和有机腈化合物含量高的废水(例如急冷塔排出的废水)，一般是经过滤除去固体杂质后，可采用燃烧法处理，以空气作氧化剂，将废水直接喷入(或用碱水处理后再喷入)燃烧炉，用中压水蒸气雾化并加入辅助燃料，进行热降解处理。

2）当废水量较大，氰化物(包括有机腈化物)含量较低时，则可用生化方法处理。最常用的方法是曝气池活性污泥法。活性污泥是微生物植物群、动物群和吸附的有机物质、无机物质的总称。这些微生物以污水中的有机污染物为食物，在酶的催化作用下，有足够氧供给的条件下，能将这些有毒和耗氧的有机物质氧化，分解为无毒或毒性较低不再耗氧的物质(主要是二氧化碳和水)而除去。污水和空气连续不断地进入爆气池并和活性污泥充分混合，使污水中所含的有机物在活性污泥作用下被氧化除去。为了使微生物能顺利成长，还需加入一定数量的氮、磷和微量的无机盐类，作为微生物的营养。采用曝气池处理丙烯腈生产废水的主要缺点是在曝气过程中易挥发的氧化物会随空气逸至大气，造成二次污染。目前广泛采用生物转盘法处理，质量浓度为50~60mg/L的丙烯腈污水处理后，CN^-的脱除率可达99%，且不会造成二次污染。

4.3.5 丙烯腈生产过程危害及控制技术

4.3.5.1 火灾爆炸危险控制

丙烯腈生产中所使用的原料和产品有些是易燃易爆品，丙烯、氨、丙烯腈、丙烯醛、氢氰酸、丙烷等与空气混合，在某一浓度范围内，遇明火、强烈震动、静电火花或高温，会发生爆炸。可燃物浓度的下限称爆炸极限下限，低于这一浓度就不会发生爆炸，当可燃物浓度高于爆炸范围的上限，也不会发生爆炸，这一上限又称爆炸极限上限。上述物质的爆炸极限和自燃点见表4-8。

表4-8 可燃气体的爆炸极限和自燃点

气体名称	下限/%(体)	上限/%(体)	自燃点/℃	气体名称	下限/%(体)	上限/%(体)	自燃点/℃
丙烯	2	11.1	435	丙烯腈	3	17	481
丙烷	2.3	9	446	丙烯醛	2.8	31	
氨	17.1	26.4	780	氢氰酸	5.6	40	545

爆炸极限与温度、压力和有否掺入惰性气体有关，温度升高，下限降低，压力升高，上下限均扩大，这两种情况都使爆炸极限扩大，爆炸可能性增加。相反，惰性物质，例如N_2、CO_2,、H_2O等的掺入，使爆炸极限缩小，不容易爆炸。为避免发生爆炸，降低可燃物浓度是最好的办法。为此，在操作现场，要设置通风机，使设备管路中逸出的可燃气体及时稀释并排出车间，库房中也应设置通风机，让室内空气保持流通。要杜绝火种，生产现场严禁吸烟、动火，不允许穿带铁钉的鞋子，严禁用铁锤或其他铁件敲击设备和管路。所有设备、管路要严格接地，防止静电的积聚。库房中除注意通风外，还要防热、防晒、防燥和注意防火。发生火灾时，往往会引起连锁爆炸。为此，车间每层操作室部应放置灭火器具，如砂箱、灭火机、水龙等，车间周围道路要畅通，使消防车能自由进出，车间操作台至少设置两

个出口楼梯，便于紧急情况下人员的疏散等。为防止上述化学品在贮存和运输过程中发生爆炸事故，除通风、防火、防晒、降温等措施外，还需在贮存设备中加入阻聚剂。因丙烯腈、氢氰酸等容易自聚，产生高温，反过来又促进自聚，形成恶性循环，最后酿成爆炸事故。

可燃物的贮罐区要与车间保持一定距离，各可燃物要分开贮存或堆放，库房运货的汽车排气口处要装上火星熄灭器。

厂房应采用框架结构，要有一定层高，以利通风和泄压，电器要防爆，电缆要暗埋，照明灯具也应防爆。

硫酸和液碱有很强的腐蚀性，操作中应严格遵守操作规程。

4.3.5.2 职业卫生管理和环境保护

丙烯腈生产过程所涉及的原料、产品、中间产品，如丙烯、氨、氢氰酸、乙腈和丙烯腈等，有些是有毒品，有些是剧毒品。与丙烯腈生产有关的几种有害气体在空气中的最大允许浓度见表4-9。

表4-9 空气中各种有害气体的最大允许浓度

气体名称	最大允许浓度/(mg/m^3)	气体名称	最大允许浓度/(mg/m^3)
氢氰酸	0.3	丙烯醛	0.5
丙烯腈	0.5	氨	30.0
乙腈	3		

按《工业企业设计卫生标准》(GBZ 1—2010)规定，厂区与居民住宅区之间的距离不得少于500m。在生产现场，丙烯腈、氢氰酸和乙腈等有毒物品可通过呼吸道和皮肤接触使人中毒，中毒者会出现恶心、呕吐、头痛、极度乏力和意识模糊等症状，因此要求设备要密闭，操作时要戴防护用具。溅到衣服上应立即脱下，用水清洗。溅及皮肤，要立即用水冲洗。溅入眼内，应立即用流水冲洗15min以上。不慎吞入时，则用温盐水洗胃，如果出现中毒症状，应立即用硫代硫酸钠、亚硝酸钠进行静脉注射。若吸入氰化物蒸气，应立即将人移至空气新鲜处，然后静脉注射硫代硫酸钠和亚硝酸钠解毒。

在山沟中建丙烯腈工厂，要造足够高的烟囱，将有毒气体及时散发出去，否则有毒气体在厂区范围内会积累，易造成大范围中毒事故。

4.3.5.3 氧化反应器的安全操作

图4-3(a)、(b)所示为两种流化床反应器结构示意，用于丙烯氨氧化生产丙烯腈或其他气固相催化氧化过程。采用流化床反应器，氧化剂空气和原料气分别进料[见图4-3(a)]，进料较安全，原料混合气的配比可不受爆炸极限的限制，因不需要用水蒸气作稀释，对催化剂以及对后处理过程减少含氰污水的排放量都有好处。现工业上都采用这种形式的反应器。空气经分布板自床的底部进入催化剂床层流化催化剂，并把吸附在催化剂表面的还原性物质碳氢组分解吸下来，使催化剂保持高的氧化状态。丙烯和氨的混合气经过分配管，在离空气分布板一定距离处进入床层，在床层中与空气会合发生氨氧化反应。

流化床的中部是反应段，是关键部分，内放一定粒度的催化剂. 并设置有一定传热面积的U形或直形冷却管。在反应段可以除冷却管外不设置任何破碎气泡的构件，也可以设置一定数量的导向挡板或挡网，设置这些构件有利于破碎大气泡，改善气固相之间的接触，减少返混，从而改善流化质量。但限制了催化剂的轴向混合，使床层浓度差增大，使反应器的结构复杂。由于催化剂不断与挡板或挡网碰撞，磨损率增加。所以内部无构件的流化床反应器，垂直的冷却管也可起到破裂大气泡改善流化质量的作用。使用这种类型的反应器，一般是采用细粒度催化剂和较低操作线速，以获得较好的流化质量。催化剂中必定要有一定比例的对改善流化质量很有影响的良好粒度。例如丙烯氨氧化制丙烯腈，采用这种类型流化床反应器，其催化剂的粒度分布见表4-10。

表4-10 催化剂的粒度分布

0~11μm	25%~45%(质)	88μm	15%~30%(质)
44~88μm	30%~60%(质)		

小于44μm的催化剂颗粒对改善流化质量很有影响，称为良好组分。由于在反应过程中这些细粒催化剂可能被反应气流带走，因而使催化剂的粒度分布发生变化，导致流化质量下降，故在反应器内需设置有破碎催化剂的喷嘴，必要时可使用。

反应器上部是扩大段，在扩大段由于床径扩大，气体流速减慢，有利于为气流夹带的催化剂的沉降。为了进一步回收催化剂，设置有2~3级旋风分离器一组或数组(也可设置催化剂过滤管)。由旋风分离装置捕集回收的催化剂，通过下降管回收至反应器。在扩大段一般不设置冷却器，如氧化反应在此继续进行，就会发生超温燃烧现象，故反应气体产物中氧的残余浓度不宜过高。

虽然流化床反应器有上述这些缺点，但其总的效果是不错的。尤其对于敏感的氧化反应，采用流化床反应器，可以消除局部过热，有效地控制反应温度，避免出现飞温。

习题与练习

一、填空题

1. 乙烯环氧化生产环氧乙烷所使用稳定剂为________、________或________，常用的催化剂为________。

2. 乙烯环氧化生产环氧乙烷催化剂活性组分是________，助催化剂是________，载体是________，抑制剂是________。

3. 按照相态分类，催化氧化反应包括________和________。按照反应器结构形式的不同分为________，________和________。

4. 氧化反应的共同特点是________，________，________和________。

5. 环氧乙烷生产中产品的分离顺序是用水________、用K_2CO_3吸收________，然后是________精馏。

6. 丙烯氨氧化生产丙烯腈的原料有________、________和________；产量最大的副产物是________。

7. 工业上用于丙烯氨氧化反应的催化剂主要有两大类，一类是__________；另一类是________。

8. 丙烯氨氧化的反应装置多采用流化床反应器，按其外形和作用分为三个部分，即________、________、________。

9. 丙烯生产丙烯腈时，氨比小于理论值1∶1时，有较多的副产物________生成，氨的用量应至少等于________。

10. 丙烯腈生产中常用的是磷钼酸铋、磷钨酸铋-硅胶催化剂，其中________是主催化剂，________是助催化剂。

二、选择题

1. 就用途而言，乙烯最大的消费是(　　)。

A、合成洗涤剂　　B. 塑料工业　　C. 医药　　D. 染料

2. 丙烯腈是三大合成的重要单体，目前主要用它生产(　　)。

A、丁腈橡胶　　B. ABS 树脂　　C. 聚丙烯腈纤维　D. 丙烯酸

3. 丙烯氨氧化生产丙烯腈是体积缩小的反应，生产上一般采用(　　)操作。

A、常压　　B. 减压　　C. 加压　　D. 不一定

4. 丙烯氨氧化生产丙烯腈的工业流程中，吸收塔塔釜得到的丙烯腈水溶液中含有多种副产物，其中(　　)的分离最困难。

A、乙腈　　B. 氢氰酸　　C. 丙烯醛　　D. 丙腈

三、判断题

1. 乙烯直接氯化反应可以在气相中进行，但不可以在溶剂中进行。(　　)

2. 纯丙烯腈在光的作用下就能自行聚合。(　　)

3. 丙烯氨氧化生成丙烯腈时，HCN 为最大副产物。(　　)

4. 温度是影响丙烯腈生产的因素，当温度低于 350℃时几乎不生成丙烯腈。(　　)

5. 丙烯氨氧化反应是气固相催化反应，反应是在催化剂的表面进行的。(　　)

6. 丙烯生产丙烯腈是体积缩小的反应，提高压力可增大反应的平衡转化率。所以生产中常采用加压。(　　)

四、名词解释

1. 催化自氧化反应
2. 催化氨氧化反应
3. “尾烧”现象

五、简答题

1. 写出丙烯氨氧化生产丙烯腈反应过程中的主副反应方程式，并分析其特点。
2. 试分析和确定丙烯氨氧化生产丙烯腈的原料配比。
3. 试分析如何选择丙烯氨氧化生产丙烯腈操作温度。
4. 写出乙烯环氧化生产环氧乙烷反应过程中的主副反应方程式，并分析其特点。
5. 试分析和确定环氧乙烷生产过程中的原料配比。

5 氯化反应及安全技术

【单元导读】

- 了解氯化反应技术种类和主要产品；
- 熟悉氯化反应的工艺特点；
- 掌握平衡氧氯化法生产氯乙烯的工艺参数控制特点；
- 掌握平衡氧氯化生产氯乙烯的工艺流程和安全控制。

【能力要求】

- 具有认识氯化反应工艺原料的生产、管理、应用的初步能力；
- 在技术人员指导下培养初步处理常规生产过程的能力。

5.1 氯化技术概述

5.1.1 氯化技术方法

通常，在化合物中引入氯原子以生产氯的衍生物的反应过程统称为氯化。对于基本有机化学工业中，烃类的氯化是非常重要的反应，烃类的氯化产品用途甚广。它们有的是优良的不燃溶剂，有的是高分子材料的重要单体，有的是合成其他各类有机产品的重要原料和中间体，有的可直接用作冷冻剂、麻醉剂和灭火剂。图 5-1 列出了几种烃类氯化产品及其用途。

图 5-1 所列的各种氯化产品，所采用的氯化反应主要有加成氯化、取代氯化以及氧氯化，上面三类反应所用的氯化剂有 Cl_2、HCl 和 HOCl(即 Cl_2+H_2O)，虽然 $COCl_2$、SO_2Cl_2、PCl_5、PCl_3等也可作为氯化剂，但在基本有机化工中很少采用。

根据促进氯化反应的手段不同，工业上采用的氯化方法，主要有以下三种：

1）热氯化法：该方法是以热能激发氯分子，使其解离成氯自由基，进而与烃类分子反应而生成各种氯衍生物。工业上将甲烷氯化制取甲烷氯衍生物，丙烯氯化制 α-氯丙烯等均可采用热氯化法。

2）光氯化法：该方法是以光子激发氯分子，使其解离成氯自由基，进而实现氯化法。光氯化反应是在液相中进行的，反应条件比较缓和，可用于加成氯化，也可用于取代氯化。

3）催化氯化法：该法是利用催化剂降低反应的活化能，促使氯化反应的进行。催化氯化有均相催化氯化和非均相催化氯化两种，所用的催化剂都是金属卤化物，如氯化铁、氯化铜、氯化铝、三氯化锑、五氯化锑、氯化汞等。均相催化氯化是将这类催化剂溶于溶剂中，然后进行氯化反应，例如乙烯与氯加成制备二氯乙烷就是采用均相氯化法，此法反应条件比较缓和。非均相氯化法是将活性组分载于活性炭、浮石、硅胶、氧化铝等载体上形成固体催化剂，苯催化制备氯苯就采用此法。

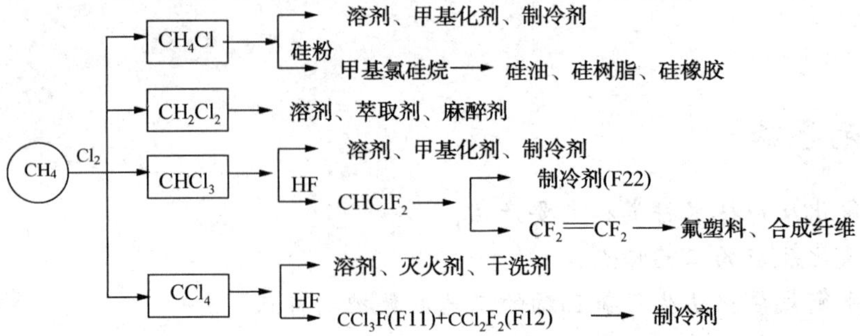

(a)甲烷的氯化产品及用途

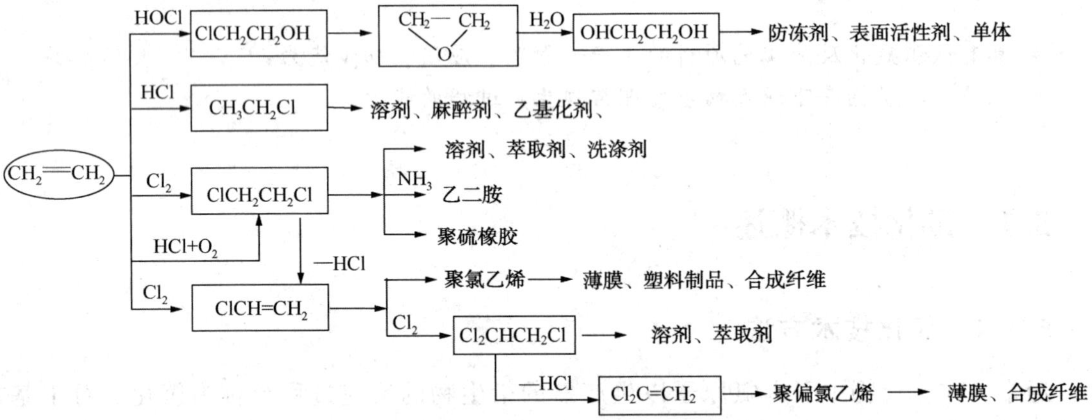

(b)乙烯的氯化产品及用途

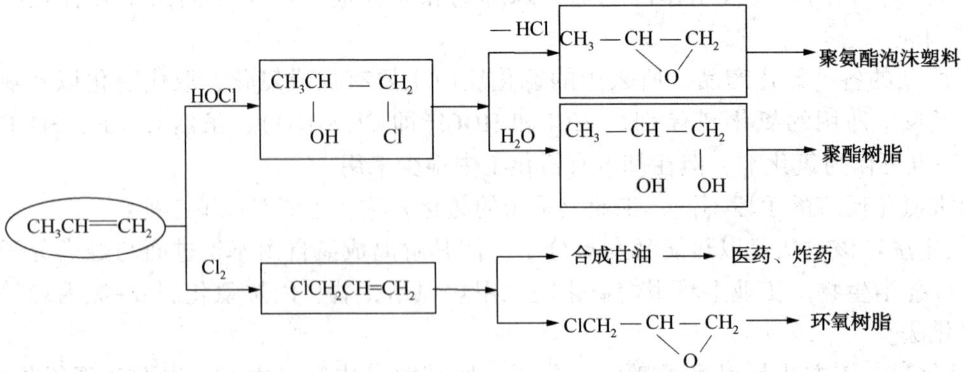

(c)丙烯的氯化产品及用途

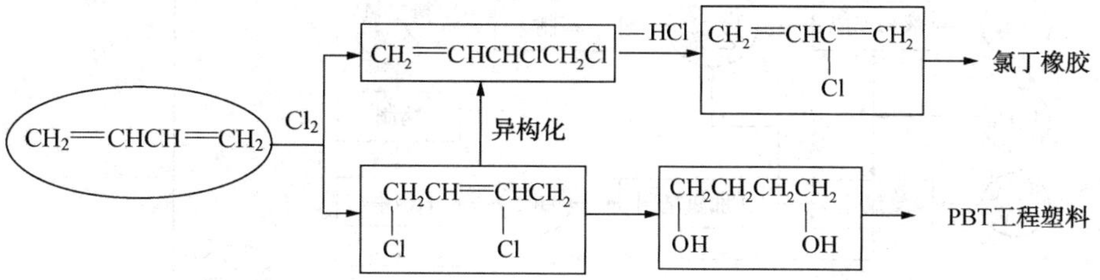

(d)丁二烯的氯化产品及用途

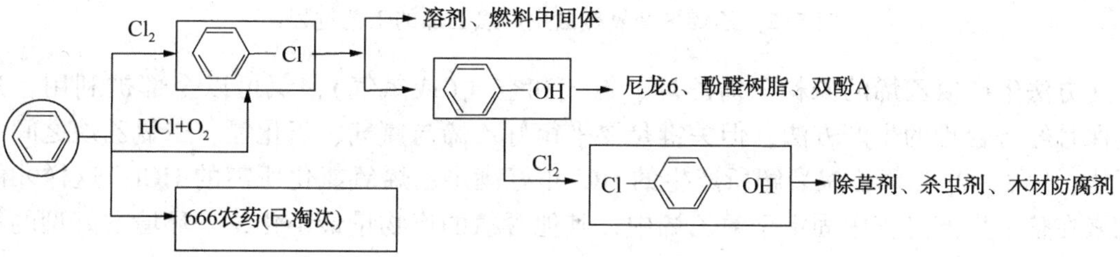

(e)苯的氯化产品及用途

图 5-1

5.1.2 氯化工艺危险特点

1）氯化反应是一个放热过程，尤其在较高温度下进行氯化，反应更为剧烈，速度快，放热量较大；

2）所用的原料大多具有燃爆危险性；

3）常用的氯化剂氯气本身为剧毒化学品，氧化性强，储存压力较高，多数氯化工艺采用液氯生产是先汽化再氯化，一旦泄漏危险性较大；

4）氯气中的杂质，如水、氢气、氧气、三氯化氮等，在使用中易发生危险，特别是三氯化氮积累后，容易引发爆炸危险；

5）生成的氯化氢气体遇水后腐蚀性强；

6）氯化反应尾气可能形成爆炸性混合物。

5.2 平衡氧氯化法生产氯乙烯

平衡氧氯化法生产氯乙烯，包括三步反应：

$$CH_2{=}CH_2+Cl_2 \longrightarrow ClCH_2CH_2Cl$$

$$CH_2{=}CH_2+HCl+0.5O_2 \longrightarrow ClCH_2CH_2Cl+H_2O$$

$$2ClCH_2CH_2Cl \longrightarrow 2CH_2{=}CHCl+HCl$$

总反应式：

$$2CH_2{=}CH_2+Cl_2+0.5O_2 \longrightarrow 2CH_2{=}CHCl+H_2O$$

其工艺过程可简单表示为如图 5-2 所示。

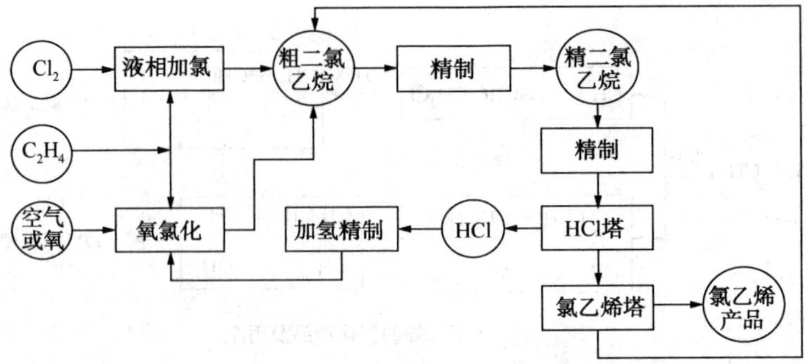

图 5-2　乙烯平衡氧氯法生产氯乙烯的工艺过程

此方法生产氯乙烯的原料只需乙烯、氯气和空气(或氧气)，氯可以全部被利用，是一种环保且经济合理的生产方法，但关键是要平衡好乙烯与氯气、氯化氢、二氯乙烷之间的原料配比，使1，2-二氯乙烷裂解所产生的 HCl 正好满足乙烯氧氯化所需的 HCl，这样才能使氯元素在整个生产过程中固定于氯乙烯中，其他含氯的产物量最小化，是环境友好型的氯化方法。

5.2.1　乙烯液相加氯制1,2-二氯乙烷(EDC)工艺安全技术

1,2-二氯乙烷为无色液体，不溶于水，沸点 83.5℃，它不仅是重要的溶剂，也是以乙烯为原料制取氯乙烯的中间体——1,2-二氯乙烷，然后经高温裂解能脱去一分子 HCl 而转化为氯乙烯。

5.2.1.1　乙烯加氯反应原理

乙烯与氯加成得1,2-二氯乙烷，由于放热量大，工业上是采用液相催化氯化法，以利散热。

$$CH_2{=}CH_2+Cl_2 \longrightarrow ClCH_2CH_2Cl+171.5kJ$$

乙烯液相加氯在极性溶剂中进行，常用的溶剂是产物1,2-二氯乙烷本身。该反应属于离子型反应，采用盐类作催化剂，工业上是用三氯化铁为催化剂，它能促进 Cl^+的生成。反应机理为：

$$FeCl_3+Cl_2 \longrightarrow FeCl_4^-+Cl^+$$

$$Cl^++CH_2{=}CH_2 \longrightarrow CH_2Cl{-}CH_2^+$$

$$CH_2Cl{-}CH_2^++FeCl_4^- \longrightarrow CH_2Cl{-}CH_2Cl+FeCl_3$$

其反应速率方程为：

$$\frac{dC_R}{dt}=kc_Ac_B$$

式中　$\frac{dC_R}{dt}$——1,2-二氯乙烷的生成速度，kmol/(L·s)；

c_A——溶液中乙烯浓度，kmol/L；

c_B——溶液中氯浓度，kmol/L；

k——反应速度常数，L/(kmol·s)，是温度和催化剂 $FeCl_3$的浓度的函数。

主要副反应是生成多氯化物1,1,2-三氯乙烷和1,1,2,2-四氯乙烷。

5.2.1.2 乙烯与氯液相加成合成1,2-二氯乙烷的工艺流程

乙烯与氯加成合成1,2-二氯乙烷的工艺有低温氯化法和高温氯化法两种，传统的氯化工艺是低温氯化法，反应温度控制在50℃左右。为了确保氯能全部反应掉，乙烯用量略为过量。其工艺流程如图5-3所示。

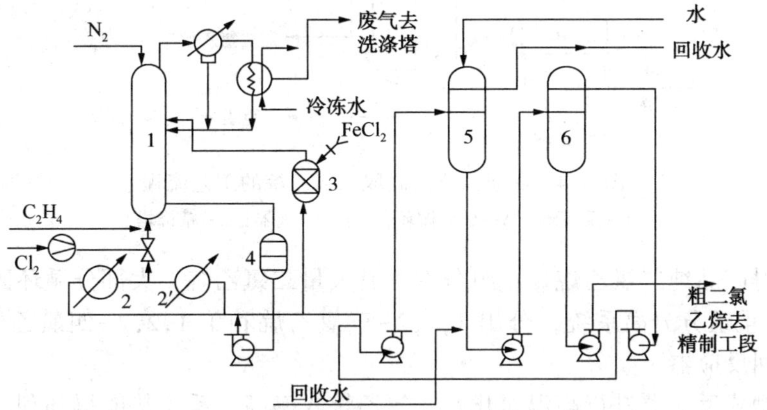

图5-3 乙烯液相氯化生产二氯乙烷的工艺流程

1—氯化塔；2，2′—循环冷却器；3—催化剂溶解罐；4—过滤器；5,6—洗涤分层器

乙烯液相氯化是在塔式反应器中进行，在氯化塔内部有一套筒，内充以铁环和氯化液(主要是二氯乙烷)，乙烯和氯气从塔底进入套筒内，溶解在氯化液中而发生加成反应，生成产物二氯乙烷。为了保证气液相的良好接触和移除大量反应热，在氯化塔外连通两台循环冷却器，反应器中氯化液由内套筒溢流至反应器本体与套筒间环形空隙，再用循环泵将氯化液从氯化塔下部引出，经过滤后，把反应生成的二氯乙烷送至洗涤分层器，其余的经循环冷却器用水冷却除去反应热后，循环回氯化塔。补充的催化剂 $FeCl_3$ 是用循环液溶解后从氯化塔的上部加入，氯化液中 $FeCl_3$ 的浓度维持在250~300μg/g。

反应产物在两套串联的洗涤分层装置中先后经过两次洗涤，以除去夹带的少量催化剂 $FeCl_3$ 和 HCl。所得粗二氯乙烷送精馏工段除去轻组分和重组分副产物，得产品1,2-二氯乙烷。洗涤水经汽提，以回收其中少量的二氯乙烷后，重复循环使用。自氯化塔顶部溢出的反应尾气经过冷却冷凝以回收夹带的二氯乙烷后送焚烧炉处理。

低温氯化法反应热没有利用，而且反应产物要经水洗以除去带出的催化剂，洗涤水需经汽提，故能耗较大，且需经常补充催化剂，还有污水需排放处理。近年来对其工艺进行了改进，使反应在接近二氯乙烷沸点的条件下进行(称为高温氯化法)。反应热靠二氯乙烷的蒸出带出反应器外，每生成1mol二氯乙烷，大约可产生6.5mol二氯乙烷蒸气。由于在沸腾条件下反应，未反应的乙烯和氯会被二氯乙烷蒸气带走而使二氯乙烷的收率降低。为了克服此缺点，设计一个由U形循环管A和分离器B组成的反应器。高温氯化法的工艺流程如图5-4所示。

乙烯和氯通过特殊设计的喷散器在U形循环管上升段底部进入反应器，溶解于氯化液中后立即进行反应生成二氯乙烷，由于该处有足够的静压，可以防止反应液沸腾。至上升段的三分之二处，反应已基本完成，然后液体继续上升并开始沸腾，最后气液混合物进入分离器，二氯乙烷蒸气自分离器出来进入精馏塔，在此分出轻组分(包括少量未转化的乙烯)和

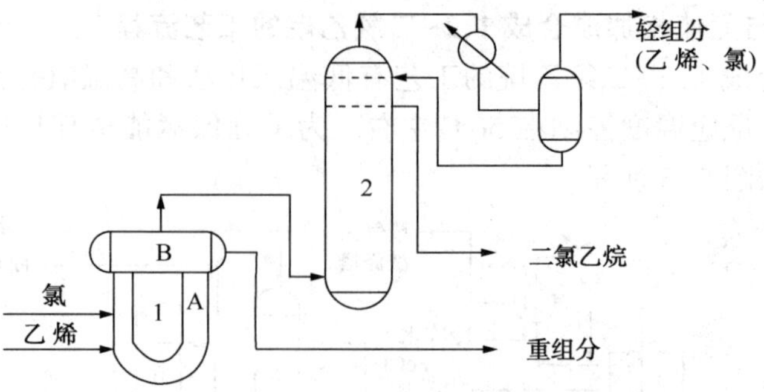

图 5-4　高温氯化法制取二氯乙烷的工艺流程

1—反应器；A—U 形循环管；B—分离器；2—精馏塔

重组分，并获得产品纯二氯乙烷。重组分中含有大量二氯乙烷，大部分循环回反应器，一部分送二氯乙烷-重组分分离系统，分出 1,1,2-三氯乙烷和 1,1,2,2-四氯乙烷等副产物后，二氯乙烷仍返回反应器。

采用这种型式反应器进行高温氯化，二氯乙烷收率高，反应热能得到利用，并由于二氯乙烷是气相出料，不会将催化剂带出，所以不需要洗涤脱除催化剂，过程中没有污水排出，也不需要补加催化剂。但操作这种型式反应器，循环速度的控制十分重要。循环速度太低会导致反应物分散不均匀和局部浓度过高。高温氯化法比低温氯化法节省大量能耗。原料利用率接近 99%，二氯乙烷纯度接近 99.99%。

5.2.2　乙烯氧氯化工艺安全技术

5.2.2.1　乙烯氧氯化催化剂

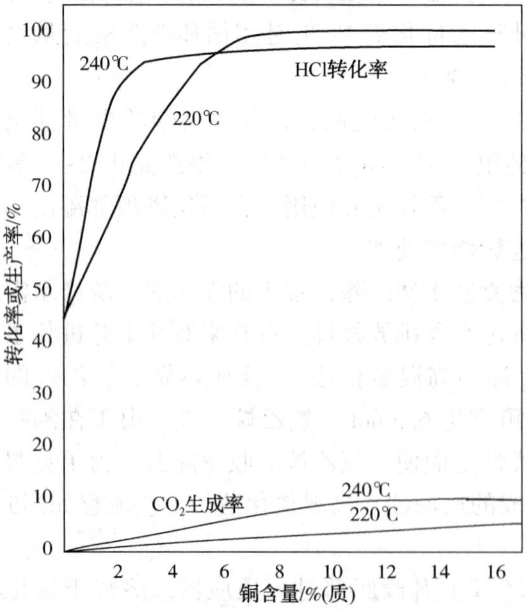

图 5-5　$CuCl_2/\gamma-Al_2O_3$ 催化剂中铜含量与催化剂性能的关系

C_2H_4 : HCl : O_2 = 1.16 : 2 : 0.9，空速 612h^{-1}

乙烯氧氯化制取 1,2-二氧乙烷需在催化剂存在下进行。常用的氧氯化催化剂是金属氯化物，其中以 $CuCl_2$ 的活性为最高。工业上普遍采用的是以 $\gamma-Al_2O_3$ 为载体的 $CuCl_2$ 催化剂，根据氯化铜催化剂的组成不同，可以分为三种类型。

1. 单组分催化剂

即 $CuCl_2/\gamma-Al_2O_3$ 催化剂。其活性与活性组分 $CuCl_2$ 的含量有关。图 5-5 为在 $CuCl_2/\gamma-Al_2O_3$ 催化剂中铜含量对其活性和选择性（以 CO_2 的生成率表示）的影响。由图 5-5中曲线可看出，铜含量增加，催化剂的活性显著增加。当铜含量达到 5%~6%(质)时，HCl 的转化率几乎接近 100%，其活性已达到最高。由图 5-5 也可看出，随着铜含量的增加，深度氧化副产物 CO_2 的生成率也有所增加，但铜含量超过 5%时，CO_2 的生成率就维持在一定的水平上。工业上所用的 $CuCl_2/\gamma-Al_2O_3$催化剂，铜含量为5%(质)左右。可用成型的$\gamma-Al_2O_3$浸渍 $CuCl_2$溶液制得。如用于流化床反应器，可用微球形 $\gamma-Al_2O_3$浸渍制得也可用混合凝胶法制得，用喷雾干燥法成型为适合于流化床的微球型催化剂。

这类催化剂具有良好的选择性，主要缺点是氯化铜易挥发，在反应过程中由于活性组分$CuCl_2$的挥发流失，使催化剂的活性下降，因而热稳定性较差，反应温度越高，$CuCl_2$的挥发流失量越大，活性下降越快。

2. 双组分催化剂

为了改善单组分催化剂的热稳定性和使用寿命，在催化剂中加入第二组分。常用的为碱金属或碱土金属的氯化物，主要是 KCl。图 5-6 为 $CuCl_2/\gamma-Al_2O_3$催化剂中添加 KCl 后，K/Cu原子比对催化剂活性的影响。由图 5-6 可看出，加入少量 KCl 仍能维持原单组分催化剂的活性，且能抑制深度氧化产物 CO_2的生成，但 KCl 用量增加时，催化剂的活性迅速下降。图 5-7 所示为不同 K/Cu 原子比的催化剂达到最高活性时的反应温度，可以看出，K/Cu 用量比越高，显示高活性所需温度也越高，但对选择性没有影响(见表 5-1)。

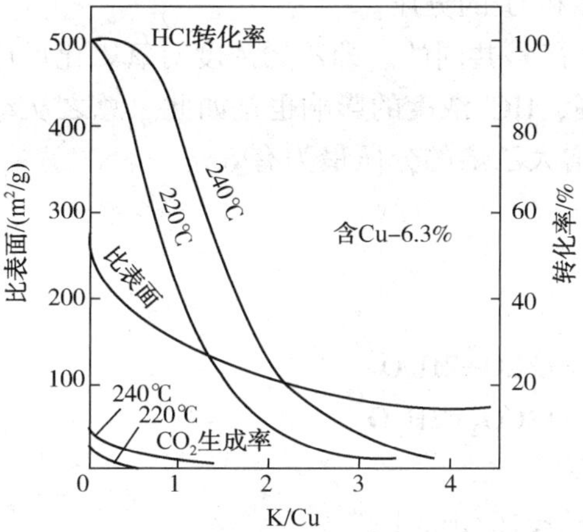

图 5-6　K/Cu 原子比对 $CuCl_2-KCl/\gamma-Al_2O_3$ 的催化剂活性的影响

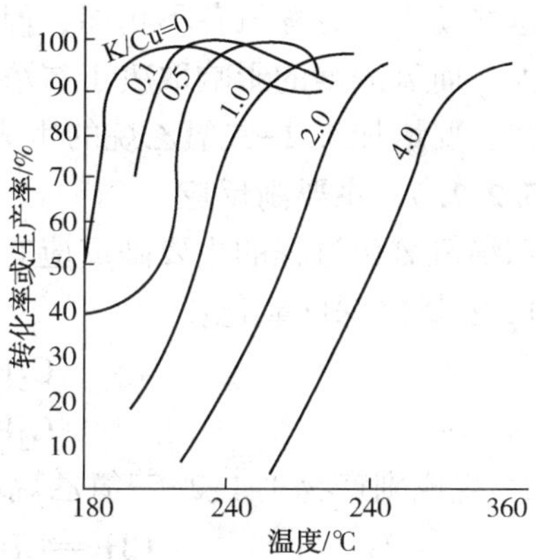

图 5-7　不同 K/Cu 原子比 $CuCl_2-KCl/\gamma-Al_2O_3$ 的催化剂活性

表 5-1　不同 K/Cu 原子比时 $CuCl_2/\gamma-Al_2O_3$催化剂选择性(催化剂中的铜质量分数为 6.3%)

K/Cu 原子比	0	0.1	0.5	1.0	2.0
最佳反应温度/℃	240	240	240	240	260
产物中 1,2-二氯乙烷含量/%	99.6	99.4	99.8	99.8	99.5

总之，在 $CuCl_2$加入 KCl 后，活性减低，而催化剂的稳定性却有提高。这很可能是 KCl 和 $CuCl_2$形成了不易挥发的复盐或低熔混合物，因而防止 $CuCl_2$的流失。加入稀土金属的氯化物，如氯化铈、氯化镧等也可以稳定催化剂的活性和增长其寿命。

$CuCl_2-KCl/\gamma-Al_2O_3$催化剂用于固定床，可用不同组成的 $CuCl_2-KCl/\gamma-Al_2O_3$催化剂(具有不同活性)，沿轴向高度填充不同床层位置，以获得一个合理的温度分布。

3. 多组分催化剂

为了寻求低温高活性催化剂，氧氯化催化剂的研究逐渐向多组元发展。$CuCl_2$-碱金属氯化物-稀土金属氯化物型多元催化剂，具有高的活性和热稳定性。

5.2.2.2 乙烯氧氯化反应机理和反应动力学

乙烯在 $CuCl_2/\gamma-Al_2O_3$ 催化剂上氧氯化反应的氧化-还原式的机理，主要包括三步。

第一步是吸附于催化剂的乙烯与 $CuCl_2$ 作用生产 1,2-二氧乙烷，并使 $CuCl_2$ 还原为 Cu_2Cl_2：

$$CH_2{=\!=}CH_2+2CuCl_2 \longrightarrow ClCH_2CH_2Cl+2Cu_2Cl_2$$

第二步是 Cu_2Cl_2 被氧氯化为二价铜的络合物：

$$Cu_2Cl_2+0.5O_2 \longrightarrow CuO \cdot CuCl_2$$

第三步是络合物再与 HCl 作用分解为 $CuCl_2$ 和水：

$$CuO \cdot CuCl_2+2HCl \longrightarrow 2CuCl_2+H_2O$$

反应的控制步骤是第一步，已报道的动力学方程有：

$$r=kp_c^{0.6}p_h^{0.2}p_o^{0.5}$$

$$r=kp_cp_h^{0.3}\text{（氧的浓度达到一定程度）}$$

式中　p_c、p_h、p_o——分别为 $CH_2{=\!=}CH_2$、HCl 和 O_2 的分压。

这些动力学方程虽各不相同，但显示的规律是共同的。即乙烯浓度对氧氯化反应速度影响最大，而氧浓度的影响取决于氧浓度的范围，HCl 浓度的影响也是如此。总之从动力学方程可知，要增加 1,2-二氯乙烷的生成速率，增大乙烯的分压最为有效。

5.2.2.3 主要副反应

乙烯氧氯化过程的主要副反应有三种。

1）乙烯的深度氧化：

$$C_2H_4+2O_2 \longrightarrow 2CO+2H_2O$$

$$C_2H_4+3O_2 \longrightarrow 2CO_2+2H_2O$$

2）生成副产物 1,1,2-三氯乙烷和氯乙烷：

$$CH_2{=\!=}CH_2+HCl \longrightarrow CH_3CH_2Cl$$

$$ClCH_2CH_2Cl \longrightarrow CH_2{=\!=}CHCl+HCl$$

$$CH_2{=\!=}CHCl+2HCl+0.5O_2 \longrightarrow ClCH_2CHCl_2+H_2O$$

3）其他氯衍生物副产物的生成：

除 1,1,2-三氯乙烷副产物外，尚有少量的各种饱和或不饱和的一氯或多氯衍生物生成，例如三氯甲烷、四氯化碳、氯乙烯、1,1,1-三氯乙烷、顺式-1,2-二氯乙烯等。但这些副产物的总量仅为 1,2-二氧乙烷生成量的 1%以下。

5.2.2.4 反应条件的安全控制

1. 反应温度

乙烯氧氯化反应是强放热反应，反应热可达 251kJ/mol，因此反应温度的控制十分重要。温度过高，乙烯完全氧化反应加速，CO_2 和 CO 的生成量增多，副产物三氯乙烷的生成量也增加，反应选择性下降。此外温度高催化剂的活性组分 $CuCl_2$ 挥发流失快，催化剂的活性下降快，寿命短。图 5-8～图 5-10 为在 Cu 含量为 12%（质）的 $CuCl_2/\gamma-Al_2O_3$ 催化剂上，温度对 1,2-二氯乙烷（EDC）生成速度、选择性和乙烯燃烧副反应的影响。由图 5-8～图 5-10 可看出，当温度高于 250℃时，1,2-二氯乙烷的生成速度增加缓慢，而选择性显著下降，乙烯燃烧反应明显增多。一般在保证 HCl 的转化率接近全部转化的前提下，反应温度以低些为好。适宜的反应温度与催化剂的活性有关。采用高活性 $CuCl_2/\gamma-Al_2O_3$催化剂时，适宜反应温度为 220~230℃。

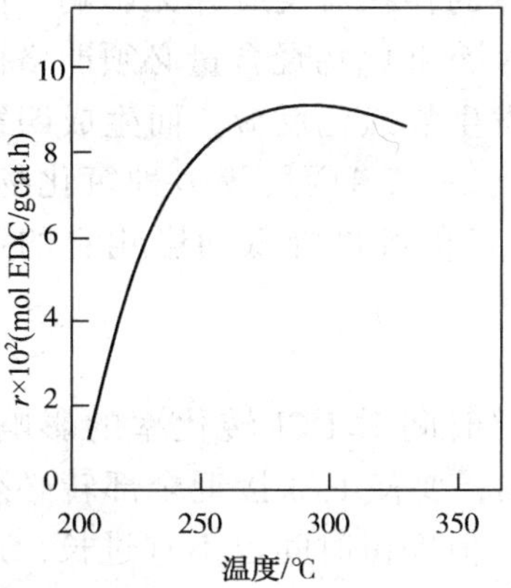

图 5-8 温度对反应速率的影响

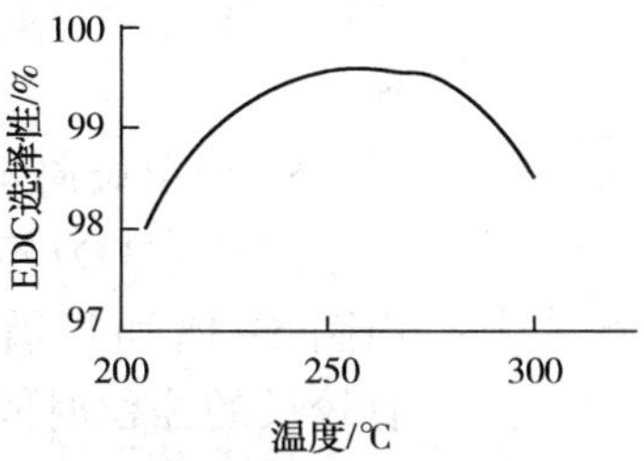

图 5-9 温度对选择性的影响(以氯计)

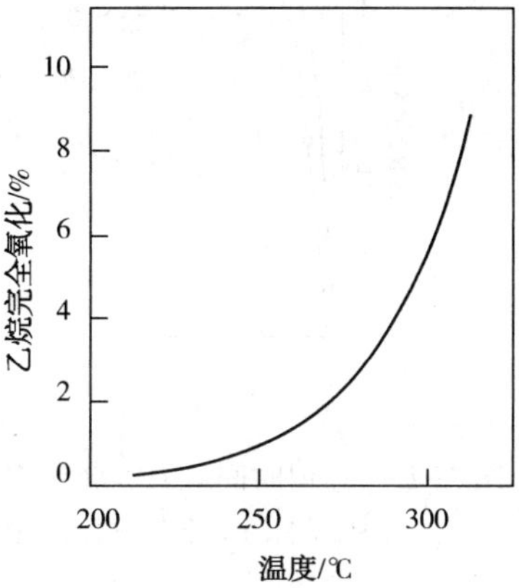

图 5-10 温度对乙烯燃烧反应的影响

2. 压力

压力对乙烯氧氯化反应既影响反应速度也影响反应选择性。增高压力可提高反应速度，但却使选择性下降。图 5-11 和图 5-12 为压力对反应选择性的影响，可看出，压力增高，生成 1,2-二氯乙烷的选择性降低，而副产物氯乙烷的生成量增加。故反应压力不宜过高。

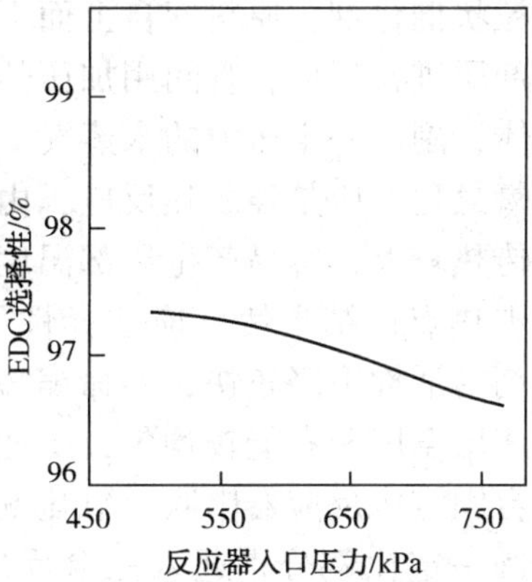

图 5-11 压力对选择性的影响(O_2 为氧化剂)

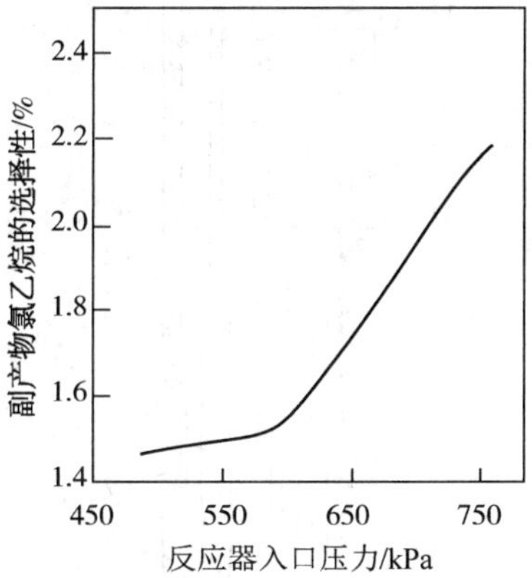

图 5-12 压力对副产物氯乙烷的影响(O_2 为氧化剂)

3. 配料比

按乙烯氧氯化方程式的计量关系，乙烯、氯化氢和氧所需摩尔比应为 1∶2∶0.5 在正常操作情况下，乙烯和氧都是过量的。若 HCl 过量，则过量的 HCl 吸附在催化剂表面，会使催化剂颗粒胀大，视密度减小。如果用流化床反应器，床层会急剧升高，甚至发生节涌现象。采用乙烯稍过量，能使 HCl 接近全部转化。但乙烯过量太多，会使烃的燃烧反应增多，尾气中 CO 和 CO_2的含量增多，使选择性下降。氧稍过量，也能提高 HCl 的转化率，但用量过多，也会使选择性下降。原料气的配比，必须在爆炸极限以外。

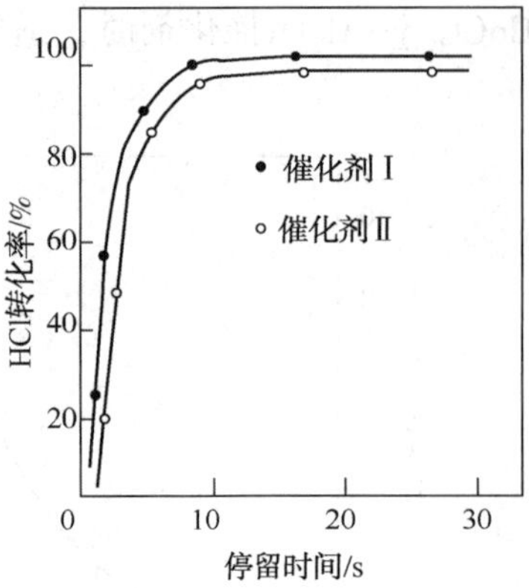

图 5-13 停留时间对 HCl 转化率影响 225℃，C_2H_4：HCl：空气=1.1：2：3.6

4. 原料气纯度

氧氯化反应可用浓度较稀的原料 C_2H_4、CO、CO_2和 N_2等惰性气体的存在对反应并无影响。但原料气中的乙炔、丙烯和 C_4烯烃含量必须严格控制。因为它们都会发生氧氯化反应，而生成四氯乙烯、三氯乙烯、1,2-二氯丙烷等多种氯化物，使产品 1,2-二氯乙烷的纯度降低而影响它的后加工。

5. 停留时间

图 5-13 为停留时间对 HCl 转化率的影响。由图 5-13 可以看出，要使 HCl 接近全部转必须有较长的停留时间。但停留时间也不宜过长，过长会出现转化率反而下降的现象。这可能是由于停留时间过长，发生了连串副反应 1,2-二氯乙烷的裂解而产生氯化氢和氯乙烯之故。

5.2.2.5 乙烯氧氯化生产 1,2-二氯乙烷的工艺流程

乙烯氧氯化生产 1,2-二氯乙烷是一强放热的气固相催化氧化反应。有空气氧化法和氧气氧化法两种。

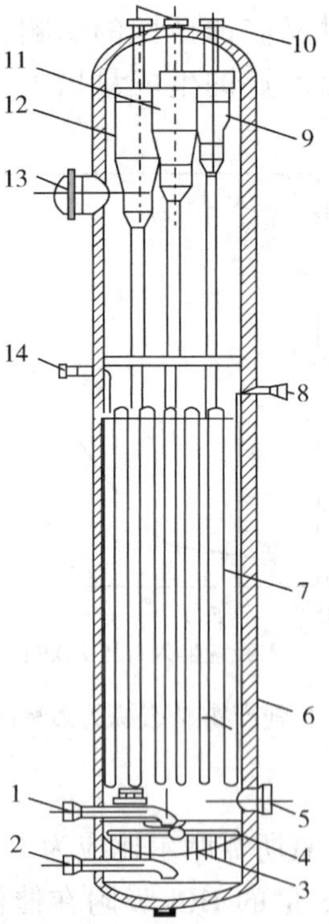

图 5-14 乙烯氧氯化流化床反应器结构示意图

1—C_2H_4 和 HCl 入口；2—空气入口；3—短管分布器；4—分布板；5—催化剂入口；6—反应器外壳；7—冷却管组；8—加压热水入口；9，11，12—旋风分离器；10—反应器出口；13—人孔；14—高压水蒸气出口

1. 氧氯化反应器型式的选择

（1）固定床氧氯化反应器

即为常用的多管式反应器。管内填充颗粒状催化剂，原料气自上而下流经催化剂层进行反应，管间用加压热水作载热体，副产一定压力的水蒸气。

氧氯化反应是强放热反应，由于固定床传热较差，容易产生局部温度过高而出现热点，结果使反应选择性下降，催化剂的活性下降较快，寿命缩短。为了使床层温度分布能较均匀，工业上采用三台固定床反应器串联，氧化剂空气或氧按一定比例分别通入三台反应器。这样每台反应器中的物料氧的浓度较低，使反应不致太剧烈也可减少完全氧化副反应的进行，使温度分布可较均匀；而且也保证了混合气中氧的浓度在可燃范围以下，有利安全操作。

（2）流体床氧氯化反应器

采用流化床反应器由于催化剂在器内处于沸腾状态，床层内又设有热交换器，可以有效地移出反应热，因此床层

温度分布均匀也易控制。流化床氧氯化反应器的构造如图 5-14 所示。

在反应器底部水平插入空气进料管，进料管上方设置有具有多个喷嘴的板式分布器，用以均匀分布进入的空气。在板式分布器上方有 C_2H_4 和 HCl 混合气体的进入管，此管连接有与空气分布器具有同样数目喷嘴的分布器，其喷嘴正好插入空气分布器的喷嘴内。这样就能使两股进料气体在进入催化床层之前在喷嘴内混合均匀。

在反应段设置了一定数量的直立冷却管组，管内通入加压热水，借水的汽化以移出反应热，并产生相当压力的水蒸气。在反应器上部设置三组三级旋风分离器，用以分离回收反应气体所夹带的催化剂。催化剂的磨损量每天约为 0.1%，需补充的催化剂自气体分布器上部处用压缩空气送入反应器内。

由于氧氯化过程有水产生，如反应器的一些部位保温不好，温度过低，当达到露点温度时，水就会凝结，将使设备遭受严重腐蚀。当催化剂表面为氧化铁覆盖时，副产物氯乙烷明显增加。

2. 以空气作氧化剂的乙烯流化床氧氯化制 1,2-二氯乙烷的工艺流程

(1) 氧氯化反应部分

流化床乙烯氧氯化制二氯乙烷反应部分工程流程如图 5-15 所示。

氯化氢(来自 1,2-二氯乙烷热裂解装置，见后)预热至 170℃左右，与 H_2 一起进入加氢反应器，在 Pd/Al_2O_3 催化剂存在下，进行加氢精制，使其中所含有害的乙炔杂质加氢为乙烯。原料乙烯也预热到一定温度，然后与 HCl 混合后一起进入反应器。氧化剂空气则经空气压缩机压缩后送入反应器，三者在分布器中混合后进入催化床层，发生氧氯化反应。放出的热量借冷却管中热水的汽化而移走。反应温度是由调节汽水分离器的压力进行控制。

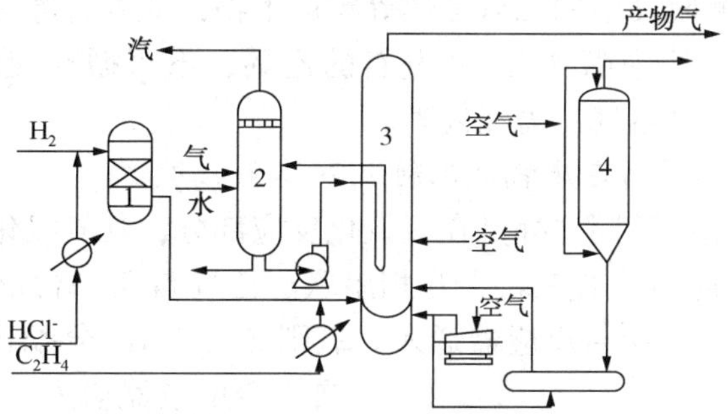

图 5-15 流化床乙烯氧氯化制二氯乙烷反应部分工程流程

1—氢化器；2—气水分离器；3—流化床反应器；4—催化剂贮槽

(2) 1,2-二氯乙烷的分离和精制

1,2-二氯乙烷分离和精制部分的工艺流程如图 5-16 所示。

自氧氯化反应器顶部出来的反应混合气含有反应生成的产物 1,2-二氯乙烷，副产物 CO、CO_2 和其他少量的氯衍生物，以及未转化的乙烯、氧、氯化氢及惰性气体，还有主副反应生成的水。此反应混合气进入骤冷塔用水喷淋骤冷至 90℃并吸收气体中 HCl，洗去夹带出来的催化剂粉末。产物二氯乙烷以及其它氯衍生物仍留在气相，从骤冷塔塔顶逸出，在冷却冷凝器中冷凝后流入分层器，与水层分离后即得粗 1,2-二氯乙烷。分出的水循环回骤冷塔。

从分层器出来的气体再经低温冷凝器以回收二氯乙烷及其他氯衍生物，不凝气体进入吸收塔，用溶剂吸收其中尚存的二氯乙烷等后，尾气(含乙烯 1%左右)排出系统。溶有二氯乙烷等的吸收液在解吸塔中进行解吸。在低温冷凝器和解吸塔回收的二氯乙烷，一并送至分层器。

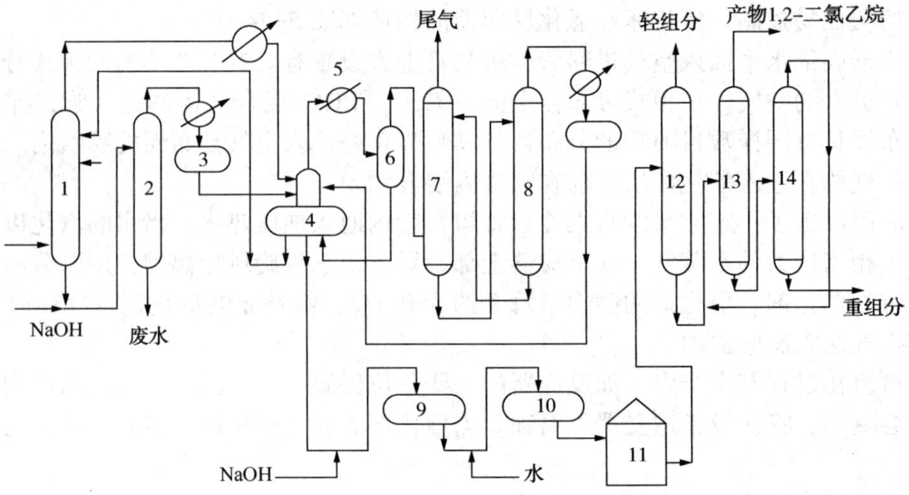

图 5-16　1,2-二氯乙烷分离和精制部分的工艺流程

1—骤冷塔；2—废水汽提塔；3—受槽；4—分层器；5—低温冷器；6—气液分离器；7—吸收塔；8—解吸塔；9—碱洗罐；10—水洗罐；11—粗二氯乙烷贮槽；12—轻组分塔；13—二氯乙烷塔；14—重组分塔

自分层器出来的粗 1,2-二氯乙烷经碱洗、水洗后进入贮槽。然后用三个精馏塔进行分离精制。第一塔脱除低沸物，第二塔蒸出产品 1,2-二氯乙烷，第三塔从第二塔釜液中回收二氯乙烷。第三塔是在减压下操作。

骤冷塔塔底排出的水吸收液中含有盐酸和少量二氯乙烷等氯衍生物，经碱中和后进入汽提塔进行水蒸气汽提以回收其中的二氯乙烷等氯衍生物，冷凝后进入分层器。

空气氧化法排放的气体中尚含有 1%左右的乙烯，不再循环使用，故乙烯消耗定额较高，且有大量排放废气污染空气，需经处理。

3. 以氧为氧化剂的乙烯固定床氧氯化制 1,2-二氯乙烷

此方法与前面方法主要不同之处是在氧氯化反应部分，其氧氯化反应部分的工艺流程简图见图 5-17。氧氯化反应器共有三台，互相串联。乙烯自第一台反应器通入，HCl 分成两股(各为一半)自第一和第二两台反应器通入。氧则分为三股(分配比，例如 40/40/20)分别自三台反应器通入。每台反应器进口处均设置有混合器。使诸物流能进行充分混合。循环乙烯与新鲜原料乙烯混合后一并进入第一台反应。反应产物自第三台反应器出来后，经冷却冷凝，使 1,2-二氯乙烷及其副产物和水冷凝下来，进入气液分离器，分出水和粗 1,2-二氯乙烷，进行进一步分离和精制。不凝气体主要是乙烯，尚含有 CO、CO_2、Ar、He 等惰性气体和少量未反应氧，经循环压缩机增加后，少量排出系统(可作氯化原料用)，其余作为循环乙烯返回反应器。

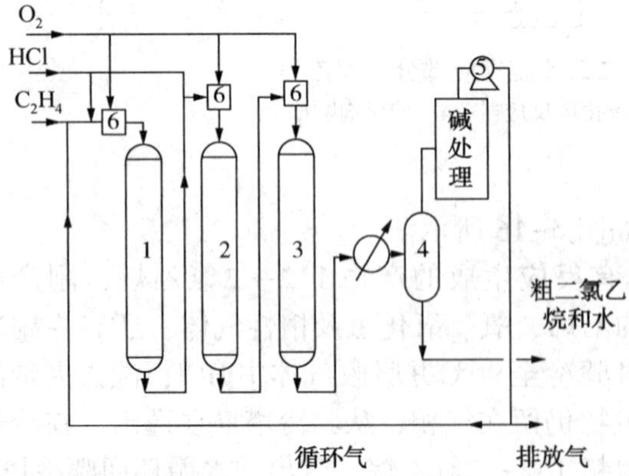

图 5-17　氧气氧氯化反应部分流程

1~3—反应器；4—气液分离器；5—循环压缩机；6—混合器

此流程氧是分段加入，且由于乙烯是大量过量，使氧的浓度低于可燃浓度范围，保

证了安全操作。氧气氧化法由于有大量乙烯在系统中循环使传热和传质都得到显著改善。热点温度明显降低，1,2-二氯乙烷的选择性提高，HCl 的转化率也提高。

与空气氧氯化法(也是采用固定床反应器)相比，氧气氧氯化法有如下优点。

1）床层温度分布较好，热点温度较低或不显著，有利于保护催化剂的稳定性，如图 5-18~图 5-20 所示。

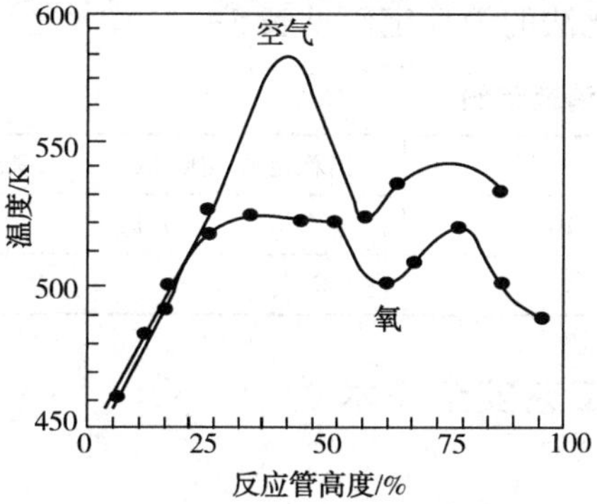

图 5-18　第一台反应器温度分布

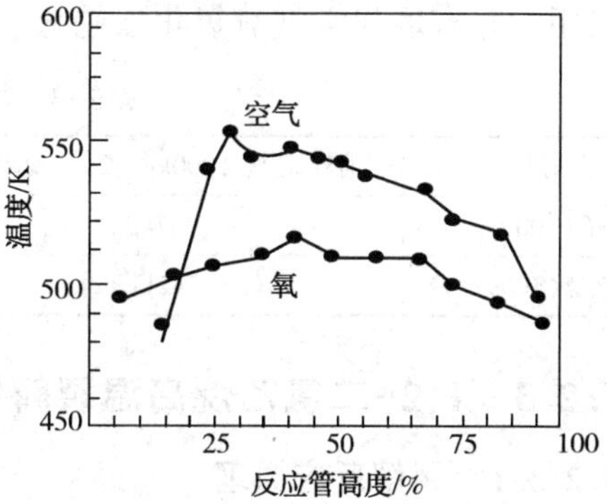

图 5-19　第二台反应器温度分布

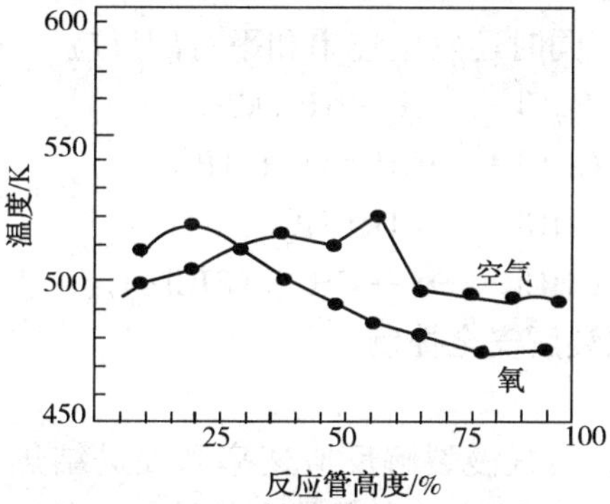

图 5-20　第三台反应器温度分布

2）1,2-二氯乙烷的选择性较高，HCl 的转化率也较高，见表 5-2。

表 5-2　乙烯氧氯化结果比较

乙烯转化为各物的选择性/%	空气氧氯化	氧气氧氯化	乙烯转化为各物的选择性/%	空气氧氯化	氧气氧氯化
1,2-二氯乙烷	95.11	97.28	1,1,2-三氯乙烷	0.88	0.08
氯乙烷	1.73	1.50	其他氯衍生物	0.50	0.46
CO、CO_2	1.78	0.68	HCl 的转化率/%	99.13	99.83

3）排出系统的废气少，只有空气氧化法的 5%，或更少至 1%，且可进一步用于氯化。空气氧氯化法排出的废气中，乙烯含量甚低，一般为 1%左右，大量是惰性气体，并含有各种氯化物，使 1,2-二氯乙烷损耗增加。且氯乙烯等氯化物对人体十分有害，如直接排入大气，将污染环境，需作焚烧处理。由于可燃物含量低。必须外加燃料。而氧气氧氯化法排出的气体乙烯浓度较高，可直接进行焚烧处理。

4）氧气氧氯化法乙烯浓度高，有利于提高1,2-二氯乙烷的生成速度和催化剂的生产能力。

5）氧气氧氯化法不需要采用溶剂吸收、深冷等方法回收1,2-二氯乙烷，因此流程较简单，设备投资费用较少。

由于氧气氧氯化有如上这些优点，自20世纪70年代末工业化后，国际上已有许多国家工厂采用，并有取代空气氧氯化法趋势。氧气氧氯化法的消耗定额见表5-3。

表5-3　氧气法原材料消耗定额

原材料	消耗定额/1000kg1,2-二氯乙烷	原材料	消耗定额/1000kg1,2-二氯乙烷
乙烯(100%)	287kg	氧(100%)	177kg
氯化氢(100%)	742kg		

5.2.3　1,2-二氯乙烷高温裂解制氯乙烯工艺安全技术

5.2.3.1　裂解反应原理

1,2-二氯乙烷加热至高温即能脱去一分子氯化氢而转变成氯乙烯。

$$ClCH_2CH_2Cl \rightleftharpoons CH_2=CHCl+HCl \quad \Delta H=79.5kJ$$

这是一个吸热可逆反应，同时还发生连串和平行副反应。

$$ClCH_2CH_2Cl \longrightarrow H_2+2HCl+2C$$

$$CH_2=CHCl \longrightarrow CH\equiv CH+HCl$$

$$CH_2=CHCl+HCl \longrightarrow CH_3CHCl_2$$

$$nCH_2=CHCl \longrightarrow (-CH_2-CHCl-)_n$$

5.2.3.2　1,2-二氯乙烷裂解安全控制

1. 原料纯度

原料中若含有抑制剂，就会减慢裂解反应速率和促进结焦。在1,2-二氯乙烷中能起强抑制作用的主要杂质是1,2-二氯丙烷，当它的含量达0.1%~0.2%时1,2-二氯乙烷的转化率就会下降，如提高温度以弥补转化率的下降，则副反应和生焦会更多。1,2-二氯丙烷的裂解产物氯丙烯更具抑制作用。此外，三氯甲烷、四氯化碳等氯化物也有抑制作用。1,2-二氯乙烷中若含有铁离子会加速深度裂解副反应，故含铁离子浓度要求不大于100μg/g。为了防止炉管被腐蚀，水分应控制在5μg/g以下。

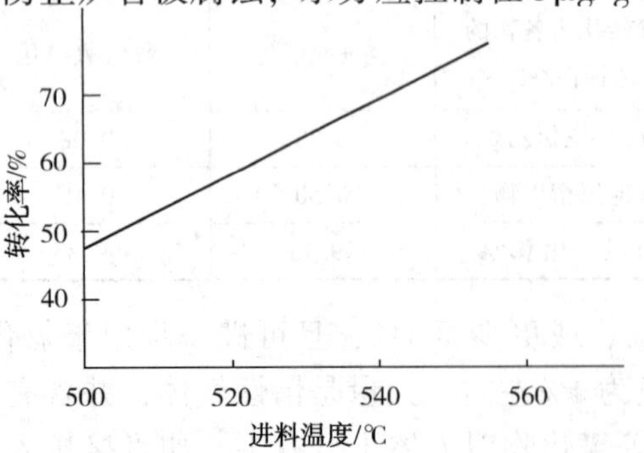

图5-21　温度对1,2-二氯乙烷转化率的影响

$P=0.5$MPa，530℃

2. 反应温度

提高反应温度对1,2-二氯乙烷裂解反应的平衡和速率都有利，温度小于450℃时转化率很低。当温度升至500℃时，裂解反应速率显著加快，转化率与温度的关系如图5-21所示。但温度过高，二氯乙烷深度裂解和氯乙烯的裂解、聚合等副反应也相应加速。当温度高于600℃时，副反应的速率将大于主反应的速率。故反应速率的选择应从二氯乙烷的转化率和氯乙烯的选择性两方面考虑，一般为500~550℃。

3. 压力

提高压力对反应平衡不利，但实际生产中常采用加压操作。其原因是为了物流畅通，维持适宜空速，避免局部过热。加压还有利于抑制分解生碳的副反应，提高氯乙烯的选择性。加压也有利于产物氯乙烯和副产物 HCl 的冷凝回收。生产中有采用低压法(约 0.6MPa)、中压法(约 1.0MPa)、高压法(>1.5MPa)。

4. 停留时间

停留时间与1,2-二氯乙烷转化率的关系见图 5-22。停留时间长，能提高转化率，但同时连串反应增多，氯乙烯聚合生焦副反应增加，使氯乙烯选择性下降，使炉管的烧焦周期缩短。所以生产上采用较短的停留时间以期获得高选择性。通常停留时间为 10s 左右，1,2-二氯乙烷转化率为 50%~60%，氯乙烯选择性为 97%左右。

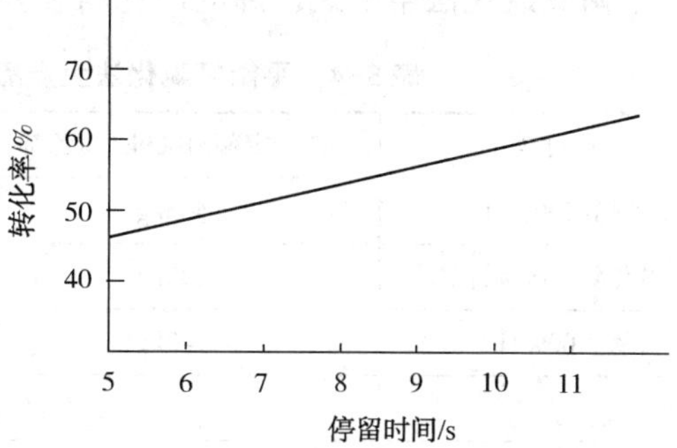

图 5-22　停留时间对 1,2-二氯乙烷转化率的影响

P=0.5MPa，530℃

5.2.3.3　1,2-二氯乙烷裂解制氯乙烯的工艺流程

1,2-二氯乙烷裂解制氯乙烯的工艺流程如图 5-23 所示。1,2-二氯乙烷裂解是在管式裂解炉中进行。在对流段设有原料二氯乙烷的预热管，反应管设置在辐射段。

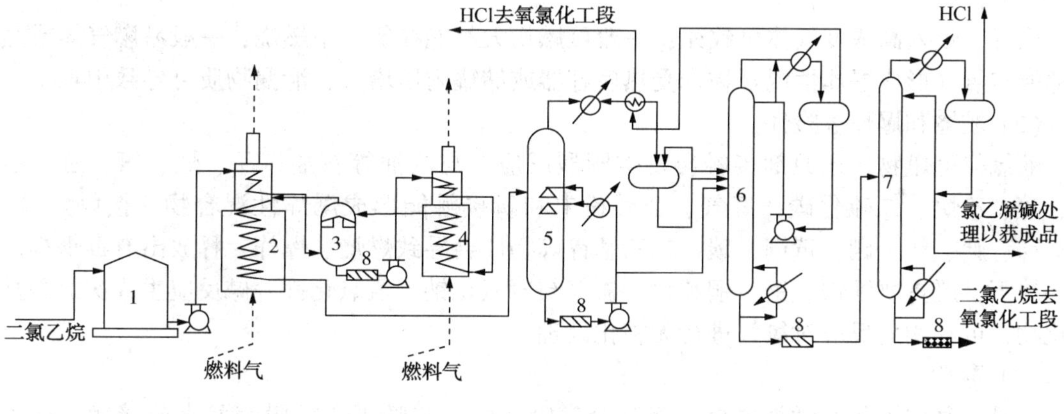

图 5-23　1,2-二氯乙烷裂解制乙烯的工艺流程

1—1，2 二氯乙烷贮槽；2—裂解反应炉；3—气液分离器；4—二氯乙炕蒸发器；5—聚冷塔；6—HCl 塔；7—氯乙烯塔；8—过滤器

1,2-二氯乙烷由定量泵送入裂解炉预热，然后到蒸发器加热蒸发并达到一定温度，1,2-二氯乙烷蒸气经气液分离器分离掉可能夹带的液滴后，进入裂解炉反应管，在一定压力下升温至 500~550℃，进行裂解获得氯乙烯和氯化氢。裂解气在出炉后在骤冷塔中迅速降温并除碳。为了防止盐酸对设备的腐蚀，急冷剂不用水而用二氯乙烷，在此未反应的二氯乙烷会部分冷凝。出骤冷塔的裂解气再经冷却冷凝，然后气液混合物一并进入氯化氢塔，脱除出浓度为 99.8%的 HCl，作为氧氯化原料。塔釜液为含有微量 HCl 的二氯乙烷和氯乙烯混合液，送入氯乙烯塔，馏出的氯乙烯经用固碱脱除微量 HCl 后，即得纯度为 99.9%的成品氯

乙烯。氯乙烯塔塔釜流出的二氯乙烷送至氧氯化工段的粗二氯乙烷贮槽，一并进行精制后，再返回裂解装置。

5.2.3.4 平衡氧氯化法生产氯乙烯的技术经济指标

平衡氧氯化法生产氯乙烯的原材料和公用工程消耗定额见表5-4。

表5-4 平衡氧氯化法生产氯乙烯的原材料和公用工程消耗定额

原材料	消耗定额/1000kg氯乙烯	公用工程	消耗定额/1000kg氯乙烯
乙烯(100%计)	466kg	水蒸气(1.5MPa)	600kg
氯化氢(100%计)	592kg	水蒸气(0.3MPa)	500kg
氧(100%计)	142kg	电	120kW·h
		冷却水	280t
		燃料(气体)	4.6×10^6kJ

5.2.4 平衡氧氯化生产过程危害及控制技术

平衡氧氯化法过程涉及的危险物质种类较多，但主要是氯气、二氯乙烷、氯化氢、氯乙烯。

1. 氯气

（1）警示

剧毒，吸入高浓度气体可致死；一般可燃物大都能在氯气中燃烧，一般易燃气体或蒸气也都能与氯气形成爆炸性混合物。受热后容器或储罐内压增大，泄漏物质可导致中毒。

（2）燃烧和爆炸危险性

液氯与可燃物、还原剂接触会发生剧烈反应。与汽油等石油产品、烃、氨、醚、松节油、醇、乙炔、二硫化碳、氢气、金属粉末和磷接触能形成爆炸性混合物。接触烃基膦、铝、锑、胂、铋、硼、黄铜、碳、二乙基锌等物质会导致燃烧、爆炸，释放出有毒烟雾。潮湿环境下，严重腐蚀铁、钢、铜和锌。氯气与氢氧化钠、氢氧化钾等碱反应生成次氯酸盐和氯化物，可利用此反应对氯气进行无害化处理。

（3）毒性

氯是一种强烈的刺激性气体，经呼吸道吸入时，与呼吸道黏膜表面水分接触，产生盐酸、次氯酸，次氯酸再分解为盐酸和新生态氧，产生局部刺激和腐蚀作用。

急性中毒：轻度者有流泪、咳嗽、咳少量痰、胸闷，出现气管-支气管炎或支气管周围炎症的表现；中度中毒发生支气管肺炎、局限性肺泡性肺水肿、间质性肺水肿或哮喘样发作，病人除有上述症状的加重外，还会出现呼吸困难、轻度紫绀等；重者发生肺泡性水肿、急性呼吸窘迫综合征、严重窒息、昏迷或休克，可出现气胸、纵隔气肿等并发症。吸入极高浓度的氯气，可引起迷走神经反射性心跳骤停或喉头痉挛而发生“电击样”死亡。眼睛接触可引起急性结膜炎，高浓度氯可造成角膜损伤。皮肤接触液氯或高浓度氯，在暴露部位可有灼伤或急性皮炎。

慢性影响：长期低浓度接触，可引起慢性牙龈炎、慢性咽炎、慢性支气管炎、肺气肿、支气管哮喘等。可引起牙齿酸蚀症。

职业接触限值：MAC(最高容许浓度)1mg/m^3。

(4) 急救措施

吸入：迅速脱离现场至空气新鲜处。保持呼吸道通畅。如呼吸困难，给氧，给予2%至4%的碳酸氢钠溶液雾化吸入。呼吸、心跳停止，立即进行心肺复苏术。就医。

眼睛接触：立即分开眼睑，用流动清水或生理盐水彻底冲洗。就医。

皮肤接触：立即脱去污染的衣着，用流动清水彻底冲洗。就医。

(5) 灭火方法

本品不燃，但周围起火时应切断气源。喷水冷却容器，尽可能将容器从火场移至空旷处。消防人员必须佩戴正压自给式空气呼吸器，穿全身防火防毒服，在上风向灭火。由于火场中可能发生容器爆破的情况，消防人员须在防爆掩蔽处操作。有氯气泄漏时，使用细水雾驱赶泄漏的气体，使其远离未受波及的区域。

灭火剂：根据周围着火原因选择适当灭火剂灭火。可用干粉、二氧化碳、水(雾状水)或泡沫。

(6) 泄漏应急处置

根据气体扩散的影响区域划定警戒区，无关人员从侧风、上风向撤离至安全区。建议应急处理人员穿内置正压自给式空气呼吸器的全封闭防化服，戴橡胶手套。如果是液体泄漏，还应注意防冻伤。禁止接触或跨越泄漏物。勿使泄漏物与可燃物质(如木材、纸、油等)接触。尽可能切断泄漏源。喷雾状水抑制蒸气或改变蒸气云流向，避免水流接触泄漏物。禁止用水直接冲击泄漏物或泄漏源。若可能翻转容器，使之逸出气体而非液体。防止气体通过下水道、通风系统和限制性空间扩散。构筑围堤堵截液体泄漏物。喷稀碱液中和、稀释。隔离泄漏区直至气体散尽。泄漏场所保持通风。

不同泄漏情况下的具体措施：

瓶阀密封填料处泄漏时，应查压紧螺帽是否松动或拧紧压紧螺帽；瓶阀出口泄漏时，应查瓶阀是否关紧或关紧瓶阀，或用铜六角螺帽封闭瓶阀口。

瓶体泄漏点为孔洞时，可使用堵漏器材(如竹签、木塞、止漏器等)处理，并注意对堵漏器材紧固，防止脱落。上述处理均无效时，应迅速将泄漏气瓶浸没于备有足够体积的烧碱或石灰水溶液吸收池进行无害化处理，并控制吸收液温度不高于45℃、pH值不小于7，防止吸收液失效分解。

2. 二氯乙烷

(1) 危险性

对眼睛及呼吸道有刺激作用；吸入可引起肺水肿；抑制中枢神经系统、刺激胃肠道和引起肝、肾和肾上腺损害。急性中毒：其表现有二种类型，一为头痛、恶心、兴奋、激动，严重者很快发生中枢神经系统抑制而死亡；另一类型以胃肠道症状为主，呕吐、腹痛、腹泻，严重者可发生肝坏死和肾病变。慢性影响：长期低浓度接触引起神经衰弱综合征和消化道症状。可致皮肤脱屑或皮炎。

环境危害：该物质对大气臭氧层破坏力极强。

燃爆危险：在室温下是无色有类似氯仿气味的液体，有毒，具潜在致癌性，具有抗氧化性。不腐蚀金属。其蒸气与空气可形成爆炸性混合物。遇高热、明火、强氧化剂有引起燃烧爆炸的危险。

(2) 急救措施

皮肤接触：脱去污染的衣着，用肥皂水和清水彻底冲洗皮肤。

眼睛接触：提起眼睑，用流动清水或生理盐水冲洗。就医。

吸入：迅速脱离现场至空气新鲜处，保持呼吸道通畅，如呼吸困难，给输氧。如呼吸停止，立即进行人工呼吸，就医。

食入：洗胃，就医。

(3) 消防措施

危险特性：易燃，其蒸气与空气可形成爆炸性混合物，遇明火、高热能引起燃烧爆炸。受高热分解产生有毒的腐蚀性烟气。与氧化剂接触发生反应，遇明火、高热易引起燃烧，并放出有毒气体。其蒸气比空气重，能在较低处扩散到相当远的地方，遇火源会着火回燃。

有害燃烧产物：一氧化碳、二氧化碳、氯化氢、光气。

灭火方法：喷水冷却容器，可能的话将容器从火场移至空旷处。处在火场中的容器若已变色或从安全泄压装置中产生声音，必须马上撤离。灭火剂：泡沫、干粉、二氧化碳、砂土。用水灭火无效。

(4) 泄漏应急处理

应急处理：迅速撤离泄漏污染区人员至安全区，并进行隔离，严格限制出入。切断火源。建议应急处理人员戴自给正压式呼吸器，穿防静电工作服。尽可能切断泄漏源。防止流入下水道、排洪沟等限制性空间。

小量泄漏：用砂土或其他不燃材料吸附或吸收。也可以用大量水冲洗，洗水稀释后放入废水系统。

大量泄漏：构筑围堤或挖坑收容。用泡沫覆盖，降低蒸气灾害。用防爆泵转移至槽车或专用收集器内，回收或运至废物处理场所处置。

(5) 操作处置

操作注意事项：密闭操作，局部排风。操作人员必须经过专门培训，严格遵守操作规程。建议操作人员佩戴过滤式防毒面具(半面罩)，戴化学安全防护眼镜，穿防静电工作服，戴橡胶耐油手套。远离火种、热源，工作场所严禁吸烟。使用防爆型的通风系统和设备。防止蒸气泄漏到工作场所空气中。避免与氧化剂、酸类、碱类接触。灌装时应控制流速，且有接地装置，防止静电积聚。搬运时要轻装轻卸，防止包装及容器损坏。配备相应品种和数量的消防器材及泄漏应急处理设备。倒空的容器可能残留有害物。

3. 氯化氢

(1) 危险概述

健康危害：接触其蒸气或烟雾，可引起急性中毒，出现眼结膜炎，鼻及口腔黏膜有烧灼感，鼻衄、齿龈出血，气管炎等。误服可引起消化道灼伤、溃疡形成，有可能引起胃穿孔、腹膜炎等。眼和皮肤接触可致灼伤。慢性影响：长期接触，引起慢性鼻炎、慢性支气管炎、牙齿酸蚀症及皮肤损害。

环境危害：对环境有危害，对水体和土壤可造成污染。

燃爆危险：本品不燃，具强腐蚀性、强刺激性，可致人体灼伤。

(2) 操作防护

密闭操作，注意通风。操作人员必须经过专门培训，严格遵守操作规程。建议操作人员佩戴自吸过滤式防毒面具(全面罩)，穿橡胶耐酸碱服，戴橡胶耐酸碱手套。远离易燃、可燃物。防止蒸气泄漏到工作场所空气中。避免与碱类、胺类、碱金属接触。搬运时要轻装轻卸，防止包装及容器损坏。配备泄漏应急处理设备。倒空的容器可能残留有害物。

职业接触限值：MAC(最高容许浓度)15mg/m^3。

呼吸系统防护：可能接触其烟雾时，佩戴自吸过滤式防毒面具(全面罩)或空气呼吸器。紧急事态抢救或撤离时，建议佩戴氧气呼吸器。

眼睛防护：呼吸系统防护中已做防护。

身体防护：穿橡胶耐酸碱服。

手防护：戴橡胶耐酸碱手套。

其他防护：工作现场禁止吸烟、进食和饮水。工作完毕，淋浴更衣。单独存放被毒物污染的衣服，洗后备用。保持良好的卫生习惯。

(3) 应急处理

① 泄漏应急处理：

应急处理：迅速撤离泄漏污染区人员至安全区，并进行隔离，严格限制出入。建议应急处理人员戴自给正压式呼吸器，穿防酸碱工作服。不要直接接触泄漏物。尽可能切断泄漏源。

小量泄漏：用砂土、干燥石灰或苏打灰混合。也可以用大量水冲洗，洗水稀释后放入废水系统。

大量泄漏：构筑围堤或挖坑收容。用泵转移至槽车或专用收集器内，回收或运至废物处理场所处置。

② 消防措施：

危险特性：能与一些活性金属粉末发生反应，放出氢气。遇氰化物能产生剧毒的氰化氢气体。与碱发生中和反应，并放出大量的热。具有较强的腐蚀性。

有害燃烧产物：氯化氢。

灭火方法：用碱性物质如碳酸氢钠、碳酸钠、消石灰等中和。也可用大量水扑救。

③ 急救措施：

皮肤接触：立即脱去污染的衣着，用大量流动清水冲洗至少15min。就医。

眼睛接触：立即提起眼睑，用大量流动清水或生理盐水彻底冲洗至少15min。就医。

吸入：迅速脱离现场至空气新鲜处。保持呼吸道通畅。如呼吸困难，给输氧。如呼吸停止，立即进行人工呼吸。就医。

食入：用水漱口，给饮牛奶或蛋清。就医。

4. 氯乙烯

(1) 特别警示

确认人类致癌物；极易燃气体；火场温度下易发生危险的聚合反应。

(2) 燃烧和爆炸危险性

极易燃，与空气混合能形成爆炸性混合物，遇热源和明火有燃烧爆炸的危险。比空气重，能在较低处扩散到相当远的地方，遇火源会着火回燃。

(3) 健康危害

经呼吸道进入体内，液体污染皮肤也可经皮肤吸收进入人体。可致肝血管肉瘤。

急性中毒：主要为麻醉作用，严重者可发生昏迷、抽搐、呼吸循环衰竭，甚至死亡。液体可致皮肤冻伤。

慢性影响：表现为神经衰弱综合征、肝损害、雷诺氏现象及肢端溶骨症。重度中毒可引起肝硬化。可致皮肤损害，少数人出现硬皮病样改变。

职业接触限值：PC-TWA(时间加权平均容许浓度)$10mg/m^3$。

国际癌症研究机构(IARC)：确认人类致癌物。

(4) 急救措施

吸入：迅速脱离现场至空气新鲜处。保持呼吸道通畅。如呼吸困难，给氧。如呼吸停止，立即进行人工呼吸。就医。

皮肤接触：立即脱去污染的衣着，用肥皂水和清水彻底冲洗皮肤。就医。

眼睛接触：提起眼睑，用流动清水或生理盐水冲洗。就医。

(5) 灭火方法

切断气源。若不能切断气源，则不允许熄灭泄漏处的火焰。喷水冷却容器，尽可能将容器从火场移至空旷处。

灭火剂：雾状水、泡沫、二氧化碳。

(6) 泄漏应急处置

消除所有点火源。根据气体的影响区域划定警戒区，无关人员从侧风、上风向撤离至安全区。建议应急处理人员戴正压自给式空气呼吸器，穿防静电服。液化气体泄漏时穿防静电、防寒服。作业时使用的所有设备应接地。禁止接触或跨越泄漏物。尽可能切断泄漏源。若可能翻转容器，使之逸出气体而非液体。喷雾状水抑制蒸气或改变蒸气云流向，避免水流接触泄漏物。禁止用水直接冲击泄漏物或泄漏源。防止气体通过下水道、通风系统和密闭性空间扩散。隔离泄漏区直至气体散尽。

习题与练习

一、填空题

1. 乙烯氧氯化生产氯乙烯工业上采用在极性溶剂存在下的液相反应，溶剂为________；常用的催化剂为________。

2. 二氯乙烷裂解是体积________的反应，提高压力对反应平衡________，但在实际生产中常采用________操作。

3. 目前，二氯乙烷裂解在工业生产中，由于采用的压力不同有三种工艺，分别是________、________和________。

4. 乙烯氧氯法生产氯乙烯的反应器为________，缺点是________损耗量大，单程转化率________。

5. 三步氧氯化法的三步分别为________、________和________。

二、选择题

三步氧氯化法的三步所用反应器分别是(　　)。

A、鼓泡塔反应器、管式炉、流化床反应器

B. 流化床反应器、管式炉、鼓泡塔反应器

C. 鼓泡塔反应器、流化床反应器、管式炉

D. 管式炉、鼓泡塔反应器、流化床反应器

三、简答题

1. 叙述乙烯三步氧氯化法生产氯乙烯的反应原理，并写出各步的反应方程式。

2. 写出二氯乙烷裂解的主、副反应方程式。

3. 二氯乙烷裂解是体积增大的反应，提高压力对反应平衡不利，但生产中为什么采用加压操作？

6　硝化反应及安全技术

【单元导读】

- 熟悉硝化反应机理和硝化反应技术方法；
- 熟悉硝化反应的工艺特点和安全技术；
- 掌握苯硝化生产硝基苯的工艺安全技术；
- 掌握苯硝化的工艺流程、熟悉生产控制技术。

【能力要求】

- 具有对化工原料的安全技术、管理、应用的初步能力；
- 在技术人员指导下具有初步处理常规生产过程的能力。

6.1　硝化反应概述

6.1.1　硝化反应机理

硝化反应是向有机物分子中引入硝基($—NO_2$)的反应过程。硝化反应的机理主要分为两种，对于脂肪族化合物的硝化一般是通过自由基历程来实现的，其具体反应比较复杂，在不同体系中均有所不同，很难有可以总结的共性，故这里不予列举。而对于芳香族化合物来说，其反应历程基本相同，是典型的亲电取代反应。下面以苯的硝化为例说明其具体历程：

① $HONO_2+2H_2SO_4 \rightleftharpoons H_3O^++2HSO_4^-+{}^+NO_2$

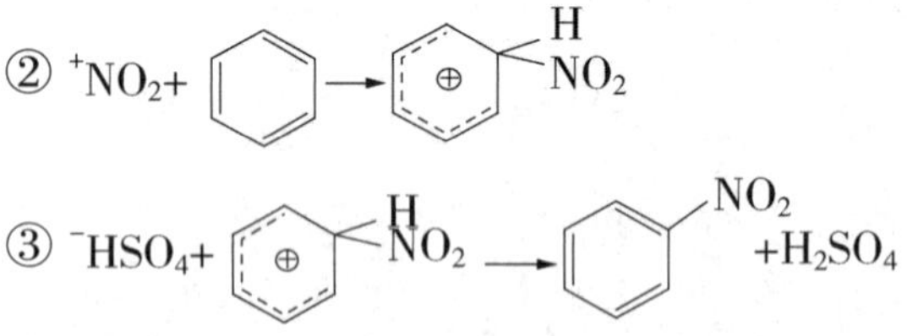

6.1.2　硝化反应方法

硝化过程在液相中进行，通常采用釜式反应器。根据硝化剂和介质的不同，可采用搪瓷釜、钢釜、铸铁釜或不锈钢釜。用混酸硝化时为了尽快地移去反应热以保持适宜的反应温度，除利用夹套冷却外，还在釜内安装冷却蛇管。产量小的硝化过程大多采用间歇操作。产量大的硝化过程可连续操作，采用釜式连续硝化反应器或环型连续硝化反应器，实行多台串联完成硝化反应。环型连续硝化反应器的优点是传热面积大，搅拌良好，生产能力大，副产的多硝基物和硝基酚少。

硝化方法主要有：稀硝酸硝化、浓硝酸硝化、在浓硫酸中用硝酸硝化、在有机溶剂中用硝酸硝化和非均相混酸硝化等。具体来说：

1）稀硝酸硝化一般用于含有强的第一类定位基的芳香族化合物的硝化，反应在不锈钢或搪瓷设备中进行，硝酸约过量 10%~65%。

2）浓硝酸硝化这种硝化往往要用过量很多倍的硝酸，过量的硝酸必需设法利用或回收，因而使它的实际应用受到限制。

3）浓硫酸介质中的均相硝化当被硝化物或硝化产物在反应温度下为固体时，常常将被硝化物溶解于大量浓硫酸中，然后加入硫酸和硝酸的混合物进行硝化。这种方法只需要使用过量很少的硝酸，一般产率较高，缺点是硫酸用量大。

4）非均相混酸硝化当被硝化物或硝化产物在反应温度下都是液体时，常常采用非均相混酸硝化的方法，通过强烈的搅拌，使有机相被分散到酸相中而完成硝化反应。

5）有机溶剂中硝化这种方法的优点是采用不同的溶剂，常常可以改变所得到的硝基异构产物的比例，避免使用大量硫酸作溶剂，以及使用接近理论量的硝酸。常用的有机溶剂有乙酸、乙酸酐、二氯乙烷等。

6.1.3 硝化工艺简介

1. 苯硝化生产硝基苯

将苯、混酸和循环废酸分别经过转子流量计连续地送入第一硝化反应器，反应物流经第二和第三硝化反应器后进入连续分离器。分出的硝基苯经水洗、碱洗、水洗、蒸馏即得工业品硝基苯。分出的废酸一部分作为循环废酸送回第一硝化反应器，以吸收硝化反应释放的部分热量并使混酸稀释，以减少多硝基物的生成。大部分废酸要另外浓缩成浓硫酸，再用于配制混酸。

2. 烷烃硝化

烷烃硝化采用气相反应，将预热后的丙烷与液体硝酸同时送入反应器，在 370~450℃和 0. 8~1. 2MPa 条件下反应，反应在绝热反应器中进行。利用过量的丙烷和酸的汽化移走反应热。硝化产物经冷凝，液相产物先经化学处理再精制得四种硝基烷烃成品，气相产物分别送丙烷和氧化氮回收系统。

6.1.4 硝化过程特点

有机化学中最重要的硝化反应是芳烃的硝化，向芳环上引入硝基的最主要的作用是作为制备氨基化合物的一条重要途径，进而制备酚、氟化物等化合物。

硝化是强放热反应，其放热集中，因而热量的移除是控制硝化反应的突出问题之一。

硝化要求保持适当的反应温度，以避免生成多硝基物和氧化等副反应。硝化是放热反应，而且反应速率快，控制不好会引起爆炸。为了保持一定的硝化温度，通常要求硝化反应器具有良好的传热装置。

混酸硝化法还具有以下特点：①被硝化物或硝化产物在反应温度下是液态的，而且不溶于废硫酸中，因此，硝化后可用分层法回收废酸；②硝酸用量接近于理论量或过量不多，废硫酸经浓缩后可再用于配制混酸，即硫酸的消耗量很小；③混酸硝化是非均相过程，要求硝化反应器装有良好的搅拌装置，使酸相与有机相充分接触；④混酸组成是影响硝化能力的重要因素，混酸的硝化能力用硫酸脱水值(*DVS*)或硝化活性因数(*FNA*)表示。*DVS* 是混酸中的硝酸完全硝化生成水后，废硫酸中硫酸和水的计算质量比。*FNA* 是混酸中硝酸完全硝化生成水后，废酸中硫酸的计算质量百分浓度。*DVS* 高或 *FNA* 高表示硝化能力强。对于每个具体硝化过程，其混酸组成、*DVS* 或 *FNA* 都要通过实验来确定它们的适宜范围。例如苯硝化制硝基苯时，混酸组成(质)为：$H_2SO_4$46%~49.5%，$HNO_3$44%~47%，其余是水，*DVS* 为2.33~2.58，*FNA* 为70~72。

6.1.5 硝化产品用途

硝基烷烃为优良的溶剂，对纤维素化合物、聚氯乙烯、聚酰胺、环氧树脂等均有良好的溶解能力，并可作为溶剂添加剂和燃料添加剂。它们也是有机合成的原料，如用于合成羟胺、三羟甲基硝基甲烷、炸药、医药、农药和表面活性剂等。各种芳香族硝基化合物，如硝基苯、硝基甲苯和硝基氯苯等是染料中间体(见苯系中间体)。有些硝基化合物是单质炸药，如2,4,6-三硝基甲苯(即 TNT)。芳香族硝基化合物还原可制得各种芳伯胺，如苯胺等。

6.1.6 硝化反应安全技术

1. 硝化反应主要危险

1）硝化反应是放热反应，温度越高，硝化反应的速度越快，放出的热量越多，越极易造成温度失控而爆炸。

2）被硝化的物质大多为易燃物质，有的兼具毒性，如苯、甲苯、脱脂棉等，使用或储存不当时，易造成火灾。

3）混酸具有强烈的氧化性和腐蚀性，与有机物特别是不饱和有机物接触即能引起燃烧。硝化反应的腐蚀性很强，会导致设备的强烈腐蚀。混酸在制备时，若温度过高或落入少量水，会促使硝酸的大量分解，引起突沸冲料或爆炸。

4）硝化产品大都具有火灾、爆炸危险性，尤其是多硝基化合物和硝酸酯，受热、摩擦、撞击或接触点火源，极易爆炸或着火。

2. 硝化反应安全措施

1）制备混酸时，应严格控制温度和酸的配比，并保证充分的搅拌和冷却条件，严防因温度猛升而造成的冲料或爆炸。不能把未经稀释的浓硫酸与硝酸混合。稀释浓硫酸时，不可将水注入酸中。

2）必须严格防止混酸与纸、棉、布、稻草等有机物接触，避免因强烈氧化而发生燃烧爆炸。

3）应仔细配制反应混合物并除去其中易氧化的组分，不得有油类、酐类、甘油、醇类等有机物杂质，含水也不能过高；否则，此类杂质与酸作用易引发爆炸事故。

4）硝化过程应严格控制加料速度，控制硝化反应温度。硝化反应器应有良好的搅拌和冷却装置，不得中途停水断电及搅拌系统发生故障。硝化器应安装严格的温度自动调节、报警及自动联锁装置，当超温或搅拌故障时，能自动报警并停止加料。硝化器应设有泄爆管和紧急排放系统，一旦温度失控，紧急排放到安全地点。

5）处理硝化产物时，应格外小心，避免摩擦、撞击、高温、日晒，不能接触明火、酸、碱等。管道堵塞时，应用蒸气加温疏通，不得用金属棒敲打或明火加热。

6）要注意设备和管道的防腐，确保严密不漏。

6.2 苯硝化生产硝基苯

本装置主要由废酸提浓单元、苯硝化单元、中和单元、硝基苯精制单元、装置罐区单元、变配电单元、DCS 控制室单元、污水处理单元等辅助单元组成。

6.2.1 废酸提浓工艺

6.2.1.1 废酸提浓工艺特点

1）废酸提浓工艺是精馏单元操作，即通过该工序将硝基苯单元产生的68%~70%的废硫酸精制成83%以上的硫酸(简称产品酸)。与一般的精馏不同的是硫酸具有强腐蚀性，所以选用设备材质大部分为玻璃材质等。由于废酸提浓单元的设备、管线、管件大多数由玻璃、碳化硅、搪玻璃等材料制成，受撞击、液锤、气锤、骤冷、骤热等作用，容易损坏，其操作难度较大。

2）废酸提浓过程中玻璃、碳化硅、搪玻璃等材料制成的设备，经过一段时间的运行易结垢，因此专门设有清洗工艺。

3）废酸提浓工序对稀硫酸提浓采用减压蒸馏，这样可以减少蒸汽的消耗，同时也降低了蒸汽的品位。

4）废酸提浓工序排放的尾气首先经油(即粗硝基苯)吸收尾气中的有机物体，然后用废酸吸收尾气中的氮氧化物，贮罐放空尾气也引到废酸吸收系统进行吸收，以实现尾气、废气的达标排放。

5）装置产生的废水(含苯酸性水)全部输送到硝基苯单元的中和釜，经硝基苯废水塔处理后达标排放。

6.2.1.2 废酸提浓工艺原理

硫酸浓缩采用真空蒸馏工艺，其实质是利用相同温度下硫酸溶液中水和硫酸不同的蒸气压蒸出硫酸中的水而提高硫酸的浓度。

根据相似相容原理利用油(即粗硝基苯)和废酸吸收废酸提浓过程排放的有机物气体和酸性气体，使之排放达标。

6.2.1.3 废酸提浓工艺过程

如图 6-1 所示，来自硝基苯单元的废酸，用原料酸泵(P-5101A/B)输送，经过工艺换热器(E-5101)用热的产品酸预热后进入闪蒸罐(V-5101)，在闪蒸罐(V-5101)中通过闪蒸分离，除掉大部分挥发性有机物及氮氧化物，然后进入酸蒸发浓缩器(E-5102)浓缩，在压力 7.8~9.8kPa(绝)、温度 100~150℃的条件下蒸发浓缩，在卧式蒸发器中逐段流动，温度逐段升高，水逐步蒸发，稀硫酸逐步被浓缩至 83%以上，浓缩后的热的成品酸流出酸蒸发浓缩器(E-5102)并和产品酸泵(P-5102A/B)打循环的冷硫酸混合预冷却至 130~140℃，再经工艺换热器(E-5101)与进料冷废酸换热，最后被成品酸冷却器(E-5104)冷却至 30~50℃进入产品酸贮罐(V-5102)，合格的产品酸用产品酸泵(P-5102A/B)输送，一部分至硝基苯单元，一部分用来和浓缩出来的热的成品酸混合调温，当产品酸不合格时送至硝基苯单元提取废酸罐(V-406)，然后再经过原料酸泵(P-5101A/B)输送至前系统重新浓缩。

经闪蒸罐(V-5101)闪蒸分离的气相(N_xO_y 及硝基苯和苯等有机物)进入除雾塔(T-5101),酸蒸发浓缩器(E-5102)蒸发产生的气相也进入除雾塔(T-5101),在除雾塔(T-5101)中与通过冷凝液循环泵(P-5103A/B)形成的喷淋流接触,使过热蒸气降温除去夹带的酸雾滴,减少酸损失,离开除雾塔(T-5101)的不凝气(水蒸气、N_xO_y 及硝基苯和苯等有机物)经蒸汽冷凝冷却器(E-5103)和蒸汽尾气冷凝冷却器(E-5106)冷却,水蒸气、部分有机物气体和酸性气体被冷凝后进入酸冷凝液贮罐(V-5104)。剩余的 N_xO_y 及少量硝基苯和苯等有机物气体经液环真空泵系统(P-5105A/B)后进入尾气吸收系统,被循环水循环吸收,经来自硝基苯单元的液体氢氧化钠中和后排放至下水系统;酸冷凝液贮罐(V-5104)的酸性水,一部分至硝基苯单元中和岗位,一部分去除雾塔(T-5101)用作喷淋。硫酸浓缩部分的真空由液环真空泵(P-5105A/B)产生。

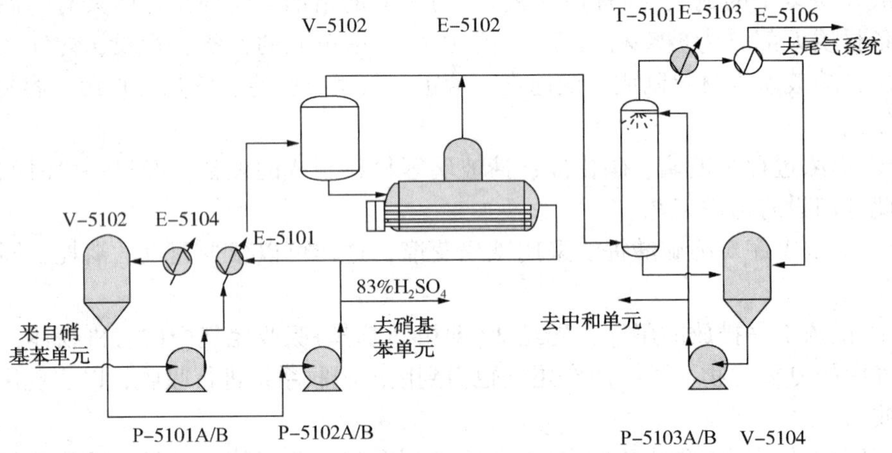

图 6-1　废酸提浓单元工艺流程

6.2.2　硝基苯生产工艺

6.2.2.1　硝基苯生产工艺特点

1)硝基苯单元硝化工序采用四釜串联工艺,以苯为原料,硫酸为催化剂,同硝酸发生硝化反应生成硝基苯,反应为强放热反应,工艺全过程具有易燃、易爆、易中毒、易灼伤的危险性。在硝化反应过程中,纯苯、硝酸及硫酸的投料量超出控制范围,反应热量不能及时移出,会造成温度急剧上升,超温操作会加快硝化反应速度,生成大量爆炸性副产物,严重时会造成冒釜甚至爆炸事故。

2)硝基苯单元中和水洗工序所用洗涤水为脱盐水或装置回收的蒸气凝液,均为除去钙镁粒子的洗涤水,可以避免给系统带入杂质。

3)硝基苯初馏塔、精馏塔为低压类压力容器,超温、超压操作可能发生危险。精馏塔釜液位太低时,塔釜和再沸器内硝基酚盐类和二硝基苯等副产物浓度升高,塔釜蒸干时,这些物质在高温并进入空气(O_2)的条件下易发生爆炸。

4)装置中和水洗工序产生的废水全部进入废水塔处理,合格后达标排放。

5)精馏塔排放的釜残液用大桶包装,集中安全储存。

6.2.2.2 提取和硝化工艺

1. 提取硝化工艺原理

1）提取：利用苯与废酸中的硝酸发生硝化反应提取循环废酸中的硝酸；根据硝基苯在废酸与苯中的溶解度不同，用苯萃取废酸中硝基苯，经重力沉降和离心分离得到提取废酸和酸性苯。

2）硝化：苯和混酸中的硝酸发生硝化反应生成硝基苯。

主反应方程式：

$$C_6H_6+HNO_3 \xrightarrow{H_2SO_4} C_6H_5NO_2+H_2O+1.525\times10^5 kJ/kmol$$

主要副反应方程式：

$$C_6H_6+2HNO_3 \xrightarrow{H_2SO_4} C_6H_4(NO_2)_2+2H_2O$$

（主要是间二硝基苯）

硝化反应后，经过重力沉降和离心分离得到循环废酸和酸性粗硝基苯。

2. 提取硝化工艺过程

（1）提取

如图6-2所示，废酸循环罐（V-405）中的循环废酸，经尾气吸收塔（T-404）吸收尾气后加入提取釜（F-405），来自纯苯罐（V-401）的纯苯同时进入提取釜（F-405），经搅拌、混合、反应、提取后，混合液从提取釜（F-405）溢流口流出并沿切线方向进入提取分离器（ST-401），经离心分离和重力沉降，利用比重差进行连续分离，下层废酸经U形弯管流到提取废酸罐（V-406）内，再送至废酸提浓单元进行浓缩；上层酸苯溢流至酸苯罐（V-402）供硝化使用。

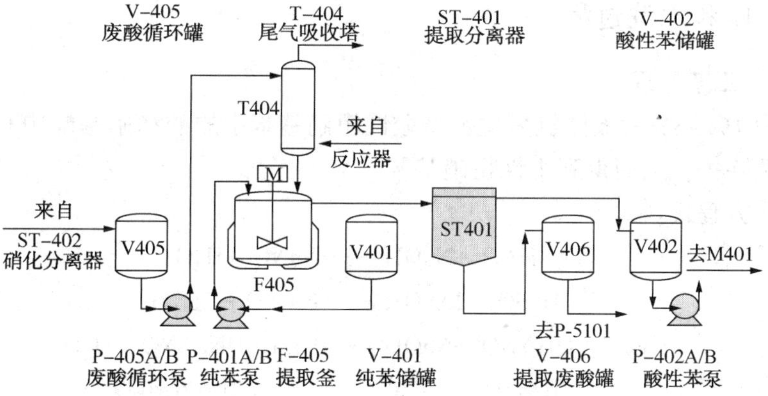

图6-2 提取岗位工艺流程

（2）硝化

如图6-3所示，硝酸罐（V-404）内的硝酸、废酸循环罐（V-405）中的循环废酸、83%硫酸罐（V-403A）内的硫酸一起进入三酸混合器（M-401）混合，再经混酸冷却器（E-402）冷却，进入1#硝化釜（F-401）。同时酸苯罐（V-402）内的酸苯进入1#硝化釜（F-401），与混酸部分反应后，依次溢流至2#硝化釜（F-402）、3#硝化釜（F-403）、4#硝化釜（F-404）继续反应，通过调节硝化釜蛇管、夹套冷却水量及循环废酸量控制反应温度：1#60～72℃；2#72～82℃；3#70～80℃；4#65～80℃；反应热由冷却水、循环废酸和酸性物料带走，反应后的物料从 4#硝化釜(F-404)溢出并沿切线方向进入硝化分离器(ST-402)，经离心分离和重力沉降，进行连续分离，下层废酸进入废酸循环罐(V-405)，上层酸性硝基苯溢流至中和工序。

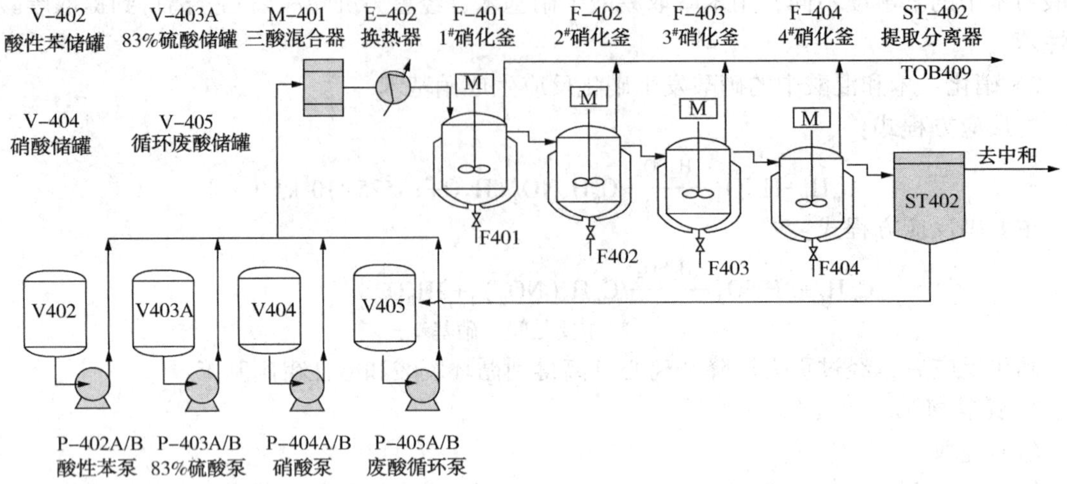

图 6-3 硝化岗位工艺流程

(3) 硝化尾气吸收

四台硝化釜排放的尾气经尾气吸收塔(T-404)中的循环废酸先行吸收后，再经液流泵(P-409)用 92.5%硫酸吸收，最后进入硫酸罐(V-403B)、放空。

6.2.3 中和水洗过程

6.2.3.1 工艺原理

用浓度为 1%~3%的液体氢氧化钠将酸性粗硝基苯中的酸和硝基酚中和成盐，该盐易溶于水，经水洗除去，从而得到中性粗硝基苯。

化学反应方程式：

$$HNO_3+NaOH \longrightarrow NaNO_3+H_2O$$

$$H_2SO_4+2NaOH \longrightarrow Na_2SO_4+2H_2O$$

$$\underset{\text{(硝基酚)}}{C_6H_4(OH)NO_2}+NaOH \longrightarrow \underset{\text{(硝基酚钠盐)}}{C_6H_4(ONa)NO_2}+H_2O$$

6.2.3.2 中和水洗工艺过程

如图 6-4 所示，自废酸提浓单元来的酸性水进入中和釜(F-406)或中和分离器(ST-403)；自铁路装卸单元来的液体氢氧化钠、自外管来的一级脱盐水或苯胺单元的冷凝水一起进入配碱混合器(M-402)，混合稀释成浓度为 1.5%~3%的液体氢氧化钠后进入中和釜(F-406)，与来自硝化分离器(ST-402)的酸性粗硝基苯中的酸、酚发生中和反应转化成盐，控制中和釜(F-406)出口 pH=7~10，中和后的硝基苯和废水沿切线方向进入中和分离器(ST-403)连续分离，上层废水进入废水第一扑集器(V-413A)处理，下层硝基苯经 U 形弯进入 1#水洗釜(F-407)，用来自外管的一级脱盐水或苯胺单元的冷凝水进行洗涤，洗涤后的物料沿切线方向进入 1#水洗分离器(ST-404)连续分离，上层废水进入废水第一捕集器(V-413A)处理，下层硝基苯经 U 形弯进入 2#水洗釜(F-408)，同时硝基苯回收塔顶冷凝的硝基苯、粗硝罐(V-424C)中的废水也进入 2#水洗釜(F-406)，用外管来的一级脱盐水或苯胺单元的冷凝水进行洗涤，控制出口 pH = 7 ~ 7.5，洗涤后的物料沿切线方向进入 2#水洗分离器(ST-405)连续分离，上层废水进入废水第一捕集器(V-413A)处理，下层硝基苯经 U 形弯管进入粗硝进料罐(V-424B)，供硝基苯精制岗位使用。

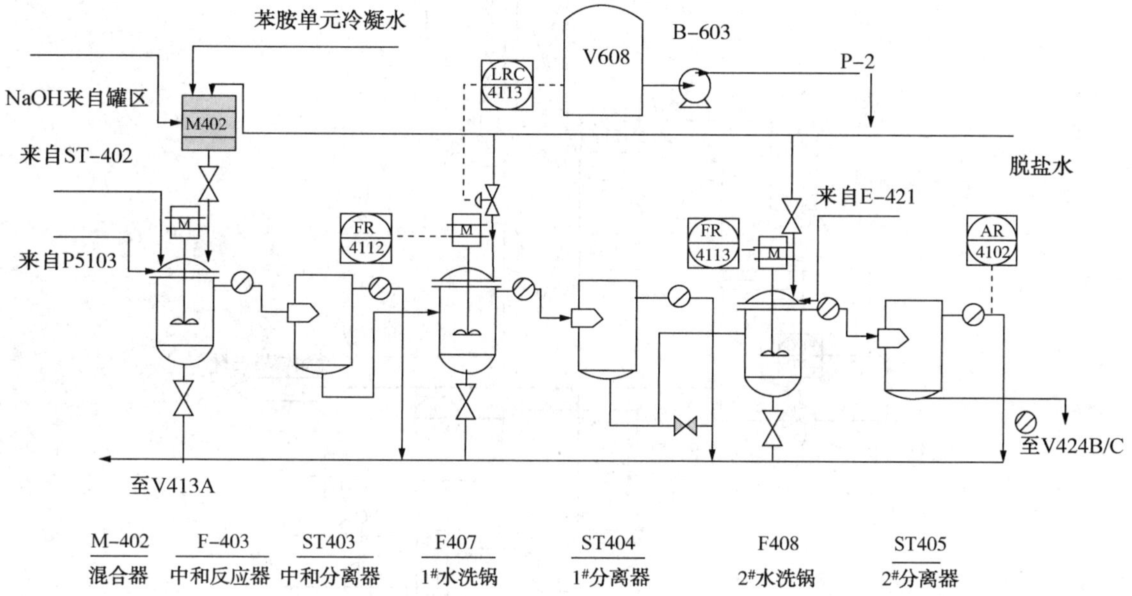

图 6-4　中和岗位工艺流程

6.2.4　硝基苯精制和回收过程

6.2.4.1　工艺原理

1. 硝基苯精制

利用中性粗硝基苯中苯、水、二硝等杂物与硝基苯挥发度不同，通过初馏塔和精馏塔，经过精馏过程把它们分离出去，从而得到精硝基苯。

2. 回收过程

利用硝基苯和水形成共沸物的特点，通过共沸蒸馏，将硝基苯从废水中回收，使排放废水中硝基苯含量达到指标。

6.2.4.2　硝基苯精制和回收过程工艺过程

1. 硝基苯精制

从 2#水洗分离器分离出来的粗硝进入粗硝进料罐(V-424B)，经连通管，下部硝基苯进入粗硝出料罐(V-424A)，上层废水溢流至硝基苯水罐(V-424C)。V-424C 下部硝基苯回收至 V-424B，然后将其余废水打至 2#水洗釜。(V-424A)上层废水溢流至(V-424B)，下层粗硝经硝基苯预热器预热后进入硝基苯初馏塔进行真空精馏，如图 6-5 所示。

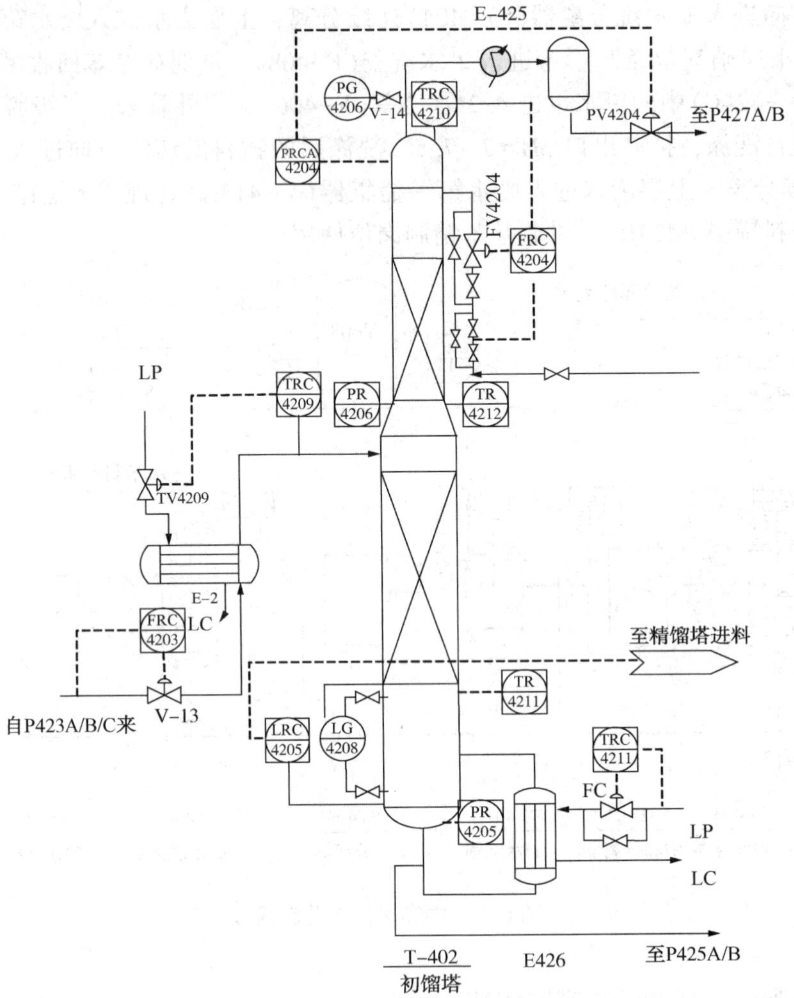

图 6-5　硝基苯初馏流程图

塔釜物料由初馏塔再沸器加热汽化、塔顶物料由回流液冷凝，经过多次部分汽化-部分冷凝，塔顶轻组分经初馏塔顶冷凝器冷凝至 30℃进入苯水分层器连续分离，上层苯流入苯罐(V-427)，一部分回流至初馏塔顶，一部分回收至硝化岗位的苯贮罐(V-401)。塔釜重组分进入精馏塔进行真空精馏，塔釜物料由精馏塔再沸器加热汽化、塔顶物料由回流液冷凝，经过多次部分汽化-部分冷凝，塔顶轻组分硝基苯经精馏塔顶冷凝器和尾气冷凝器冷凝至 40~50℃进入硝基苯回流罐，经硝基苯回流泵输送，一部分回流至精馏塔顶，一部分送至苯胺单元，另一部分经成品冷却器冷却后送至罐区精硝基苯罐(V-102)；塔釜重组分排入残液罐，如图 6-6 所示。

初馏塔真空泵系统和精馏塔真空泵系统，用粗硝基苯作液环密封和冷却。(V-424A)中的粗硝进入真空系统气液分离罐，当分离罐液位较高时溢流至(V-424B)。分离罐中的物料经冷却器冷却送至真空泵，又随真空泵出口排出的废气进入分离罐循环使用。初馏塔真空泵进气经真空捕集器捕集物料后与塔顶冷却器相连。(V-431)捕集的液态苯间断排入苯罐(V-427)。

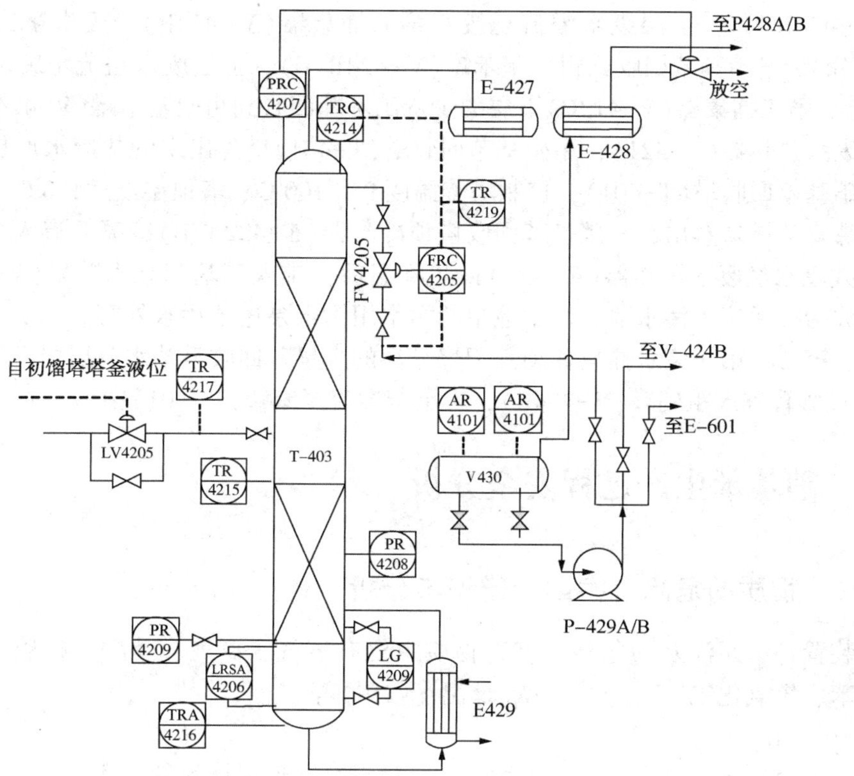

图 6-6 硝基苯精馏工艺流程图

2. 废水处理

如图 6-7 所示，自中和分离器(ST-403)和 1#水洗分离器(ST-404)、2#水洗分离器(ST-405)上部溢流出的废水进入废水第一捕集器(V-413A)，下层沉积的少量硝基苯回收到粗硝

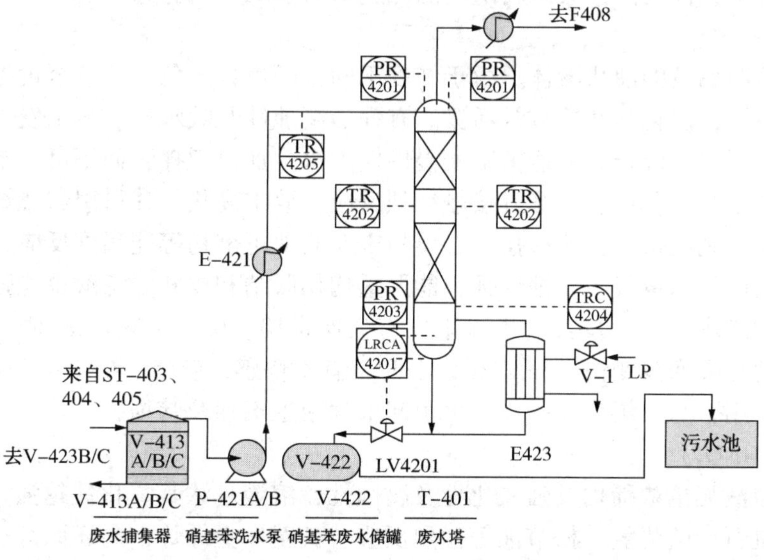

图 6-7 废水处理岗位工艺流程图

基苯罐(V-424B/C)，上层废水溢流至废水第二捕集器(V-413B)。废水第二捕集器(V-413B)下层的少量硝基苯回收到粗硝基苯罐(V-424B/C)，上层废水溢流至废水第三捕集器(V-413C)。第三捕集器(V-413C)下层的少量硝基苯回收到粗硝基苯罐(V-424B/C)，上层废水进入废水预热器(E-421)，用硝基苯回收塔(T-401)塔釜出来的热废水加热，经预热的废水进入硝基苯回收塔(T-401)，控制塔釜温度95~100℃、塔顶温度≤100℃，水和硝基苯形成的共沸物从塔顶蒸出，经硝基苯回收塔顶冷凝器(E-422A/B)冷凝后流入2#水洗釜(F-408)，釜残废水经废水预热器(E-421)换热降温后，排入硝基苯废水贮罐(V-422)，经分析符合排放指标后流入污水池。污水池中的污水用污水泵送至污水外管。

第一、第二、第三废水捕集器顶部积聚悬浮的少量苯回收至苯水分层器(V-426)，其下层水经U形弯管进入粗硝罐(V-424C)，上层苯溢流至苯罐(V-401)中。

6.3 硝基苯生产过程安全分析

6.3.1 物质的危险有害因素辨识与分析

苯胺装置各单元涉及的危险、有害物质主要有氢气、氮气、硝酸、硫酸、废硫酸、纯苯、硝基苯、氢氧化钠(液体)、液氨(低温水站用)等。

(1) 氢气(H_2)

氢气为无色气体。具有易燃易爆性，遇空气混合而形成爆炸性气体。空气中的爆炸极限为4.0%~74.2%(体)。不溶于水，不溶于乙醇、乙醚。

健康危害：本品在生理学上是惰性气体，仅在高浓度时，由于空气中氧分压降低才引起窒息。在很高的分压下，氢气可呈现出麻醉作用。

(2) 氮气(N_2)

氮气是一种窒息性气体，吸入高浓度的氮气可引起缺氧，神志不清。

(3) 硫酸(H_2SO_4)

无色无臭透明黏稠的油状液体。由于纯度不同，颜色自无色、黄色至黄棕色，有时还是浑浊状。本身不燃，但化学性质非常活泼。有强烈腐蚀性及吸水性。遇水发生高热而飞溅伤人或引起飞溅。所以在混合时只能把硫酸慢慢倒入水中加以搅拌，而不可把水倒入硫酸。与许多物质特别是木屑、稻草、纸张等接触猛烈反应，放出高热，并可引起燃烧。遇电石、高氯酸盐、雷酸盐、硝酸盐、苦味酸盐、金属粉末及其他可燃物等能猛烈反应，发生爆炸或着火。遇金属即反应放出氢气。腐蚀性强，能严重灼伤眼睛和皮肤。稀酸也能强烈刺激眼睛造成灼伤，并能刺激皮肤产生皮炎。进入眼中有失明危险。0.35~5mg/m^{3}时，可出现呼吸改变，呈全身性的呼吸变浅变快。5mg/m^{3}以上时，有不快感，咳嗽。6~8mg/m^{3}时，对上呼吸道有强烈刺激作用，与三氧化硫一样，可引起上呼吸道炎症及肺损害。

(4) 硝酸(HNO_3)

硝酸的水溶液无论浓稀均具强氧化性及腐蚀性，溶液越浓其氧化性越强。能与多种物质如金属粉末、电石、硫化氢、松节油等猛烈反应，甚至发生爆炸，与还原剂、可燃物和有机物如糖、纤维素、木屑、棉花、稻草、废纱头等接触，引起燃烧并散发出剧毒的棕色烟雾，具有强腐蚀性。其蒸汽有刺激作用，引起眼和上呼吸道刺激症状。如眼泪、咽喉刺激感、呛咳，并伴有头痛、头晕、胸闷等。口服引起腹部剧痛，严重者可有胃穿孔、腹膜炎、喉痉挛、肾损害、休克以及窒息；皮肤接触引起灼伤。

（5）纯苯（C_6H_6）

无色透明液体、有强烈芳香味。易燃，其蒸气与空气可形成爆炸性混合物。遇明火、高热极易燃烧爆炸。与氧化剂能发生强烈反应。易产生和聚集静电，有燃烧爆炸危险。其蒸气比空气重，能在较低处扩散到相当远的地方，遇明火引起回燃。在短时内吸入大量苯蒸气可引起急性中毒，轻症起初有黏膜刺激症状，随后出现兴奋或酒醉状态，并伴有头痛、头晕、恶心、呕吐等现象。重症还可出现震颤、谵妄、昏迷、阵发性或强直性抽搐、脉细、呼吸浅表、血压下降，严重时可因呼吸和循环衰竭而死亡。急性期血清谷丙转氨酶活性增高，白细胞数轻度增加，血苯、尿酚升高。

（6）硝基苯（$C_6H_5NO_2$）

淡黄色透明油状液体，有苦杏仁味。遇明火、高热或氧化剂接触，有引起燃烧爆炸的危险。与硝酸反应强烈。健康危害主要是引起高铁血红蛋白血症。可引起溶血及肝损害。急性中毒：有头痛、头晕、乏力、皮肤黏膜紫绀、手指麻木等症状；严重时可出现胸闷、呼吸困难、心悸，甚至心律紊乱、昏迷、抽搐、呼吸麻痹。有时中毒后出现溶血性贫血、黄疸、中毒性肝炎。慢性中毒：可有神经衰弱综合症；慢性溶血时，可出现贫血、黄疸；还可引起中毒性肝炎。

（7）液氨（NH_3）

液氨易溶于水，形成氢氧化铵，溶于乙醚等有机溶剂。贮存液氨的容器和钢瓶，受热后容器和瓶内压力增大，有爆炸的危险。氨对皮肤、黏膜和眼睛有腐蚀性，浓度为20×10^{-6}或更高时，即有明显的刺鼻气味，100×10^{-6}时会刺激眼鼻，700×10^{-6}时会严重刺激眼鼻，超过1700×10^{-6}可引起严重咳嗽、支气管痉挛、肺水肿和窒息。接触液氨可引起严重灼伤。

（8）氢氧化钠（NaOH）

氢氧化钠溶液为碱性腐蚀品，溅到人员皮肤和眼内可引起严重的化学灼伤，可损伤角膜、结膜甚至虹膜，若现场不及时处理可造成视力减退，甚至失明。

另外，脱硫剂、转化催化剂、中变催化剂、吸附剂、还原催化剂等本身虽无毒，但使用过的含碳催化剂暴露在空气中易发生自燃。

碳酸钾系非危险化学品，溶液呈弱碱性，有腐蚀性，人体皮肤、眼睛接触可造成灼伤。

配制复合胺液使用的五氧化二钒（V_2O_5），根据《剧毒化学品目录》，属于剧毒化学品。人员需要格外注意防毒。

以上主要危险有害物质的危险特性见表6-1。

表6-1　苯胺装置危险有害物质的危险特性

序号	物质名称	分类	火灾危险性分类	闪点/℃	爆炸极限/%（体）	毒物危害程度分级	容许浓度/（mg/m³）
1	氢气	GB 2.1类易燃气体	甲	<-50	4.0~74.2	窒息性气体	未制定
2	氮气	GB 2.2类不燃气体				窒息性气体	未制定
3	纯苯	GB 3.2类易燃液体	甲	-11	1.4~8.0	Ⅰ级（极度危害）	6mg/m³（时间加权容许浓度）；10mg/m³（短时间接触容许浓度）

续表

序号	物质名称	分类	火灾危险性分类	闪点/℃	爆炸极限/%（体）	毒物危害程度分级	容许浓度/(mg/m^3)
4	硫酸	GB 8.1类酸性腐蚀品	丁	无意义	无意义	Ⅲ级（中度危害）	
5	硝酸	GB 8.1类酸性腐蚀品	丁	无意义	无意义	Ⅲ级（中度危害）	
6	硝基苯	GB 6.1类毒害品	甲	87.8	1.8（下限）	Ⅱ级（高度危害）	$2mg/m^3$（时间加权容许浓度）；$5mg/m^3$（短时间接触容许浓度）
7	液氨	GB 2.3类有毒气体	乙		16~25	Ⅳ级（轻度危害）	$30mg/m^3$（短时间接触容许浓度）；$20mg/m^3$（时间加权容许浓度）
8	氢氧化钠	GB 8.2类碱性腐蚀品				Ⅳ级（轻度危害）	2（最高）

6.3.2 重大危险源辨识与分析

根据苯胺装置的生产规模和原料、产品的储存规模，认为在生产场所的各易燃物质的实际存在量与各自临界量的比值之和大于1，认为本装置已构成生产场所重大危险源；在罐区和铁路装卸站台储存的苯远远超过其临界量，认为罐区和铁路装卸站台的苯贮罐已构成贮存区重大危险源。重大危险源辨识见表6-2。

表6-2 重大危险源辨识表

序号	物质名称	物质特性	临界量/t		实际存在量/t		是否构成重大危险源	
			生产场所	贮存区	生产场所	贮存区	生产场所	贮存区
1	苯	易燃物质	20	50	158	3520（罐区） 166.8（铁路装卸站台）	是	是
2	氢气	易燃物质	1	10	0.137		否	
3	氨	有毒物质	40	100		少量		否

6.3.3 工艺过程和设备的危险有害因素辨识与分析

1）硝基苯单元硝化工序采用四釜串联工艺，以苯为原料，硫酸为催化剂，与酸发生硝化反应生成硝基苯，该反应为强放热反应，工艺全过程具有易燃、易爆、易中毒、易灼伤的危险性；在硝化反应过程中，纯苯、硝酸及硫酸的投料量超出控制范围，反应热量不能及时移出，会造成温度急剧上升，超温操作会加快硝化反应速度，生成大量爆炸性副产物，严重时会造成冒釜甚至爆炸事故。

2）硝基苯单元的初馏塔、精馏塔为低压类压力容器，超温、超压操作可能发生危险。精馏塔釜液位太低时，塔釜和再沸器内硝基酚盐类和二硝基苯等副产物浓度升高，塔釜蒸干时，这些物质在高温并进入空气（O_2）的条件下易发生爆炸。

3）在硝基苯单元中进行中和水洗时若碱液浓度、投加量和速度控制不严格，则容易导致中间产品硝基苯呈酸性，导致后工序的腐蚀性变大。

4）在苯胺单元的苯胺反应器中，反应温度、压力控制不严格，容易导致还原催化剂中毒、超温而使反应失败，并有可能导致火灾、爆炸、中毒事故。

5）苯胺单元的精馏塔由塔底再沸器提供热源，对塔底液面、温度和塔的操作压力要求苛刻，当操作波动较大时会引起安全阀起跳或使动、静密封面损坏而跑损硝基苯、苯胺、氢气等易燃易爆、有毒物质，造成火灾、人员中毒的危险。

6）在废酸提浓单元中其精馏操作危险性大，因通过精馏操作提供处理的硫酸具有强腐蚀性，故选用的设备、管道材质大部分为玻璃材质，玻璃材质的设备、管道易受到撞击、液锤、气锤、骤冷、骤热等作用，容易损坏、破裂而发生泄漏、引起生产波动，极有可能导致腐蚀、化学灼伤后果发生，使精馏操作的难度增大。

7）废酸提浓单元各玻璃材质的设备、管道经过一段时间的运行后，容易结垢，若清洗不及时或清洗效果不佳，则容易导致物料输送阻力大，引起生产波动。

8）本装置出现故障，运行不正常，导致有毒的原料苯、中间产品硝基苯和转化气、产品苯胺等介质泄漏，致使厂区人员中毒、恐慌。

9）泄漏的原料气——氢气和燃料气在空气中达到爆炸极限，遇到以下各种火源：明火火焰、高温、电气火花、敲击火花、机械火花、雷电、静电火花以及人为因素(如吸烟)等，极易形成爆炸性的危险环境，引起火灾、爆炸事故发生，而造成停产、财产损失、环境影响、各种人身伤害后果。

氢气和燃料气泄漏的主要原因有：

① 管道、仪表系统设计存在缺陷、安装施工质量差；

② 操作人员操作不当；

③ 车辆撞击管架而引起天然气管道变形、裂缝、断裂等；

④ 环境因素，包括气候、地理等自然因素和社情、民俗等社会因素，环境如温度、湿度、噪声、照度等。

10）若本装置有关系统中的硫酸、硝酸、废硫酸、碱液的中间贮罐及管道、阀门、法兰等发生泄漏，则有可能导致灼伤人员；作业现场缺少安全喷淋和洗眼器设施，更会导致灼伤后果加重。

11）在检修作业中，操作人员因误操作或违章操作，原料苯、中间物料硝基苯、产品苯胺等有毒介质泄漏而引起人员中毒事故发生。

12）装置各单元的有关压力容器和压力管道的设计、制造和安装存在缺陷，运行时则有发生压力容器和管道爆炸的可能。

13）装置各单元的安全阀、压力表等安全附件失灵，导致压力过大，而使压力容器和管道有发生容器爆炸的可能。

14）设备附件和管道连接处密封不好或密封垫片老化，引起硫酸、硝酸、废硫酸、碱液等介质泄漏，除引起人员灼伤外，还会引发腐蚀建筑物、设备、设施的事故发生。

15）装置各单元连续性强，自动化程度高，若自控仪表(含 DCS 系统)发生故障，突然停电、停仪表空气、停蒸汽、停氮气、停循环冷却水，则可造成物料输送、反应紊乱，导致超温超压、设备损坏，发生物料泄漏，而引发火灾、爆炸、人员中毒、环境污染等连锁事故。

16）在生产过程中，因设备、设施的安全阀、压力和温度控制仪表、液面计和高低液位报警系统、安全联锁、消防水灭火系统、可燃气体检测报警、火灾自动报警和火灾手动报警按钮等选型不当，控制参数设定不准，安全附件、仪器、仪表等未定期检验、检测、检定、检修和维护保养，而会造成操作失误，造成物料跑、冒、滴、漏，造成设备超温超压、指标紊乱、异常停车等危险发生，最终引发火灾、爆炸、中毒、灼伤等事故发生。

17）易燃、易爆的工艺介质在管道中流动，流速过快，产生一定的静电，若静电接地设施失效或无接地设施，则有发生静电引起火灾爆炸的可能。

18）供给有关容器的软化水软化指标控制不严格，因结垢严重又未检修、清洗，而导致容器爆炸事故发生。

19）装置开工过程中，设备、管道要引入各种工艺介质进行吹扫、置换，工艺介质的温度、压力也要逐步从常温、常压提到规定值。开工中各种催化剂要升温、还原达到“活化态”。开工中操作繁杂、步骤多、操作参数变化大、要求高、环节多、时间长，因而操作不当极易发生事故。

20）装置停工时，设备、管道进行降压、降温、置换、吹扫；运行设备停运；转化催化剂、中温变换催化剂进行降温、钝化等操作。停工时操作参数变化大，操作步骤繁杂。停工中，特别是紧急（事故）停工时，若处理不当，易发生事故。

21）装置的联锁设施可保护装置的生产运行和设备的安全，但一旦联锁系统发生故障而误动作，往往会造成装置误停车，而影响正常生产。

22）DCS 集散控制系统的所有 I/O 点、数据通信接口、供电接口等因保护接地不良有可能将雷电感应所引起的过电流与过电压引入系统的关键部位，造成设备损坏。

23）仪器、仪表的防爆和防护等级若达不到防护等级要求，也可能引发火灾、爆炸危险。

24）电气设备线路绝缘损坏、线路短路，或没有按规定设置漏电保护器，甲级防爆区域的电气设备、线路、照明等不符合防爆要求，均可能产生电气火花而引起火灾、爆炸事故。

6.3.4 管架的危险有害因素辨识与分析

1）苯胺装置界区的管架上较集中地布置了输送具有易燃易爆、有毒、腐蚀等危险性的物料管道和各种电缆。如果管架不够牢固，则管架有倒塌的可能性，可导致管道失去支撑而断裂，引起各种物料泄漏。若具有易燃易爆、有毒、强腐蚀性的物料泄漏，遇到各种火源则会引发火灾爆炸事故和中毒事故。

2）如果钢筋混凝土，钢质的柱、梁等未按规定涂刷耐火材料，在发生火灾时，其受高温影响，强度会降低，同样会导致上面情况的发生，甚至有使已发生的事故扩大化的可能。

3）如果管架的高度设置过低，位置不合理等，不仅影响正常的交通及消防，还增加了遭受失控及事故车辆撞击的危险，如遭受车辆撞击，管架坍塌，管道断裂，有引发其他事故的危险。

4）布置在管架上的管道如未合理的采取支撑、固定及消除伸缩应力的措施，也有管道断裂的可能，容易导致物料泄漏而发生事故。蒸汽管道和其他热物料管道应布置在其他物料管道的上方，否则会使其他物料管道中的物料产生膨胀而超压，导致管道和法兰裂开。

6.3.5 供、配电系统的危险、有害因素辨识与分析

苯胺装置供、配电系统潜在的主要危险、有害因素为作业人员触电、电气火灾。

1）因防爆、防腐电气设备元件质量不过关或设计、选型、安装、检修不规范，遇到易燃气体泄漏达到爆炸极限，引起火灾爆炸事故。

2）造成触电事故的主要原因有设备缺陷、设计和安装不当、违章指挥、违章作业。

3）电线、电缆不及时检修和更换，电线、电缆绝缘层老化发生短路，引起电气火灾事故。

4）电气设备工作保护接地不良，因静电放电、雷电放电引发火灾事故。

5）电气设备及线路，若有漏电及破损，或保护装置失效，人触及带电体时，有触电危险发生。

6）用电制度、电气、电路维修制度不完善，或执行不力，会造成人员触电事故，发生人员伤亡事故。

7）如绝缘接地、防静电接地、防漏电接地系统失效，会造成电击伤害，发生人员伤亡事故。

8）校验、巡回检查不到位，可造成人员触电。

9）个体防护用品不合格或不使用防护用品，会发生人员触电事故。

10）超载、短路保护器失灵，会造成电气火灾事故，如环境内存在可燃气体泄漏、聚积，可引发爆炸事故发生。

6.3.6 人员的危险有害因素辨识与分析

在苯胺装置各单元过程中，一切生产活动都是由人来进行控制和完成的。人在生产过程中起着主导作用，因此人的不安全行为，会给安全生产带来很大影响，也可能造成事故。

1）本装置人员的操作技能达不到要求，安全意识和防护、处理能力差，未进行严格的教育培训考核，生产操作、安全操作技能低下，当发生异常情况时，处置不当而造成事故的发生。

2）有章不循、违章操作、违反工艺安全操作规定，违反检维修作业安全规定，而造成生产、设备或人身伤害事故。

3）生产组织者违章指挥，盲目蛮干，而造成生产、检修等事故的发生。

4）生产过程中由于人的误操作或判断失误，造成跑料、设备憋压、负压，而造成设备损坏和事故的发生。

5）上班前未能进行很好的休息，作业中疲劳过度，精力不集中、超强度、超时限进行生产操作，而发生生产操作事故。

6）因为心理或生理性的原因，责任心不强，心情不畅，操作不当，而造成各类事故的发生。

7）未严格管理外来人员，其将火源(如火柴盒、打火机)带入爆炸危险区域，在爆炸危险区域内打手机，而发生意外的火灾、爆炸事故。

8）各类人员缺乏火灾消防知识和中毒事故应急处理能力，导致发生火灾、中毒等事故时，惊慌失措，不能有效消灭初期火灾和实施中毒事故处理。

6.3.7 其他的危险有害因素辨识与分析

本节对苯胺装置各工艺单元潜在的其他危险有害因素如噪声和振动、机械伤害、高温辐射危害与高温物体烫伤、腐蚀与化学灼伤、高处坠落、起重伤害、车辆伤害等进行辨识。

1）蒸汽(气体)管道、氢气压缩机、制冷压缩机、空压机、离心水泵、各类工艺泵等的噪声和振动大，人员长时间暴露在严重的噪声与振动环境中，会由于噪声的作用而引起听力损失(也称噪声性耳聋)，或产生烦躁心理，导致人的不安全行为，甚至发生事故。

设备和管道的振动还有可能造成密封失效、焊缝开裂，或管件因不断摩擦造成壁厚减薄，造成介质泄漏，引起环境污染，乃至发生火灾爆炸、人员中毒、灼伤、烫伤危险。

设备和管道上的仪器仪表因振动，有可能造成失灵、误报等事故。

2) 在有关生产工艺系统中，人员易受到高温辐射危害，高温作业对人体产生多种影响，可使体温、皮温升高，水盐代谢平衡紊乱，循环系统改变，消化道疾病增多，神经系统受到抑制以及尿液浓缩、肾脏负担加重等；涉及高温介质的工艺管道和设备若保温不良或破损，则存在人员被烫伤的可能，泄漏的高温介质(如蒸汽及其冷凝液、高温工艺介质等)会将人员烫伤。

3) 运动的机械(如各类压缩机、工艺泵等)和静止的设备，由于其自身存在一些缺陷(如联轴节的防护罩未固定牢靠)或管理不到位，有可能对人员造成机械伤害。

4) 本装置中各层操作平台和吊装孔的栏杆、扶梯因设计不合理、焊接存在缺陷或腐蚀损坏，或由于人员注意力不集中，而引起人员高处坠落事故发生。

5) 因储存各类酸、碱液的设备和其输送管道、阀门等因缺少防护设施，如管道、阀门的法兰上缺少防喷射罩子，现场缺少“当心腐蚀”的安全标志，又无安全喷淋和洗眼器，当发生碱液泄漏时容易将人员灼伤，而无法及时冲洗；另外，生产设施还受到腐蚀损坏。

6) 进行采样操作时，因未穿戴必须的劳动防护用品，操作不当，有可能引起人员中毒、灼伤、火灾等事故。

7) 更换催化剂时产生的粉尘对人员健康有一定程度的中毒危害。

8) 若给本装置操作人员配备的劳动防护用品型号不合理，或数量不足，或存在损坏或缺陷现象，当发生各类事故时，则不能满足事故应急的需要，而使操作人员受到化学灼伤、中毒、粉尘危害等伤害。

9) 循环冷却水由于水中溶解有氧，水中还存在各种浓缩的离子如氯离子，加上细菌繁殖，经常造成水冷器发生腐蚀与结垢，结垢会降低水冷器的传热效率，腐蚀会造成其穿孔泄漏，严重影响正常生产。

10) 界区的机动车辆管理不严格，如未配带阻火器，机动车辆本身存在机械故障，发生车辆撞击、拖拉事故，导致火灾、爆炸、中毒、腐蚀等事故后果。

6.3.8 检修、施工过程的危险、有害因素辨识与分析

1) 在检修、施工过程中，各作业区域未认真落实动火方案，而对本装置的安全生产构成严重威胁，引发火灾、爆炸等恶性事故，造成极坏的社会影响。

2) 在检修、施工过程中，如开挖基础、地沟时的土石塌方、脚手架坍塌、堆置物倒塌等会对人员和设备、设施造成伤害和损坏事故。

3) 在检修和安装设备的过程中，因起重机械存在故障或起重操作不当而造成挤压、高处坠落、物体打击和人员触电等二次事故发生。

4) 在检修、施工过程中，人员使用工具不慎或其他原因导致工具或物体在重力或其他外力的作用下产生运动，打击人体而造成物体打击伤害事故。

5) 未配备防爆工具，或在爆炸危险区域检修设备、管道时未使用防爆工具，则容易发生火灾、爆炸事故。

苯胺装置运行的过程中存在或潜在的主要危险、有害因素辨识结果见表6-3。

表 6-3 危险有害因素汇总表

序号	危险有害因素	存在或潜在的部位	序号	危险有害因素	存在或潜在的部位
1	火灾爆炸	①硝基苯单元 ②苯胺单元 ③废酸浓缩单元 ④罐区及其输转泵房 ⑤铁路装卸站台单元	9	高处坠落	①装置各工艺单元的操作平台、扶梯 ②各设备吊装孔 ③各处管架 ④消防泵房扶梯 ⑤罐区各贮罐顶部及其盘梯 ⑥铁路装卸站台和各贮罐顶部及其直梯
2	中毒（主要是苯、硝基苯、苯胺、液氨等泄漏引起的）	①硝基苯单元 ②苯胺单元 ③废酸浓缩单元 ④罐区及其输转泵房 ⑤铁路装卸站台单元	10	起重伤害	①循环水泵房 ②消防泵房 ③装置各工艺单元起重作业场所和设备吊装孔
3	高温辐射和高温液体烫伤	①硝基苯单元 ②苯胺单元 ③废酸浓缩单元	11	粉尘危害（更换、装填各类催化剂）	苯胺单元
4	容器爆炸	①硝基苯单元 ②苯胺单元 ③废酸浓缩单元 ④低温水制冷站 ⑤空压站	12	冻伤（液氨、液体 CO_2 泄漏引起）	低温水制冷站
5	腐蚀与化学灼伤（硫酸、废硫酸、硝酸、NaOH 溶液泄漏引起）	①硝基苯单元 ②苯胺单元 ③废酸浓缩单元 ④铁路装卸站台单元	13	窒息（因氢气、CO_2、氮气泄漏引起）	①硝基苯单元 ②苯胺单元 ③废酸浓缩单元
6	噪声与振动	①硝基苯单元 ②苯胺单元 ③废酸浓缩单元 ④罐区的输转泵房 ⑤铁路装卸站台单元的工艺泵 ⑥低温水制冷站 ⑦循环水泵房和冷却水塔 ⑧消防泵房 ⑨空压站	14	车辆伤害	进入装置界区的机动车辆的不安全行为引起
7	机械伤害	①硝基苯单元 ②苯胺单元 ③废酸浓缩单元 ④罐区泵房 ⑤铁路装卸站台单元的工艺泵 ⑥低温水制冷站 ⑦循环水泵 ⑧消防泵 ⑨空压站	15	其他伤害如摔、扭、搓、擦、刺、割伤等	装置各单元、罐区、公用工程、铁路装卸站台
8	触电	各电气设备			

习题与练习

一、填空题

1. 凡有________、________流经的设备、管道、法兰处必须装有短路铜片，以保持接地良好防止静电火花。

2. 硝基苯生产需要的主要原料是________和________。

3. 硝化反应常用的硝化剂是________和________的混合酸，简称混酸。

4. 硝基苯的主要用途是生产________。

5. 写出苯硝化反应的主要反应方程式____________________________。

6. DVS 叫________，其高低代表着________。

7. 硝基苯的生产过程主要包括________、________、________、________四大工序。

9. 硝基苯的精制采用的是________操作？

10. 硝基苯精制过程中，通过初馏塔脱去______、______，通过精馏塔除去________。

11. 硝基苯焦油的成分有________、________、________及________。

12. 硝基苯汽提是利用硝基苯和水的________特性脱去废水中的硝基苯以保证废水浓度能达到二级生化处理要求。

13. 硝基苯生产过程中使用的主要设备有________、________。

14. 硫酸在硝基苯生产中起________、________作用。

15. 纯硫酸是一种________色透明油状液体；分子式：________；相对分子质量：98；熔点：10.5℃，沸点：279.6℃。浓硫酸具有强烈的________性、________性和________性。

16. 水洗工序作用是洗去中和后硝基苯中所含的________和________。

17. 二水洗锅出口硝基苯中的二硝基酚含量要小于________。

18. 在苯的硝化过程中，废酸起的作用有________、________、________。

二、问答题

1. 硝基苯工段的废酸的主要成分是什么？

2. 硝化生产中的主要副产物是什么？

3. 硝化岗位紧急停电以后如何处理？

4. 硝基苯生产中中和锅加碱的目的是什么？

7 聚合工艺及安全技术

【单元导读】

- 熟悉聚合物的概念和聚合技术方法；
- 熟悉高分子聚合技术和工业实施方法；
- 掌握乙烯聚合过程工艺安全技术；
- 掌握乙烯聚合生产控制技术。

【能力要求】

- 具有对原料、附加产品、产品的安全使用、管理初步能力；
- 在技术人员指导下培养初步实施常规生产操作的能力。

生活中接触的棉、毛、蚕丝和蛋白质等都是天然高分子材料。合成高分子材料主要包括合成塑料、合成橡胶和合成纤维三大类，三者产量占全部合成高聚物产量的90%以上，称为三大合成材料。

人们还可以通过各种手段，用物理的或化学的方法，或者使高分子与其他物质相互作用后产生物理或化学变化，从而使高分子化合物成为能完成特殊功能的功能高分子材料。物理功能高分子材料如导电高分子、高分子半导体、光导电高分子、压电及热电高分子、磁性高分子、光功能高分子、液晶高分子和信息高分子材料等。化学功能高分子材料如反应性高分子、离子交换树脂、高分子分离膜、高分子催化剂、高分子试剂及人工脏器等。生物功能和医用高分子材料，如生物高分子、模拟器、高分子药物及人工骨材料等。

7.1 基础知识

7.1.1 常用概念

7.1.1.1 高分子

高分子是由成千上万个原子通过共价键连接而成的相对分子质量高于104的长链大分子。

1. 小分子

相对分子质量通常不上千，通常称为低分子化合物，简称小分子。如：烃、醇、醛、羧酸、酯、葡萄糖、蔗糖等。

2. 高分子

相对分子质量达几万甚至几千万，通常称为高分子化合物，简称高分子。如：淀粉、纤维素、蛋白质、聚乙烯、聚氯乙烯、酚醛树脂等。

7.1.1.2　高聚物

由众多高分子链所组成的化合物称为高分子化合物，简称高聚物或聚合物。同一种高分子化合物在实质上是由许多链节结构相同而聚合度不同的高分子所组成的混和物。因此高分子化合物的相对分子质量不是一个固定值，表 7-1 所示是一个范围，计算过程只能取平均分子量。聚合物的相对分子质量一般达 $10^4 \sim 10^6$。

表 7-1　一些常用高聚物的相对分子质量

塑　料	橡　胶	纤　维
低压聚乙烯$(6\sim30)\times10^4$	天然橡胶$(20\sim40)\times10^4$	尼龙 66$(1.2\sim1.8)\times10^4$
聚氯乙烯$(5\sim15)\times10^4$	丁苯橡胶$(15\sim20)\times10^4$	涤纶$(1.8\sim2.3)\times10^4$
聚苯乙烯$(10\sim30)\times10^4$	顺丁橡胶$(25\sim30)\times10^4$	维尼纶$(6\sim7.5)\times10^4$
聚碳酸酯$(2\sim8)\times10^4$	氯丁橡胶$(10\sim12)\times10^4$	腈纶$(5\sim8)\times10^4$

7.1.1.3　单体

用于合成高聚物的低分子原料称为单体。如生产聚乙烯的原料是乙烯，所以乙烯称为聚乙烯的单体。

7.1.1.4　结构单元、重复单元(或链节)、聚合度

结构单元即高分子链中的基本结构；重复单元(或链节)是高分子链中重复出现的结构。每个高分子化合物中链节的重复次数叫聚合度，n 越大，相对分子质量越大。

例如：聚氯乙烯是由氯乙烯单体形成的，结构单元和重复单元相同。

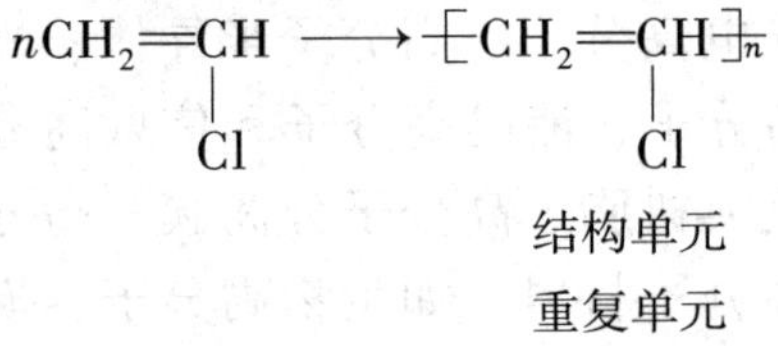

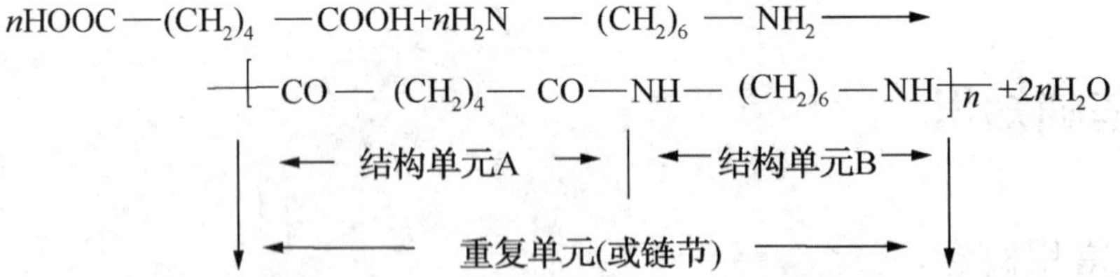

聚己二酰己二胺是由己二酸和己二胺单体形成的，有两种结构单元，结构单元与重复单元不同。

7.1.1.5　高聚物的分类

1. 按性能和用途分类

根据高分子材料的性能和用途可以分为塑料、橡胶、纤维、黏合剂、油漆、涂料、离子交换树脂等。碳链高聚物见表 7-2，杂链和元素有机高聚物见表 7-3。

表 7-2 碳链高聚物

高聚物结构	高聚物名称	编写代号	高聚物结构	高聚物名称	编写代号
$\left[CH_2-CH_2\right]_n$	聚乙烯	PE	$\left[CH_2-\overset{Cl}{\underset{Cl}{C}}\right]_n$	聚偏二氯乙烯	PVDC
$\left[CH_2-\underset{CH_3}{CH}\right]_n$	聚丙烯	PP			
$\left[CH_2-\overset{CH_3}{\underset{CH_3}{C}}\right]_n$	聚异丁烯	PIB	$\left[CF_2-CF_2\right]_n$	聚四氟乙烯	PTFE
			$\left[CF_2-\underset{Cl}{CF}\right]_n$	聚三氟氯乙烯	PCTFE
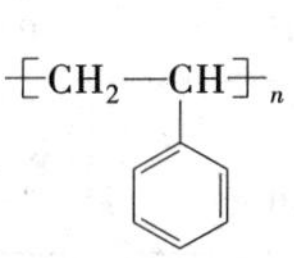	聚苯乙烯	PS	$\left[CH_2-\underset{COOH}{CH}\right]_n$	聚丙烯酸	PAA
			$\left[CH_2-\underset{CONH_2}{CH}\right]_n$	聚丙烯酰胺	PAM
$\left[CH_2-\underset{Cl}{CH}\right]_n$	聚氯乙烯	PVC	$\left[CH_2-\underset{COOCH_3}{CH}\right]_n$	聚丙烯酸甲酯	PMA

表 7-3 杂链和元素有机高聚物

高聚物名称	重复结构单元	单体结构	英文缩写
聚甲醛	$—CH_2—O—$	$CH_2=O$	POM
聚环氧乙烷	$—CH_2—CH_2—O—$	$\underbrace{CH_2—CH_2}_{O}$	PEOX
聚环氧丙烷	$—CH_2—\underset{CH_3}{CH}—O—$	$\underbrace{CH_2—CH}_{O}—CH_3$	PPOX
聚 2,6-二甲基苯醚	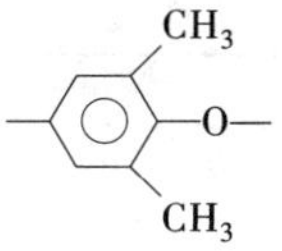	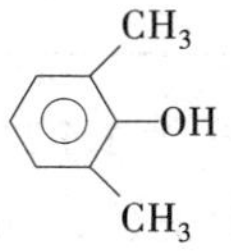	PPO
聚对苯二甲酸乙二醇酯	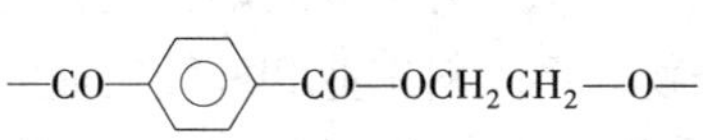	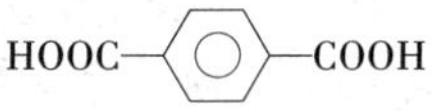 $HO—CH_2—CH_2—OH$	PET
环氧树脂	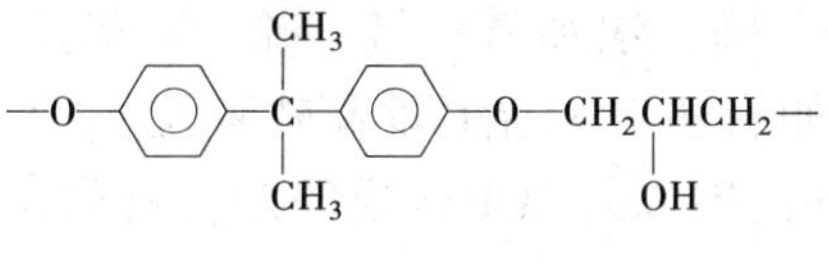	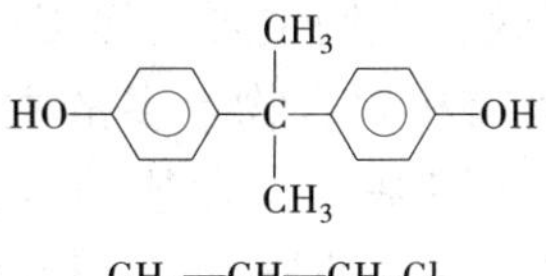 $\underbrace{CH_2—CH}_{O}—CH_2Cl$	EP
聚碳酸酯	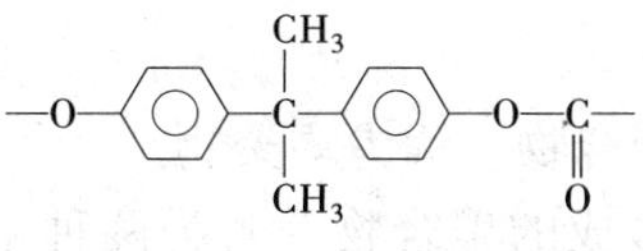	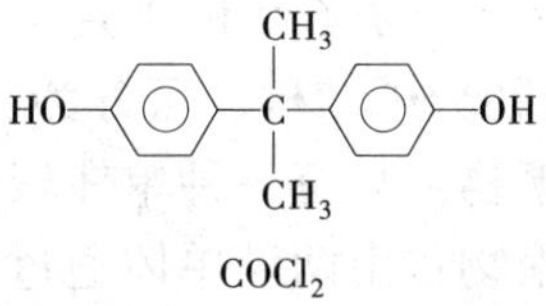 $COCl_2$	PC

续表

高聚物名称	重复结构单元	单体结构	英文缩写
聚苯砜	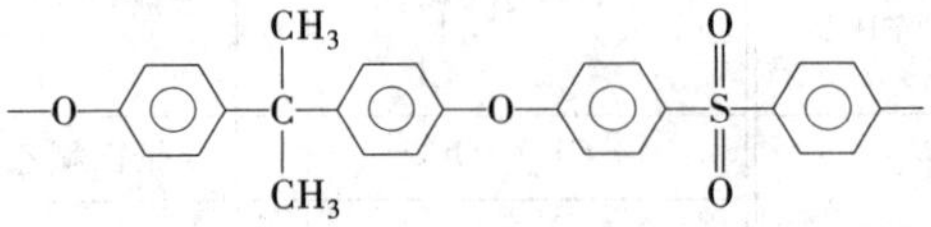	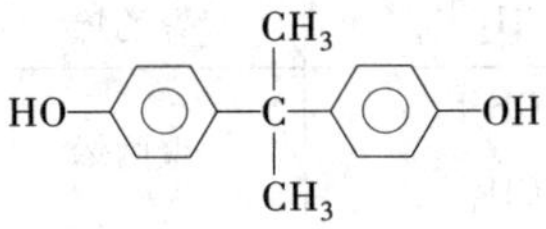 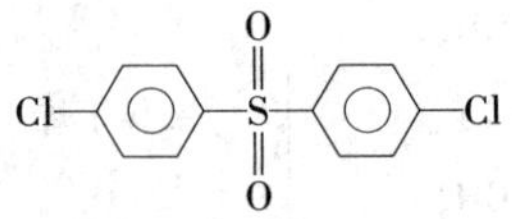	PASU
尼龙 6	$—NH(CH_2)_3CO—$	$H_2N(CH_2)_5COOH$	PA-6
尼龙 66	$—NH(CH_2)_6NH—CO(CH_2)_4CO—$	$H_2N(CH_2)_6NH_2$ $HOOC(CH_2)_4COOH$	PA-66
聚氨酯	$—O(CH_2)_2O—CONH(CH_2)_6NHCO—$	$HO(CH_2)_2OH$ $ONC(CH_2)_6CNO$	PU
聚脲	$—NH(CH_2)_6NH—CONH(CH_2)_6NHCO—$	$H_2N(CH_2)_6NH_2$ $ONC(CH_2)_6CNO$	PUA
酚醛树脂	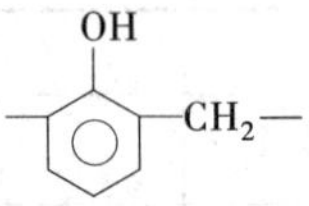	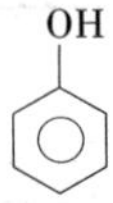 $H_2C=O$	PF
聚硫橡胶	$—CH_2CH_2—S(=S)—S(=S)—$	$ClCH_2CH_2Cl$ Na_2S_4	PSR
硅橡胶	$—O—Si(CH_3)_2—$	$Cl—Si(CH_3)_2—Cl$	

2. 按聚合物分子主链分类

按聚合物分子主链，可分为三类：

1）碳链聚合物：主链完全由碳原子构成，如聚乙烯、聚丙烯、聚苯乙烯、聚丁二烯等。它们在聚合物中占很大比例，是主要的通用聚合物，系塑料工业和橡胶工业的基础。如表 7-2。

2）杂链聚合物：主链除碳原子外，尚有氧、硫、氮等杂原子，如聚醚、聚酯、聚酰胺、聚氨酯和聚砜，它们主要用作工程塑料和合成纤维。

3）元素有机聚合物：主链主要由硅、硼、铝和氧、氮、硫、磷等原子组成，侧链一般为有机基团如甲基、乙烯基和苯基等，如有机硅树脂（即聚硅氧烷）。它们主要用作耐油、耐高温和耐燃等特种材料。主链和侧链均由碳以外原子构成的聚合物称为无机聚合物，如聚二硫化硅。

3. 按聚合物分子结构分类

按聚合物分子结构，可分为：

1）均聚物：只有一种单体聚合所得的聚合物，称为均聚物。

2）共聚物：由两种单体通过加成聚合形成的聚合物。若为两种单体共聚的，称为二元共聚，两种以上单体共聚的，称为多元共聚。采用不同的聚合方法，有以下几种结构：

无规共聚物，单体分子以不规则的方式沿着高分子链分布排列，聚合物可为线型聚合物或支化聚合物。其结构形式如下：

$$\sim\sim\sim\ M_1M_1M_2M_1M_2M_2M_2M_1M_1M_2M_2\ \sim\sim\sim$$

交替共聚物以规则的方式交替排列。其结构形式如下：

$$\sim\sim\sim\ M_1M_2M_1M_2M_1M_2M_1M_2M_1\ \sim\sim\sim$$

嵌段共聚物具有一段均聚物连接在另一段均聚物上嵌段结构的共聚物。

其结构形式如下：

$$\sim\sim\sim\ M_1M_1M_1M_1M_1M_1M_2M_2M_2M_2M_1M_1M_1M_1\ \sim\sim\sim$$

接枝共聚物以一种单体单元构成主链，另一种单体单元构成支链，其结构形式如下：

$$
\begin{array}{l}
\qquad\quad M_2M_2M_2\ \sim\sim\sim \\
\qquad\quad | \\
\sim\sim\sim\ M_1M_1M_1M_1M_1M_1M_1M_1M_1M_1\ \sim\sim\sim \\
\qquad\qquad\qquad\qquad | \\
\qquad\qquad\qquad\qquad M_2M_2M_2\ \sim\sim\sim
\end{array}
$$

3）按组成高聚物的高分子链几何形状分类主要分为线型结构和体型结构，线型结构又分为不带支链（如聚乙烯）和带支链（如聚氯乙烯）两种。如图 7-1 所示。

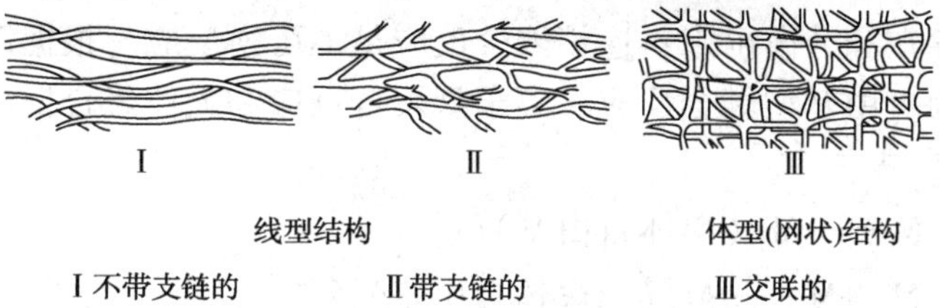

图 7-1　高分子链几何形状的分类示意图

不同的结构决定了高聚物性质的不同，如链状结构的高分子材料（如聚乙烯塑料）具有热塑性，即加热时会熔化，冷却后变成固体，加热后又可以熔化，所以可以反复加工，多次使用。而网状结构的高分子材料（如电木）则具有热固性，即一经加工成型后就不会受热熔化。表 7-4 列举了几种高聚物的分类原则及特性。

表 7-4　高聚物分类原则及特性

分类原则	类别	举例及特性
按聚合物来源	天然聚合物	如天然橡胶、纤维素、蛋白质
	人造聚合物	经人工改性的天然聚合物，如硝酸纤维、醋酸纤维（人造丝）
	合成聚合物	完全由低分子物质合成的，如聚氯乙烯、聚酰胺等
按生成聚合物的化学反应	加聚物	由加成反应聚合得到的，如聚乙烯等
	缩聚物	由缩合反应聚合得到的，如酚醛树脂
按聚合物的性质	塑料	有固定形状、热稳定性与机械强度，如工程塑料等
	橡胶	具有高弹性，可做弹性材料与密封材料，如丁苯橡胶
	纤维	单丝强度高，可做纺织材料

续表

分类原则	类别	举例及特性
按聚合物的热行为	热塑性聚合物	线型结构加热后仍不变
	热固性聚合物	线型结构加热后变体型
按聚合物分子的结构	碳链聚合物	主链完全由碳原子构成，如聚乙烯等
	杂链聚合物	主链除碳原子外，尚有氧、硫、氮等杂原子，如聚醚等
	元素有机聚合物	主链主要由硅、硼、铝和氧、氮、硫、磷等原子组成，如有机硅树脂（即聚硅氧烷）

7.1.2 聚合反应机理

由低分子单体形成高聚物的化学反应叫聚合反应。按照聚合反应机理的不同，可将高聚物的形成反应分为连锁聚合反应和逐步聚合反应两大类型。

7.1.2.1 连锁聚合反应

连锁聚合反应是单体经引发形成活性种，瞬间即与单体连锁聚合形成高聚物的化学反应。连锁聚合反应的特点是瞬间形成分子量很大的高分子，此后分子量随时间变化不大；只有活性种进攻的单体分子参加聚合反应，单体转化率随时间逐渐增加；反应连锁进行，中间产物一般不能单独存在和分离出来；连锁聚合反应是不可逆反应。根据活性种的不同，连锁聚合反应进一步分为自由基型聚合反应、离子型聚合反应和配位聚合反应。

1. 自由型聚合反应

链引发：　$M \longrightarrow M_1^{\cdot}$（单体自由基）

链增长：　$M_1^{\cdot} + M \longrightarrow M_2^{\cdot}$（二聚体自由基）

$M_2^{\cdot} + M \longrightarrow M_3^{\cdot}$（三聚体自由基）

…

$M_{n-1}^{\cdot} + M \longrightarrow M_n^{\cdot}$（长链自由基）

链终止：　$M_n^{\cdot} \longrightarrow M_n$（大分子）

链转移：　$M_n^{\cdot} + XP \longrightarrow M_nX + P^{\cdot}$（链转移剂自由基）

$P^{\cdot} + M \longrightarrow PM^{\cdot}$

（1）链引发

链引发是在引发剂等作用下使单体分子活化成单体自由基的过程。引发剂引发由下列两步组成。

第一步是引发剂 I 分解为初级自由基 R·：

$$I \longrightarrow 2R\cdot$$

第二步是初级自由基打开烯类单体的 π 键，形成单体自由基活性种：

$$R\cdot + M \longrightarrow RM\cdot$$

第一步反应是吸热反应，反应活化能高，反应速度慢。第二步是放热反应，活化能低，反应速度快。因此，第一步反应是链引发反应的控制步骤，也是总反应的控制步骤。所以引发剂的选择是自由基聚合的关键。

工业上常用的引发剂有热分解型引发剂和氧化还原型引发剂两种。

热分解型引发剂：这类引发剂在加热时分解为初级自由基。常用的有过氧化物和偶氮双腈类引发剂，如过氧化二苯甲酰（BPO）：

$$C_6H_5\overset{O}{\overset{\|}{C}}-O-O-\overset{O}{\overset{\|}{C}}-C_6H_5 \longrightarrow 2C_6H_5\overset{O}{\overset{\|}{C}}-O\cdot \longrightarrow 2C_6H_5\cdot + CO_2$$

偶氮二异丁腈（AIBN）：

$$(CH_3)_2\underset{CN}{\underset{|}{C}}-N=N-\underset{CN}{\underset{|}{C}}(CH_3)_2 \longrightarrow 2(CH_3)_2\underset{CN}{\underset{|}{C}}\cdot + N_2$$

氧化还原引发体系：一般引发剂需在高温下才能分解为初级自由基，若在过氧化物引发剂中加入亚铁盐、亚硫酸盐或硫代硫酸盐等还原剂，构成氧化还原体系，就能在较低温度下产生初级自由基。如：

$$HO-OH + Fe^{2+} \longrightarrow HO\cdot + OH^- + Fe^{3+}$$

引发剂的选择主要是根据聚合方法、聚合温度以及引发剂的分解速度常数、分解活化能和半衰期进行的。

（2）链增长

链增长是单体自由基活性种与单体连锁聚合形成高分子活性链的过程。链增长是放热反应，且增长速度较快，可以在很短的时间内形成长链自由基。

（3）链终止

链终止是高分子活性链失去活性，停止增长，成为高分子链的过程。

链终止的方式主要有：

双基偶合终止：两个长链自由基相互作用，生成稳定大分子。如：

$$\sim\sim CH_2\underset{X}{\underset{|}{C}}H\cdot + \cdot\underset{X}{\underset{|}{C}}HCH_2\sim\sim \longrightarrow \sim\sim CH_2\underset{X}{\underset{|}{C}}H-\underset{X}{\underset{|}{C}}HCH_2\sim\sim$$

双基偶合终止时，产物的聚合度为两个活性链结构单元数之和。

双基歧化终止：两个长链自由基相互作用，通过氢原子转移，都失去活性的链终止反应。如：

$$\sim\sim CH_2\underset{X}{\underset{|}{C}}H\cdot + \cdot\underset{X}{\underset{|}{C}}HCH_2\sim\sim \longrightarrow \sim\sim CH_2\underset{X}{\underset{|}{C}}H_2 + \underset{X}{\underset{|}{C}}H=CH\sim\sim$$

双基歧化终止时，产物的聚合度与原来结构单元数相同。

2. 离子型聚合反应

离子型聚合反应是单体经阳离子或阴离子引发形成单体阳离子或单体阴离子活性种，再与单体连锁聚合形成高聚物的化学反应。

离子型聚合一般也由链引发、链增长、链终止、链转移等基元反应组成。

（1）阳离子型聚合反应

带有推电子取代基的烯类单体，大都可以进行阳离子聚合反应。由于推电子取代基一方面使双键电子云向β-碳原子移动，导致β-碳原子带有一定的电负性，有利于引发剂形成的阳离子活性种进攻；另一方面使形成的单体活性种的α-碳阳离子电子云分散而更稳定。如：

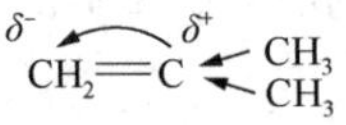
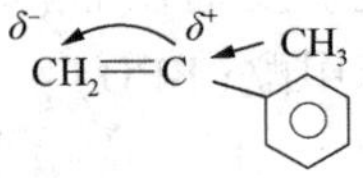

下面是异丁烯为单体被阳离子活性种进攻后的情况：

$$[BF_3OH^-]^-H^+ + CH_2{=}C(CH_3)_2 \longrightarrow HCH_2{-}\underset{\underset{CH_3}{|}}{\overset{\overset{CH_3}{|}}{C^+}}\quad (BF_3OH)^-$$

(2) 阴离子型聚合反应

带有吸电子取代基的烯类，大都可以进行阴离子聚合反应。由于吸电子取代基能使双键电子云密度减少，有利于阴离子进攻，又可使形成的阴离子活性种电子云分散而更稳定。如：

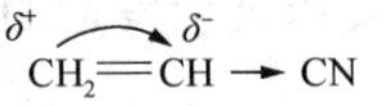
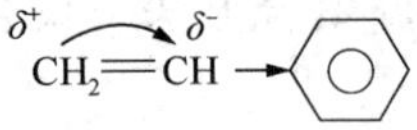

阴离子型离子聚合反应的链引发过程有两种方式，一是催化剂中的负离子与单体反应形成阴碳离子活性中心。二是碱金属把原子外层电子直接或间接转移给单体，使单体成为自由基阴离子：

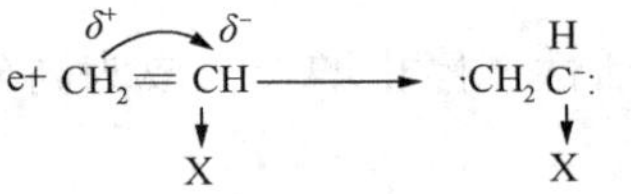

引发阶段形成的活性阴离子继续与单体加成，形成活性增长链：

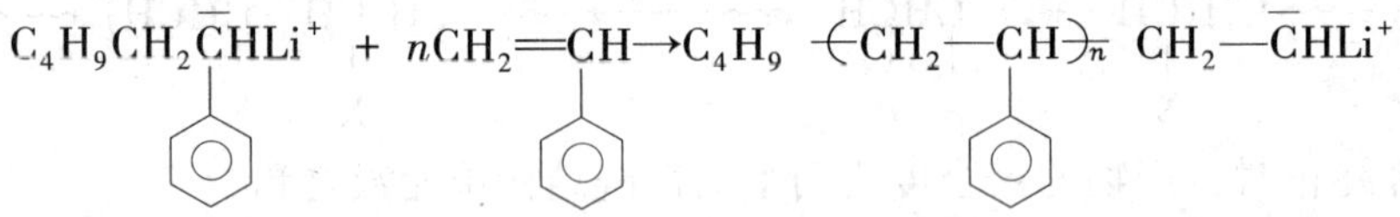

阴离子聚合中的一个重要的特征是在适当的条件下可以不发生链转移或链终止反应。因此，链增长反应中的活性链直至单体完全耗尽仍可保持活性，这种聚合物链阴离子称为“活性聚合物”。当重新加入单体时，又可开始聚合，聚合物分子量继续增加。

(3) 配位离子聚合

配位聚合反应也是离子聚合反应的一种类型，它是单体经配位聚合引发剂的作用形成阴离子配位活性种，再连锁定向插入单体聚合形成高聚物的化学反应。

配位聚合采用齐格勒—纳塔引发剂，单体和引发剂进行配位络合，可认为是由单体与引发剂先发生络合，然后单体插入到活性链与催化剂之间，使活性链增长。

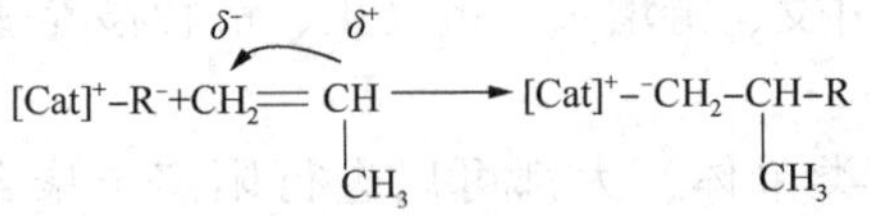

工业生产中，乙烯采用配位离子聚合得到的是高密度聚乙烯，丙烯得到的是间同立构聚丙烯。

7.1.2.2 逐步聚合反应

逐步聚合反应是单体之间很快反应形成二聚体、三聚体，再逐步形成高聚物的化学反应。与连锁聚合不同，逐步聚合的基本特征是聚合度随时间逐步增长，而转化率在聚合初期即可达到很高，因此表现出与连锁聚合完全不同的规律。反应逐步进行，每步反应产物都可单独存在和分离出来；逐步聚合反应大多是可逆平衡反应。根据单体的不同，逐步聚合反应可进一步分为缩聚反应和逐步加聚反应。

1. 缩聚反应

缩聚反应是最常见的逐步聚合反应。聚酰胺、聚酯、聚碳酸酯、酚醛树脂、脲醛树脂、醇酸树脂等均为重要的缩聚产物。许多特殊结构的聚合物也都是通过缩聚反应制得的。在缩聚反应中，无特定的活性种，带不同官能团的任何分子间都能相互反应，因而不存在链引发、链增长、链终止等基元反应。

反应开始，单体很快消失，转化率很高，单体分子间很快形成二聚体、三聚体：

$$\mathrm{aAa+bBb \rightleftharpoons aABb+ab}$$

$$\mathrm{aABb+aAa \rightleftharpoons aABAa+ab}$$

或

$$\mathrm{bBb+aABb \rightleftharpoons bBABb+ab}$$

形成聚合物的同时，析出小分子物质，这是缩聚反应的特点。由于有低分子的析出，使缩聚物结构单元要比单体少若干个原子，同时造成产物的相对分子质量不是单体相对分子质量的整数倍。

接着二聚体、三聚体相互反应、自身反应或与剩余单体反应，逐步缩聚形成低聚物，以后的缩聚反应则在低聚物间进行，缩聚反应就这样逐步进行下去，相对分子质量随时间逐步增加，每步反应产物都可单独存在和分离出来。

缩聚反应的特点：

1）缩聚反应的单体往往是具有双官能团（如—OH、—COOH、—NH_2、—X 及活泼氢原子等）或多官能团的小分子；

2）缩聚反应生成聚合物的同时，还有小分子副产物（如 H_2O、NH_3、HCl 等）生成；

3）所得聚合物链节的化学组成与单体的化学组成不同。

缩聚物结构式要在方括号外侧写出链节余下的端基原子或原子团（这与连锁聚合不同，连锁聚合的产物端基不确定，通常用横线"—"表示。）如：

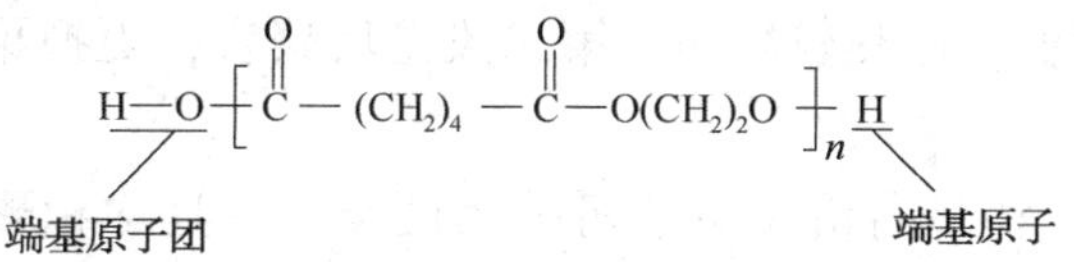

2. 逐步加聚反应

逐步加聚反应是单体分子通过逐步加成，在分子间形成共价键高聚物的反应。最主要的逐步加聚反应是氢转移逐步加聚反应。其突出特点是通过氢原子的转移逐步加聚形成高聚物而不析出低分子的副产物，故加聚物的分子量是单体分子量的整数倍。

聚氨酯的合成反应，是典型的加成聚合，例如二异氰酸酯与二元醇合成线性聚氨酯的反应。

$$nO=C=N—R—N=C=O+nHOR'OH \longrightarrow$$

$$OCN—R—NHCO\left[OR'OCONHRNHCO\right]_{n-1}OR'OH$$

下面用表7-5对连锁聚合与逐步聚合的主要特点再做一下比较。

表7-5　连锁聚合与逐步聚合的比较

比较项目	连锁聚合方法	逐步聚合方法
链增长方式	链增长主要通过自由基或离子形成的活性中心与单体之间的反应来实现	链增长主要通过功能基之间的反应来实现
相对分子质量与时间关系	一旦引发，聚合物分子链增长的速率极快，约 10^{-6}~10^{-1}s 即可，聚合物的相对分子质量与时间无关	聚合物分子链增长的速率缓慢，聚合物的相对分子质量随时间增加而增加，聚合时间有时需要几小时甚至几天
反应体系组成	反应体系中“活性中心”的浓度极小，因此体系中主要包括反应生成的聚合物与未反应的单体	反应体系中单体的功能基都有相近的反应活性，因此体系中主要由正在增长的链组成
单体转化率	反应体系中单体的转化率随时间的增加而增大	反应体系中单体很快转化为低聚物，转化率与时间无关

7.1.3　聚合反应的工业实施方法

7.1.3.1　连锁聚合反应的工业实施方法

连锁聚合反应的工业实施方法通常分为本体聚合、溶液聚合、悬浮聚合和乳液聚合四种。这四种聚合方法主要用于自由基型聚合，其中有些方法也可用于离子型聚合和配位聚合。下面以自由基聚合反应为例，自由基聚合反应的实施方法主要有本体聚合、溶液聚合、悬浮聚合、乳液聚合。

1. 本体聚合

单体本身只加入少量引发剂或直接在热、光、辐射能作用下进行聚合的方法称为本体聚合。

本体聚合的优点是产品纯度高，尤其适用于制板材、型材等透明制品，聚合设备简单。缺点是聚合物体系黏度高，聚合反应热不易导出，温度难以控制，产物的分子量分布宽。为此，工业上多采用两段聚合工艺：第一段是预聚合，在较低温度下预聚合，转化率控制在10%~30%，体系黏度较低，散热较容易；第二段是后聚合，更换聚合设备，分步提高聚合温度，使单体转化率>90%。

本体聚合根据聚合产物是否溶于单体可分为两类：一是均相聚合，聚合产物可溶于单体，如苯乙烯、MMA等；二是非均相聚合(沉淀聚合)，聚合产物不溶于单体，如乙烯、聚氯乙烯等，在聚合过程中聚合产物不断从聚合体系中析出，产品多为白色不透明颗粒。在沉淀聚合中，由于聚合产物不断析出，体系黏度不会明显增加。但不管是均相聚合还是沉淀聚合，都会导致自动加速作用。

工业生产上采用的本体聚合有：聚甲基丙烯酸甲酯(有机玻璃)、聚苯乙烯、聚氯乙烯、高压聚乙烯、聚丙烯、聚对苯二甲酸乙二酯。见表7-6。

表 7-6 本体聚合工业生产举例

聚合物	过程要点
聚甲基丙烯酸甲酯（有机玻璃）	第一阶段预聚至转化率为10%左右的黏稠浆液，然后浇模分段升温聚合，最后脱模成板材
聚苯乙烯	第一阶段于80～85℃预聚至转化率为33%～35%，然后流入聚合塔，温度从100℃递增至220℃聚合，最后熔体挤塑造粒
聚氯乙烯	第一阶段预聚至转化率为7%～11%，形成颗粒骨架，第二阶段继续沉淀聚合（既聚合物不溶于单体体系），最后粉状出料
聚乙烯	选用管式或釜式反应器，连续聚合，控制单程转化率约15%～20%，最后熔体挤塑造粒

2. 溶液聚合

单体溶于适当溶剂中。经引发剂经发的聚合方法称为溶液聚合。溶剂一般为有机溶剂，也可以是水。如果形成的聚合物溶于溶剂，则聚合反应为均相反应，这是典型的溶液聚合；如果形成的聚合物不溶于溶剂，则聚合反应为非均相反应，称为沉淀聚合，或称为淤浆聚合。

溶液聚合有如下优点：一是溶剂作为稀释剂和传热介质，既可降低聚合体系黏度，便于进行连续化生产，又有利于散热和控制聚合温度；二是通过溶剂的链转移反应，可调节高聚物的相对分子质量，使相对分子质量分布均匀。

溶液聚合的缺点是单体浓度低，聚合速度较慢；由于溶剂的链转移，高聚物相对分子质量较低；溶剂回收、分离费用高。

工业上应用主要有：聚醋酸乙烯醋、丙烯腈共聚物、聚丙烯酰胺、聚丙烯酸醋类、聚丙烯、顺丁橡胶、乙丙橡胶、聚酰胺等。见表 7-7。

表 7-7 溶液聚合工业生产举例

单体	溶剂	引发剂	聚合温度/℃	聚合液用途
丙烯腈加丙烯酸甲酯	二甲苯甲酰胺或硫氰化钠水溶液	偶氮二异丁腈	70～80	纺织液
醋酸乙烯酯	甲醇	偶氮二异丁腈	50	进一步醇解成聚乙烯醇
丙烯酸酯类	醋酸乙烯酯或芳烃	过氧化二苯甲酰	回流	涂料
丙烯酰胺	水		回流	涂料，胶黏剂

3. 悬浮聚合

单体在搅拌和悬浮剂（或分散剂）作用下，分散成单体液滴，悬浮在水中进行的聚合过程。体系一般由水、单体、引发剂及悬浮剂等组成。分散过程如图 7-2 所示。

溶有引发剂的单体分散成小液滴，悬浮在水中引发聚合。在悬浮聚合体系中，单体不溶或微溶于水，引发剂只溶于单体，水是连续相，单体为分散相，是非均相聚合反应。单体液滴中的聚合过程相当于本体聚合，聚合物极细，而且容易过滤、洗涤加工。

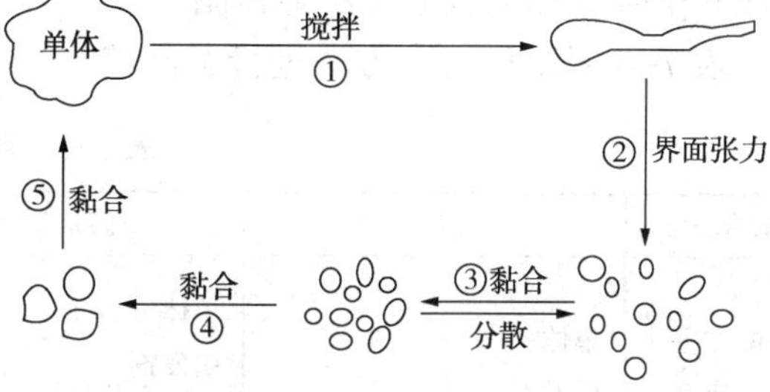

图 7-2 悬浮单体液滴分散黏合示意图

在悬浮聚合过程不溶于水的单体依靠强力搅拌的剪切力作用形成小液滴分散于水中，

单体液滴与水之间的界面张力使液滴呈圆珠状，但它们相互碰撞又可以重新凝聚，即分散和凝聚是一个可逆过程。为了阻止单体液珠在碰撞时不再凝聚，必须加入分散剂，分散剂在单体液珠周围形成一层保护膜或吸附在单体液珠表面，在单体液珠碰撞时，起隔离作用，从而阻止或延缓单体液珠的凝聚。一般采用的悬浮剂有：

1）水溶性有机高聚物，如天然的有明胶、淀粉、甲基纤维素、羧甲基纤维素，合成的有聚乙烯醇及其衍生物、聚丙烯酸盐等非离子型表面活性物质，当其溶于水后，部分吸附在液滴表面形成液膜保护层，防止液滴之间的粘连与合并。

2）不溶于水的无机盐，如碳酸镁、碳酸钙、硫酸钡、高岭土等，当其分散并悬浮于水中时，能以机械的隔离作用阻止单体液滴的聚集。

悬浮聚合有如下优点：一是聚合体系黏度低，聚合热容易经水介质通过聚合釜壁由夹套冷却水带走，散热和温度控制比本体聚合、溶液聚合容易得多；二是产品相对分子质量分布比较稳定，产品相对分子质量比溶液聚合大，杂质含量比乳液聚合少；三是后处理工序比溶液聚合、乳液聚合简单，生产成本低，粒状树脂可直接加工。

悬浮聚合的缺点是产品中附有少量的悬浮剂残留物，要生产透明和电绝缘性能高的产品，需将残留的悬浮剂除尽。

悬浮聚合广泛用于自由基型聚合，如聚氯乙烯、聚苯乙烯、聚甲基丙烯酸甲酯及共聚物等工业生产。

4. 乳液聚合

在机械剧烈搅拌或超声波振动下借助于乳化剂的作用，使单体分散在水中呈乳状液而进行聚合过程。乳液聚合体系至少由单体、引发剂、乳化剂和水四个组分构成。

乳化剂的作用主要是降低界面张力，在液滴表面形成保护层和单体的增溶作用。乳化剂分子含有亲水基团和亲油基团。按照亲水基团的性质可以分为阴离子型乳化剂、阳离子型乳化剂、非离子型乳化剂和两性乳化剂四类。乳液聚合中使用最多的是阴离子型乳化剂，阳离子型乳化剂多在酸性介质中使用，乳液聚合一般较少使用，非离子型乳化剂一般用作辅助乳化剂。

乳液聚合的主要优点是：水作为分散介质，容易散热、价廉安全；乳液稳定，聚合速度快，产品分子量高，分子量分布较窄，可低温聚合和连续操作；特别适合于直接应用胶乳作黏合剂、涂料、处理剂和生产乳液泡沫橡胶的场所。

乳液聚合的主要缺点是制备粉状固体产品时，胶乳后处理过程复杂，成本比悬浮聚合法高，产品中留有较多杂质难以除尽，有损电绝缘性能。

乳液聚合方法主要用于生产合成橡胶，如：丁苯橡胶、氯丁橡胶、丁腈橡胶。也可生产乳液状聚合物如糊状聚氯乙烯树脂。

表 7-8 对四种聚合方法进行了比较。

表 7-8　聚合方法比较

聚合方法	本体聚合	溶液聚合	悬浮聚合	乳液聚合
配方主要成分	单体 引发剂	单体 引发剂 溶剂	单体 引发剂 水 分散剂	单体 水溶性引发剂 水 乳化剂

续表

聚合方法	本体聚合	溶液聚合	悬浮聚合	乳液聚合
聚合场所	本体内	溶液内	液滴内	胶束和乳胶粒内
聚合特征	遵循自由基聚合一般机理，提高速率往往使相对分子质量降低	伴有向溶液的链转移反应，一般相对分子质量较低，速率也较低	与本体聚合相同	能同时提高聚合速率和相对分子质量
生产特征	热不易散出，主要是间歇生产，设备简单，宜制板材和型材，相对分子质量调节难	散热容易，可连续生产，不宜制成干燥粉状或粒状树脂，相对分子质量调节容易	散热容易，间歇生产，须经分离、洗涤、干燥等工序，相对分子质量调节难	散热容易，可连续生产，制成固体树脂时须经凝聚、洗涤、干燥等工序，相对分子质量易调节
产物特征	聚合物纯净，易与生产透明、浅色制品，相对分子质量分布宽	一般聚合液直接使用，相对分子质量分布窄，相对分子质量较低	比较纯净，可能留有少量分散剂，直接得到粒状产物，利于成型，相对分子质量分布宽	聚合物留有少量乳化剂及其他助剂，用于对电性能要求不高的场合，乳液也可直接使用，相对分子质量分布窄

7.1.3.2 逐步聚合反应的工业实施方法

逐步聚合反应工业实施方法主要有熔融缩聚、溶液缩聚、固相缩聚、界面缩聚和乳液缩聚等。

1. 熔融聚合

聚合体系中只加单体和少量的催化剂，不加入任何溶剂，聚合过程中原料单体和生成的聚合物均处于熔融状态。优点是产品后处理容易，设备简单，可连续生产。缺点是要求严格控制功能基等摩尔比，对原料纯度要求高。需高真空，对设备要求高。

主要用于平衡缩聚反应，如聚酯、聚酰胺等的生产。

2. 溶液聚合

单体在溶液中进行聚合反应的一种实施方法。其溶剂可以是单一的，也可以是几种溶剂混合。分为高温溶液聚合和低温溶液（< 100℃）聚合。高温溶液聚合采用高沸点溶剂，多用于平衡逐步聚合反应。低温溶液聚合一般适于高活性单体，如二元酰氯、异氰酸酯与二元醇、二元胺等的反应。由于在低温下进行，逆反应不明显。

溶液聚合的优点是传热性好，反应可平稳进行；无需高真空，反应设备较简单；所得聚合物溶液可以直接制成清漆、成膜材料或纺丝。缺点是需除去溶剂时，后处理复杂；工艺过程比熔融缩聚复杂，所以，一般能用熔融缩聚的都不用溶液缩聚进行生产。

溶液缩聚广泛用于涂料、胶黏剂等的制备，特别适于分子量高且难熔的耐热聚合物，如聚酰亚胺、聚苯醚、聚芳香酰胺等。

3. 界面缩聚

界面缩聚是将两种单体分别溶于两种不互溶的溶剂中，再将这两种溶液倒在一起，在两液相的界面上进行缩聚反应，聚合产物不溶于溶剂，在界面析出。界面缩聚的特点是：

1）界面缩聚是一种不平衡缩聚反应，小分子副产物可被溶剂中某一物质所消耗吸收；

2）界面缩聚反应速率受单体扩散速率控制；

3）单体为高反应性，聚合物在界面迅速生成，其相对分子质量与总的反应程度无关；

4）对单体纯度与功能基等摩尔比要求不严；

5）反应温度低，可避免因高温而导致的副反应，有利于高熔点耐热聚合物的合成。

界面缩聚由于需采用高活性单体，且溶剂消耗量大，设备利用率低，因此虽然有许多优点，但工业上实际应用并不多，主要用于实验室或小规模合成聚酰胺、聚脲等及其他耐高温的缩聚物。

4. 固态缩聚

指单体或预聚体在固态条件下的缩聚反应。特点是：

1）适用反应温度范围窄，一般比单体熔点低 15~30℃；

2）一般采用 AB 型单体，先制成两种单体的盐，再进行固相缩聚；

3）反应慢，表观活化能大，完成反应需数十小时；

4）聚合产物相对分子质量分布比熔融聚合产物宽。

此方法主要用于制备相对分子质量大、纯度高的聚合物，特别适合单体熔点很高或超过熔点容易分解的缩聚物以及耐高温缩聚物和无机缩聚物。

7.1.4 工业生产过程

以链式聚合为例，高分子化合物的生产过程大致包括如下部分：

1. 原材料的精制

聚合所用的单体和溶剂要求有很高的纯度，一般单体纯度要求 99%以上。杂质的存在将会使聚合物的相对分子质量降低，有时也影响了聚合物的色泽。为了防止单体在聚合前的自聚，通常加入阻聚剂。典型的阻聚剂有羟基苯醌和叔丁基邻苯二酚。

2. 引发剂的配制

在自由基聚合反应中使用引发剂，常用的引发剂有过氧化物、偶氮化合物和过硫酸盐等。在离子聚合反应中用催化剂，常用的催化剂是烷基金属化合物（如烷基铝），金属卤化物（如 $TiCl_4$，$TiCl_3$），以及路易士酸。

3. 聚合过程

聚合反应是高分子生产过程的关键。高分子的分子结构、性能、相对分子质量及其分布、支链与交联结构等与聚合物系的配方、工艺操作条件有关。因此要严格控制反应物系的组成，包括单体、共聚单体、反应介质或溶剂、引发或催化剂体系、相对分子质量调节剂等。同时控制物料的加料方式及速度。

4. 分离过程

聚合后的物料中，大多数情况中含有未反应的单体、反应介质，因此需要进行分离，以提纯聚合物。对于有毒的单体，分离尤为重要。

分离方法与聚合反应所得的物料的形态有关。一般，本体聚合和熔融缩聚所得的聚合物不需要进行分离。其他方法所得聚合物可通过闪蒸、热水洗涤、用醇破坏催化剂等方法。

5. 聚合物的后处理

后处理主要脱除分离过程后聚合物中的水分或有机溶剂，一般采用干燥方法，得到干燥的合成树脂或合成橡胶。

对于粉状的合成树脂，由于不能直接用作塑料成型原料，还需要添加填料、增塑剂、稳定剂、润滑剂、着色剂、防静电剂及增强材料等组分，经混炼、造粒制得粒状原料，然后包装出厂。

6. 回收过程

在溶液聚合方法中，应用有机溶剂进行离子聚合或配位聚合反应，因此回收过程主要是将聚合过程中所用的有机溶剂进行回收，以能循环使用。

7.2 合成树脂和塑料

7.2.1 概述

7.2.1.1 合成树脂与塑料关系

合成树脂是指由单体合成所得高聚物的总称。一般是无定形的透明或半透明的固体或半固体。按来源分为天然树脂和合成树脂。合成树脂是制造塑料、合成纤维、合成橡胶、黏合剂、涂料、离子交换树脂等产品的主要原料。

什么是树脂呢？比如拉胡琴用的松香，这就是一种树脂。松香是从赤松、油松等树皮分泌出的乳液里提炼出来的，这是一种天然树脂。还有常见的桃胶、虫胶、琥珀等也都是天然树脂。这些天然树脂是一种受热软化、冷却变硬的高分子化合物。后来，人们把具有受热软化、冷却变硬这种特性的高分子化合物都称为树脂。近年来，人们主要以石油、天然气、炼油厂气等为原料，通过化学方法，合成一种性能比天然树脂更优异的高分子聚合物，这就被人们说成是合成树脂。

塑料是以合成树脂为基本原料，在一定条件下(如温度、压力等)，塑制成的一定形状的材料，这种材料能够在常温下保持形状不变。有的塑料制品，除了主要成分是树脂外，还加入一定量的增塑剂、稳定剂、润滑剂、色料等。

塑料的应用和发展与低碳经济发展密切相关，在包装、建筑、电子电气、信息、汽车、高铁、飞机、日用等方面获得不断扩大的应用，从配套工业发展成为国民经济重要工业。

7.2.1.2 塑料的分类

1. 根据塑料受热后表现出来的共性，可分成热塑性塑料和热固性塑料两大类

(1) 热塑性塑料

所谓热塑性塑料，即它在受热时就会变软，甚至成为可流动的黏稠物，这时可将其塑制成一定形状的制品，冷却时保持塑形变硬。如果再加热又可变软，并可改变原来塑形为另一种塑形。如此可反复进行多次。具有这种特性的塑料，就叫热塑性塑料。制成热塑性塑料的合成树脂有聚氯乙烯、聚乙烯、聚丙烯、聚苯乙烯、聚碳酸酯、聚甲醛等。

(2) 热固性塑料

所谓热固性塑料，它在受热初期变软，具有可塑性，可制成各种形状的制品。继续加热就硬化定形，再加热也不会变软和改变它的形状。例如灯头或电插座等电木制品，就是这类塑料制成的，这些东西，就不能通过回收再加利用。制取热固性塑料的合成树脂有：酚醛树脂、环氧树脂、氨基树脂、聚氨酯等。

2. 根据塑料使用范围的不同可分为通用塑料、工程塑料、一般塑料和特种塑料几类

(1) 通用塑料

通用塑料是指产量大、价格低、性能多样化、应用面广，主要用于生产日用品或一般工农业用品的塑料。例如：聚乙烯、聚丙烯、聚苯乙烯、聚氯乙烯、酚醛塑料、氨基塑料。

(2) 工程塑料

工程塑料是指产量不大，成本较高，具有优良的机械强度及耐热、耐磨、耐化学腐蚀等特性，可用于结构材料的塑料。例如：聚酰胺、聚碳酸酯、ABS 树脂、聚甲醛、氯化聚醚、聚砜、聚酯等。

(3) 一般塑料

指用量不大、应用范围不广、性能一般的一类塑料。常见品种有聚甲基丙烯酸甲酯、聚氨酯、氟塑料类及氯化聚醚等。

(4) 特种塑料

指具有独特性能、价格高、产量少、应用范围窄的一类塑料。主要包括耐热塑料、阻隔塑料及导电塑料等，常见品种有聚苯硫醚、聚砜、聚酰亚胺、聚苯胺及乙烯与乙烯醇共聚物等。

当前热塑性塑料约占 60%，而聚乙烯、聚氯乙烯、聚苯乙烯和聚丙烯等四种产品占热塑性塑料的 80%以上。

7.2.2 聚乙烯的生产技术

7.2.2.1 聚乙烯简介

1. 聚乙烯用途

聚乙烯(polyethylene)是由乙烯单体经自由基聚合或配位聚合而获得的聚合物，缩写代号为 PE。聚乙烯是合成树脂中用量最大的品种，具有良好的机械性能和化学稳定性，广泛用于工业、农业、医药、卫生和日常生活用品等。

2. 聚乙烯分类

按照聚乙烯的结构性能可以分为高密度聚乙烯(HDPE)、低密度聚乙烯(LDPE)、超高相对分子质量聚乙烯(UHMWPE)、线型低密度聚乙烯(LLDPE)和茂金属聚乙烯，此外，还有改性品种如乙烯-醋酸乙烯酯(EVA)和氯化聚乙烯(CPE)等。主要用途见表 7-9。

表 7-9 聚乙烯的用途

用途	所占树脂的比例	制　　品
薄膜类制品	LDPE 的 50% HDPE 的 10% LLDPE 的 70%	用于食品、日用品、蔬菜、收缩、自粘、垃圾等轻质包装膜，地膜，棚膜、保鲜膜等 重包装膜、撕裂膜、背心袋等 包装膜、垃圾袋、保鲜膜、超薄地膜等
注塑制品	HDPE 的 30% LDPE 的 10% LLDPE 的 10%	日用品如：盆、筒、篓、盒等，周转箱，瓦楞箱，暖瓶壳，杯、台、玩具等
中空制品	以 HDPE 为主	用于装食品油、酒类、汽油及化学试剂等液体的包装筒，中空玩具
管材类制品	以 HDPE 为主	给水、输气、灌溉、穿线、吸管、笔芯用的管材，化妆品、药品、鞋油、牙膏等用的管材
丝类制品	圆丝用 HDPE 扁丝用 HDPE 和 LLDPE	渔网、缆绳、工业滤网、民用纱窗等 纺织袋、布、撕裂膜
电缆制品	以 LDPE 为主	电缆绝缘和保护材料
其他制品	HDPE、LLDPE LDPE	打包带 型材

7.2.2.2 乙烯聚合基本原理

1. 聚乙烯结构

乙烯的构象：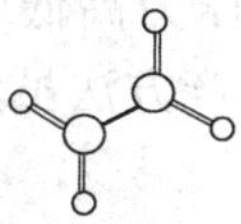

聚乙烯的构象：

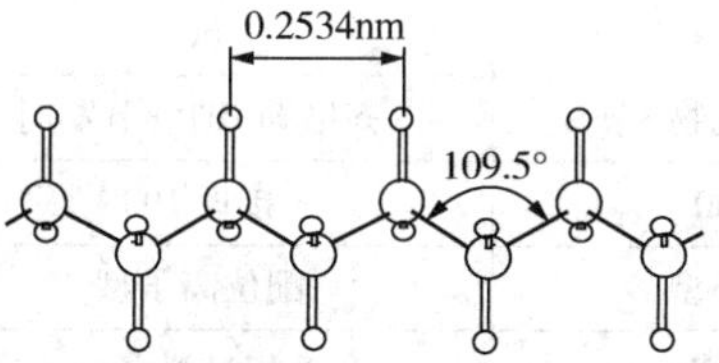

聚乙烯的分子链结构：

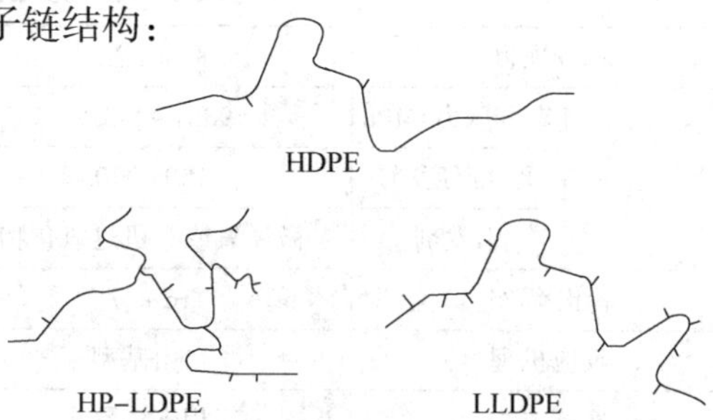

2. 乙烯聚乙烯机理

链引发反应：

$$O_2+H_2C=CH_2 \longrightarrow H_2C\text{-}O\text{-}O\text{-}CH_2$$

$$H_2C\text{-}O\text{-}O\text{-}CH_2 \longrightarrow 2CH_2\cdot+O_2$$

链增长反应：

$$CH_2\cdot+H_2C=CH_2 \longrightarrow H_2C\text{-}CH_2\text{-}CH_2\cdot$$

$$H_2C\text{-}CH_2\text{-}CH_2\cdot+H_2C=CH_2 \longrightarrow H_2C\text{-}CH_2\text{-}CH_2\text{-}CH_2\text{-}CH_2\cdot$$

链转移反应：

$$R\text{-}CH_2\cdot+R'\text{-}CH_2\text{-}R'' \longrightarrow R\text{-}CH_3+R'\text{-}\dot{C}H_2\text{-}R''$$

$$R'\text{-}\dot{C}H_2\text{-}R''+H_2C=CH_2 \longrightarrow R'\text{-}\underset{\displaystyle |\atop \displaystyle CH_2-CH_2\cdot}{CH_2}\text{-}R''$$

链终止反应：

$$R\text{-}CH_2\cdot+R\text{-}CH_2\cdot \longrightarrow R\text{-}CH_2\text{-}CH_2\text{-}R$$

7.2.2.3 聚乙烯的性质

1. 物理性质

1）聚乙烯为白色、蜡状半透明材料，具有优越的介电性能。

2）易燃烧，且离火后继续燃烧。

3）透水率低，对有机蒸气透过率则较大。

4）透明度随结晶度增加而下降，在一定结晶度下，透明度随相对分子质量增加而提高。

5）高密度聚乙烯熔点范围为132~135℃，低密度聚乙烯熔点较低（112℃）且范围宽。

6）常温下不溶于任何已知溶剂中，70℃以上可少量溶解于甲苯、乙酸戊酯、三氯乙烯等溶剂中。

2. 化学性质

1）具有优异的化学稳定性，室温下耐盐酸、氢氟酸、磷酸、甲酸、胺类、氢氧化钠、氢氧化钾等各种化学物质，硝酸和硫酸对聚乙烯有较强的破坏作用。

2）聚乙烯容易光氧化、热氧化、臭氧分解，在紫外线作用下容易发生降解，炭黑对聚乙烯有优异的光屏蔽作用。

3）受辐射后可发生交联、断链、形成不饱和基团等反应。

7.2.2.4 聚乙烯生产方法

目前世界上拥有聚乙烯技术的公司很多，拥有 LDPE 技术的有 7 家，LLDPE 和全密度技术的企业有 10 家，HDPE 技术的企业有 12 家。按照聚乙烯生产压力高低可以分为高压法聚乙烯、中压法聚乙烯和低压法聚乙烯三种方法。聚乙烯的三种生产方法虽然各有长短，但至今仍然并存(见表 7-10)。

表 7-10 聚乙烯三种生产方法的比较

比较项目		高压法	中压法	低压法
操作条件	聚合压力/MPa	98.1～245.2	2～7	<2
	聚合温度/℃	150～330	125～150	60
	引发剂	微量氧或有机过氧化物	金属氧化物	齐格勒-纳塔引发剂
转化率/%		16～27	接近 100	接近 100
反应机理		自由基型	配位离子型	配位离子型
实施方法		气相本体聚合	液相悬浮聚合	液相悬浮聚合
工艺流程		简单	复杂	复杂
结构性能	大分子支化程度	高	介于两者之间	大分子排列整齐
	相对密度	低(0.910～0.925)	居中(0.926～0.940)	高(0.941～0.970)
	纯度	高	基本与低压法相同	产品含有引发剂残基
	热变形温度/℃	50℃，较软	基本与低压法相同	78℃，较硬
建设投资		高	低	低
操作费用		低	高	高

从技术发展情况看，高压法生产 LDPE 是 PE 树脂生产中技术最成熟的方法，釜式法和管式法工艺技术均已成熟，目前这两种生产工艺技术并存。发达国家普遍采用管式法生产工艺。

7.2.3 乙烯高压聚合生产工艺控制技术

乙烯高压聚合是以微量氧或有机过氧化物为引发剂，将乙烯压缩到 147.1～245.22MPa 高压下，在 150～290℃的条件下，乙烯经自由基聚合反应转变为聚乙烯的聚合方法。若以氧为引发剂时，聚合时乙烯先被氧化为过氧化物，而后分解为自由基再与乙烯聚合生成聚乙烯，为了防止气体在高压下发生爆炸，必须严格控制氧用量为乙烯量的 0.003%～0.007%之内。以有机过氧化物为引发剂时，将有机过氧化物溶解于液体石蜡中，配制成引发剂溶液使用。

乙烯高压聚合是工业上采用自由基型气相本体聚合的最典型方法，还是工业上生产聚乙烯的第一种方法，至今仍然是生产低密度聚乙烯的主要方法。

7.2.3.1 聚合原理

1. 乙烯转化与循环

乙烯高压聚合过程中单程转化率仅为 15%～30%，所以大量的单体乙烯(70%～85%)要循环使用。因此所用乙烯原料一部分是新鲜乙烯，一部分是循环回收的乙烯。对于乙烯的纯度要求应超过 99.95%。循环乙烯中的杂质主要是不易参加聚合反应的惰性气体，如：氮、甲烷、乙烷等。多次循环使用时，惰性杂质的含量可能积累，此时应采取一部分气体放空或送乙烯精制车间精制。

2. 相对分子质量调节剂

在工业生产中为了控制产品聚乙烯的相对分子质量，必须加适量的相对分子质量调节剂，可用的调节剂包括烷烃(乙烷、丙烷、丁烷、己烷、环己烷)、烯烃(丙烯、异丁烯)、氢、丙酮和丙醛等，而以丙烯、丙烷、乙烷等最常应用。调节剂的种类和用量根据聚乙烯牌号的不同而不同，用量一般是乙烯体积的1.0%~6.5%。调节剂应在一次压缩机的进口进入反应系统。

3. 添加剂

聚乙烯树脂在隔绝氧的条件下受热时是稳定的，但在空气中受热则易被氧化。聚乙烯塑料在长期使用过程中，由于日光中紫外线照射而易老化，性能逐渐变坏。为了防止聚乙烯在成型过程中受热时被氧化，防止使用过程中老化，所以聚乙烯树脂中应添加防老剂(抗氧剂)，如4-甲基-2,6-二叔丁基苯酚、防紫外线剂等。此外，为了防止成型过程中粘结模具而需要加入润滑剂，如油酸酰胺或硬脂酸铵、油酸铵、亚麻仁油酸铵三者的混合物。聚乙烯主要用来生产薄膜，为了使吹塑制成的聚乙烯塑料袋易于开口而需要添加开口剂，如高分散性的硅胶(SiO_2)、铝胶(Al_2O_3)。为了防止表面积累静电，有时需要添加防静电剂。

4. 催化剂配制

乙烯高压聚合需加入自由基引发剂，工业上常称为催化剂，所用的引发剂主要是氧和过氧化物，早期工业生产中主要用氧作为引发剂。其优点在于：价格低，可直接加于乙烯进料中。而且在200℃以下时，氧是乙烯聚合阻聚剂，不会在压缩机系统中或乙烯回收系统中引发聚合。其缺点是氧的引发温度在230℃以上，低于200℃时反而阻聚。由于氧在一次压缩机进口处加入，所以不能迅速用改变引发剂用量的办法控制反应温度，而且氧的反应活性受温度的影响很大。因此，目前除管式反应器中还用氧作引发剂外，釜式反应器已全部改为过氧化物引发剂。

工业上常用的过氧化物引发剂为：过氧化二叔丁基、过氧化十二烷酰、过氧化苯甲酸叔丁酯、过氧化3，5，5-三甲基乙酰等。此外尚有过氧化碳酸二丁酯、过氧化辛酰等。

乙烯高压聚合引发剂应配制成白油溶液或直接用计量泵注入聚合釜的乙烯进料管中，或注入聚合釜中，在釜式聚合反应器操作中依靠引发剂的注入量控制反应温度。

5. 聚合过程

乙烯在高压条件下虽仍是气体，但其密度达0.5g/cm^3，已接近液态烃的密度，近似于不能再被压缩的液体，称气密相状态。此时乙烯分子间的距离显著缩短，从而增加了自由基与乙烯分子的碰撞几率，易于发生聚合反应。由于乙烯聚合时可产生大量的热量，乙烯聚合转化率升高1%则反应物料将升高12~13℃。如果热量不能及时移去，温度上升到350℃以上则发生爆炸性分解。因此在乙烯高压聚合过程中应防止聚合反应器内产生局部过热点。

聚合过程反应温度一般在130~350℃范围；反应压力一般为122~303MPa或更高；聚合停留时间较短，通常为15 s~2 min。反应条件的变化不仅影响聚合反应速度，而且也影响产品聚乙烯的相对分子质量。当反应压力提高时，聚合反应速度加大，但聚乙烯的相对分子质量降低，而且支链较多，所以其密度稍有降低。

6. 单体回收与聚乙烯后处理

自聚合反应器中流出的物料经减压装置进入高压分离器，高压分离器内的压力为20~25MPa，大部分未反应的乙烯与聚乙烯分离。气相经冷却，脱除蜡状的低聚物后回收循环使用。聚乙烯则进入内压小于0.1MPa(表)的低压分离器，使残存的乙烯分离回收循环使用。同时将防老剂等添加剂，根据生产牌号的要求注入低压分离器，与熔融的聚乙烯树脂充分混合后进行造粒。聚乙烯与其他品种的塑料不同，需经二次造粒，其目的是增加聚乙烯塑料透明性，并且减少塑料中的凝胶微粒。

7.2.3.2 工艺条件安全控制

1. 乙烯纯度

聚合级乙烯气体的规格要求，纯度不低于99.9%。

纯度低，聚合缓慢，杂质多，产物相对分子质量低。其中特别严格控制对乙烯聚合有害的乙炔和一氧化碳的含量，因为它们能参与聚合反应。若乙炔参加聚合则会产生交联或因分子中存在双键而降低产物的抗氧能力；一氧化碳进入高聚物的分子中也会降低产物的抗氧化能力，并将降低其介电性能。

2. 聚合温度

取决于引发剂种类。以氧为引发剂温度控制在230℃以上，以有机过氧化物为引发剂时，温度控制在150℃左右。

升高温度，链增长速率与链转移速率都增加，因此总的聚合速度加快。但是链转移活化能高于链增长，所以升高温度对链转移有利，链转移速率加快会造成聚乙烯大分子的短支链和长支链增多，使产品的密度下降。

3. 聚合压力

108~245MPa，高低依据聚乙烯生产牌号确定。压力愈大，产物相对分子质量愈大。因为压力提高，实质是增加了乙烯的浓度，即增加了自由基或活性增长链与乙烯分子的碰撞机会，所以增加压力，聚乙烯的产率和平均相对分子质量都增加。

7.2.3.3 乙烯高压聚合生产工艺流程

现在工业采用的乙烯高压聚合反应器可以分为釜式反应器和管式反应器两种，现以釜式反应器为例说明乙烯高压聚合生产工艺流程，如图7-3所示。主要生产过程分为压缩、聚合、分离和掺合4个工段。

来自于总管的压力为1.18MPa的聚合级乙烯进入接收器(1)，与来自辅助压缩机(2)的循环乙烯气混合。经一次压缩机(3)加压到29.43MPa，再与来自于低聚物分离器(4)的返回乙烯一起进入混合器(5)，由泵(6)注入调节剂丙烯或丙烷。气体物料经二次压缩机(7)加压到113~196.20MPa(具体压力根据聚乙烯牌号确定)，然后进入聚合釜(8)，同时，由泵(9)连续向反应器内注入微量配制好的引发剂溶液，使乙烯进行高压聚合。大部分反应热由离开反应器的物料带走。反应器夹套冷却只能除去部分热量。

从聚合釜出来的聚乙烯与未反应的乙烯经反应器底部减压阀减压进入冷却器(10)，冷却至一定温度后进入高压分离器(11)，减压至24.53~29.43MPa，分离出来的大部分未反应的乙烯与低聚物。经过低聚物分离器(4)，分离出低聚物后，乙烯返回混合器(5)循环使用；低聚物在低聚物分液器(14)中回收夹带的乙烯后排出。由高压分离器(11)出来的聚乙烯物料(含少量未反应的乙烯)，在低压分离器(12)中减压至49.1kPa，其中分离出来的残余乙烯进入乙烯接收器(13)。在低压分离器底部加入抗氧剂、抗静电剂等后，与熔融状态的聚乙烯一起经挤压齿轮泵(15)送至切粒机(16)进行水下切粒。切成的粒子和冷却水一起到脱水贮槽(17)脱水，再经振动筛(18)过筛后，料粒用气流送到溶合工段。

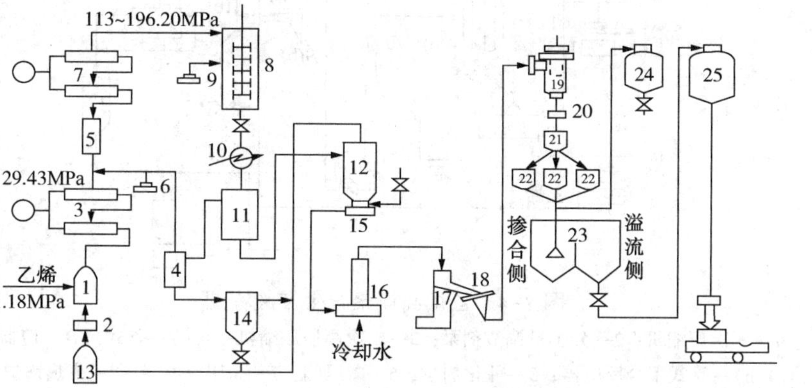

图 7-3　高压聚乙烯生产工艺流程图

1—乙烯接收器；2—辅助压缩机；3——次压缩机；4—低聚物分离器；5—气体混合器；6—调节剂注入泵；7—二次压缩机；8—聚合釜；9—引发剂泵；10—产物冷却器；11—高压分离器；12—低压分离器；13—乙烯接收器；14—低聚物分液器；15—齿轮泵；16—切粒机；17—脱水贮槽；18—振动筛；19—旋风分离器；20—磁力分离器；21—缓冲器；22—中间贮斗；23—掺合器；24—等外品贮槽；25—合格品贮槽

用气流送来的料粒首先经过旋风分离器(19)，通过气固分离后，颗粒器(20)以除去夹带的金属粒子，然后进入缓冲器(21)。缓冲器中料粒经过自动磅秤和三通换向阀进入三个中间贮槽(22)中的一个，取样分析，合格产品进入掺合器(23)中进行气动掺合；不合格产品送至等外品贮槽(24)进行掺合或贮存包装。

掺合均匀后的合格产品——聚乙烯颗粒用气流送至合格品贮槽(25)贮存，然后用磅秤称量，装袋后送入成品仓库。

美国埃克森美孚公司采用高压自由基工艺生产 LDPE 均聚物和 EVA(乙烯醋酸乙烯)共聚物。采用大规模管式反应器(产能 130~350kt/a)和搅拌釜式反应器(产能约 100kt/a)。管式反应器操作压力高达 300MPa，釜式反应器低于 200MPa。这种工艺已有 23 套高压法反应器投运，产能为 1.7Mt/a，生产均聚物和各种共聚物。目前我国燕山的 200kt/a LDPE 装置即采用该公司的管式法技术。如图 7-4 所示。

7.2.4　乙烯中压聚合工艺

7.2.4.1　聚合原理

采用中压法生产聚乙烯有两条路线，一条路线是乙烯单体，以烷烃为溶剂，以 Cr_2O_3-Al_2O_3-SiO_2为引发剂，在 150℃和 4.91MPa 下聚合；第二条路线是乙烯单体，以脂肪烃或芳烃为溶剂，以 MoO_3-Al_2O_3或氧化镍-活性炭为引发剂，在 200~260℃，6.87MPa 下聚合。聚合机理为配位离子型聚合。

7.2.4.2　主要工艺条件

1. 温度

一是引发剂活化温度，引发剂的活化温度越高，所得聚乙烯的相对分子质量越低。适宜

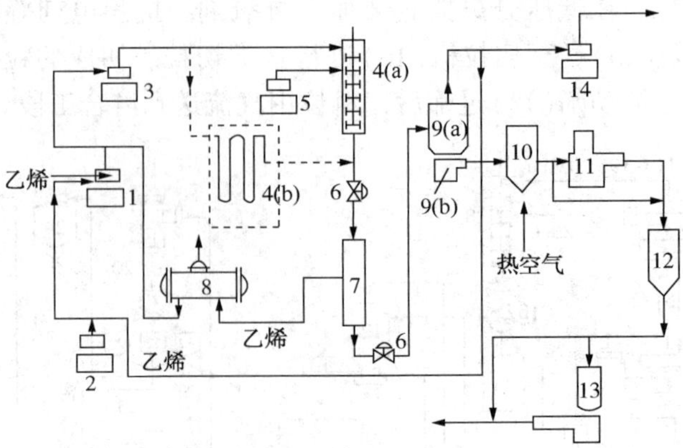

图 7-4　乙烯高压聚合生产液程图

1—一次压缩机；2—分子量调节剂泵；3—二次高压压缩机；4(a)—釜式聚合反应器；4(b)—管式聚合反应器；5—催化剂泵；6—减压阀；7—高压分离器；8—废热锅炉；9(a)—低压分离器；9(b)—挤出切粒机；10—干燥器；11—密炼机；12—混合机；13—混合物造粒机；14—压缩机

的引发剂活化温度为550℃左右。二是聚合反应的温度。聚合温度越高，聚乙烯相对分子质量越低，一般采用150℃。

2. 聚合压力

聚乙烯的相对分子质量随压力的升高而增加，一般采用4.91MPa。

7.2.4.3　乙烯中压法聚合工艺流程

以铬为引发剂的乙烯中压法聚合工艺中最普遍采用的是浆液法，此外，还有固定床、移动床、沸腾床法等。

浆液法是将固相引发剂分散于反应介质制成悬浮液，乙烯开始聚合时，生成的聚乙烯大部分分散在反应介质中，由于反应物料呈浆液状，故称为浆液聚合。这种方法得到的聚乙烯相对分子质量可达40600以上。其工艺流程如图7-5所示。

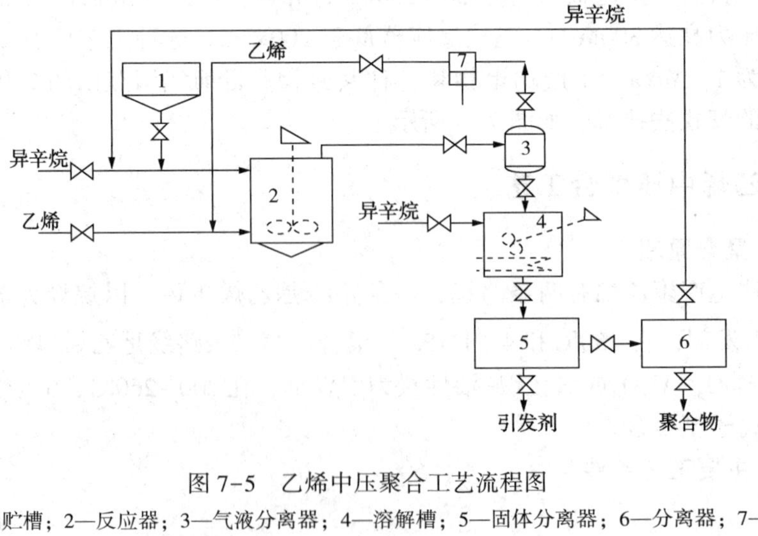

图 7-5　乙烯中压聚合工艺流程图

1—引发剂贮槽；2—反应器；3—气液分离器；4—溶解槽；5—固体分离器；6—分离器；7—压缩机

配制好(溶剂量的0.2%~0.6%)的铬引发剂悬浮液由引发剂贮槽(1)与原料乙烯先后进入带有搅拌器的反应器(2)中，在3.43MPa、100℃下，进行反应。反应后生成的浆液送入气液分离器(3)，分离出来的未反应乙烯再经过压缩机(7)压缩后循环使用；分离后的浆液送入具有搅拌器和加热器的溶解槽(4)中，在搅拌下进行加热，使物料高于反应温度约14℃，并保持适当压力，加热后，聚乙烯溶解于异辛烷中，必须时可以用异辛烷稀释，然后加入固体分离器(5)，用过滤或离心的方法在高温和一定压力下，将引发剂与聚乙烯异辛烷溶解分离。将分离出来的引发剂回收后循环使用或再生后使用。将脱除引发剂的聚乙烯异辛烷溶液在分离器(6)中进行蒸馏，蒸馏出溶剂后即得聚乙烯；或者将溶液冷却至20℃以下，使聚乙烯沉淀析出，经过滤得聚乙烯。分离后的溶剂循环使用。

还有将中压法流程描述为如图7-6所示。乙烯和共聚单体经精制后溶解于环己烷中，加压、加热到反应温度送入第一级反应器，乙烯在压力为10MPa和约200℃条件下聚合。催化剂溶液则加热到与进料相等温度送入聚合釜，聚乙烯溶液由第一级反应器进入管式反应器，进一步聚合达到聚合物浓度约为10%。出口处注入螯合剂以络合未反应的催化剂，并进一步加热使催化剂脱活。残存的催化剂经吸附脱除。

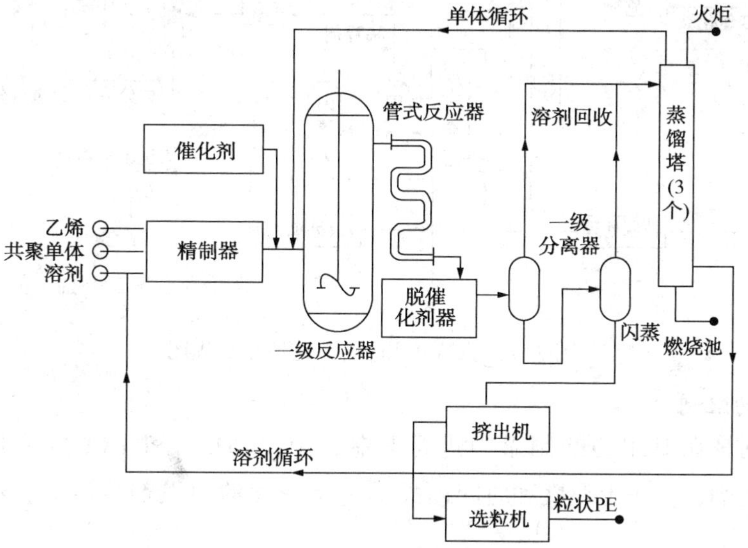

图7-6　中压溶液法流程

热的聚乙烯溶液降压到0.655MPa进行闪蒸，以脱除未反应单体和90%的溶剂。含有约65%聚乙烯的浓溶液进一步在0.207 MPa压力下闪蒸。熔融的聚合物送入挤出机进行造粒使溶剂质量分数低于5×10^{-4}。

7.2.5 乙烯低压聚合工艺

7.2.5.1 聚合机理

乙烯的低压聚合，是以烷基铝和$TiCl_4$或$TiCl_3$组成的络合物为引发剂，于常压、60~75℃下聚合成高密度聚乙烯的方法。其聚合机理为配位阴离子聚合机理，该聚合反应不发生向大分子链转移的反应，因而所得大分子基本无支链，所以可以得到高结晶度的线型聚乙烯树脂。

7.2.5.2 乙烯低压聚合工艺条件

1. 聚合温度

络合引发剂的效能较高，即使在较低的温度下也可使聚合反应顺利进行。一般取 60~75℃。聚合温度主要对引发剂的活性及聚乙烯的特性黏度、产率有影响。

2. 聚合压力

压力增加使乙烯在溶剂中吸收速率增加，所以聚合速率增大。但所得产物的相对分子质量与压力无关。原因是当聚合速率随单体浓度增加时，向单体转移的速率也增加。所以聚乙烯的相对分子质量变化不在。生产中一般采用在 0~981kPa 之间。

7.2.5.3 乙烯低压聚合工艺流程

低压法生产聚乙烯的工艺过程包括：引发剂的配制，聚合，高聚物的分离、净化与干燥，溶剂回收等。其原则流程如图 7-7 所示。

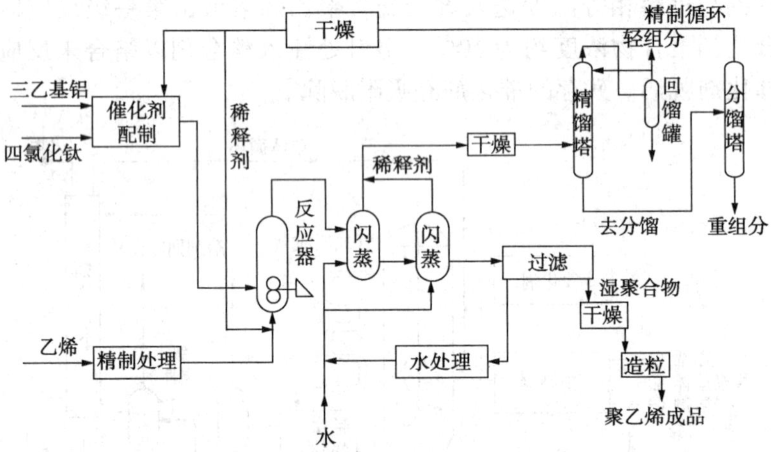

图 7-7 乙烯低压聚合工艺原则流程图

1. 引发剂的配制

络合引发剂是在专用的配制罐中进行配制，$Al(C_2H_5)_3$ 和 $TiCl_4$ 的用量比为 1∶(1~1.2)，用烃类溶剂，在一定温度和时间内配成一定浓度的引发剂悬浮液，然后送入聚合反应器。

2. 乙烯的聚合

用于低压聚合的乙烯要经过精制，应不含水、氧、二氧化碳、醇、醛及含硫化合物等杂质；所用溶剂(稀释剂)也应不含有害杂质。

聚合设备为带搅拌的釜式反应器。精制后的乙烯、溶剂、引发剂等连续加入聚合釜中。聚合釜内压力为 0~981kPa、聚合温度为 60~75℃，夹套内通冷却水，以保持聚合反应的温度。反应后的物料自聚合釜中流出，进入闪蒸汽化器使溶剂汽化，同时加水或醇破坏引发剂。

3. 高聚物的分离、净化和干燥

反应产物除去溶剂后，经过滤、洗涤、干燥即可得聚乙烯产品。

4. 溶剂回收

闪蒸后的溶剂经过干燥、精馏脱除其中的轻、重组分后，再循环使用。

7.2.5.4 低压气相聚合法

流程见图7-8。精制的乙烯和共聚单体连续送入流动床反应器，同时直接加入催化剂。反应温度低于100℃，压力低于2MPa。用压缩机进行气流循环，以保证物料处于沸腾流动状态，并移除反应热。气流经冷却器冷却后再进入反应器。反应生成的固体颗粒状聚乙烯经减压阀流出，脱除残存单体后，添加所需助剂后造粒得到商品聚乙烯。

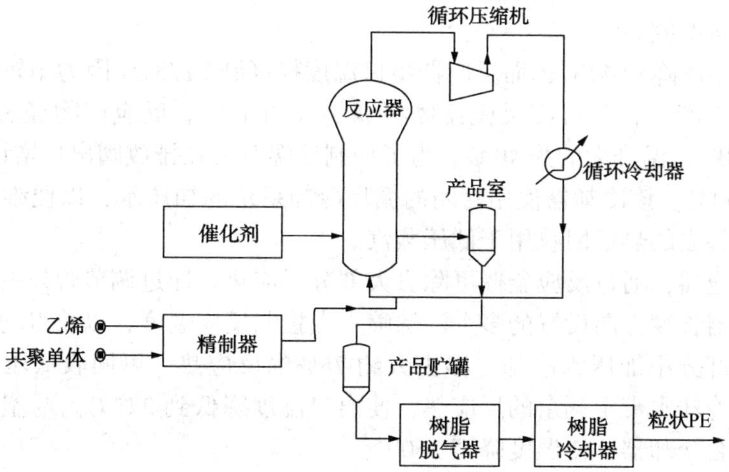

图7-8 低压气相聚合法流程

7.2.6 聚乙烯生产安全技术

7.2.6.1 乙烯、引发剂等危险性物质的危险性分析

1）乙烯+氧气或过氧化物：氧气是之前从压缩机入口加入的，如果加入过量，可以导致灾难性后果，过氧化物易于分解，释放活性氧原子，使反应过程更加激烈，必须注意对应的安全问题。

2)烷基铝：化学式为$Al(C_2H_5)_3$，相对分子质量为114.16。主要用于有机合成，也用作火箭燃料。本品具有强烈刺激和腐蚀作用，主要损害呼吸道和眼结膜，高浓度吸入可引起肺水肿。吸入其烟雾可致烟雾热。皮肤接触可致灼伤，引起充血、水肿和起水疱，疼痛剧烈。

禁配物：强氧化剂、酸类、水、空气、氧、醇类。

避免接触的条件：受热、空气。

3）$TiCl_3$易潮解，加热到熔点以上分解。不稳定。干燥粉末在空气中易引火，在潮湿空气中极易与空气中氧反应，很快离解。溶于水放热，形成紫红色溶液。

爆炸物危险特性：有腐蚀性。

可燃性危险特性：遇氧化剂可燃；遇氰化物放出有毒氰化氢气体；受热分解有毒氯化物烟雾。

储运特性：库房通风低温干燥；与氧化剂、氰化物、碱类分开存放。

灭火剂：水、二氧化碳、泡沫。

7.2.6.2 聚合过程危险性分析

1. 高压聚合反应器安全技术

乙烯聚合具有放热反应、高压、高温等危险性特点。

釜式或管式反应器因不可通过釜壁或其他间接方法移走大量的反应热，所以，主要限制条件是乙烯进料与反应产物之间的温升。反应物的温度限制在290℃左右，以防止爆炸分解，并限制产品进入高压分离器时达到的峰值温度。因此，获得高单程转化率的有效方法，只有降低乙烯进料温度。

乙烯的进料温度降到44℃，而反应器出口温度提高到277℃，因为用较高的平均反应温度能提高反应器生产率，并可使反应器体积缩小大约10%。反应产物经过排放阀减压后，压力降到27. 6MPa，温升大约为40℃。为了控制该温升，在排放阀出口增设了一台冷却器，使温度降低到260℃。该冷却器使用封闭的循环冷却系统的加压水，以便维持高管壁温度并防止表面结垢。移去的热量回收用于低压蒸汽。

使用管式反应器，通过反应釜壁可除去大部分反应热。通过调节管外夹套内的冷却剂温度，并用沿反应器长度方向设置的多个乙烯喷入点控制反应温度，以获得均匀的聚合速度。

反应器上半部分用加压水冷却，移去大约75%的反应热，可回收低压蒸汽。反应器的另一半用夹套通冷却水带走剩余的反应热，使出口温度降低到277℃。与釜式工艺相同，在排放阀出口加一台冷却器，使温度降至260℃。

2. 高压法循环冷却系统安全技术(清蜡技术)

以前的高压循环冷却系统使用两套冷剂分离机组，在冷却与清洗交替进行时，每套机组都按满冷却负荷设计。这种布置的目的是除去传热表面上的蜡，而不中断聚合。

现在改用简单的三段冷却系列代替上述冷剂分离机组，该系列有三个蜡分离罐，蜡从罐中间段排出。

三段冷却系列的每一段都有2台并联的换热器，每台换热器的能力稍高于总负荷的一半。第一段使用高压水，以便维持较高的管壁温度并减少结垢。移出的热量用于回收生产低压蒸汽。第二、第三段冷却器使用冷却水，在管子表面上会沉积一些蜡，这些沉积可简单地通过定时从一台换热器的壳体排放冷却水，使蜡熔化而除掉。必要时，可以向壳体通蒸汽加速熔化。可通过提高另一台换热器的温差来补偿这台冷却器的暂时损失。

在第三段冷却器上蜡沉积得较慢，要想在不影响正常操作的条件下加以清除也最困难。必要时，可采用Exxon的方法，使用该法在清洗换热时须中断聚合几分钟。

3. 压缩技术

在以前的工艺技术中，一次压缩机和低压循环压缩机的排放压力都为27. 6MPa。此外，管式工艺采用两台超高压压缩机，其中一台仅用于输送高压循环气。目前压缩技术已经大大进步，而且在220. 5MPa下单机输送能力已达到120t/h，因此简化了压缩系统，让低压循环压缩机出口与一次压缩机入口相连，并且只用一台超高压压缩机。

4. 中低压聚合反应技术

在气相流化床法中，乙烯在流化床聚合，形成粒状聚合物。对某些共聚产品品种，还存在共聚合级共聚单体($C_4 \sim C_6$的α-烯烃)。连续地将载体上的$TiCl_4$催化剂加入反应器，不断地将产品颗粒取出。循环气流使成长着的聚合物颗粒床层呈流化态。气体通过外部冷却循环，将反应热除去。将粒状产物从单体中分出，送往最后工序进行造粒。

在中压溶液法中，乙烯和共聚单体（C_4～C_6 的 α-烯烃）在环己烷溶液和连续搅拌釜反应器中聚合。使用Ziegler催化剂。形成的聚合物留在溶液中。在反应器出口处注入催化剂脱活剂，聚合物溶液在高温下流经铝吸附剂床层，床层将催化剂残余加以吸附。经二段闪蒸操作，将未反应单体中的溶剂从聚合物中分离出来，蒸馏后循环回反应器。聚合物熔体进行造粒。

在搅拌釜重稀释剂法中，将聚合级乙烯、1-丁烯，连同正己烷和催化剂组成循环稀释剂物流送入内部有冷却盘管，外壳由流经覆盖整个筒形壁的半圆冷却盘管的高强度搅拌器立式圆筒聚合反应器中，在载体上的Ti/Mg、三乙基铝助催化剂所组成的催化作用下，于1.8MPa、90℃下进行聚合，反应器在充满液体情况下操作，聚合反应形成聚乙烯固体颗粒，其颗粒基本上不溶于稀释剂中。聚合单体转化率达97%后，用离心机将聚合物淤浆从稀释剂中分离，然后进行干燥和造粒。

在环管反应器浆液法中，乙烯和任选的α-烯烃共聚单体是在连续环管反应器中聚合的。催化剂为载体上的Cr_2O_3。温度是控制聚合物相对分子质量的主要参数，而环管反应器可容许对反应温度进行严格控制。离开环管反应器的聚合物淤浆进行闪蒸和造粒。对异丁烷稀释剂进行回收、精制，再返回反应器。

习题与练习

一、填空题

1. 合成高分子材料主要包括________、________和________三大类，三者产量占全部合成高聚物产量的90%以上，称为________。

2. 工业上常用的引发剂有________型引发剂和________型引发剂两种。

3. 连锁聚合反应的工业实施方法通常分为________、________、________和________四种。

4. 在悬浮聚合过程不溶于水的单体依靠强力搅拌的________作用形成小液滴分散于水中，单体液滴与水之间的界面张力使液滴呈________状，但它们相互碰撞又可以重新凝聚。

5. 聚乙烯是由________单体经________聚合或________聚合而获得的聚合物，缩写代号为________。

6. 乙烯的低压聚合，是以________和________或________组成的络合物为引发剂，于常压、60～75℃下聚合成高密度聚乙烯的方法。

二、选择题

1. 下列不属于高分子的是(　　)。

A. 蛋白质　　B. 葡萄糖　　C. 淀粉　　D. 纤维素

2. 下面哪项不属于本体聚合的优点(　　)。

A. 产品纯度高　　B. 聚合设备简单

C. 聚合物体系黏度低　　D. 以上均是

3. (　　)合成树脂中用量最大的品种，具有良好的机械性能和化学稳定性，广泛用于工业、农业、医药、卫生和日常生活用品等。

A. PE　　B. PVC　　C. PP　　D. ABS

4. 以铬为引发剂的乙烯中压法聚合工艺中最普遍采用的是(　　)。

A. 固定床法　　B. 移动床法　　C. 沸腾床法　　D. 浆液法

三、判断题

1. 相对分子质量通常不上百，通常称为低分子化合物，简称小分子。(　　)

2. 连锁聚合反应的特点是瞬间形成相对分子质量很大的高分子，反应连锁进行，中间产物一般不能单独存在和分离出来。(　　)

3. 聚苯硫醚属于工程塑料。(　　)

4. 压力增加使乙烯在溶剂中吸收速率增加，所以聚合速率增大，所得产物的相对分子质量也增大。(　　)

5. 为了使聚乙烯产品种类更齐全，产品更具市场竞争力，聚乙烯工艺方法的选择宜考虑采用能生产全密度聚乙烯装置的气相法工艺技术。(　　)

四、名词解释

1. 高聚物

2. 热塑性塑料

五、简答题

1. 简述连锁聚合反应的工业实施方法。

2. 简述乙烯高压聚合及低压聚合原理。

3. 高压聚乙烯过程应防范哪些安全风险？如何防范？

8 其他重点控制的化工工艺及安全技术简介

8.1 光气及光气化工艺

8.1.1 光气简介

光气(phosgene)，学名碳酰氯(carbonyl chloride)，又名羰基二氯、氧氯化碳、氯代甲酰氯等，分子式$COCl_2$，相对分子质量98.916。光气常温下为无色气体，有腐草味，低温时为黄绿色液体，剧毒、易液化的气体。微溶于水，溶于芳烃、苯、四氯化碳、氯仿、乙酸等多数有机溶剂。化学性质不稳定，遇水迅速水解，生成氯化氢。是氯塑料高温热解产物之一，也可由一氧化碳和氯气的混合物通过活性炭制得。由于光气有两个酰氯，所以化学性质活泼，它不但具有酰氯的通性，而且能与伯胺类化合物生成异氰酸酯，与二羟基化合物，如双酚A生成聚碳酸酯，用作有机合成、农药、药物、染料及其他化工制品的中间体。脂肪族氯烃类(如氯仿、三氯乙烯等)燃烧时可产生光气。环境中的光气主要来自染料、农药、制药等生产工艺。

8.1.1.1 物理性质

光气在常温常压下为无色气体，比空气重得多。光气对人的嗅觉影响因光气在空气中浓度不同而异，吸烟者对光气的存在更为敏感。当空气中光气浓度较低(0.5μL/L)时，初闻有一定香味，类似于青草或烂苹果的气味，但浓度较高时，对喉、鼻、眼等器官的刺激使人无法忍受。低温或加压时光气易被液化。纯净的液态光气为无色液体，密度比水大。工业品由于带有杂质而呈淡黄至草绿色。液态光气危害程度很大，应尽可能使用气态光气工艺技术。光气微溶于水，易溶于甲苯、二甲苯、氯苯、二氯苯、四氯化碳、煤油、有机酸、有机酯等有机溶剂，其溶解度取决于温度和光气分压，故工业上光气化较多采用溶剂法，在一定温度、压力下将光气通入溶剂，然后再进入反应系统。光气常见物理性质见表8-1。

表8-1 光气物理性质

项　目	数　据	项　目	数　据
熔点/℃	-127.84	生成热/(kJ/mol)	
沸点(101.3kPa)/℃	7.48	自元素	218
密度(20℃液体)/(kg/m³)	1388	自CO和Cl_2	108
蒸汽压力(20℃)/kPa	161.68	熵/(kJ/kmol·K)	
蒸汽相对密度(相对于空气)	3.4	7℃	280
临界压力/MPa	5.68	25℃	284

续表

项　目	数　据	项　目	数　据
临界温度/℃	182	表面张力/(N/m)	
临界点密度/(kg/m^3)	520	0℃	0.0346
7.5℃气化潜热/(kJ/kg)	243	16.7℃	0.0200
7.5℃液体热容/(kJ/kmol·K)	100.8	34.5℃	0.0176

8.1.1.2　化学性质

光气在常温下稳定，加热或遇水分解。因光气有两个酰氯，其化学性质极为活泼，能与多种无机物和有机物反应。光气与活泼金属或无机物反应时为氯的提供者，生成相应的氯化物。与含有活泼氢的有机物反应时，它可以引入酰氯或羰基，生成相应的酰氯化合物、碳酸酯、尿素、脲或异氰酸酯等。

(1) 分解反应

光气加热后可分解，热分解为一氧化碳和氯气，其分解率见表 8-2。

表 8-2　光气热分解率与温度的关系

温度/℃	100	208	309	400	503	553	603	800
热分解率/%	0.45	0.83	5.61	21.26	67	80	90	100

(2) 水解

光气微溶于水，遇水蒸气会水解为二氧化碳和氯化氢，但水解不完全。在催化剂作用下，光气遇水会全部分解。用此反应可破坏废光气并回收盐酸。

(3) 氯化反应

光气能与活泼金属反应生成氯化物，其反应条件与金属活泼性有关。如常温下与钠接触就能反应，与锌则需加温才能反应。干燥光气与一般金属不反应，故可用钢管输送光气。光气与金属氧化物(MeO)反应生成高纯度的氯化物($MeCl_2$)和二氧化碳。光气与金属硫化(MeS)反应生成氯化物和羰基硫(COS)，如光气与硫化钠反应生成氯化钠和羰基硫，此反应可用于光气容器的消毒。

光气与 10%~20%的氢氧化钠溶液反应生成碳酸钠和氯化钠，这其实是光气水解反应产物与氢氧化钠的反应产物，利用此反应可破坏废光气。

(4) 与氨的反应

光气与氨反应剧烈，产物是尿素、氨基甲酰氯。氨基甲酰氯不稳定，可进一步反应生成缩二脲、氰尿酰胺、三聚氰胺(氰尿酸)，有时还会有三聚异氰酸。利用氨与光气能迅速反应的特点，在光气合成、使用、贮存的装置附近，常设置喷氨管道，光气万一泄漏时可作为应急解毒措施之一。

(5) 与胺的反应

伯胺与光气的反应与氨相似。由于反应放热，并有氯化氢产生，而氯化氢又能与胺生成相应的胺盐酸盐，胺盐酸盐使反应物料黏滞，甚至固化，从而使反应无法进行，因此需要加一定量的溶剂将伯胺稀释后再与光气反应。伯胺与光气反应第一步生成氨基甲酰氯，进而受热分解生成异氰酸酯。伯胺过多时与氨基甲酰氯或异氰酸酯反应生成脲(副反应)。工业上用此反应生产脂肪族和芳香族异氰酸酯。

二伯胺与光气反应与单伯胺类似。工业上用此反应生产聚氨酯塑料原料，如甲苯二异氰酸酯(TDI)(以间甲苯二胺 MTD 为原料)、亚甲基二苯基二异氰酸酯(MDI)(以苯胺和甲醛为原料)等。邻位的二胺化合物，如 TDI 生产过程中，由于甲苯硝化生成的 2,3-二硝基甲苯，3,4-二硝基甲苯还原生成的邻甲苯二胺(OTD)，与光气反应则生成甲基苯并咪唑酮。由于苯并咪唑酮有氨基，可与异氰酸酯反应而生成相应的脲，大大降低异氰酸酯收率。

肼与光气反应生成相应的脲的衍生物 *N*,*N*-二氨基脲。

仲胺与光气反应生成相应的四取代脲。但仲胺与光气等摩尔反应生成的中间产物氨基甲酰氯对热较为稳定。

由于叔胺氮原子无相连的氢原子，所以叔胺与一般酰化剂不反应，与光气的反应也与伯、仲胺不同。如三甲胺与光气反应生成 *N*,*N*-二甲基氨基甲酰氯 $(CH_3)_2NCOCl$，且不能再分解。

(6) 付列德尔-克拉夫茨(Friedel-Crafts)酰基化反应

在催化剂无水三氯化铝作用下，芳烃与光气作用生成芳基甲酰氯，有过量芳烃存在时则生成芳酮。叔胺与光气也可发生付-克酰基化反应。如染料中间体米蚩酮 $[(CH_3)_2NC_6H_4]_2CO$ 等的生产都是基于这一反应。

(7) 与醇与酚的反应

羟基化合物(如醇或酚)与光气反应，当醇或酚与光气等摩尔反应且温度较低时主要生成氯甲酸酯；当醇或酚摩尔数高且温度较高时碳酸二酯的产率增加。二酚类化合物与光气反应可生成聚合物，如双酚 A 与光气反应生成聚碳酸酯。

(8) 与酮、酰胺、羧酸的反应

肪酮与光气反应生成烯氧基甲酰氯，如甲酮与光气生成乙烯氧基甲酰氯 $CH_2=C(OCOCl)CH_3$。羧酸与光气反应生成对应的酰氯。酰胺与光气反应脱水生成腈。氨基酸与光气反应生成噁唑烷二酮，此反应已用于氯甲酸酯衍生物的分离与提纯。

(9) 其他反应

多碳脂肪烃，如石蜡与光气反应可生成相应的酰氯化合物。

烷基碳酸金属盐与光气反应生成氯化焦性碳酸酯与焦性碳酸烷基酯。

某些闭环化合物与光气反应后能开环，如环氧乙烷与光气反应生成氧氯乙基甲酰氯。

乌洛托品与光气反应生成加成物，加成物进一步分解为氯化铵、氯化氢和二氧化碳。因此，乌洛托品可用作防光气口罩的浸渍剂和抗毒剂，也作为光气中毒者早期的抢救药品之一。

8.1.1.3　毒性

光气为窒息性毒气，毒性比氯气约大十倍，密度又比空气大得多，如使用不当，就可给人类带来巨大的灾难。

空气中不同浓度光气对人体的反应见表 8-3。

表 8-3 光气对人体危害对照表

光气浓度		人体反应
mg/m^3	μL/L	
0.4~4	0.1~1	有嗅觉，最大安全接触浓度
8	2	对眼鼻有轻微刺激
5~10	1.25~2.5	长期接触有生命危险
20	5	一分钟内引起咳嗽
40	10	不到一分钟引起眼、呼吸道刺激
50	12.5	30~60min 有生命危险
80	20	1~2min 对肺有严重损伤
100	25	30min 有生命危险
360	90	迅速致死

对健康的危害主要是损害呼吸系统，导致发生化学性肺疾和肺水肿。必须说明的是，在浓度较低吸入光气时间较短($20mg/m^3$，1min)时，对支气管黏膜和肌层无局部刺激作用，经一段潜伏期后，会直接损害肺泡—毛细血管膜，从而出现肺水肿。在较高浓度(大于 $400mg/m^3$，1min)时光气对支气管黏膜和肌层有局部刺激作用，引起支气管痉挛，因此可能在肺水肿之前就会发生窒息。

8.1.2 光气生产技术

工业化制造光气的方法是用一氧化碳和氯气作原料，以活性炭为催化剂合成光气。常用的活性炭是椰壳炭和煤基炭，吸附率较大的椰壳活性炭催化作用要好一些。合成光气用原料一氧化碳和氯气都要求精制，尤其要求脱除水分、氢和烃。因为水与氯气反应生成氯化氢和次氯酸，水还会引起光气分解，也生成氯化氢。氯化氢和次氯酸会造成设备腐蚀，影响生产正常运转，甚至导致氯气、光气外泄而造成事故。氢和烃，如甲烷也会与氯气反应生成氯化氢，同时此反应还会激发起氯与铁的反应而损坏设备。氢--一氧化碳-氯气三组分体系是有爆炸危险的混合气体，在常压下，其爆炸上限为一氧化碳含量69%，下限为氢气含量5%。因此，一般要求一氧化碳中氢含量大大小于5%，以确保安全。

8.1.2.1 一氧化碳制备

一氧化碳制备方法很多，有二氧化碳还原法、焦炭氧化法、水煤气法、天然气法或石脑油裂解法等。此外，某些工业尾气中也含有一氧化碳，如碱性氧气炼钢转炉炉气一氧化碳含量为50%~70%；密闭电石炉炉气一氧化碳含量为75%~85%；黄磷炉炉气一氧化碳含量为80%~90%。这些气体经过精制应可用来合成光气。

一氧化碳中的不凝气体不利于光气的分离回收，而不凝气体中的水分、烃、氢在反应器中可能生成氯化氢，有些杂质还会毒害催化剂，而硫化物经反应还可能生成硫的氯化物。主要有害杂质控制指标见表 8-4。

表 8-4 光气主要有害杂质控制指标

H_2O<100μL/L	CH_4+H_2<4.0%(体)
CO_2<1.0%(体)	NH_3<5μL/L
O_2<0.4%(体)	总 S<1mg/m^3

我国各光气生产厂大多仍采用50年代引进的苏联设计的一氧化碳发生炉，采用冶金焦和纯氧为原料，间歇加料，定期停炉排渣，单台炉产气量仅100标 m^3/h 左右。赛鼎工程有限公司(原化工第二设计院)20世纪90年代末开发出一种新型一氧化碳发生炉，已应用多个项目。该发生炉现已成为国家专利。该发生炉以焦炭、氧气和净化回收来的二氧化碳为原料，间歇加料、连续排渣、连续产气，操作简便，单炉生产能力大(2000~2500m^3/h，以100%CO计)。粗一氧化碳气采用MEDA(N-甲基二乙醇胺)法净化，然后用分子筛处理，即得到高纯度[可达98.5%(体积)]一氧化碳。用二氧化碳-纯氧-焦炭连续气化制一氧化碳，国外一些公司也在探索开发，到目前为止，只有专利报道，尚无工业化生产应用。赛鼎工程有限公司一氧化碳发生炉的开发成功，为一氧化碳制备开辟了一条新的途径。

对一氧化碳含量不高的气体，如水煤气法、天然气法或石脑油裂解法制的气体，要经过分离精制才能用于光气合成。分离精制的方法有低温精馏、溶液吸收、固体吸附等。

8.1.2.2 氯气干燥

光气合成所用氯气必须干燥，水分要求小于0.005%(50μg/g)。而液氯国标GB/T 5138—1996中优等品、一等品、合格品的水分要求分别为0.015%、0.030%、0.040%(即150μg/g、300μg/g、400μg/g)，不能满足合成光气用氯气水分要求。南京化工学院采用酸性分子筛吸附技术进行了氯气干燥的工业化试验。结果表明，工艺路线可行，但设备腐蚀问题难于解决。

8.1.2.3 光气液化和精制

光气的沸点为7.48℃，很容易用加压冷凝的方法来液化。出液化器的不凝性气体中仍会有一定量光气，须用溶剂来洗涤吸收。常用溶剂有邻二氯苯、氯苯、甲苯等。溶剂吸收后的尾气还含有少量光气，经送往尾气处理系统处理后才能放空。

光气的精制主要为了控制光气中的游离氯。光气合成时一般用一氧化碳过量的办法来降低游离氯的含量，但如果下游工序对游离氯敏感，则可以用加酚或活性炭吸附法来处理。后一种方法较好一些，光气纯度高，氯和光气损失小。有些下游光气用户(如PC生产)对光气中四氯化碳含量有限制，除限制一氧化碳中的甲烷含量外，可以采用精馏的方法去除光气中的四氯化碳。

8.1.2.4 含光气废气的破坏处理

由于光气的剧毒性，含光气废气必须破坏处理后方可排空。

(1) 废光气废气的来源

① 液化光气尾气；

② 光气化过程尾气；

③ 装置安全泄压系统(泄压阀、爆破膜等)排气；

④ 装置安全抽吸(象鼻管)系统抽吸气。

前两种气源为稳定气源，应先回收有用气体，如光气、氯化氢后再去破坏处理。回收方法主要采用深冷法和溶剂吸收法。两种方法可同时采用，也可只使用其中一种。深冷法只限于大型装置，同时适用于液态光气工艺流程使用。溶剂吸收法可采用三至四级的鼓泡吸附器或喷淋吸收塔、填料塔来吸收。吸收饱和后可送回工艺过程中，或加热脱吸回收光气，溶剂循环使用。工业上常用的溶剂有氯苯、邻二氯苯、甲苯等，主要依工艺过程所用溶剂而定。也可采用两段反应工艺来回收光气化过程尾气。设两个反应器，主反应器排出尾气通入预反应器，将尾气中光气在预反应器中用掉大部分后再排出处理，主反应完成反应排料后再将预反应器物料导入主反应器中继续通入光气反应，预反应器另加新料。也可将两个反应器交替用作主、预反应器，这样可简化回收流程。工业上采用的含光气废气破坏处理方法有碱水法、氨法、蒸汽法、焚烧法和催化水解法。装置安全泄压系统排气只能采用碱水法破坏才能保障安全。回收后的废气和抽吸气可采用上述任何一种方法处理。

(2) 碱水法

10%~20%的氢氧化钠水溶液与废气接触起碱解与水解作用，光气破坏生成氯化钠、碳酸钠等无机盐。常用处理设备有多级鼓泡吸收器、填料喷淋塔、湍球塔等。一般对光气的处理效果在80%左右，最高能达到90%。碱水法在我国普遍应用，缺点是耗碱量太大。

(3) 氨法

氨与光气接触反应速度较快，产物是尿素和氯化铵。破坏效率较碱水好，可达95%以上。因氨较贵，不单独采用，常用作碱水法之后的辅助处理。生产上采用气相法(通入气氨)和气-液相法(5%~10%氨水)。气-液相法可回收反应残液作农肥用。

(4) 蒸汽法

蒸汽与光气接触后发生水解反应，生成二氧化碳和氯化氢。水解速度随温度提高而加快。这是一种较老的经典办法。在工业上为加快反应速度，多采用过热蒸汽，设备则采用蒸汽喷射泵。一般破坏效率达95%以上。如延长接触时间，设备保温好，破坏效率还可提高，因产物氯化氢水吸收后成为盐酸，因此喷射泵及下部贮槽应采用耐热且耐盐酸腐蚀材料制成。这种方法蒸汽与冷却水用量大，设备材料要求高，处理费用较高，不宜采用。

(5) 焚烧法

光气受热时分解为一氧化碳和氯气，温度越高分解率就越高，800℃时可达到分解完全。分解产物是一氧化碳、氯气等，尚需回收与处理后排放。巴斯夫(BASF)公司提出采用焚烧法处理含大量一氧化碳和其他微量气体的光气尾气，尚未见工业化报道。

(6) 催化水解法

光气遇水生成二氧化碳和氯化氢，但速度很慢。水解不完全。用催化剂可全部水解。工业上采用的主要方法有：

活性炭法、α氧化铝法、γ氧化铝法、SN-7501催化剂法。SN-7501是沈阳化工研究院筛选出的一种以硅砂为骨架，表面为活性硅铝膜型的光气水解专用催化剂，已在许多小光气生产厂使用。催化水解法可回收盐酸，取代碱水法和氨法可节省废气处理费用，应积极推广使用。

8.1.3 光气化产品概述

光气是重要的有机合成原料。世界光气产量以每年3.5%~4.0%的速度在递增。20世纪70年代末世界光气年产量为0.7Mt，20世纪80年代末达到1.0Mt。

据1990年末统计资料，光气的主要用途是生产聚氨酯的基本原料之一，光气45%用于甲苯二异氰酸酯(TDI)生产，35%用于亚甲基二苯基二异氰酸酯(MDI)和多亚甲基多苯基多异氰酸酯(PAPI)生产，10%用于聚碳酸酯(PC)生产，10%用于其他光气化产品和用途。其他光气化产品虽仅使用10%的光气量，便产品的覆盖面较大，分布较广泛。产品包括农药、医药、染料、涂料、塑料引发剂等。光气与伯胺反应生成异氰酸酯。用作聚氨酯原料的二异氰酸酯类产品除TDI、MDI、PAPI外，有萘撑二异氰酸酯(NDI)、二甲基二苯基联苯二异氰酸酯(TODI)、六亚甲基二异氰酸酯(HDI)、苯二甲二异氰酸酯(XDI)、异佛尔酮二异氰酸酯(IPDI)、二环己基甲撑二异氰酸酯(HMDI)。其他主要异氰酸酯有用于农药、医药、合成材料中间体的甲基异氰酸酯(MIC)、用于涂料及毛纺织品柔软剂中间体的正丁基异氰酸酯、十八烷基异氰酸酯等。胺反应生成的氨基甲酰氯对热较稳定，可分离出来。主要的氨基甲酰氯产品有：

用作医药、农药、染料、合成材料中间体的二甲氨基甲酰氯、二乙氨基甲酰氯、甲基苯基氨基甲酰氯等。光气与羟基化合物(醇或酚)在较低温度下等摩尔反应主要生成氯甲酸酯。主要氯甲酸酯产品有：用作选矿的浮选剂、香料、农药、医药中间体的氯甲酸甲酯、氯甲酸乙酯、氯甲酸异丙酯、氯甲酸环己酯、氯甲酸异辛酯、氯甲酸苄酯等。氯甲酸异辛酯的过氧化物则是聚氯乙烯的优良引发剂。

光气与羟基化合物(醇或酚)在较高温度下反应主要生成碳酸酯。主要碳酸酯产品有：用作医药和农用化学品中间体的碳酸二甲酯、碳酸二乙酯、碳酸二苯酯、碳酸丙烯酯等。碳酸丙烯酯还可用作溶剂来脱除气体中的二氧化碳。由碳酸酯制得的过氧碳酸酯是有效的聚合催化剂和漂白剂。光气与甲苯反应可制成对苯二甲酸。光气与硫醇和双硫醇反应生成杀虫剂中间体的氯化硫代甲酸酯。光气可直接用作聚合物制备，如聚碳酸酯和聚脲。光气也可用于生产成纤聚合物聚酮和聚脲。

光气可用于柏油、沥青、焦油、淀粉木质素的改性；也能用来改进和延长胰岛素的效用。光气和聚乙烯醇、聚苯乙烯反应可加工制得离子交换树脂。光气也可用于改进聚烯类纤维的着色能力。

光气可用于稀有金属铂、铀、钚、铌的回收处理。光气也可用于氯化铝、氯化铍及三氯化硼的制造。光气本身或与亚硫酰氯($SOCl_2$)结合可作为液态二氧化硫的专用稳定剂。光气也可用作四氯化碳和其他氯化烃的起始原料。

光气与甲醇反应生成的氯甲酸甲酯氯化后可制得双光气(氯甲酸三氯甲酯)，可用作脱氢剂，也可用于生产3-异氰酸丙酰氯(摄影行业材料)、异氰酸甲酯-聚乙烯树脂(塑料)、青霉素(医药)和乙酰基烷烃类除草剂。

8.1.4 光气化产品生产的发展方向

8.1.4.1 生产技术路线

光气是重要的有机合成原料，但因其剧毒性，人们一直在寻找非光气化的工艺路线来取代光气化路线。其中进展最大的为非光气法二异氰酸酯生产工艺。传统二异氰酸酯生产是以二硝基物加氢后的二胺基物与光气反应。这需要氢气、氯气和一氧化碳。而氢气和氯气最后作为副产物氯化氢离开反应。新的非光气法二异氰酸酯生产是以二硝基物与一氧化碳直接合成的羰基合成法。其中有由硝基物与一氧化碳直接合成异氰酸酯的一步法和由硝基物、一氧化碳与醇首先合成氨基甲酸酯，然后加热生成异氰酸酯的二步合成法。若按化学计量来比较TDI生产所需原料，则传统工艺每生产1molTDI需耗用6mol氢气、2mol一氧化碳和2mol氯气，副产4mol盐酸。采用直接法，仅需6mol的一氧化碳即可。显然，直接法要优越得多。直接法生产二异氰酸酯，一氧化碳在生产成本中占的比重很大，因此采用先进的一氧化碳制造方法就显得重要了。直接法生产二异氰酸酯有许多优点：工艺流程简单、能耗低、无腐蚀性，可以大大降低生产成本。目前有关的研究工作正在世界范围内十分活跃的进行。作为硝基化合物还原羰基化的催化剂，无论是一步法还是二步法，主要应用了第八族过渡金属，如钯、铑和钌的配合物。钴和镍系催化剂活性较低。世界上进行这方面的研究的公司主要有ARCO、ICI、住友化学、三井东压、ACC、三菱化成、Bayer、旭化成、Olin、Shell等。研究的产品主要有TDI、MDI、IPDI等。另外，还有用非光气法从甲醇生产碳酸二甲酯、非光气法生产聚碳酸酯的报道。

8.1.4.2 光气化产品品种

尽管光气有剧毒，但其良好的反应性使其在有机合成工业得到越来越多的应用。下面介绍几种有发展前途的光气化产品。

（1）高纯度氯甲酸酯类

氯甲酸酯产品是医药中间体、农药中间体和有机过氧化物（PVC等塑料引发剂）的主要原料，有较大市场。随着精细化工的发展，对氯甲酸酯类产品提出高纯度的要求，国际上已有专门生产高纯度氯甲酸酯的大公司提供产品，如德国BASF、美国PPG、法国SNPE等。国内农药厂为了提高农药产品的收率，也提出要求购高纯度氯甲酸甲酯类产品，因国内无货，均依靠进口。

（2）HDI缩二脲

HDI缩二脲为聚氨酯涂料原料，广泛用于汽车漆、飞机漆、钢琴及高级家俱漆、外墙涂料等。国内尚无生产厂家，均需进口。

（3）肽合成物

氨甲酸酯，特别是氯甲酸苯酯与氨基酸反应生成N受保护的氨基酸，随后与氨甲酸乙酯反应，通过混合酰官能基活化羧酸基，再与另一氨基酸偶联。这就是著名的肽合成反应。苄基胺用氢化反应除去。氯甲酸乙酯、氯甲酸苯甲酯已由美国PPG公司商品化。肽合成反应是一种十分重要的生物化学工程反应。因每一种肽基结构与功能有相当密切的关系。肽合成后即可为生命过程中衍生过程提供大量有益信息。生命科学是尖端科学，为生命科学提供原料前景十分光明。

（4）氯磺酰异氰酸酯

氯磺酰异氰酸酯（CSI）为无色液体，分子式$ClSO_2NCO$。CSI含氯磺酰基与异氰酸基两个活泼官能团，可与多种化合物作用，生成富有特色的反应物。CSI是广谱抗菌素青霉素、头孢霉素、消炎止痛医药、甜味剂、植物生长调节剂的重要中间体。

8.1.5 安全生产技术

光气装置应采用的安全措施在《光气及光气化产品生产安全规程》(GB 19041—2003)中讲得已很具体，此处不赘述。下面谈谈安全生产技术发展和动向。

20世纪90年代引进的几套甲苯二异氰酸酯(TDI)装置都配置有呼吸空气系统和软管(象鼻管)抽吸系统。呼吸空气接头和软管接头遍布整个装置。维修、检修、取样等常规操作时，操作人员背负呼吸器到现场，将呼吸器与呼吸空气接头连接，戴上呼吸器；打开软管接头上的阀门，使软管开始抽吸；将软管头对准要操作的部位(如法兰接口、取样口等)。然后再开始操作。这样可起到双重保护(保护呼吸道和将有毒气体抽吸走)作用。当发生泄漏，现场需要操作时，操作人员可使用自给/外接两用呼吸器进行操作：戴上呼吸器，利用自给气瓶的空气到现场；将呼吸器与呼吸空气接头连接，改用管网呼吸空气进行现场操作；操作完撤离时改用自给气瓶气，断开呼吸空气接头。国内外大光气和光气化装置大都为露天或敞开布置，这样万一发生泄漏时毒性气体不易积聚，造成人员中毒。巴斯夫(BASF)等公司有密闭布置的装置，这样万一发生泄漏时不至于大面积受累，且易于处理，减少损失。如果采用密闭布置，室内必须为微负压，排气必须通往尾气破坏设施。

光气合成器冷却介质一般为水，如发生泄漏会造成整个系统的破坏。国外现在有将冷却水换为冷却油的趋向，这样更利于装置的安全操作。光气生产作为重点控制的危险化学工艺，其监控策略见表8-4。

表8-4 光气生产过程监控策略

重点监控工艺参数
一氧化碳、氯气含水量；反应釜温度、压力；反应物质的配料比；光气进料速度；冷却系统中冷却介质的温度、压力、流量等
安全控制的基本要求
事故紧急切断阀；紧急冷却系统；反应釜温度、压力报警联锁；局部排风设施；有毒气体回收及处理系统；自动泄压装置；自动氨或碱液喷淋装置；光气、氯气、一氧化碳监测及超限报警；双电源供电
宜采用的控制方式
光气及光气化生产系统一旦出现异常现象或发生光气及其剧毒产品泄漏事故时，应通过自控联锁装置启动紧急停车并自动切断所有进出生产装置的物料，将反应装置迅速冷却降温，同时将发生事故设备内的剧毒物料导入事故槽内，开启氨水、稀碱液喷淋，启动通风排毒系统，将事故部位的有毒气体排至处理系统

8.2 电解工艺(氯碱)

8.2.1 氯碱电解工艺简介

电流通过电解质溶液或熔融电解质时，在两个电极上所引起的化学变化称为电解反应，涉及电解反应的工艺过程为电解工艺。工业上用电解饱和食盐水溶液的方法来制取 NaOH、Cl_2和 H_2，称为氯碱工业。主要分为氯化钠电解和氯化钾电解。典型过程包括电解过程，液氯以及氢气的储存和充装过程。

8.2.2 氯碱电解工艺主要危险特点

盐水电解工艺过程：电解食盐水过程中产生的氢气是极易燃烧的气体，氯气是氧化性很强的剧毒气体，两种气体混合极易发生爆炸，当氯气中含氢量达到5%以上，则随时可能在光照或受热情况下发生爆炸。

电解原料或盐水中有氨或铵存在时，氨或铵在电解过程的酸性条件（$pH<4.5$）下与氯气或次氯酸反应生成三氯化氮。反应方程如下：

$$NH_4^+ + 3Cl_2 \longrightarrow NCl_3 + 3HCl + H^+$$

$$NH_3 + 3HClO \longrightarrow NCl_3 + 3H_2O$$

三氯化氮是一种爆炸性物质，与许多有机物接触或加热至90℃以上以及被撞击、摩擦等，即发生剧烈的分解而爆炸；原料中铵盐含量过高或液氯排污不及时，易在液氯汽化系统富集，极易造成三氯化氮爆炸事故。

电解溶液腐蚀性强。此外，电解饱和食盐水的工艺过程中，氢氧化钠、湿氯气、氯水、盐酸、次氯酸钠等均有较强的腐蚀性。

氯气处理工艺过程：电解食盐水过程中产生的氯气是氧化性很强的剧毒气体，液氯的生产、储存、包装、输送、运输过程可能发生液氯的泄漏。

8.2.3 氯碱电解设备安全技术

目前，氯碱行业使用的电解槽主要有两大类：一是金属阳极隔膜电解槽，二是离子膜型电槽，槽型有单极槽和复极槽，循环方式有强制循环和自然循环两种。氯碱企业选用的离子膜电解槽主要有旭化成、氯工程公司、伍德公司、迪诺拉公司、北化机及ICI公司生产的电槽，电槽所用离子膜主要供应商有杜邦公司、旭化成和旭硝子公司。

离子交换膜法是工业中常用的方法，离子交换膜电解槽的图解示意图如图8-1所示，这类型的电解槽通常采用离子交换膜作为隔膜．其中一种常用的离子交换膜叫做“Naflon”，系全氟碳共聚物，由美国杜邦公司制造。电解用的纯盐水是采用离子交换的方法制备的，其中所含的Ca^{2+}和Mg^{2+}少于0.1μg/g，该盐水送入阳极室，无离子水送入阴极室，阳极区的Na^+被离子交换膜交换到阴极区，跟阴极区的OH^-形成NaOH，交换膜能阻止Cl_2的迁移，因而可能生成高纯度的NaOH，其浓度达50%以上，从而免去烧碱的蒸发工段。

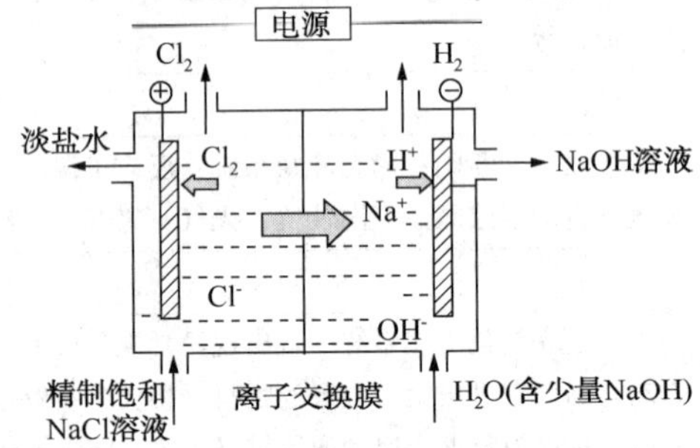

图8-1 离子交换膜电解槽

阳极发生的反应有：$2Cl^- + 2e \longrightarrow Cl_2$，同时还有副反应：

$$Cl_2 + H_2O \longrightarrow Cl^- + OCl^- + 2H^+$$

$$2H_2O \longrightarrow O_2 + 4H^+ + 4e^-,$$

$$OCl^- + O_2 \longrightarrow ClO_3^-$$

阴极发生的反应有：$2H^+ - 2e \longrightarrow H_2$，同时发生的副反应有：

$$4OH^- - 4e \longrightarrow 2H_2O + O_2$$

所以电解得到的产物还需精制处理，原则流程图见图 8-2。

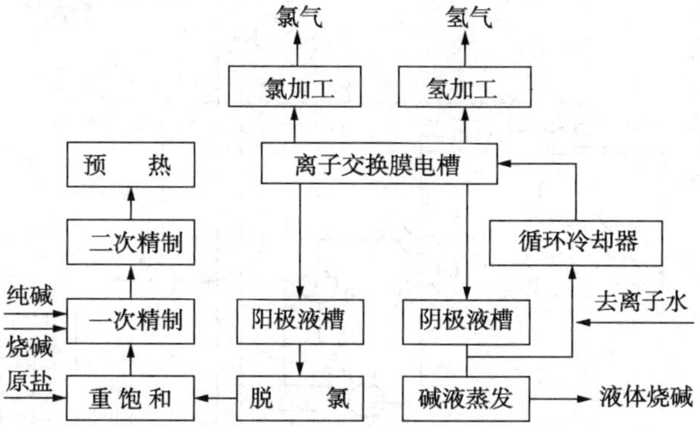

图 8-2　离子膜电解法生产流程

8.3　合成氨工艺

氨的合成是整个合成氨生产的核心部分。在较高的温度、压力和活性催化剂存在下，经过精制的氢、氮混合原料气直接反应生成氨。由于受化学平衡及操作条件的限制，反应后气体混合物中氨含量不高，一般只有 10% ~20%，必须将氨从混合物中分离出来，才能制得产品氨。未反应的气体除少数为排放惰性气体而放空外，其余均循环使用。

8.3.1　合成氨流程

工业上氨的合成有多种流程，但总的包括以下基本步骤：

1）压缩：净制的氢氮混合气由压缩机压缩到合成的压强；

2）净制：原料气经过最终净制；

3）升温和反应：净化的原料气升温并合成；

4）分离：出口气体经冷冻系统分离出液氨，剩下的氢氮混合气用循环压缩机升压后重新导往合成；

5）弛放：弛放部分循环气以维持气体中惰性气含量在规定值以下。

图 8-3 是一种比较先进的凯洛格合成氨流程。新鲜气在离心压缩机(15)的第一缸中压缩，经新鲜气甲烷化换热器(1)、水冷却器(2)及氨冷却器(3)逐步冷却到 8℃。除去水分后，新鲜气进入压缩机第二缸继续压缩并与循环气在缸内混合，压力升到 15.5MPa，温度为 69℃，经过水冷却器(5)，气体温度降至 38℃。然后气体分为两路，一路约 50% 的气体经过两级串联的氨冷器(6)和(7)，气体冷却至 10℃。另一路气体与高压氨分离器(12)来的-23℃的气体在冷热交换器(9)内换热，降温至-9℃，而来自高压氨分离器的冷气体则升温到 24℃。两路气体汇合后温度为-4℃。再经过氨冷器(8)将气体进一步冷却到-23℃，然后送往高压氨分离器(12)。分离液氨后含氨 2%的循环气经冷热交换器(9)和热热交换器(10)预热 141℃进入轴向冷激式合成塔(13)。高压氨分离器(12)中的液氨经减压后进入低压氨分离器(11)，液氨送去冷冻系统，从低压氨分离器内闪蒸出的驰放气与回收氨后的放空气一起送

普里森氢回收系统。

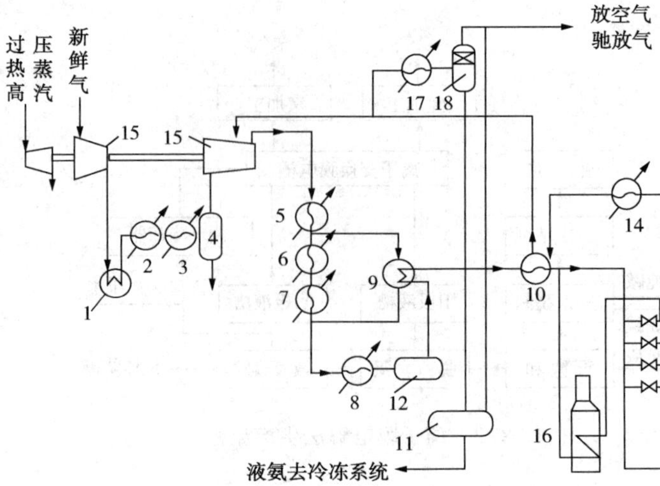

图 8-3　凯洛格氨合成工艺

1—新鲜气甲烷化气换热器；2，5—水冷却器；3，6~8—氨冷却器；4—冷凝液分离器；9—冷热换热器；10—热热换热器；11—低压氨分离器；12—高压氨分离器；13—氨合成塔；14—锅炉给水预热器；15—离心压缩机；16—开工加热炉；17—放空气氨冷器；18—放空气分离器

该流程具有以下特点：采用离心式压缩机并回收合成氨的反应热预热锅炉给水；采用三级氨冷、三级闪蒸将 3 种不同压力的氨蒸气分别返回离心式氨压缩机相应的压缩级中，这比全部氨气一次压缩至高压、冷凝后一次蒸发到同样压力的冷冻系数大，功耗少；放空管线位于压缩机循环段之前，此处惰性气体含量最高，但氨含量也最高，由于放空气回收氨，故对氨损失影响不大；氨冷凝在压缩机循环段之后，能够进一步清除气体中夹带的密封油、二氧化碳等杂质，缺点是循环功耗较大。

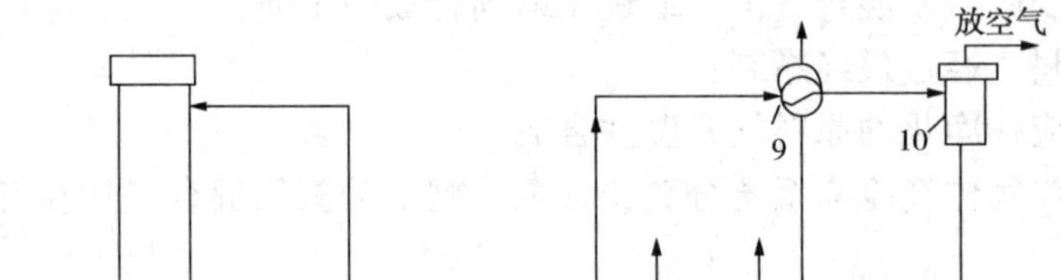

图 8-4　托普索氨合成工艺流程

1—氨合成塔；2—锅炉给水预热器；3—热热交换器；4，11~13—水冷却器；5—冷热换热器；6—第一氨冷器；7—第二氨冷器；8，10—氨分离器；9—放空气氨冷；14~16—分离器；17—离心式压缩机；18—压缩机循环段

图 8-4 是另一种合成氨的典型流程，称为托普索流程。与凯洛格流程比较，它在压缩机循环段前冷凝分离氨，循环功耗较低，但操作压力较高，仅采用二级氨冷。采用径向合成塔，系统压力减小，由于压力较高，对离心压缩机的要求提高。新鲜气经过三缸式离心机加压，每缸后均有水冷却器及分离器，以冷却加压后的气体并分出冷凝水，然后新鲜气与经过第一氨冷器的循环气混合通过第二氨冷器(7)，温度降低到0℃左右进入氨分离器(8)分出液氨，从氨分离器出来的气体中氨的体积分数约为3.6%，通过冷热交换器(5)升温至30℃，进入离心压缩机第三缸所带循环段补充压力，而后经预热进入径向冷激式合成塔(1)。出塔气体通过锅炉给水预热器(2)及各种换热器(3，4，5，6 等)温度降至10℃左右与新鲜气混合，从而完成循环。

8.3.2 安全控制技术

由于氢气、氨等物质的危险性和生产过程反应条件的苛刻程度，合成氨过程的安全技术策略见表 8-5。

表 8-5 合成氨过程安全监控策略

重点监控工艺参数
合成塔、压缩机、氨储存系统的运行基本控制参数，包括温度、压力、液位、物料流量及比例等
安全控制的基本要求
合成氨装置温度、压力报警和联锁；物料比例控制和联锁；压缩机的温度、入口分离器液位、压力报警联锁；紧急冷却系统；紧急切断系统；安全泄放系统；可燃、有毒气体检测报警装置
宜采用的控制方式
将合成氨装置内温度、压力与物料流量、冷却系统形成联锁关系；将压缩机温度、压力、入口分离器液位与供电系统形成联锁关系；紧急停车系统 合成单元自动控制还需要设置以下几个控制回路： ①氨分、冷交液位；②废锅液位；③循环量控制；④废锅蒸汽流量；⑤废锅蒸汽压力。 安全设施，包括安全阀、爆破片、紧急放空阀、液位计、单向阀及紧急切断装置等

8.4 氟化工艺

8.4.1 氟化工艺简介

氟化是化合物的分子中引入氟原子的反应，涉及氟化反应的工艺过程为氟化工艺。氟与有机化合物作用是强放热反应，放出大量的热可使反应物分子结构遭到破坏，甚至着火爆炸。氟化剂通常为氟气、卤族氟化物、惰性元素氟化物、高价金属氟化物、氟化氢、氟化钾等。

8.4.2 工艺危险特点

1）反应物料具有燃爆危险性；

2）氟化反应为强放热反应，不及时排除反应热量，易导致超温超压，引发设备爆炸事故；

3）多数氟化剂具有强腐蚀性、剧毒，在生产、贮存、运输、使用等过程中，容易因泄漏、操作不当、误接触以及其他意外而造成危险。

8.4.3 典型工艺

（1）直接氟化

黄磷氟化制备五氟化磷等。

（2）金属氟化物或氟化氢气体氟化

SbF_3、AgF_2、CoF_3等金属氟化物与烃反应制备氟化烃；氟化氢气体与氢氧化铝反应制备氟化铝等。

（3）置换氟化

三氯甲烷氟化制备二氟一氯甲烷；2，4，5，6-四氯嘧啶与氟化钠制备2，4，6-三氟-5-氟嘧啶等。

（4）其他氟化物的制备

浓硫酸与氟化钙（萤石）制备无水氟化氢等。

8.4.4 重点监控工艺参数

氟化反应釜内温度、压力；氟化反应釜内搅拌速率；氟化物流量；助剂流量；反应物的配料比；氟化物浓度。

8.4.5 安全控制的基本要求

反应釜内温度和压力与反应进料、紧急冷却系统的报警和联锁；搅拌的稳定控制系统；安全泄放系统；可燃和有毒气体检测报警装置等。

8.4.6 宜采用的控制方式

氟化反应操作中，要严格控制氟化物浓度、投料配比、进料速度和反应温度等。必要时应设置自动比例调节装置和自动联锁控制装置。

将氟化反应釜内温度、压力与釜内搅拌、氟化物流量、氟化反应釜夹套冷却水进水阀形成联锁控制，在氟化反应釜处设立紧急停车系统，当氟化反应釜内温度或压力超标或搅拌系统发生故障时自动停止加料并紧急停车，并打开安全泄放系统确保反应系统安全平稳过渡至待开车状态。

8.5 加氢工艺

8.5.1 工艺简介

加氢是在有机化合物分子中加入氢原子的反应，涉及加氢反应的工艺过程为加氢工艺，主要包括不饱和键加氢、芳环化合物加氢、含氮化合物加氢、含氧化合物加氢、氢解等。

8.5.2 工艺危险特点

1）反应物料具有燃爆危险性，氢气的爆炸极限为4%~75%，具有高燃爆危险特性；

2）加氢为强烈的放热反应，氢气在高温高压下与钢材接触，钢材内的碳分子易与氢气发生反应生成碳氢化合物，使钢制设备强度降低，发生氢脆；

3）催化剂再生和活化过程中易引发爆炸；

4）加氢反应尾气中有未完全反应的氢气和其他杂质在排放时易引发着火或爆炸。

8.5.3 典型工艺

（1）不饱和炔烃、烯烃的三键和双键加氢

环戊二烯加氢生产环戊烯等。

（2）芳烃加氢

苯加氢生成环已烷；苯酚加氢生产环己醇等。

（3）含氧化合物加氢

一氧化碳加氢生产甲醇；丁醛加氢生产丁醇；辛烯醛加氢生产辛醇等。

（4）含氮化合物加氢

己二腈加氢生产己二胺；硝基苯催化加氢生产苯胺等。

（5）油品加氢

馏分油加氢裂化生产石脑油、柴油和尾油；渣油加氢改质；减压馏分油加氢改质；催化(异构)脱蜡生产低凝柴油、润滑油基础油等。

8.5.4 重点监控工艺参数

加氢反应釜或催化剂床层温度、压力；加氢反应釜内搅拌速率；氢气流量；反应物质的配料比；系统氧含量；冷却水流量；氢气压缩机运行参数、加氢反应尾气组成等。

8.5.5 安全控制的基本要求

温度和压力的报警和联锁；反应物料的比例控制和联锁系统；紧急冷却系统；搅拌的稳定控制系统；氢气紧急切断系统；加装安全阀、爆破片等安全设施；循环氢压缩机停机报警和联锁；氢气检测报警装置等。

8.5.6 宜采用的控制方式

将加氢反应釜内温度、压力与釜内搅拌电流、氢气流量、加氢反应釜夹套冷却水进水阀形成联锁关系，设立紧急停车系统。加入急冷氮气或氢气的系统。当加氢反应釜内温度或压力超标或搅拌系统发生故障时自动停止加氢，泄压，进入紧急状态，并确保打开安全泄放系统。

8.6 重氮化工艺

8.6.1 重氮化反应

芳香族伯胺和亚硝酸作用生成重氮盐的反应称为重氮化，芳伯胺常称重氮分，亚硝酸为重氮化剂，因为亚硝酸不稳定，通常使用亚硝酸钠和盐酸或硫酸使反应时生成的亚硝酸立即与芳伯胺反应，避免亚硝酸的分解，重氮化反应后生成重氮盐。重氮化反应可用反应式表示为：

$$Ar-NH_2+2HX+NaNO_2 \longrightarrow Ar-N_2X+NaX+2H_2O$$

自从重氮化反应发现以来，曾对反应机理进行了反复的研究，现在普遍接受的是重氮化反应的亚硝化学说。在研究中有人发现在不同的酸浓度下，苯甲胺的亚硝化速度和苯胺的重氮化速度是互相关联的，如图 8-5 所示。

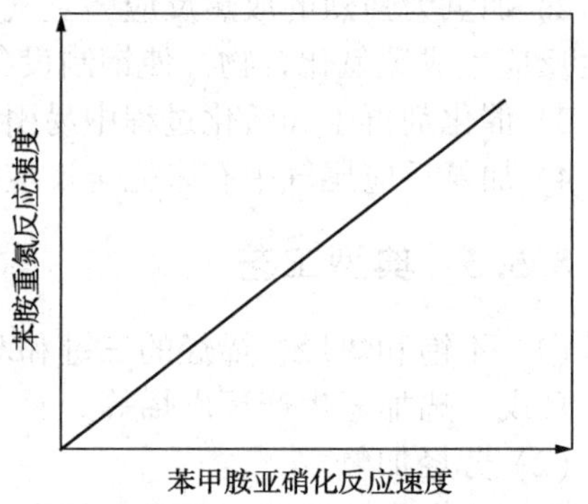

图 8-5　在 $HClO_4$ 溶液中浓度 0.02~6.5mol/L 苯甲胺、苯胺和亚硝酸作用的反应速度

苯甲胺与亚硝酸作用的反应速度说明苯甲胺的亚硝化与苯胺的重氮化所遵循的反应机理是相同的，至少两个反应的速度决定性步骤的机理是相同的；因为苯甲胺的亚硝化是已知反应，于是提出了苯胺在重氮化过程中首先形成了 *N*-亚硝化的学说。

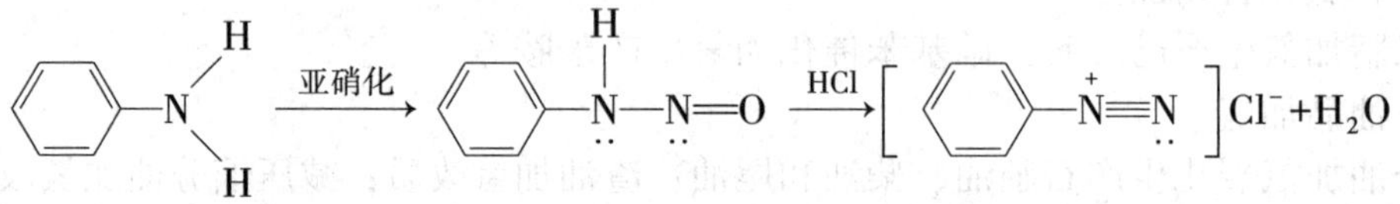

重氮化反应的亚硝化学说认为：游离的芳胺首先发生 *N*-亚硝化反应，然后 *N*-亚硝化物在酸液中迅速转化生成重氮盐。真正参加重氮化反应的是溶解的游离胺而不是芳胺的铵盐，这个机理和从反应动力学得到的结论是一致的。

8.6.2　反应设备及安全生产技术

8.6.2.1　重氮化反应设备

重氮化一般采用间歇操作，选择釜式反应器。因重氮化水溶液体积很大，反应器的容积可达 10~20m^3。某些金属或金属盐，如 Fe、Cu、Zn、Ni 等能加速重氮盐分解，因此重氮反应器不易直接使用金属材料。大型重氮反应器通常为内衬耐酸砖的钢槽或直接选用塑料制反应器。小型重氮反应器设备通常为钢制加内衬。用稀硫酸重氮化时，可用搪铅设备，其原因是铅与硫酸可形成硫酸铅保护膜；若用浓硫酸，可用钢制反应器；若用盐酸，引起对金属腐蚀性较强，一般用搪玻璃设备。这种设备的特点除了可安装搅拌装置外，适和直接向设备中投碎冰块降温。底部略呈倾斜，下方侧部有出料口，以利于物料放尽。

连续重氮化反应可采用多釜串联或管式反应器，其重氮化温度高，反应物停留时间短，生产效率高。对难溶芳伯胺可在砂磨机中进行连续重氮化。

近年各大公司相继开发成功自动分析等先进仪器装置安装在连续重氮化和偶合的设备上并实现联动，自动调节重氮化反应时亚硝酸钠加入速率以及控制反应的 pH 及终点，从而提高了生产能力、产品的收率和质量。

8.6.2.2　安全生产技术

重氮化反应广泛应用于医药、农药、炸药、燃料等工业生产过程，尤其在燃料工业，有半数以上有机合成燃料是通过重氮化工艺合成的。重氮化反应是危险性比较大的生产工艺技术，危险因素主要存在以下几个方面。

原辅料与产品的危险因素：芳香族胺类都属于可燃有机物质，生产用量大，且具有毒性；亚硝酸钠属于二级无机氧化剂，受热175℃时分解，大量的亚硝酸钠遇到有机物或更强的氧化剂，如氯酸钾、高锰酸钾时能引起燃烧甚至爆炸；盐酸和硫酸具有较强的酸性；重氮化产物常以盐的形式存在，其化学性质非常活泼。重氮盐只在水溶液中和较低的温度下稳定，升高温度则发生分解。在干燥状态下重氮盐更不稳定，特别是含有硝基的重氮盐，受热、摩擦或撞击容易分解爆炸。在酸性介质中，有些金属如铁、铜、锌等还能促使重氮化合物激烈分解。

生产工艺操作的危险因素有：

① 反应物料配比与投料速率：重氮化反应速率比较慢，因此要求亚硝酸钠投料速率缓慢。如果投料过快，必会造成滞后(局部性亚硝酸钠过量)，而引起火灾爆炸事故。详见影响因素。

② 生产操作温度：重氮盐一般在低温下稳定。当反应温度超过5℃，重氮盐就会分解，即使在0℃时其水溶液也只能保持数小时。已知反应温度每升高10℃，其分解速率加快2倍，尤其是芳环上具有供电子取代基的重氮盐分解速率增加的更快。同时在较高反应温度下，反应釜内过量的亚硝酸也会加速分解，产生大量的一氧化氮气体，其会进一步与空气发生氧化反应生成二氧化氮，同时释放出大量热。故较高反应温度引起的亚硝酸分解也会导致爆炸着火的危险。若一氧化氮逸出，遇到有机物质还有引起着火的危险。

③ 后处理过的摩擦、受热：生产过程中，反应产物重氮盐作为产品还需经过过滤、干燥、研磨、混合等处理。由于摩擦、受热、撞击，粉尘粘在热源上，或者流动输送中产生的静电，都有可能引起重氮盐的火灾爆炸事故。例如苯胺基重氮苯受强烈振动、受热至150℃，或被急剧加热至熔点(98~99℃)以上即发生爆炸。

④ 生产中泄漏：重氮化反应中，过量亚硝酸钠会使反应系统逸出NO、Cl_2等有毒有害的刺激性气体。参加反应的芳伯胺亦具有毒性，特别是活泼的芳伯胺，毒性更强。所以反应设备应密闭，要求设备、环境的通风要有保证，以保证生产安全。

8.6.2.3　安全生产技术要点

造成重氮化反应失控的原因可能有：原料质量、配料比、投料次序、反应时间、数量不符合规定、操作失误等，引起剧烈反应使反应器内压力突然增高；搅拌、冷却系统停止运转而引起聚热升温，搅拌、冷却系统虽运转正常，但因物料的黏度大，不能得到充分冷却，一直局部聚热升温，使反应器内压力升高；设备长期运行，未进行检修、清洗，致使换热面积垢增多，热阻增大，热交换量下降，生产危险性增加。

原料、产品的安全运输和储存：相互起激烈反应的芳胺和亚硝酸钠必须异车运输，隔离存放；产品重氮盐搬运时必须轻装轻卸，杜绝摩擦、撞击；储存时，重氮盐、亚硝酸钠应远离火源、电源和其他热源，避开日光照射。例如3-(2-羟基乙氧基)-4-吡咯基-1-苯重氮氯化锌盐，储存温度应低于30℃，若超过35℃则必须采取相应的降温措施，否则会引起分解放热，导致火灾爆炸事故。

严格控制投料量和速度：亚硝酸钠投料完毕，应用淀粉碘化钾试纸检测，呈微蓝色则表示投料量合适。若发现亚硝酸钠过量较多，应及时用尿素等碱性物质中和过量的亚硝酸钠。

亚硝酸钠投料速度根据方案的碱性不同会有所差异，当芳胺的碱性较强时，亚硝酸钠的投料速度一定要缓慢。

严格控制操作条件：生产过程中，重氮化反应和重氮盐产物干燥的操作条件，特别是温度必须严格控制重氮化反应温度一般控制在 0~5℃或更低，否则易发生燃烧、爆炸生产事故。重氮盐干燥时的温度，根据其性质不同，干燥温度亦有所不同。如快色素红 B 异重氮盐和快色素苯胺异重氮盐的干燥温度应分别控制在 55℃和 100℃以下，否则会发生燃烧爆炸。

8.6.2.4 配置安全装置和设备

重氮化反应釜应配置液位、流速、温度、压力、搅拌等基本反应参数的自动监控、自动超限报警和自动应急控制联动装置；重氮盐干燥设备应配置温度测量、加热热源开关、惰性气体保护的联锁装置。

物料干燥时的出料宜采用悬浮或溶液出料法，且流速不宜过快，以免在机械或压力出料的摩擦作用下引起爆炸。干燥室应安装温度计和防爆门，加热蒸汽管道应安装压力计。重氮化合物的粉碎、研磨车间应配有良好的通风设备。重氮化反应釜应安装有伸向室外高空的不燃材料制成的气体排放管，以释放氧化氮气体。此管上应安装阻火器，并定期检查，用水清洗管中的积留物。

8.6.2.5 处理工艺安全管理。

应采用陶瓷、玻璃或木质设备进行重氮化反应或储存重氮化合物，不用铁、铜、锌等金属设备。重氮化反应完毕后，应将场地和设备用水冲洗干净。停用的重氮化反应釜要储满清水，废水直接排入下水道。重氮盐的后处理工序中，要经常清洗粉碎车间设备上的粉尘，防止物料洒落在干燥车间的热源上，或凝结在输送设备的摩擦部位。特别要注意的是，通风管道中若残留干燥的胺，遇氮的氧化物也能重氮化并自动发热而自燃，因此要经常清理、冲刷通风管道。

8.6.2.6 严格按岗位操作规程和岗位安全生产操作法操作

2007 年 11 月 27 日，某科技有限公司 5 车间分散蓝 79 号滤饼重氮化工序 B7 厂房发生爆炸，造成 8 人死亡的安全生产事故，就是因为重氮化反应保湿操作时，操作工未将加热蒸汽阀门关到位，造成重氮化反应釜在保湿过程中被继续加热；操作工脱岗，未能及时发现重氮化釜内温度升高，未能及时查找原因和调整控制，致使重氮化釜内重氮盐剧烈分解，发生化学爆炸。其生产装置自动化水平低，重氮化反应系统没有安装自动化控制系统和自动紧急停车系统；重氮化岗位操作规程不完善，没有制定有针对性的应急措施；应急指挥和救援处置不当，造成抢险人员伤亡。由上例重氮化生产安全事故可看出，重氮化生产安全隐患多且复杂，必须严格按岗位操作规程和岗位安全生产操作法操作，操作工上岗前必须进行培训且应具备一定的操作经验和生产事故处理能力，以做到万无一失，确保生产安全。

8.7 过氧化工艺

8.7.1 工艺简介

向有机化合物分子中引入过氧基(—O—O—)的反应称为过氧化反应，得到的产物为过氧化物的工艺过程为过氧化工艺。

如：苯酚丙酮的生产过程首先是苯和丙烯在酸性分子筛催化剂作用下生成异丙苯，然后异丙苯在催化氧化塔中氧化得到过氧化氢异丙苯，过氧化氢异丙苯极不稳定，容易分解爆炸，应严格控制反应温度和转化率。随后的工艺是过氧化氢异丙苯提浓至80%后在酸性溶液中水解生成苯酚丙酮。反应方程式是：

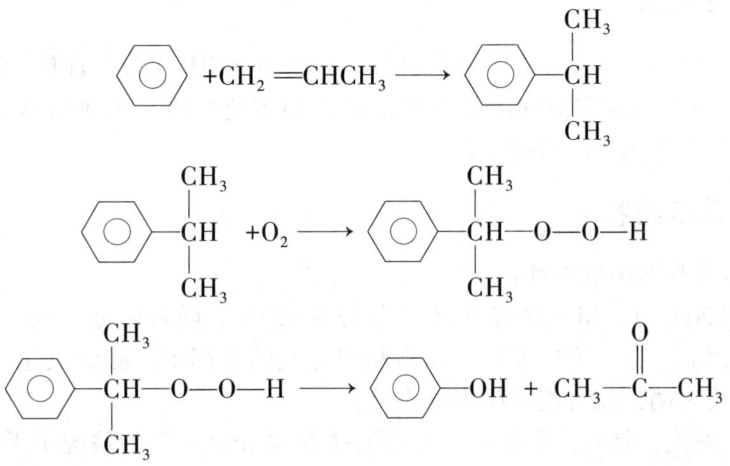

8.7.2 工艺危险特点

1）过氧化物都含有过氧基(—O—O—)，属含能物质，由于过氧键结合力弱，断裂时所需的能量不大，对热、振动、冲击或摩擦等都极为敏感，极易分解甚至爆炸；

2）过氧化物与有机物、纤维接触时易发生氧化、产生火灾；

3）反应气相组成容易达到爆炸极限，具有燃爆危险。

8.7.3 典型工艺

双氧水的生产；乙酸在硫酸存在下与双氧水作用，制备过氧乙酸水溶液；酸酐与双氧水作用直接制备过氧二酸；苯甲酰氯与双氧水的碱性溶液作用制备过氧化苯甲酰；异丙苯经空气氧化生产过氧化氢异丙苯等。

8.7.4 重点监控工艺参数

过氧化反应釜内温度；pH值；过氧化反应釜内搅拌速率；(过)氧化剂流量；参加反应物质的配料比；过氧化物浓度；气相氧含量等。

8.7.5 安全控制的基本要求

反应釜温度和压力的报警和联锁；反应物料的比例控制和联锁及紧急切断动力系统；紧急断料系统；紧急冷却系统；紧急送入惰性气体的系统；气相氧含量监测、报警和联锁；紧急停车系统；安全泄放系统；可燃和有毒气体检测报警装置等。

8.7.6 宜采用的控制方式

将过氧化反应釜内温度与釜内搅拌电流、过氧化物流量、过氧化反应釜夹套冷却水进水阀形成联锁关系，设置紧急停车系统。过氧化反应系统应设置泄爆管和安全泄放系统。

8.8 胺基化工艺

8.8.1 工艺简介

胺化是在分子中引入胺基(R_2N—)的反应，包括R—CH_3烃类化合物(R：氢、烷基、芳基)在催化剂存在下，与氨和空气的混合物进行高温氧化反应，生成腈类等化合物的反应。涉及上述反应的工艺过程为胺基化工艺。

8.8.2 工艺危险特点

1）反应介质具有燃爆危险性；

2）在常压下20℃时，氨气的爆炸极限为15%~27%，随着温度、压力的升高，爆炸极限的范围增大。因此，在一定的温度、压力和催化剂的作用下，氨的氧化反应放出大量热，一旦氨气与空气比失调，就可能发生爆炸事故；

3）由于氨呈碱性，具有强腐蚀性，在混有少量水分或湿气的情况下无论是气态或液态氨都会与铜、银、锡、锌及其合金发生化学作用；

4）氨易与氧化银或氧化汞反应生成爆炸性化合物(雷酸盐)。

8.8.3 典型工艺

邻硝基氯苯与氨水反应制备邻硝基苯胺；

对硝基氯苯与氨水反应制备对硝基苯胺；

间甲酚与氯化铵的混合物在催化剂和氨水作用下生成间甲苯胺；

甲醇在催化剂和氨气作用下制备甲胺；

1-硝基蒽醌与过量的氨水在氯苯中制备1-氨基蒽醌；

2,6-蒽醌二磺酸氨解制备2,6-二氨基蒽醌；

苯乙烯与胺反应制备*N*-取代苯乙胺；

环氧乙烷或亚乙基亚胺与胺或氨发生开环加成反应，制备氨基乙醇或二胺；

甲苯经氨氧化制备苯甲腈；

丙烯氨氧化制备丙烯腈等。

8.8.4 重点监控工艺参数

胺基化反应釜内温度、压力；胺基化反应釜内搅拌速率；物料流量；反应物质的配料比；气相氧含量等。

8.8.5 安全控制的基本要求

反应釜温度和压力的报警和联锁；反应物料的比例控制和联锁系统；紧急冷却系统；气相氧含量监控联锁系统；紧急送入惰性气体的系统；紧急停车系统；安全泄放系统；可燃和有毒气体检测报警装置等。

8.8.6 宜采用的控制方式

将胺基化反应釜内温度、压力与釜内搅拌、胺基化物料流量、胺基化反应釜夹套冷却水进水阀形成联锁关系，设置紧急停车系统。

安全设施，包括安全阀、爆破片、单向阀及紧急切断装置等。

8.9 磺化工艺

磺化反应(Sulfonation Reaction)是指在有机化合物分子中引入磺酸基(—SO_3H)、磺酸盐基(如—SO_3Na)或磺酰卤基(—SO_2X)的化学反应。引入磺酰卤基的化学反应又称卤磺化反应。这些基团可以和碳原子相连接，生成C—S键，得到磺酸化合物；也可以和氮原子相连接，生成N—S键，得到N-磺酸盐(氨基磺酸盐)。这里主要讨论它们和芳环碳原子相连的化学反应。例如：

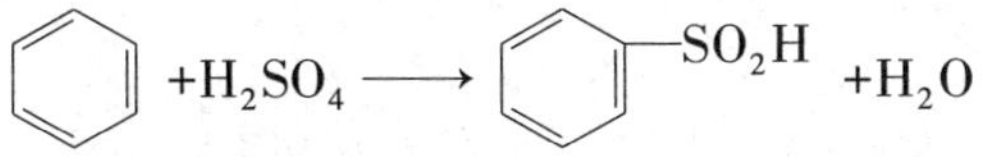

磺化反应在精细化学品及中间体合成中具有重要的意义。磺化产物中最重要的是阴离子表面活性剂(如洗涤剂、乳化剂、渗透剂、润滑剂、分散剂等)、离子交换树脂等。许多芳磺酸衍生物本身就是染料、医药、农药等，或是这些行业的重要中间体，在有机合成中占有十分重要的地位。

8.9.1 磺化反应的作用

(1) “桥梁”作用

芳环的磺化，是精细有机合成中一类极为重要的反应，在几乎所有的芳环和杂环化合物上都可进行。由于芳环上的磺酸基比较容易与其他原子或基团进行交换，使磺酸基进一步转变为羟基、氯基、氨基或氰基等基团，从而可制取一系列有机合成中间体或精细化学品。如硝基化合物、酚类、苯磺酰氯、苯磺酰胺等。如果这些化合物不容易直接制得，则可通过磺化反应而间接制得。因此，磺化被广泛地用于中间体和精细化学品的制备。

(2) 定位作用

磺化反应为典型的可逆反应，当磺化产物与稀硫酸共热时，磺酸基即被水解掉。所以可根据合成反应的需要(如为使某步反应易于进行或保持有机物分子中某一特定位置)，利用磺化反应先在芳环上暂时引人磺酸基，制成芳磺酸，待完成特定反应之后(如在芳环引入其他取代基)，最后经水解脱去起定位基作用的磺酸基。

在精细化学品特别是药物合成中，磺化-脱磺化反应是制备苯系衍生物邻或对位异构体纯品的有效方法。例如，抗高血压药地巴唑(bendazol)中间体邻硝基苯胺的合成，磺酸基的定位作用有效阻碍了对位副产物的生成，使邻位主产物收率大幅提高。

(3) 结构修饰作用

向有机分子中引入磺基后所得到的磺酸化合物或硫酸烷酯化合物具有水溶性、纤维亲和力、酸性、乳化、湿润和发泡等特性，磺酸基(—SO_3H)是强极性基团，磺酸化合物或硫酸烷酯化合物等可被广泛用于合成表面活性剂、水溶性染料、食用香料、离子交换树脂及某些药物。

8.9.2 磺化剂

常用磺化剂有浓硫酸（或发烟硫酸）、氯磺酸（$HOSO_2Cl$）、三氧化硫和磺酰氯等。硫酸是最温和的磺化剂，用于大多数芳香族化合物的磺化；氯磺酸是较剧烈的磺化剂，常用于有机精细化学品合成中间体的制备；三氧化硫是最强的磺化剂，但常伴有副产物砜的生成。

8.9.3 磺化反应历程

磺化反应所用的磺化剂有 SO_3、硫酸、发烟硫酸和氯磺酸等。在浓硫酸和发烟硫酸中可能存在 SO_3、$H_2S_2O_7$ 和 $H_3SO_4^+$ 等亲电质点，三种亲电试剂其活性顺序为 $SO_3>H_2S_2O_7>H_3SO_4^+$，而选择性顺序正好相反。三种亲电试剂实际上都是 SO_3 的溶剂化形式，芳烃磺化是亲电取代反应，若磺化剂生成亲电试剂如下：

$$2H_2SO_4 \longrightarrow SO_3+H_3^+O+HSO_4^-$$

则反应历程为：

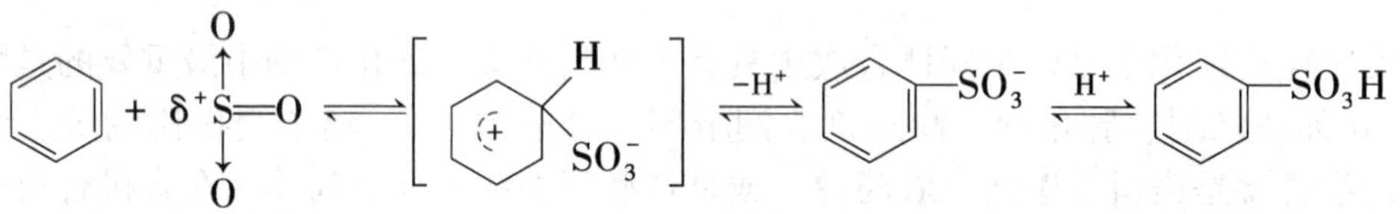

8.9.4 工艺危险特点

1）应原料具有燃爆危险性；磺化剂具有氧化性、强腐蚀性；如果投料顺序颠倒、投料速度过快、搅拌不良、冷却效果不佳等，都有可能造成反应温度异常升高，使磺化反应变为燃烧反应，引起火灾或爆炸事故；

2）氧化硫易冷凝堵管，泄漏后易形成酸雾，危害较大。重点监控工艺参数：磺化反应釜内温度，磺化反应釜内搅拌速率，磺化剂流量，冷却水流量。

8.9.5 安全控制的基本要求

反应釜温度的报警和联锁；搅拌的稳定控制和联锁系统；紧急冷却系统；紧急停车系统；安全泄放系统；三氧化硫泄漏监控报警系统等。

8.9.6 宜采用的控制方式

将磺化反应釜内温度与磺化剂流量、磺化反应釜夹套冷却水进水阀、釜内搅拌电流形成联锁关系，紧急断料系统，当磺化反应釜内各参数偏离工艺指标时，能自动报警、停止加料，甚至紧急停车。

磺化反应系统应设有泄爆管和紧急排放系统。

8.10 烷基化工艺

将烃基引入有机化合物分子中的碳、氮、氧等原子上的反应称为烷基化反应，简称烷基化。所引入的烃基可以是烷基、烯基、芳基等。其中以引入烷基(如甲基、乙基、异丙基等)最为重要。广义的烷基化还包括引入具有各种取代基的烃基($—CH_2COOH$，$—CH_2OH$，CH_2Cl、$—CH_2CH_2Cl$ 等)。

8.10.1 烷基化反应类型

精细有机合成中的烷基化反应可将不同的烷基引入到结构不同的结构化合物分子中，所得到的烷基化产物种类与数量众多，结构繁简不一。但从反应产物的结构来看，可以分为三种反应。

1）*C*-烷基化反应：*C*-烷基化反应应用最多的是芳环上的氢被烷基取代的 *C*-烷基化，主要指催化剂作用下向芳环的碳原子上引入烷基，得到取代烷基芳烃的反应。在第八章第四节已有了详细的介绍。

2）*N*-烷基化反应：向氨或胺类(脂肪胺、芳香胺）氨基中的氮原子上引入烷基，生成烷基取代胺类(伯胺、仲胺、叔胺、季胺)的反应。如 *N*,*N*-二甲基苯胺的制备反应。

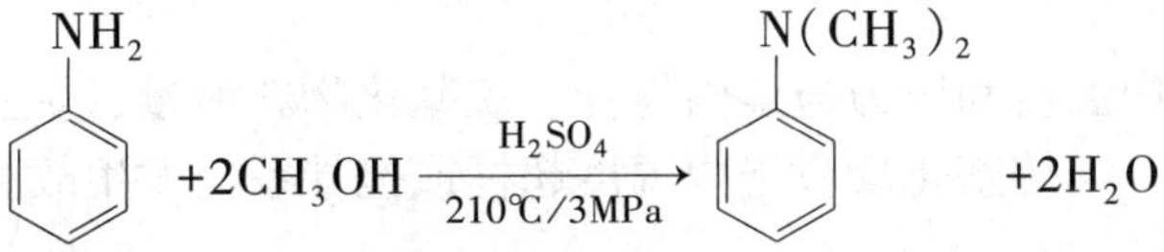

3）*O*-烷基化反应：向醇烃基或酚烃基的氧原子上引入烷基，生成醚类化合物的反应。如第八章第三节中介绍的甲基叔丁基醚的生产。

8.10.2 烷基化技术的重要性

烷基化反应在精细有机合成中是一类极为重要的反应，其应用广泛，利用 *C*-烷基化合成的苯乙烯、乙苯、异丙苯、十二烷基苯等烃基苯是塑料、医药、溶剂、合成洗涤剂的重要原料。

1)直链烷基化合物：通过直链烷基化获得的直链烷基苯是精细化工产品的重要中间体，它经过磺化、硝化、烷基化、溴代等反应可生成大量具有现实和潜在的工业价值的产物，其中应用比较广泛的是直链烷基苯磺酸钠(LAB)，因其具有优良的加工性、复配性、使用性、环保安全性及生物降解性等而被应用在合成洗衣粉、表面清洗剂及工业清洗、造纸、合成化学等领域。

2）非离子型表面活性剂：通过烷基化反应合成的醚类、烷基胺是极为重要的有机合成中间体，有些烷基化产物本身就是药物、燃料、香料、催化剂、表面活性剂等功能产品，如高级脂肪醇能加成环氧乙烷生成高级脂肪醇聚氧乙烯醚型非离子表面活性剂。

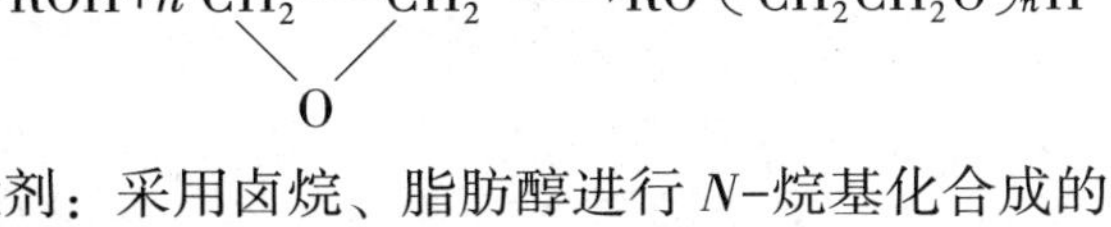

3）阳离子表面活性剂：采用卤烷、脂肪醇进行 *N*-烷基化合成的季铵盐是重要的阳离子表面活性剂、相转移催化剂、杀菌剂等。

8.10.3 工艺危险特点

1）反应介质具有燃爆危险性；

2）烷基化催化剂具有自燃危险性，遇水剧烈反应，放出大量热量，容易引起火灾甚至爆炸；

3）烷基化反应都是在加热条件下进行，原料、催化剂、烷基化剂等加料次序颠倒、加料速度过快或者搅拌中断停止等异常现象容易引起局部剧烈反应，造成跑料，引发火灾或爆炸事故。

8.10.4 重点监控工艺参数

烷基化反应釜内温度和压力；烷基化反应釜内搅拌速率；反应物料的流量及配比等。

8.10.5 安全控制的基本要求

反应物料的紧急切断系统；紧急冷却系统；安全泄放系统；可燃和有毒气体检测报警装置等。

8.10.6 宜采用的控制方式

将烷基化反应釜内温度和压力与釜内搅拌、烷基化物料流量、烷基化反应釜夹套冷却水进水阀形成联锁关系，当烷基化反应釜内温度超标或搅拌系统发生故障时自动停止加料并紧急停车。

安全设施包括安全阀、爆破片、紧急放空阀、单向阀及紧急切断装置等。

附录　重点监管的危险化学品安全措施和事故应急处置原则

附录部分共收集了74种重点监管的危险化学品安全措施和等级应急处置原则，请登录中国石化出版社有限公司官方网站http：//cpp.sinopec.com，在读者服务-资源下载页面进行查阅。

参 考 文 献

[1] 吴指南．基本有机化工工艺学（修订版）[M]．北京：化学工业出版社，2004.
[2] 王焕梅，魏刚．应用化工生产技术[M]．北京：中国石化出版社，2016.
[3] 吴章乃，黎喜林．基本有机合成工艺学[M]．北京：化学工业出版社，1992.
[4] 蔡凤英，等. 化工安全工程[M]．北京：化学工业出版社，2002.
[5] 胡安定．石油化工厂设备检查指南(第二版)[M]．北京：中国石化出版社，2008.